RACIONALIDADE

RACIONALIDADE

O que é
Por que parece estar em falta
Por que é importante

Steven Pinker

Tradução de
Waldéa Barcellos

Copyright © 2021 by Steven Pinker.
Todos os direitos reservados.

TÍTULO ORIGINAL
Rationality: what it is, why it seems scarce, why it matters

REVISÃO
Eduardo Carneiro
Juliana Pitanga

REVISÃO TÉCNICA
Ronaldo Pilati

DIAGRAMAÇÃO E ADAPTAÇÃO DE PROJETO GRÁFICO
Alfredo Rodrigues

DESIGN DE CAPA
Pete Garceau

ADAPTAÇÃO DE CAPA
Inês Coimbra

CRÉDITOS DAS IMAGENS
Todos os esforços foram feitos a fim de identificar os detentores dos direitos das imagens. Os editores agradecem por qualquer informação que permita retificar possíveis omissões em edições futuras.

PÁGINA 71
Trecho da *Odisseia*, de Homero, em tradução livre.

CIP-BRASIL. CATALOGAÇÃO NA PUBLICAÇÃO
SINDICATO NACIONAL DOS EDITORES DE LIVROS, RJ
P725r

    Pinker, Steven, 1954-
    Racionalidade: o que é, por que parece estar em falta, por que é importante / Steven Pinker; tradução Waldéa Barcellos. - 1. ed. - Rio de Janeiro: Intrínseca, 2022.
    464 p.: il.; 23 cm.

    Tradução de: Rationality: what it is, why it seems scarce, why it matters
    ISBN 978-65-5560-562-4

1. Raciocínio (Psicologia). 2. Pensamento crítico. 3. Razão prática. 4. Lógica. 5. Processo decisório. I. Barcellos, Waldéa. II. Título.

22-75422
    CDD: 153.43
    CDU: 159.955.6

Camila Donis Hartmann - Bibliotecária - CRB-7/6472

[2022]
Todos os direitos desta edição reservados à
EDITORA INTRÍNSECA LTDA.
Rua Marquês de São Vicente, 99, 6º andar
22451-041 — Gávea
Rio de Janeiro — RJ
Tel./Fax: (21) 3206-7400
www.intrinseca.com.br

1ª edição
MARÇO DE 2022
impressão
PANCROM
papel de miolo
PÓLEN SOFT 70G/M²
papel de capa
CARTÃO SUPREMO ALTA ALVURA 250G/M²
tipografia
JANSON TEXT

Para Roslyn Wiesenfeld Pinker

O que é um homem,
Se seu maior bem e melhor emprego de seu tempo
Forem tão somente comer e dormir? Um animal, nada mais.
Decerto aquele que nos criou com tanto discernimento,
Com o poder de olhar o passado e imaginar o porvir,
não nos deu essa capacidade e essa razão sublime
Para ser sufocada em nós, sem uso.

— Hamlet

SUMÁRIO

Prefácio 11

Capítulo 1 – Animal racional, até que ponto? 17
Capítulo 2 – Racionalidade e irracionalidade 51
Capítulo 3 – A lógica e o pensamento crítico 89
Capítulo 4 – Probabilidade e aleatoriedade 127
Capítulo 5 – Crenças e evidências
(raciocínio bayesiano) 167
Capítulo 6 – Risco e recompensa
(escolha racional e utilidade esperada) 191
Capítulo 7 – Acertos e alarmes falsos
(teoria da detecção de sinais e
da decisão estatística) 219
Capítulo 8 – O *self* e os outros (teoria dos jogos) 245
Capítulo 9 – Correlação e causalidade 263
Capítulo 10 – O que está errado com as pessoas? 301
Capítulo 11 – Por que a racionalidade importa 339

Notas 363
Referências bibliográficas 387
Índice de vieses e falácias 425
Índice remissivo 429

PREFÁCIO

A racionalidade deveria orientar tudo o que pensamos e fazemos. (Se você discorda, será que suas objeções são racionais?) No entanto, em tempos abençoados com recursos nunca antes investidos no raciocínio, a esfera pública está infestada de *fake news*, curas charlatanescas, teorias da conspiração e a retórica da "pós-verdade".

Como podemos dar um sentido para o fazer sentido — e seu oposto? A pergunta é urgente. Na terceira década do terceiro milênio, enfrentamos ameaças letais à nossa saúde, à nossa democracia e à habitabilidade de nosso planeta. Embora os problemas sejam intimidantes, existem soluções; e nossa espécie dispõe da capacidade intelectual necessária para encontrá-las. Contudo, entre nossos problemas atuais mais graves está o de convencer as pessoas a aceitar as soluções quando de fato chegarmos a elas.

Comentários aos milhares vêm lamentando nossa deficiência de razão, e já se tornou comum a opinião de que as pessoas são simplesmente irracionais. Nas ciências sociais e na mídia, o ser humano é descrito como um homem das cavernas deslocado de seu tempo, preparado para reagir a um leão na savana com um conjunto de vieses, pontos cegos, falácias e ilusões. (A *Wikipédia* registra para vieses cognitivos quase duzentos.)

Apesar disso, como cientista cognitivo, não consigo aceitar a cínica opinião de que o cérebro humano é um cesto de ideias enganosas. Caçadores-coletores — nossos antepassados e contemporâneos — não são coelhinhos aflitos, mas pessoas que usam a cabeça para solucionar problemas. Uma lista de exemplos de como somos tolos não explica por que somos tão inteligentes: inteligentes o bastante para termos descoberto as leis da natureza, transformado o planeta, prolongado e enriquecido nossa vida e — o que não é menos importante — elaborado as normas da racionalidade que tantas vezes desprezamos.

Sem dúvida, estou entre os primeiros a insistir que podemos entender a natureza humana apenas se levarmos em consideração a incompatibilidade entre o ambiente em que evoluímos e o ambiente em que nos encontramos hoje. No entanto, nossa mente não está adaptada ao mundo da savana no Plistoceno. Ela está adaptada a qualquer meio não acadêmico, não tecnocrático — ou seja, a maior parte da experiência humana — em que os modernos instrumentos da racionalidade, como fórmulas estatísticas e bancos de dados, não se encontram disponíveis nem são aplicáveis. Como veremos, quando apresentamos problemas mais próximos da realidade em que as pessoas vivem, e como eles naturalmente surgem, elas demonstram não ser tão desprovidas de inteligência quanto aparentam ser. Não que isso nos isente. Hoje, dispomos de instrumentos sofisticados de apoio à razão e nos saímos melhor, como indivíduos e como sociedade, quando os entendemos e os aplicamos.

Este livro derivou de um curso que dei em Harvard, o qual examinava a natureza da racionalidade e o enigma do motivo pelo qual ela parece estar em falta. Como muitos psicólogos, adoro ensinar as cativantes descobertas, ganhadoras do prêmio Nobel, de enfermidades que afligem a razão humana, e considero que elas estão entre as maiores contribuições ao conhecimento proporcionadas por nossa ciência. E, como muitos, creio que os índices de referência da racionalidade que as pessoas tantas vezes não conseguem alcançar deveriam ser um objetivo da educação e da ciência popular. Assim como os cidadãos deveriam ter uma boa noção das questões básicas de história, ciência e palavra escrita, eles também deveriam dominar as ferramentas intelectuais do raciocínio sólido. Estas incluem a lógica, o pensamento crítico, a probabilidade, a correlação e a causalidade, os melhores meios para adequarmos nossas crenças e nos comprometermos com decisões a partir de evidências incertas, bem como os parâmetros para a tomada de decisões racionais individualmente e com outros. Essas ferramentas do raciocínio são indispensáveis para que se evite a insensatez em nossa vida pessoal e nas políticas públicas. Elas nos ajudam a calibrar escolhas arriscadas, avaliar alegações duvidosas, entender paradoxos desconcertantes e obter *insights* sobre vicissitudes e tragédias da vida. Mas eu não sabia de livro algum que tivesse tentado explicar todas elas.

Outra inspiração para este livro veio de minha percepção de que, apesar de ser fascinante, o currículo da psicologia cognitiva não me preparou muito bem para responder à maioria das perguntas que me eram feitas quando eu contava que estava dando um curso sobre a racionalidade. Por que as pessoas acreditam na história de que Hillary Clinton chefiava uma rede de pedófilos com sede numa pizzaria? Ou que as esteiras de condensação deixadas por aviões a jato são na realidade drogas psicotrópicas espalhadas por um programa secreto do governo? Meus tópicos para uma aula padrão, como a "falácia do jogador" e a "negligência da taxa-base" proporcionavam pouco *insight* para elucidar os enigmas que tornam a irracionalidade humana uma questão tão premente no mundo atual. Esses enigmas me atraíram para novos territórios, como o da natureza dos rumores, da sabedoria popular e do pensamento conspiratório; o contraste entre a racionalidade num indivíduo e numa comunidade; e a distinção entre dois modos de crença: a mentalidade da realidade e a mentalidade da mitologia.

Enfim, embora pareça um paradoxo expor argumentos racionais em defesa da própria racionalidade, essa é uma tarefa oportuna. Há quem siga o paradoxo contrário, citando razões (supostamente racionais, ou por que deveríamos lhes dar ouvidos?) pelas quais a racionalidade é superestimada: que as personalidades lógicas são reprimidas e desprovidas de alegria, que o pensamento analítico deve ser subordinado à justiça social e que um bom coração e uma intuição confiável são caminhos mais seguros para o bem-estar do que a argumentação e a lógica rigorosa. Muitos agem como se a racionalidade fosse obsoleta: que o sentido da argumentação seja desacreditar o adversário, em lugar de coletivamente buscar através da razão um caminho para chegar às crenças mais defensáveis. Numa época em que a racionalidade parece estar mais ameaçada e ao mesmo tempo ser mais essencial do que nunca, *Racionalidade* é, acima de tudo, uma afirmação da racionalidade.

UM DOS TEMAS principais deste livro é o de que nenhum de nós é racional o suficiente para produzir por si só alguma coisa que faça sentido: a racionalidade surge a partir de uma comunidade de pensadores que detectam as falácias uns dos outros. Nesse espírito, agradeço aos pensadores que tornaram este livro mais racional. Ken Binmore, Rebecca Newberger Goldstein, Gary King, Jason Nemirow, Roslyn Pinker, Keith Stanovich e Martina Wiese teceram comentários perspicazes sobre o primeiro esboço. Charleen Adams, Robert Aumann, Joshua Hartshorne, Louis Liebenberg, Colin McGinn, Barbara Mellers, Hugo Mercier, Judea Pearl, David Ropeik, Michael Shermer, Susanna Siegel, Barbara Spellman, Lawrence Summers, Philip Tetlock e Juliani Vidal revisaram capítulos em suas áreas de especialidade. Muitas perguntas se apresentaram enquanto eu planejava e escrevia o livro, e elas foram respondidas por Daniel Dennett, Emily-Rose Eastop, Baruch Fischhoff, Reid Hastie, Nathan Kuncel, Ellen Langer, Jennifer Lerner, Beau Lotto, Daniel Loxton, Gary Marcus, Philip Maymin, Don Moore, David Myers, Robert Proctor, Fred Shapiro, Mattie Toma, Jeffrey Watumull, Jeremy Wolfe e Steven Zipperstein. Contei com a perícia de Mila Bertolo, Martina Wiese e Kai Sandbrink na transcrição, na verificação de fatos e na busca de referências, bem como a de Bertolo, Toma e Julian De Freitas nas análises de dados originais. Também valiosas foram as perguntas e sugestões dos alunos e do corpo docente do curso Rationality (General Educationn 1066), especialmente Mattie Toma e Jason Nemirow.

Minha gratidão em especial a minha produtora sábia e solidária, Wendy Wolf, por trabalhar comigo neste livro, nosso sexto; e a Katya Rice, pela preparação deste nosso nono original; e a meu agente literário, John Brockman, pelos conselhos e incentivo neste nosso nono livro juntos. Também agradeço o apoio ao longo de muitos anos de Thomas Penn, Pen Vogler e Stefan McGrath, da Penguin UK. Ilavenil Subbiah mais uma vez fez o projeto gráfico, e lhe agradeço o trabalho e o incentivo.

Rebecca Newberger Goldstein desempenhou um papel significativo na concepção deste livro porque foi ela quem infundiu em mim a noção de que o realismo e a razão são ideais que merecem atenção especial e devem ser defendidos. Amor e gratidão também aos outros membros de minha família: Yael e Solly; Danielle; Rob, Jack e David; Susan, Martin, Eva, Carl e Eric; e a minha mãe, Roslyn, a quem este livro é dedicado.

1
ANIMAL RACIONAL, ATÉ QUE PONTO?

> O homem é um animal racional. Pelo menos foi o que nos disseram. Ao longo de meus muitos anos de vida, procurei diligentemente algum sinal que corroborasse essa afirmação. Até agora, não tive a sorte de encontrá-lo.
>
> — Bertrand Russell[1]

> Quem consegue criticar com maior eloquência ou de modo mais contundente a fraqueza da mente humana é considerado quase divino por seus pares.
>
> — Baruch Espinosa[2]

Homo sapiens significa hominídeo sábio, e sob muitos aspectos nós fizemos por merecer o epíteto específico de nossa classificação binomial segundo Lineu. Nossa espécie datou a origem do Universo, sondou a natureza da matéria e da energia, decodificou os segredos da vida, desfez o emaranhado de circuitos da consciência e registrou nossa história e diversidade. Aplicamos esse conhecimento ao aprimoramento de nosso bem-estar, neutralizando os flagelos que assolaram nossos ancestrais em grande parte de nossa existência. Adiamos nosso estimado encontro com a morte — dos trinta anos de idade para mais de setenta (oitenta em países desenvolvidos). Baixamos a pobreza extrema de 90% da humanidade para menos de 9%. Dividimos por vinte a incidência de mortes por guerras e por cem as mortes pela fome.³ Mesmo quando a antiga maldição da peste voltou a se erguer no século XXI, nós identificamos a causa em questão de dias, sequenciamos seu genoma em semanas e administramos vacinas no prazo de um ano, mantendo a mortandade por essa causa uma fração em comparação com as de pandemias do passado.

Os recursos cognitivos para entender o mundo e moldá-lo para nosso proveito não são uma conquista da civilização ocidental — são patrimônio de nossa espécie. O povo Sã do deserto do Kalahari, na região sul da África, pertence aos povos mais antigos do mundo, e seu estilo de vida, mantido até recentemente, proporciona um vislumbre de como os humanos passaram a maior parte de sua existência.⁴ Os caçadores-coletores não saem simplesmente arremessando lanças contra animais que vão passando, nem se servem de frutos e castanhas cultivados ao redor.⁵ O cientista especialista em técnicas de rastreamento Louis Liebenberg, que trabalha há décadas com o povo Sã, descreveu como eles devem sua sobrevivência a uma mentalidade científica.⁶ A partir de dados fragmentados, eles encadeiam o pensamento até chegar a conclusões remotas com uma compreensão intuitiva da lógica, do pensamento crítico, do raciocínio estatístico, da correlação e causalidade, assim como da teoria dos jogos.

O povo Sã dedica-se à caça de persistência, o que põe em uso nossas três características mais proeminentes: termos duas pernas, que nos permite correr com eficiência; sermos desprovidos de pelos, que permite que nos livremos do calor em climas quentes; e termos a cabeça grande, que nos capacita a sermos racionais. O povo Sã aciona essa racionalidade para rastrear pegadas, emanações e dejetos de animais, e outras pistas, perseguindo-os até que desabassem de exaustão e insolação.⁷ Às vezes o caçador Sã rastreia um animal a partir de seus trajetos, ou, quando a pista se perde, amplia sua busca em círculos crescentes ao redor das últimas pegadas. Mas geralmente os rastreiam raciocinando.

Os caçadores distinguem dezenas de espécies pelo formato e espaçamento do rastro, com auxílio de sua compreensão de causa e efeito. Eles podem deduzir que uma pegada pontuda e profunda é de uma ágil gazela, que precisa de uma boa aderência, ao passo que uma pegada achatada é de um antílope pesado, que precisa sustentar seu peso. Conseguem determinar o sexo dos animais a partir da configuração dos rastros e da localização da urina em relação às patas traseiras e aos excrementos. Usam essas categorias para fazer deduções silogísticas: os *steenboks* e os *duikers* podem ser abatidos na estação chuvosa porque a areia molhada força a abertura de seus cascos e enrijece suas articulações; já na estação seca é mais fácil de abater os cudos e os elandes, porque se cansam com facilidade na areia solta. Estamos na estação seca, e o animal que deixou esse rastro é um cudo; logo, pode ser perseguido e caçado.

O povo Sã não só classifica os animais em categorias, como também faz distinções lógicas mais refinadas. Dentro de uma espécie, os Sã identificam os membros desta pela interpretação das pegadas, procurando por variações e lascas reveladoras. E ainda distinguem os traços permanentes de um membro, como espécie e sexo, de condições transitórias, como a fadiga — que deduzem a partir de indícios do arrastar de cascos e de paradas para descanso. Em desafio à balela de que povos pré-modernos não possuem o conceito de tempo, eles estimam a idade de um animal a partir do tamanho e da nitidez das marcas dos cascos, e podem datar a pista pelo frescor dos rastros, pela umidade da saliva ou dos excrementos, o ângulo do sol com relação a um local de descanso sombreado, além do palimpsesto de rastros sobrepostos provenientes de outros animais. A caça de persistência não poderia ter sucesso sem essas sutilezas lógicas. Um caçador não tem como rastrear qualquer órix entre os muitos que deixaram rastros, mas, sim, aquele que estiver perseguindo até a exaustão.

O povo Sã também recorre ao pensamento crítico. Eles sabem desconfiar das primeiras impressões e reconhecem os perigos de ver o que querem ver. Também não aceitam argumentos de posições de autoridade: qualquer um, mesmo um jovem novato, pode derrubar uma conjectura ou apresentar a própria até que surja um consenso a partir do debate. Embora sejam principalmente os homens os que caçam, as mulheres são tão competentes quanto eles na interpretação de pistas; e Liebenberg relata que uma jovem, !Nasi, "fazia os homens passarem vergonha".[8]

Os Sã ajustam sua confiança numa hipótese de acordo com o nível de diagnóstico das evidências, uma questão de probabilidade condicional. A pata de um porco-espinho, por exemplo, tem duas almofadas proximais; a de um ratel tem apenas uma. A marca de uma almofada, porém, pode não ficar registrada no solo duro. Isso significa que, embora a probabilidade de um rastro ter uma marca de almofada — considerada como tendo sido feita por um ratel — ser alta, a probabilidade inversa, de que o rastro foi deixado por um ratel por apresentar uma marca de almofada, é mais baixa (já que ele poderia também ser um rastro incompleto de um porco-espinho). Os Sã não confundem probabilidades condicionais. Eles sabem que, como marcas com duas almofadas poderiam ter sido deixadas somente por um porco-espinho, é alta a probabilidade de ser um porco-espinho, considerando-se essas marcas.

Os Sã também regulam sua confiança numa hipótese de acordo com sua plausibilidade anterior. Se as pistas forem ambíguas, eles supõem que sejam de uma espécie comum. Somente se as evidências forem definitivas, concluirão que elas são de uma espécie mais rara.[9] Como veremos, essa é a essência do raciocínio bayesiano.

Outra faculdade importantíssima exercida pelo povo Sã consiste em distinguir causalidade de correlação. Liebenberg recorda: "Um rastreador, Boroh//xao, me disse que, quando a [cotovia] canta, ela seca o solo, tornando as raízes boas para serem consumidas. Mais tarde, !Nate e /Uase me disseram que Boroh//xao estava enganado — não é o pássaro quem seca o solo; é o sol quem seca o solo. O pássaro está somente lhes dizendo que o solo se ressecará nos meses seguintes e que essa é a época do ano em que as raízes são boas para serem consumidas."[10]

Os Sã usam seu conhecimento da textura causal de seu ambiente não só para entender como ele é, mas também para imaginar como ele poderia ser. Ao visualizar mentalmente sequências de acontecimentos, eles conseguem se adiantar alguns passos em relação aos animais de seu mundo e criar armadilhas complexas para capturá-los. Uma extremidade de um galho flexível é presa no chão, ficando o galho curvo na parte central. A outra extremidade é amarrada a um nó corrediço, oculto por uma camuflagem de gravetos e areia, fixada no lugar por um gatilho. Eles dispõem as armadilhas nas aberturas de barreiras construídas em torno do local de descanso de um antílope, e conduzem o animal para aquele ponto mortal por meio de um obstáculo pelo qual ele precisa passar. Ou atraem um avestruz para uma armadilha ao detectar seu rastro à sombra de uma árvore chamada de espinho de camelo (os avestruzes adoram suas vagens), onde deixam um osso bem visível e grande demais para o avestruz engolir. Então, a atenção do animal se volta para um osso menor, mas ainda impossível de ser engolido, o que leva a um osso ainda menor, a isca da armadilha.

No entanto, apesar de toda a eficácia mortal da tecnologia do povo Sã, eles sobrevivem num deserto implacável há mais de cem mil anos sem exterminar os animais dos quais dependem. Eles se antecipam a uma seca pensando no que aconteceria se matassem a última planta ou o último animal de uma espécie e poupam as espécies ameaçadas.[11] Adaptam seus planos de conservação às diferentes vulnerabilidades das plantas — que não podem migrar, mas se recuperam rápido quando volta a chover — e dos animais — que podem sobreviver a uma seca, mas cujos números somente se restabelecem aos poucos. E praticam esses esforços conservacionistas, fazendo frente à constante tentação da caça predatória (alguns poderiam achar que se eles não o fizerem, todos os outros o farão), com uma extensão das normas de reciprocidade e bem-estar coletivo que governam todos os seus recursos. É inconcebível para um caçador Sã não compartilhar carne com um companheiro de mãos vazias, ou rejeitar um bando vizinho forçado a sair do próprio território assolado pela seca, porque eles sabem que as pessoas não esquecem e um dia a sorte pode estar com o outro lado.

* * *

A SAPIÊNCIA DO povo Sã acentua o paradoxo da racionalidade humana. Apesar de nossa antiga capacidade de raciocinar, atualmente somos atacados por todos os lados por lembretes das falácias e tolices de nossos próximos. Pessoas jogam e apostam na loteria, na qual a perda é garantida, e deixam de investir na própria aposentadoria, na qual é garantido que sairão ganhando. Três quartos dos norte-americanos acreditam pelo menos num fenômeno que desafia as leis da ciência, o que inclui a cura paranormal (55%), a percepção extrassensorial (41%), casas mal-assombradas (37%) e fantasmas (32%) — o que também indica que algumas pessoas acreditam em casas assombradas por fantasmas sem acreditar em fantasmas.[12] Nas mídias sociais, *fake news* (como JOE BIDEN CHAMA OS SIMPATIZANTES DE TRUMP DE "ESCÓRIA DA SOCIEDADE" e HOMEM DA FLÓRIDA PRESO POR SEDAR E ESTUPRAR JACARÉS NOS EVERGLADES) são mais difundidas e com maior rapidez do que a verdade; e é provável que seres humanos as espalhem mais do que robôs.[13]

Tornou-se corriqueiro concluir que os seres humanos são simplesmente irracionais — mais Homer Simpson do que sr. Spock; mais Alfred E. Neuman, o "rosto da capa da revista *Mad*", do que John von Neumann, um dos matemáticos importantes do século XX. E, prosseguem os cínicos, que mais se poderia esperar dos descendentes de caçadores-coletores cuja mente foi selecionada para evitar virar almoço de leopardos? Contudo, os psicólogos evolutivos, conscientes da engenhosidade dos povos coletores, insistem em que os humanos evoluíram para ocupar o "nicho cognitivo": a capacidade de superar a natureza com a linguagem, a sociabilidade e o *know-how*.[14] Se os humanos contemporâneos parecem irracionais, não culpem os caçadores-coletores.

Então, como podemos entender essa coisa chamada racionalidade, que poderíamos considerar nosso direito inato, mas que é desprezada de modo tão flagrante e com tanta frequência? O ponto de partida consiste em entender que a racionalidade não é um poder que um agente tem ou não tem, como a visão de raio X do Superman. Ela é um jogo de ferramentas cognitivas que podem atingir objetivos específicos em mundos específicos. Para entender o que a racionalidade é, por que ela parece estar em falta e por que isso é importante, precisamos começar com as verdades básicas da racionalidade em si: as formas pelas quais um agente inteligente *deveria* raciocinar, considerando-se seus objetivos e o mundo em que vive. Esses modelos "normativos" provêm da lógica, da filosofia, da matemática e da inteligência artificial; e eles correspondem ao nosso melhor entendimento da solução "correta" para um problema e de como chegar a ela. Eles servem como uma aspiração para aqueles que querem ser racionais, o que deveria significar todos nós. Um grande objetivo deste livro é o de explicar as ferramentas normativas da razão de aplicabilidade mais ampla; elas são o tema dos Capítulos de 3 a 9.

Os modelos normativos também funcionam como padrões de referência em comparação com os quais podemos avaliar como os humanos patetas *de fato* raciocinam, tema de estudo da psicologia e de outras ciências comportamentais. As muitas maneiras pelas quais pessoas comuns não chegam a atingir esses padrões de referência tornaram-se famosas através da pesquisa agraciada com o prêmio Nobel de Daniel Kahneman, Amos Tversky e outros psicólogos e economistas comportamentais.[15] Quando as opiniões das pessoas se afastam de um modelo normativo, como costuma acontecer com muita frequência, temos um enigma a ser resolvido. Às vezes, a disparidade revela uma irracionalidade autêntica: o cérebro humano não consegue lidar com a complexidade de um problema, ou ele está prejudicado por algum defeito que de modo perverso o leva repetidamente à resposta errada.

Em muitos casos, porém, há um método na loucura das pessoas. Um problema pode lhes ter sido apresentado num formato enganoso; e, quando ele é traduzido para uma apresentação mais amigável, elas o resolvem. Ou o modelo normativo em si pode estar correto para um ambiente em especial, e as pessoas têm a sensação de não estarem naquele ambiente, de modo que o modelo não se aplica. Ou, ainda, o modelo pode ter sido projetado para alcançar algum objetivo; e, não importa o que aconteça, as pessoas estão interessadas num objetivo diferente. Nos capítulos a seguir, veremos exemplos de todas essas circunstâncias atenuantes. O penúltimo capítulo vai expor como algumas das flagrantes explosões de irracionalidade de hoje podem ser entendidas como a busca racional de metas que não constituem um entendimento objetivo do mundo.

Embora explicações de irracionalidade possam absolver as pessoas da acusação de estupidez pura e simples, entender não é o mesmo que perdoar. Às vezes podemos exigir das pessoas um padrão mais elevado. Elas podem ser treinadas para detectar um problema profundo por trás dos aspectos superficiais. Podem ser instigadas a aplicar seus melhores hábitos de pensamento fora de sua zona de conforto. E podem ser inspiradas a mirar mais alto do que metas derrotistas ou destrutivas em termos coletivos. Essas também são aspirações deste livro.

Como um *insight* recorrente no estudo do julgamento e tomada de decisões é que os humanos se tornam mais racionais quando a informação com que estão lidando é mais vívida e pertinente, permitam-me recorrer a exemplos. Cada um desses clássicos — da aritmética, lógica, probabilidade e capacidade de previsão — expõe uma peculiaridade em nosso raciocínio e servirá como uma visualização dos padrões normativos da racionalidade (e como as pessoas se afastam deles) nos próximos capítulos.

Três problemas simples de matemática

Todos se lembram do tormento sofrido no ensino médio com problemas de álgebra sobre onde o trem que saiu de Eastford seguindo rumo ao oeste a 110 quilômetros por hora vai encontrar o trem que saiu de Westford, a pouco mais de 400 quilômetros de distância, seguindo rumo ao leste a 100 quilômetros por hora. Estes são mais simples, dá para fazer o cálculo de cabeça:

- Um smartphone e uma capa custam um total de 110 dólares. O aparelho custa 100 dólares a mais que a capa. Quanto custa a capa?

- Oito impressoras levam 8 minutos para imprimir 8 folhetos. Quanto tempo 24 impressoras levariam para imprimir 24 folhetos?
- Num campo há um pequeno trecho com ervas daninhas. Todos os dias, o trecho dobra de tamanho. Leva 30 dias para as ervas daninhas cobrirem o campo inteiro. Quanto tempo levou para elas cobrirem a metade do campo?

A resposta do primeiro problema é 5 dólares. Se procedeu como a maioria, seu palpite foi 10 dólares. Mas se fosse assim, o telefone custaria 110 dólares (100 a mais que a capa) e o valor total dos dois seria 120 dólares.

A resposta da segunda pergunta é 8 minutos. Uma impressora leva oito minutos para imprimir um folheto. Portanto, desde que haja tantas impressoras quanto folhetos, e todas estiverem trabalhando ao mesmo tempo, o tempo para imprimir os folhetos é o mesmo.

A resposta do terceiro problema é 29 dias. Se o trecho de ervas daninhas dobra de tamanho todos os dias, então, olhando para o passado a partir de quando o campo ficou totalmente coberto, ele deveria estar coberto pela metade no dia anterior.

O economista Shane Frederick passou essas perguntas (com exemplos diferentes) a milhares de estudantes universitários. De cada seis, cinco erravam pelo menos uma delas; um em cada três errava todas.[16] Mesmo assim, cada questão tem uma resposta simples que quase todos entendem quando lhes é indicada. A questão é que a cabeça das pessoas é afetada por características superficiais do problema que elas equivocadamente consideram pertinentes para a resposta, como os números redondos 100 e 10 no primeiro problema e o fato de que o número de impressoras é o mesmo que o número de minutos no segundo.

Frederick chama sua bateria de baixa tecnologia de Teste de Reflexão Cognitiva e sugere que ele exponha uma divisão entre dois sistemas cognitivos, mais tarde tornados famosos por Kahneman (com quem já tinha trabalhado) no best-seller de 2011 *Rápido e devagar: Duas formas de pensar*. O Sistema 1 atua rápido e sem esforço; e ele nos seduz com as respostas erradas. Já o Sistema 2 exige concentração, motivação e a aplicação de regras aprendidas, e nos permite encontrar as respostas certas. Ninguém acha que eles sejam literalmente dois sistemas anatômicos no cérebro. Eles são dois modos de operação que perpassam muitas estruturas cerebrais. O Sistema 1 significa julgamentos instantâneos e o Sistema 2 implica pensar duas vezes.

A lição do Teste de Reflexão Cognitiva é que erros de raciocínio podem se originar no descuido mais do que na inépcia.[17] Mesmo alunos do Massachusetts Institute of Technology (MIT), orgulhosos de sua matemática, acertaram em média apenas duas das três. O desempenho é correlato ao talento matemático, como seria de esperar, mas é também correlato à paciência. Pessoas que se descrevem como não impulsivas e que prefeririam esperar um pagamento maior dentro de um mês a receber um menor de imediato, têm menor probabilidade de cair nessas armadilhas.[18]

Os dois primeiros itens dão a impressão de ser pegadinhas. Isso porque fornecem detalhes que, nas trocas de uma conversa, seriam pertinentes ao que o falante está perguntando, mas nesses exemplos estão projetados para distrair o ouvinte. (As pessoas se saem melhor quando o smartphone custa, digamos, 73 dólares a mais do que a capa, e o conjunto custa 89 dólares.)[19] Mas é claro que a vida real também apresenta chamarizes como pistas falsas e cantos de sereia que nos atraem fazendo com que nos desviemos de boas decisões; e resistir a eles faz parte de ser racional. As pessoas que mordem a isca das respostas sedutoras, porém erradas, no Teste de Reflexão Cognitiva aparentam ser menos racionais sob outros aspectos, como o de recusar propostas lucrativas que exigem alguma espera ou apresentam um pouco de risco.

E o terceiro problema, o das ervas daninhas, não é uma pegadinha, mas toca numa verdadeira debilidade cognitiva. A intuição humana não capta o crescimento exponencial (geométrico) — ou seja, algo que aumenta a uma taxa crescente —, proporcional ao tamanho que já possui, como juros compostos, crescimento econômico e a disseminação de uma doença contagiosa.[20] As pessoas o confundem com um aumento lento e constante ou uma ligeira aceleração, e a imaginação não acompanha essa duplicação inexorável. Se depositar 400 dólares por mês num fundo para aposentadoria que oferece um retorno de 10% ao ano, quanto você terá nessa poupança depois de quarenta anos? Muita gente dá o palpite de cerca de 200 mil dólares, que é o resultado da multiplicação de 400 por 12 por 110% por 40. Há os que sabem que isso não pode estar certo e ajustam seu palpite para cima, mas nunca o suficiente. Quase ninguém dá a resposta certa: 2,5 *milhões* de dólares. Revela-se que os que têm uma compreensão mais precária do crescimento exponencial poupam menos para a aposentadoria e incorrem em mais dívidas com cartões de crédito, dois caminhos para a penúria.[21]

A não visualização de um disparo exponencial pode atingir especialistas também — até mesmo especialistas em vieses cognitivos. Quando a covid-19 chegou aos Estados Unidos e à Europa, em fevereiro de 2020, alguns cientistas sociais (entre eles, dois heróis deste livro — e nenhum deles era Kahneman) opinaram que as pessoas estavam num pânico irracional porque tinham lido sobre alguns casos medonhos e se deixado levar pelo "viés da disponibilidade" e pela "negligência da probabilidade". O risco objetivo naquela ocasião, salientaram eles, era mais baixo do que o da gripe ou da faringite estreptocócica, que todos aceitam tranquilamente.[22] A falácia das censuras à falácia consistiu em subestimar quão acelerada era a taxa de contágio da covid, com cada paciente não só infectando novos pacientes, mas também transformando cada um deles num transmissor. Em 1º de março houve apenas a morte confirmada de um norte-americano, mas, em semanas sucessivas, o número de mortes por dia cresceu para 2, 6, 40, 264, 901, 1.729, com uma soma de mais de cem mil mortes até 1º de junho, e a doença se tornou a doença com o maior risco de letalidade do país.[23] Naturalmente, os autores desses obscuros artigos de opinião não podem ser culpados pela despreocupação que embalou tantos líderes e cidadãos, levando-os a uma complacência perigosa, mas seus comentários demonstram como podem ser profundas as raízes dos vieses cognitivos.

Por que as pessoas, como George W. Bush poderia ter dito, "subestimam mal" o crescimento exponencial? Na admirável tradição do médico da peça de Molière que explicou que o ópio provoca o sono nas pessoas por causa de seu "poder dormitivo", os cientistas sociais atribuem os erros a um "viés do crescimento exponencial". De modo menos redundante, poderíamos indicar a efemeridade dos processos exponenciais nos ambientes naturais (antes de inovações históricas como o crescimento econômico e os juros compostos). Coisas que não podem durar para sempre não duram; e organismos podem se multiplicar somente até o ponto em que esgotem, contaminem ou saturem seu ambiente, deformando a curva exponencial para um S. Isso inclui as pandemias, que vão sumindo uma vez que uma quantidade suficiente de hospedeiros na manada morra ou desenvolva imunidade.

Um problema simples de lógica

Se existe alguma coisa no cerne da racionalidade, sem dúvida deve ser a lógica. O protótipo de uma inferência racional é o silogismo "Se P, então Q. P. Logo, Q". Consideremos um exemplo simples.

Suponhamos que as moedas de um país tenham a efígie de um de seus soberanos eminentes num lado e a imagem de um membro de sua magnífica fauna no verso. Agora examinemos uma simples regra de se-então: "Se uma moeda tem um rei na frente, então ela terá uma ave no verso." Temos aqui quatro moedas, com um rei, uma rainha, um alce e um pato. Quais você deve virar para determinar se a regra foi desrespeitada?

Se você procedeu como a maioria, disse "o rei" ou "o rei e o pato". A resposta certa é "o rei e o alce". Por quê? Todos concordam que se deve virar o rei, porque, caso não se encontre uma ave no verso, estaria evidente que a regra foi desrespeitada. A maioria das pessoas sabe que não faz sentido virar a rainha porque a regra diz "Se rei, então ave"; ela não diz nada a respeito de moedas com rainhas. Muitos dizem que deveríamos virar o pato; mas, quando se pensa melhor, essa moeda não vem ao caso. A regra é "Se rei, então ave", não "Se ave, então rei": se o pato estivesse na mesma moeda com uma rainha, nada estaria errado. Mas consideremos agora o alce. Se você virasse essa moeda e encontrasse um rei no verso, a regra "Se rei, então ave" teria sido transgredida. Logo, a resposta é "o rei e o alce". Em média, apenas 10% das pessoas fazem essas escolhas.

A tarefa de seleção de Wason (que traz o nome de seu criador, o psicólogo cognitivo Peter Wason) vem sendo administrada com várias regras de "Se P, então Q" há 65 anos. (A versão original usava cartões com uma letra de um lado e um número do outro, com uma regra do tipo "Se houver um D num lado, haverá um 3 no verso".) E repetidamente as pessoas viram o P, ou o P e o Q, deixando de virar o não Q.[24] Não que elas sejam incapazes de entender a resposta certa: como no Teste de Reflexão Cognitiva, assim que ela lhes é explicada, elas dão um tapa na testa e a aceitam.[25] Mas, se for deixada por conta própria, sua intuição espontânea não segue a lógica.

O que isso nos diz sobre a racionalidade humana? Uma explicação comum é a de que a tarefa revela nosso *viés de confirmação*: o mau hábito de procurar evidências que corroborem uma crença e de nos descuidarmos das evidências que possam prová-la falsa.[26] É assim que as pessoas acreditam que os sonhos são presságios porque se lembram de sonharem que um parente passava por um revés — e realmente passou —, mas se esquecem de todas as vezes em que um parente estava bem e tinham sonhado com algum revés. Ou acham que os imigrantes cometem muitos crimes porque leram no noticiário a respeito de um imigrante que assaltou uma loja, mas não pensam nos números maiores de lojas assaltadas por cidadãos nascidos no país.

O viés de confirmação é um diagnóstico comum para a insensatez humana e um objetivo para aprimorar a racionalidade. Francis Bacon

(1561-1626), que costuma receber o crédito pelo desenvolvimento do método científico, escreveu a respeito de um homem que foi levado a uma igreja e a quem foi mostrado um quadro de marinheiros que tinham escapado de um naufrágio graças aos votos sagrados que fizeram. "É", comentou ele, "mas onde está o quadro dos que se afogaram depois dos votos?".[27] E ainda observou: "É assim com todas as superstições, seja na astrologia, nos sonhos, nos presságios, nos julgamentos divinos, seja em outros temas semelhantes, nas quais os homens, por sentirem prazer com essas vaidades, realçam os acontecimentos quando se sentem realizados, mas, quando fracassam, mesmo que isso tenha acontecido com mais frequência, os desconsideram e os deixam para lá."[28] Repercutindo um célebre argumento do filósofo Karl Popper, a maioria dos cientistas de hoje insiste que a linha demarcatória entre a ciência e a pseudociência está em saber se os defensores de uma hipótese buscam deliberadamente evidências que a possam refutar e aceitam a hipótese somente se ela sobreviver.[29]

Como os seres humanos conseguem dar conta da vida com uma incapacidade para aplicar a mais elementar regra da lógica? Parte da resposta é que a tarefa de seleção é um desafio peculiar.[30] Ela não pede às pessoas que apliquem o silogismo para fazer uma dedução útil ("Aqui, uma moeda com um rei; o que está do outro lado?") nem para testar a regra em geral ("A regra vale para as moedas do país?"). Ela pergunta se a regra se aplica especificamente a cada um de um punhado de itens diante deles sobre a mesa. A outra parte da resposta é que as pessoas aplicam a lógica, sim, quando a regra envolve as obrigações e proibições da vida humana, em vez de símbolos e representações arbitrárias.

Suponhamos que os correios vendam selos de 50 centavos para envio de correspondência de terceira classe, mas exijam selos de 10 dólares para o despacho expresso. Ou seja, a correspondência corretamente identificada deve seguir a regra — "Se uma carta está marcada como 'despacho expresso', ela precisa ter um selo de dez dólares". Suponhamos que a etiqueta de endereçamento e o selo não caibam no mesmo lado do envelope, de modo que um funcionário dos correios precise virar cada envelope para verificar se o remetente seguiu a regra. Abaixo estão quatro envelopes. Imagine que você seja um funcionário dos correios.

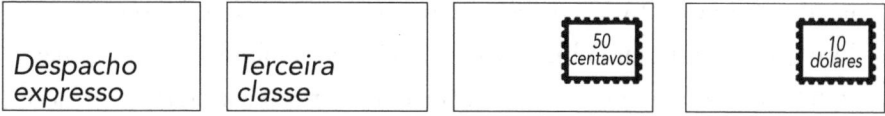

Mais uma vez, a resposta correta é P e não Q, a saber, o envelope marcado com "despacho expresso" e o envelope com o selo de 50 centavos. Embora o problema seja equivalente em termos lógicos ao problema das quatro moedas, nesse caso quase todos acertam a resposta. O conteúdo de um problema lógico faz diferença.[31] Quando uma regra do tipo "se-então" estabelece um contrato que envolve permissões e deveres — "Se você desfrutar uma vantagem, deverá pagar o custo" —, uma transgressão da regra (desfrutar a vantagem, não pagar o custo) equivale a uma trapaça, e as pessoas sabem, intuitivamente, o que é preciso para apanhar um trapaceiro. Elas não vão verificar aqueles que não estão desfrutando a vantagem nem aqueles que pagaram o valor, já que nenhum desses dois poderia tentar sair impune.

Psicólogos cognitivos debatem quais tipos de conteúdo transformam as pessoas temporariamente em especialistas em lógica. Não pode ser uma simples situação concreta qualquer — ela deve representar os tipos de desafio lógico com os quais nos sintonizamos à medida que nos desenvolvemos até a idade adulta e, talvez, quando evoluímos até nos tornarmos humanos. Monitorar um privilégio ou um dever é um desses temas que destravam a lógica; monitorar o perigo é outro. As pessoas sabem que para se certificar do cumprimento da precaução "Se você andar de bicicleta, então precisa usar capacete", elas devem verificar que toda criança de bicicleta esteja usando um capacete e que nenhuma criança sem capacete suba numa bicicleta.

Agora, uma mente que pode provar que uma regra condicional é falsa, quando as transgressões sejam equivalentes a trapaças ou à exposição ao perigo, não é exatamente uma mente lógica. A lógica, por definição, trata da forma das declarações, não de seu conteúdo: como os Ps e os Qs estão ligados por SE, ENTÃO, E, OU, NÃO, ALGUNS e TODOS, não importa o que os Ps e Qs representem. A lógica é uma realização sublime do conhecimento humano. Ela organiza nosso raciocínio no trato com temas abstratos ou pouco familiares, como as leis do governo e as da ciência; e, quando aplicada ao silício, transforma a matéria inerte em máquinas pensantes. Mas o que a mente humana não instruída maneja não é uma ferramenta de uso genérico, independente de conteúdos, com fórmulas como "[SE P, ENTÃO Q] é equivalente a NÃO [P E NÃO Q]", nas quais qualquer P e qualquer Q podem ser inseridos. Ela maneja um conjunto de ferramentas mais especializadas que associa o conteúdo pertinente ao problema às regras da lógica (sem essas regras, as ferramentas não funcionariam). Não é fácil para as pessoas separarem as regras para empregá-las em problemas novos, abstratos ou aparentemente desprovidos de significado. É para isso que serve a educação e outras instituições voltadas para aperfeiçoar a racionalidade. Elas ampliam a *racionalidade ecológica* com a qual nascemos e crescemos — nosso senso prático, nosso jogo de cintura —, enriquecendo-a com o maior espectro e as ferramentas de raciocínio mais potentes aprimoradas por nossos melhores pensadores ao longo dos milênios.[32]

Um problema simples de probabilidade

Um dos mais famosos programas de jogos na televisão dos tempos áureos do gênero, da década de 1950 à de 1980, foi *Let's Make a Deal* [Vamos fazer um trato]. Seu apresentador, Monty Hall, conquistou um segundo tipo de fama quando um dilema da teoria da probabilidade, mais ou menos baseado no programa, recebeu o seu nome.[33] Um participante do jogo está diante de três portas. Atrás de uma delas há um belo carro zero-quilômetro. Atrás das outras duas há cabras. O participante escolhe uma porta, digamos a Porta 1. Para aumentar o suspense, Monty abre uma das outras duas portas, digamos a Porta 3, que revela uma cabra. Para aumentar ainda mais o suspense, ele dá aos participantes a oportunidade de manterem a escolha original ou de mudar para a porta que não foi aberta. Você é o participante. O que deveria fazer?

Quase todos mantêm a escolha.[34] Eles calculam que, como o carro havia sido posto atrás de uma das três portas aleatoriamente, e a Porta 3 foi eliminada, agora resta uma chance de 50-50 de que o carro esteja atrás da Porta 1 ou da Porta 2. Embora mudar a escolha não os prejudique, pensam eles, ela também não os beneficia. Por isso, continuam com a primeira escolha, por inércia, orgulho ou pela expectativa de que seu arrependimento, se a troca não tiver sucesso, será muito mais forte do que seu prazer caso a troca dê certo.

O dilema de Monty Hall tornou-se famoso em 1990 quando foi apresentado na coluna "Pergunte a Marilyn" em *Parade*, uma revista incluída na edição de domingo de centenas de jornais norte-americanos.[35] A colunista era Marilyn vos Savant, conhecida na época como "a mulher mais inteligente do mundo" por causa de seu registro no *Guinness Book of World Records* com a mais alta pontuação num teste de inteligência. Vos Savant escreveu que você deveria trocar: a probabilidade de o carro estar atrás da Porta 2 era de duas em três, em comparação com uma em três para a Porta 1. A coluna recebeu dez mil cartas, mil delas de pessoas com PhDs, principalmente em matemática e estatística, que, em sua maioria, diziam que ela estava errada. Alguns exemplos:

> Você errou e errou feio! Como parece estar com dificuldade para apreender o princípio básico da operação nesse caso, vou explicar. Depois que o apresentador revela uma cabra, você agora tem uma chance em duas de acertar. Quer você troque de escolha, quer não, a probabilidade é a mesma. Já existe analfabetismo matemático em quantidade suficiente

neste país, e não precisamos que o QI mais alto do mundo o propague ainda mais. Vergonha!

— Scott Smith, PhD, Universidade da Flórida

Tenho certeza de que você receberá muitas cartas sobre esse tópico escritas por alunos de ensino médio e universitários. Talvez devesse guardar alguns endereços para obter ajuda com colunas futuras.

— W. Robert Smith, PhD,
Universidade Estadual da Geórgia

Pode ser que as mulheres encarem os problemas de matemática de modo diferente dos homens.

— Don Edwards, Sunriver, Oregon[36]

Entre os que fizeram objeções a ela estava Paul Erdös (1913-1996), o renomado matemático que era tão prolífico que muitos acadêmicos alardeiam seu "número Erdös", o comprimento da cadeia mais curta de coautorias que os ligam ao grande teórico.[37]

Só que os matemáticos, com sua arrogância machista, estavam errados e a mulher mais inteligente do mundo estava certa. Você deveria fazer a troca. Não é assim tão difícil entender o motivo. Há três possibilidades para encontrarmos o carro. Consideremos cada porta e computemos o número de vezes entre três que você poderia sair ganhando com cada estratégia. Você escolheu a Porta 1, mas é claro que esse é só um rótulo, desde que Monty siga a regra "Abra uma porta com uma cabra; se as duas têm cabras, escolha aleatoriamente", a probabilidade será a mesma, não importa qual você escolha.

Suponha que sua estratégia seja a de "Ficar" (a coluna da esquerda na ilustração). Se o carro estiver atrás da Porta 1 (superior à esquerda), você ganha. (Não importa qual das outras portas Monty abriu, porque você não fez nenhuma troca.) Se o carro estiver atrás da Porta 2 (centro à esquerda), você perde. Se o carro estiver atrás da Porta 3 (inferior à esquerda), você perde. Logo, a probabilidade de ganhar com a estratégia de "Ficar" é de uma em três.

Agora suponha que sua estratégia seja a de "Trocar" (coluna da direita). Se o carro estiver atrás da Porta 1, você perde. Se o carro estiver atrás da Porta 2, Monty teria aberto a Porta 3, e você ganha. Se o carro estiver atrás da Porta 3, ele teria aberto a Porta 2, de modo que você teria trocado para a Porta 3 e teria ganhado. A probabilidade de ganhar com a estratégia de "Trocar" é de duas em três, o dobro da probabilidade da estratégia de "Ficar".

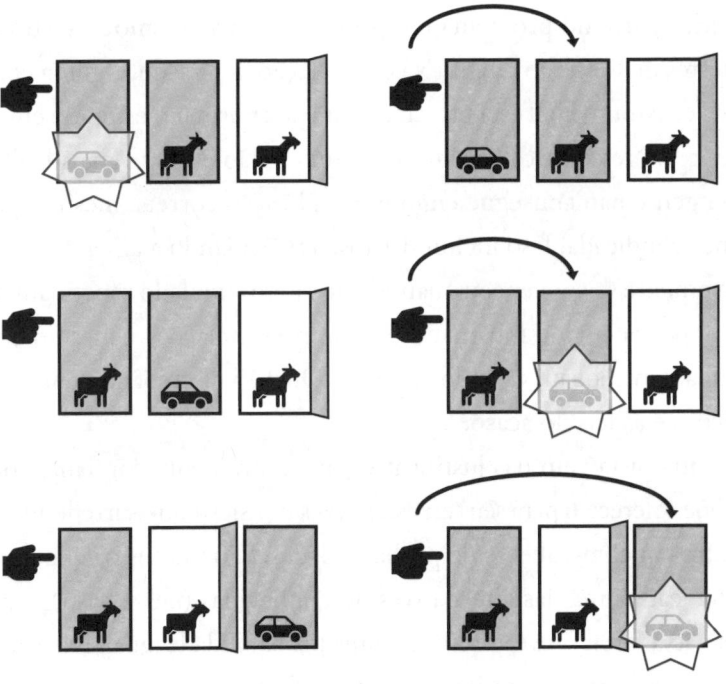

Não é preciso ser um gênio.[38] Mesmo que não repasse mentalmente as possibilidades lógicas, você poderia jogar algumas vezes usando recortes e brinquedos e anotar os resultados, como o próprio Hall fez para convencer um jornalista cético. (Hoje dá até para jogar on-line.)[39] Ou você poderia seguir a intuição — "Monty sabe a resposta e me deu uma pista; seria tolice não aproveitá-la." Por que os matemáticos, catedráticos e outros bambambãs entenderam tão mal?

Sem dúvida, houve problemas de pensamento crítico decorrentes de sexismo, de vieses contra a pessoa e de inveja profissional. Vos Savant é uma mulher atraente e elegante, sem graus de mestrado ou doutorado, que escrevia para uma revistinha cheia de receitas e fofocas e trocava brincadeiras em programas de entrevista altas horas da noite.[40] Ela desafiava o estereótipo de uma matemática, e o fato de ser uma celebridade e ter direito de se gabar por conta do *Guinness* fazia dela um grande alvo a ser derrubado.

Mas parte do problema é o problema em si. Como as pistas falsas nos testes de Reflexão Cognitiva e de seleção de Wason, alguma coisa no dilema de Monty Hall está projetada para fazer brotar o estúpido em nosso Sistema 1. Nesse caso, porém, o Sistema 2 não é muito mais brilhante. Muita gente não consegue engolir a explicação correta, mesmo quando ela lhes é indicada. Isso incluiu Erdös, que, violando a alma de matemático, somente se convenceu quando viu o jogo simulado repetidamente.[41] Muitos persistem mesmo quando assistem a simulações, e mesmo quando repetidamente jogam valendo dinheiro. Qual é a discrepância entre nossas intuições e as leis do acaso?

Uma pista vem das justificativas excessivamente confiantes que os sabichões oferecem para seus erros, às vezes transferindo-as irrefletidamente de outros quebra-cabeças de probabilidades. São muitos os que insistem em que cada uma das alternativas desconhecidas (nesse caso, as portas ainda não abertas) deve apresentar uma probabilidade igual. Isso vale para artefatos simétricos para jogos, como as faces de uma moeda ou de um dado, e é um ponto de partida razoável quando não se sabe absolutamente nada sobre as alternativas. Mas não se trata de uma lei da natureza.

Muitos visualizam a cadeia causal. O carro e as cabras foram dispostos antes da revelação; e a abertura de uma porta não tem como mudá-los de lugar após o fato. Salientar a independência de mecanismos causais é uma forma comum de desmistificar outras ilusões, como a falácia do apostador: as pessoas são levadas equivocadamente a acreditar que, após uma sequência de vermelhos, o próximo giro da roleta deveria parar no preto, quando na realidade a roleta não tem memória, de modo que cada giro é independente. Como um dos correspondentes de Vos Savant explicou em tom de superioridade: "Imagine uma corrida com três cavalos, cada um tendo uma chance igual de vencer. Se o cavalo nº 3 cair morto depois de correr quinze metros, as chances para cada um dos dois cavalos remanescentes deixam de ser de 1 para 3 e passam a ser de 1 para 2." Naturalmente, concluiu ele, não faria sentido mudar nossa aposta do cavalo nº 1 para o cavalo nº 2. Só que não é assim que o problema funciona. Imagine que, depois que você fez a aposta no nº 1, Deus anuncie: "O vencedor não vai ser o cavalo nº 3."[42] Ele poderia ter dado o aviso contra o cavalo nº 2, mas não o fez. Mudar sua aposta já não parece tão absurdo. Em *Let's Make a Deal*, Monty Hall é Deus.

O apresentador semelhante a um deus lembra-nos de como o problema de Monty Hall é estranho, pois exige um ser onisciente que desafia o propósito normal de uma conversa — compartilhar o que o ouvinte precisa saber (nesse caso, que porta esconde o carro) — e que intensifica o suspense entre terceiros.[43] E, ao contrário do mundo, cujas pistas são indiferentes a nossos esforços de investigação, o todo-poderoso Monty sabe a verdade, sabe qual é a nossa escolha e selecionou sua revelação de acordo com seu conhecimento.

A insensibilidade das pessoas diante dessa informação lucrativa, porém esotérica, indica com precisão a fragilidade cognitiva no cerne do enigma: nós confundimos *probabilidade* com *propensão*. Uma propensão é a disposição de um objeto de atuar de certas formas. Intuições acerca de propensões são uma parte importante de nossos modelos mentais do mundo. As pessoas percebem que galhos envergados tendem a voltar com violência à posição original, que os antílopes podem se cansar com facilidade, que os porcos-espinhos costumam deixar pegadas com duas marcas de almofada. Uma propensão não pode ser percebida direto (o galho voltou com violência ou não), mas ela pode ser deduzida pelo exame detido da constituição física de um objeto e pela análise das leis de causa e efeito. Um galho mais seco pode se partir, um cudo tem mais resistência na estação chuvosa, um porco-espinho tem duas almofadas proximais que deixam marcas quando o chão está macio, mas não necessariamente quando está duro.

Já a probabilidade é diferente. Ela é uma ferramenta conceitual inventada no século XVII.[44] A palavra tem vários significados, mas o que importa para a tomada de decisões arriscadas é a força de nossa crença num estado de coisas desconhecido. Qualquer fragmento de evidência que afete nossa confiança num resultado irá alterar sua probabilidade e a forma racional de agir no caso. O fato de que a probabilidade depende de conhecimento impalpável mais do que da simples constituição física ajuda a explicar por que as pessoas erram nesse dilema. Por intuição, percebem a propensão de o carro ter sido colocado atrás das portas diferentes, e sabem que abrir uma porta não altera isso. Mas as probabilidades não têm a ver com o mundo, e sim com nossa *ignorância* do mundo. Novas informações reduzem nossa ignorância e mudam a probabilidade. Se isso parece místico ou paradoxal, pense na probabilidade de que uma moeda que acabei de lançar caia mostrando cara. Para você, é 0,5. Para mim, é 1 (eu olhei). Mesmo acontecimento, conhecimento diferente, probabilidade diferente. No Dilema de Monty Hall, uma nova informação é fornecida pelo apresentador que tudo vê.

Uma implicação é que, quando a redução da ignorância proporcionada pelo apresentador está vinculada às circunstâncias físicas de modo mais transparente, a solução do problema torna-se intuitiva. Vos Savant sugeriu aos leitores que imaginassem uma variante do jogo com, digamos, mil portas.[45] Você escolhe uma. Monty revela uma cabra atrás de 998 das restantes. Você trocaria sua escolha para a porta que ele deixou fechada? Dessa vez parece claro que a escolha de Monty transmite informações que justificam uma ação. Pode-se visualizá-lo examinando as portas em busca do carro enquanto decide qual ele não abrirá; e a porta fechada é um sinal de ele ter detectado o carro e uma pista do carro em si.

Um problema simples de previsão

Uma vez que nos habituemos a atribuir números a eventos desconhecidos, podemos quantificar nossas intuições sobre o futuro. A previsão de acontecimentos é uma atividade importante. Ela fornece base para políticas, investimentos, gerenciamento de riscos e para a curiosidade normal sobre o que o futuro reserva para o mundo. Examine cada um dos acontecimentos a seguir e escreva sua estimativa da probabilidade de que ele ocorra na próxima década. Muitos deles são bastante improváveis. Por isso, vamos fazer distinções mais refinadas na parte inferior da escala e escolher uma das seguintes probabilidades para cada um: menos de 0,01%, 0,1%, 0,5%, 1%, 2%, 5%, 10%, 25% e 50% ou mais.

1. A Arábia Saudita desenvolve uma arma nuclear.
2. Nicolás Maduro renuncia como presidente da Venezuela.
3. A Rússia tem uma mulher como presidente.
4. O mundo sofre com uma pandemia nova e ainda mais letal do que a covid-19.
5. Vladimir Putin é impedido pela Constituição de se candidatar a mais um mandato como presidente da Rússia, e a esposa dele ocupa seu lugar como candidata, permitindo que ele, dos bastidores, governe o país.
6. Greves e tumultos impressionantes forçam Nicolás Maduro a renunciar como presidente da Venezuela.
7. Um vírus respiratório é transmitido de morcegos para humanos na China e dá início a uma pandemia ainda mais letal do que a covid-19.

8. Após o Irã desenvolver uma arma nuclear e testá-la numa explosão subterrânea, a Arábia Saudita desenvolve a própria arma nuclear em resposta.

Apresentei itens como esses a algumas centenas de participantes numa pesquisa. Em média, as pessoas acharam mais provável a mulher de Putin vir a ser presidente da Rússia do que uma mulher vir a ser presidente. Acharam mais provável greves forçarem Maduro a renunciar do que ele renunciar. Consideraram mais provável a Arábia Saudita desenvolver uma arma nuclear em resposta a uma bomba iraniana do que ela desenvolver uma arma nuclear. E acharam mais provável morcegos chineses iniciarem uma pandemia do que ocorrer uma pandemia.[46]

É provável que você concorde com pelo menos uma dessas comparações — foi o que fizeram 86% dos participantes que avaliaram todos os itens. Em caso positivo, você violou uma lei elementar da probabilidade, a regra da conjunção: a probabilidade de uma conjunção de eventos (A e B) deve ser menor do quê ou igual à probabilidade de qualquer um dos dois eventos (A ou B). A probabilidade de tirar uma carta de número par de espadas de um baralho, por exemplo (par e espadas), tem de ser menor do que a probabilidade de tirar uma carta de espadas, porque algumas cartas de espadas não são pares e algumas nem mesmo são números.

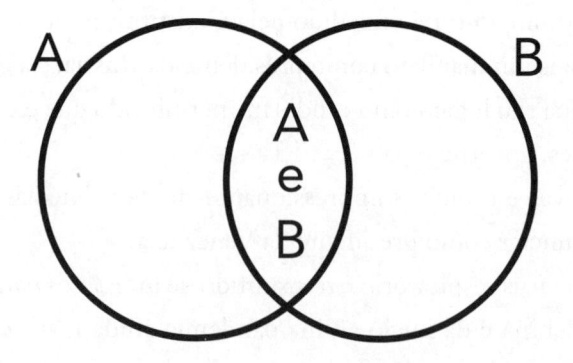

A cada par de acontecimentos no mundo, a segunda situação consiste numa conjunção de acontecimentos, um dos quais é o acontecimento na primeira situação. Por exemplo, "o Irã testa uma arma nuclear e a Arábia Saudita desenvolve uma arma nuclear" é uma conjunção que inclui "A Arábia Saudita desenvolve uma arma nuclear", e deve ter uma chance menor de acontecer, já que existem outras situações em que os sauditas poderiam desenvolver armas nucleares (para se contrapor a Israel, para ostentar hegemonia no Golfo Pérsico, e assim por diante). Pela mesma lógica, a renúncia de Maduro à presidência tem de ser mais provável do que a de Maduro renunciar à presidência após uma série de greves.

Maduro renuncia — Maduro renuncia após uma série de greves — **Série de greves**

O que as pessoas estão pensando? Uma categoria de acontecimentos descrita por somente um enunciado pode ser genérica e abstrata, sem oferecer nada a que a mente possa se agarrar. Uma categoria de acontecimentos descritos por uma conjunção de enunciados pode ser mais cheia de vida, em especial quando relata um roteiro ao qual podemos assistir no teatro da imaginação. A probabilidade intuitiva é impulsionada pela imaginabilidade: quanto mais fácil de visualizar, mais provável algo parece ser. Isso faz com que caiamos na cilada do que Tversky e Kahneman chamam de "falácia da conjunção", na qual uma conjunção é, em termos intuitivos, mais provável que qualquer um de seus elementos.

As previsões de sabe-tudos costumam ser propagadas por narrativas cheias de vida, a probabilidade que se dane.[47] Uma famosa reportagem de capa de 1994 da revista *The Atlantic*, de autoria do jornalista Robert Kaplan, previu "A anarquia por vir".[48] Kaplan vaticinou que, nas primeiras décadas do século XXI, seriam travadas guerras pelo controle de recursos não renováveis, como a água; que a Nigéria conquistaria o Níger, o Benin e a República dos Camarões; que guerras mundiais seriam travadas para dominar a África; que os Estados Unidos, o Canadá, a Índia, a China e a Nigéria se despedaçariam, e muitas regiões norte-americanas com muitos habitantes de origem hispânica eliminariam a fronteira com o México, enquanto Alberta se uniria a Montana; que o crime aumentaria nas cidades norte-americanas; que a aids se agravaria cada vez mais; junto com uma dezena de outras calamidades, crises e desastres. Contudo, enquanto o artigo se tornava uma sensação (o presidente Bill Clinton o compartilhou no interior da Casa Branca), o número de guerras civis, a proporção de pessoas sem acesso a água potável e a incidência de crimes nos Estados Unidos estavam baixando de maneira significativa.[49] Menos de três anos depois, um tratamento eficaz contra a aids começaria a extinguir a mortandade por essa síndrome. E mais de um quarto de século depois, as fronteiras nacionais praticamente não saíram do lugar.

A falácia da conjunção foi ilustrada pela primeira vez por Tversky e Kahneman, com um exemplo que se tornou célebre como "Problema de Linda":[50]

> Linda tem 31 anos, é solteira, franca e brilhante. Ela se formou em filosofia. Na universidade, nutria um interesse profundo por questões de discriminação e justiça social, além de participar de manifestações contrárias à energia nuclear.
> Indique a probabilidade de cada uma destas afirmações:
>
> Linda é professora primária.
> Linda é ativista do movimento feminista.

Linda é assistente social psiquiátrica.
Linda é caixa de banco.
Linda é vendedora de seguros.
Linda é caixa de banco e ativista do movimento feminista.

Participantes avaliaram ser mais provável que Linda fosse uma caixa de banco feminista do que caixa de banco: mais uma vez, a probabilidade de A e B foi considerada mais alta do que a probabilidade de A isoladamente. A imagem fora de moda, com sua "Linda" da geração do pós-guerra, a pouca sinceridade do elogio "brilhante", os protestos do passado e seu emprego em processo de extinção, denuncia ter sido criada no início da década de 1980. Mas, como qualquer professor de psicologia sabe, o efeito é facilmente replicável; e hoje a inteligentíssima Amanda, que participa de marchas a favor do Vidas Negras Importam, continua tendo maior probabilidade de ser uma enfermeira feminista formada do que ser uma enfermeira formada.

O problema de Linda atinge nossas intuições de forma especialmente poderosa. Ao contrário da tarefa de seleção, em que as pessoas erram quando o problema é abstrato ("Se P, então Q") e acertam quando ele se insere em certos ambientes da vida real, aqui todos concordam com a lei abstrata "prob(A e B) ≤ prob(A)", mas ficam desnorteados quando ela se apresenta no concreto. O biólogo e escritor de divulgação científica Stephen Jay Gould falou por muitos quando comentou: "Sei que o enunciado [conjuntivo] é menos provável; mesmo assim, um homúnculo em minha cabeça não para de dar pulinhos, gritando para mim: 'Mas ela não pode ser só uma caixa de banco; leia a descrição.'"[51]

Quem é hábil na arte da persuasão pode tirar partido desse homúnculo. Um promotor com pouco material para trabalhar, mas com um cadáver que o mar trouxe a uma praia, pode criar toda uma história sobre como o marido poderia, em hipótese, ter sufocado a mulher e descartado o corpo para poder se casar com a amante e começar um negócio com o dinheiro do seguro. O advogado de defesa poderia, por sua vez, contar uma história para boi dormir na qual ela poderia, em tese, altas horas da noite, ter sido vítima de uma tentativa de assalto que deu terrivelmente errado. Cada detalhe conjetural deveria, pelas leis da probabilidade, tornar o roteiro menos provável. No entanto, cada um o torna mais irresistível. Como Pooh-Bah disse em *O Mikado*, trata-se de "meros detalhes corroborativos, destinados a conferir verossimilhança artística a uma narrativa descarada e pouco convincente sob outros aspectos".[52]

A regra da conjunção é uma lei básica da probabilidade matemática, e ninguém precisa pensar em números para entendê-la. Isso deixou Tversky e Kahneman pessimistas quanto ao sentido intuitivo de probabilidade, que alegavam ser movido por estereótipos representativos e lembranças disponíveis, mais do que por um cálculo sistemático de possibilidades. Eles rejeitaram a ideia de que "dentro de cada pessoa incoerente há uma pessoa coerente tentando sair".[53]

Outros psicólogos são mais caridosos. Como vimos no caso do dilema de Monty Hall, a "probabilidade" tem alguns significados, aí incluídas a propensão física, a força justificada da crença e a frequência a longo prazo. Ainda mais um sentido é fornecido pelo *Oxford English Dictionary*: "a aparência da verdade, ou a plausibilidade de realização, que qualquer enunciado ou acontecimento apresenta à luz das evidências atuais".[54] Pessoas que se deparam com o problema de Linda sabem que "a frequência a longo prazo" não se aplica: só existe uma Linda, e ou ela é uma caixa de banco feminista ou não é. Em qualquer conversa coerente, o falante forneceria detalhes biográficos por um motivo, ou seja, para conduzir o ouvinte a uma conclusão plausível. De acordo com os psicólogos Ralph Hertwig e Gerd Gigerenzer, as pessoas podem ter inferido racionalmente que o significado cabível de "probabilidade" nesta tarefa não é um dos sentidos matemáticos em que a regra da conjunção se aplica, mas é o sentido não matemático de "grau de confiança à luz das evidências atuais", e elas sensatamente acompanharam o que as evidências indicavam.[55]

Em defesa da interpretação caridosa, muitos estudos, começando com alguns dos próprios Tversky e Kahneman, demonstram que, quando as pessoas são *incentivadas* a raciocinar sobre a probabilidade no sentido da frequência relativa, em vez de serem deixadas a lutar com o conceito enigmático da probabilidade de um caso isolado, é mais provável que elas obedeçam à regra da conjunção. Imagine mil mulheres como Linda. Quantas delas você acha que são caixas de banco? Quantas delas você acha que são caixas de banco ativistas do movimento feminista? Agora o homúnculo calou-se; uma pessoa coerente tenta sair. A incidência de erros de conjunção despenca.[56]

Quer dizer que a falácia da conjunção, a mais pura demonstração da cegueira humana para a probabilidade, é um resultado de termos ambíguos e perguntas capciosas? Tversky e Kahneman insistiam que não. Eles salientaram que as pessoas cometiam a falácia mesmo quando eram convidadas a *apostar* nas possibilidades (sim, uma maioria prefere apostar que Linda é uma caixa de banco feminista a apenas caixa de banco). E, mesmo quando a pergunta está apoiada em frequências, em que as pessoas poderiam evitar um erro de conjunção ao contar os caixas de banco mentalmente, uma minoria significativa o comete. Essa minoria se amplia até se tornar maioria, quando as pessoas avaliam cada alternativa isoladamente, em vez de ver uma ao lado da outra, e assim não é preciso que lhes esfreguem na cara o absurdo de um subconjunto ser maior do que um superconjunto.[57]

Kahneman observou que os seres humanos nunca são tão irracionais como quando protegem suas ideias prediletas. Por isso, ele propôs um novo método para resolver controvérsias científicas, substituindo o tradicional costume de os rivais se revezarem mudando as regras no meio do jogo e falando tolices numa saraivada de réplicas. Numa "colaboração entre adversários", os concorrentes concordam antecipadamente com um teste empírico que resolveria a questão e convidam um árbitro para juntar-se a eles em sua execução.[58] De modo apropriado, Kahneman colaborou com Hertwig para ver quem tinha razão acerca do problema de

Linda, convocando a psicóloga Barbara Mellers para atuar como árbitra. Os rivais concordaram em fazer três estudos que embasavam o problema em frequências ("De 100 pessoas como Linda, quantas são...?"), em vez de perguntar sobre uma Linda isolada. No relatório dos resultados complexos, o trio declarou: "Não achávamos que os experimentos resolveriam todas as questões, e realmente não aconteceu esse milagre." Mas os dois lados concordaram que as pessoas tendem a cometer a falácia da conjunção, mesmo quando lidam com frequências. E ainda concordaram que, sob as circunstâncias certas — as alternativas estando disponíveis para comparação lado a lado e a redação das alternativas não deixando nada por conta da imaginação —, as pessoas conseguem descobrir uma forma de escapar da falácia.

A moral das ilusões cognitivas

Como vamos conciliar a racionalidade, que permite que nossa espécie sobreviva por sua capacidade mental em ambientes antigos e modernos, com os disparates e gafes revelados por esses quebra-cabeças — o viés de confirmação, o excesso de confiança, a falta de foco causada por detalhes concretos e hábitos de conversação? Os erros clássicos no pensamento costumam ser chamados de "ilusões cognitivas", e são instrutivas as comparações com as conhecidas ilusões de óptica das caixas de cereais matinais e dos museus de ciências. Elas operam mais fundo do que o fato evidente de que nossos olhos e nossa mente podem nos enganar. Elas explicam como nossa espécie pode ser tão inteligente e, ainda assim, tão fácil de ser iludida.

Eis duas ilusões clássicas, trazidas à luz pelo neurocientista Beau Lotto.[59] A primeira é uma ilusão de tonalidade. Acredite ou não, as listras escuras no alto da caixa (A) e as listras brancas na frente (B) são tons idênticos de cinza (ver página seguinte). A segunda é uma ilusão de forma: os ângulos das quatro cantoneiras são idênticos, noventa graus.

[Usada com permissão de Beau Lotto]

A primeira lição é que nem sempre podemos acreditar em nossos olhos ou, mais exatamente, no Sistema 1 visual em nosso cérebro. A segunda lição é que podemos reconhecer nossos erros usando o Sistema 2 — digamos, fazendo duas perfurações num cartão para dispô-lo sobre a primeira ilustração; e alinhando seu canto com as cantoneiras na segunda.

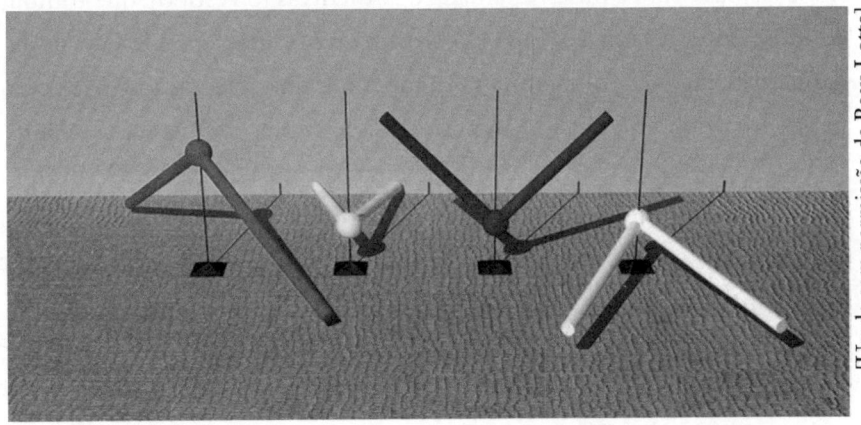

[Usada com permissão de Beau Lotto]

Mas a lição errada é que o sistema visual humano é uma geringonça defeituosa que constantemente nos engana com ficções e miragens. O sistema visual humano é uma das maravilhas do mundo. É um instrumento de precisão que pode detectar um único fóton, reconhecer milhares de formas e transpor trilhas pedregosas, bem como autoestradas de alta velocidade. Seu desempenho supera o de nossos melhores sistemas de visão artificial, que é o motivo pelo qual, no momento em que escrevo, os veículos autônomos ainda não foram soltos nas ruas das cidades apesar de décadas de pesquisa e desenvolvimento. Os módulos de visão dos veículos robóticos são propensos a confundir o reboque de um trator com um *outdoor*, ou uma placa de trânsito coberta de adesivos com uma geladeira cheia de comida.[60]

As ilusões de forma e de tonalidade não são defeitos, mas características. O objetivo do sistema visual é fornecer às demais partes do cérebro uma descrição precisa das formas em três dimensões e da composição material dos objetos diante de nós.[61] É um problema difícil porque a informação que chega ao cérebro a partir da retina não reflete diretamente a realidade. O brilho de um trecho da imagem na retina depende não só da pigmentação da superfície no mundo, mas da intensidade da iluminação que incide sobre ela: um trecho cinza poderia resultar de uma superfície preta sob uma luz forte ou de uma superfície branca sob uma luz fraca. (Essa é a base para a ilusão chamada de #thedress [o vestido], que tomou conta da internet em 2015.)[62] Uma forma na retina depende não só da geometria em 3-D do objeto, mas também de sua orientação a partir de um ponto de observação: um ângulo agudo na retina poderia ser um canto fechado visto direto ou um canto de ângulo reto escorçado. O sistema visual desfaz os efeitos dessas distorções, distribuindo a intensidade da iluminação e invertendo a trigonometria da perspectiva para entregar ao restante do cérebro uma representação que seja condizente com as formas e materiais do mundo real. O bloco de rascunho intermediário nesses cálculos — a disposição de *pixels* em 2-D que entram a partir da retina — fica oculto dos sistemas de raciocínio e planejamento do cérebro, porque eles seriam nada mais que distrações.

Graças a esse projeto, nosso cérebro não funciona muito bem como fotômetro ou transferidor, mas a verdade é que ele não precisa funcionar (a menos que sejamos pintores realistas). As ilusões vêm à tona quando se pede às pessoas que funcionem como esses instrumentos. Pede-se ao observador que veja, *na foto*, qual a luminosidade da listra, qual o grau de abertura do ângulo. As fotos foram preparadas de tal modo que propriedades simples — luminosidade igual, ângulos retos — ficassem enterradas nos blocos de rascunho que a mente consciente costuma ignorar. Se as perguntas fossem sobre as coisas no *mundo* capturadas nas fotos, nossas impressões estariam corretas. A listra cinza é realmente mais escura do que a listra branca tanto na face iluminada quanto na sombreada da caixa; as cantoneiras dispostas com inclinações diferentes estão realmente curvadas em ângulos diferentes.

Do mesmo modo, ilusões cognitivas como as apresentadas neste capítulo podem resultar de termos posto de lado o texto literal de uma pergunta quando ela entra em nosso cérebro e termos elaborado o que seria razoável que um falante no mundo social perguntasse. Fazer contas com números enganosamente evidentes, confirmar uma proposição a respeito de um punhado de indícios, escolher entre pistas fornecidas por um mestre dissimulado e onisciente e acompanhar o perfil vigoroso do caráter de alguém até uma conclusão literal, porém implausível, são atividades que se assemelham um pouco à avaliação de ângulos e de tonalidades de cinza na página impressa. Elas geram respostas incorretas, sim, mas que costumam ser respostas certas para perguntas diferentes e mais úteis. Uma mente capaz de interpretar a intenção de quem pergunta no contexto está longe de ser ingênua. É por isso que teclamos com fúria no "0" e gritamos "Atendente!" ao telefone quando o robô de algum atendimento ao consumidor repete mais uma vez uma lista de opções inúteis e somente um ser humano tem como entender o motivo de nossa chamada.

A possibilidade de explicar nossas reações irracionais não é uma desculpa para recorrer a elas, da mesma forma que nem sempre devemos confiar em nossos olhos. A ciência e a tecnologia estenderam de modo empolgante os poderes do sistema visual além do que nos foi dado pela natureza. Temos microscópios para o que é pequeno, telescópios para o distante, fotografia para o passado, iluminação para o escuro, sensores remotos para o invisível. E, à medida que enveredamos por territórios fora do casulo em que evoluímos, como os da grande velocidade e da grande altitude, acreditar em nossos sentidos pode ser fatal. As avaliações de profundidade e orientação, as quais permitem que nosso cérebro desfaça os efeitos da geometria projetiva na vida do dia a dia, dependem de linhas convergentes, da textura que recua e de curvas de nível ondulantes dispostas ao longo do solo à medida que nos movimentamos e olhamos ao redor. Quando um piloto está suspenso no ar a milhares de pés de altura, sem nada além do espaço vazio entre ele e a terra, e o horizonte está oculto por nuvens, neblina ou montanhas, seu sentido visual perde a sintonia com a realidade. Enquanto ele pilota com a cara e a coragem, sem conseguir distinguir entre aceleração e gravidade, cada correção que faz só piora as coisas, podendo levar o avião a um mergulho em espiral em questão de minutos — o destino do inexperiente e excessivamente confiante John F. Kennedy Jr. em 1999. Por melhor que seja nosso sistema visual, pilotos racionais sabem quando deixá-lo de lado e entregar sua percepção a instrumentos.[63]

E, por melhor que seja nosso sistema cognitivo, no mundo moderno precisamos saber quando deixá-lo de lado e entregar nosso raciocínio a instrumentos — as ferramentas da lógica, da probabilidade e do pensamento crítico, que ampliam os poderes da razão para além do que os que a natureza nos deu. Isso porque, no século XXI, quando pensamos com a cara e a coragem, cada correção pode piorar as coisas e levar nossa democracia a um mergulho em espiral.

2
RACIONALIDADE E IRRACIONALIDADE

Permitem que eu diga que não apreciei servir com humanos? Considero suas emoções ilógicas e tolas uma irritação constante.

— Sr. Spock

A racionalidade não é nada legal. Descrever uma pessoa com uma gíria relacionada ao uso do cérebro, como *nerd*, *cdf*, *geek* ou *gênio*, corresponde a insinuar que essa pessoa tem uma deficiência terminal de belos atributos. Há décadas, roteiros de Hollywood e letras de rock equiparam a alegria e a liberdade a uma fuga da razão. "Um homem precisa de um pouco de loucura, ou ele nunca vai ousar cortar a corda e se libertar", disse Zorba, o grego. "Pare de fazer sentido", aconselhou a música do Talking Heads. "Vamos enlouquecer", suplicou o artista anteriormente conhecido como Prince. Movimentos acadêmicos em voga, como o pós-modernismo e a teoria crítica (que não deve ser confundida com o pensamento crítico), afirmam que a razão, a verdade e a objetividade são construções sociais que justificam o privilégio de grupos dominantes. Esses movimentos apresentam um ar de sofisticação, deixando implícito que a filosofia e a ciência do Ocidente são provincianas, antiquadas, ingênuas diante da diversidade de formas de conhecimento encontradas em outros períodos e culturas. Para dizer a verdade, não muito longe de onde moro, no centro de Boston, há um esplêndido mosaico turquesa e dourado que proclama "Siga a razão". Mas ele está afixado à Grande Loja Maçônica, a fraternidade que usa fez e avental, e é a resposta para a pergunta "Qual é o contrário de antenado?".

Minha posição diante da racionalidade é "sou a favor". Apesar de não poder argumentar que a razão é massa, dez, irada, sinistra ou da hora e, a rigor, não poder nem mesmo justificar ou racionalizar a razão, eu defendo a mensagem no mosaico: nós deveríamos *seguir* a razão.

Razões para a razão

Para começar do início: o que *é* a racionalidade? Como ocorre com a maioria das palavras de uso geral, nenhuma definição consegue estabelecer seu significado exato, e os dicionários só nos levam a dar voltas: em sua maioria eles definem *racional* como "tendo razão", mas o próprio termo *razão* provém do latim *ration*, frequentemente definido como "razão".

Uma definição que é mais ou menos fiel ao uso da palavra é "a capacidade de empregar o conhecimento para atingir objetivos". O *conhecimento*, por sua vez, é tipicamente definido como "crença verdadeira justificada".[1] Nós não daríamos a alguém o crédito de ser racional se essa pessoa agisse com base em crenças reconhecidamente falsas, como, por exemplo, procurar suas chaves num lugar onde soubesse que elas não estariam; ou se essas crenças não pudessem ser justificadas — digamos, se elas viessem de uma visão induzida por drogas ou de uma alucinação, em vez da observação do mundo ou da inferência a partir de alguma outra crença verdadeira.

Ademais, as crenças devem ser mantidas a serviço de um objetivo. Ninguém recebe crédito por racionalidade simplesmente por ter pensamentos verdadeiros, como calcular os dígitos de π ou se esforçar para extrair as implicações lógicas de uma proposição ("Ou 1 + 1 = 2 ou a lua é feita de queijo", "Se 1 + 1 = 3, então elefantes voam"). Um agente racional precisa ter um *objetivo*, seja o de confirmar a veracidade de uma ideia notável, chamado de razão teórica, seja o de produzir um resultado notável no mundo, chamado de razão prática ("o que é verdadeiro" e "o que fazer"). Mesmo a racionalidade trivial de enxergar em vez de ver alucinações está a serviço do objetivo sempre presente embutido em nosso sistema visual de conhecer a realidade que nos cerca.

Além disso, um agente racional deve atingir tal objetivo sem fazer algo que por acaso funcione naquele momento e lugar, e sim ao usar qualquer conhecimento que seja pertinente às circunstâncias. Eis como William James distinguiu uma entidade racional de uma não racional — que, a princípio, pareceria estar fazendo a mesma coisa:

> Romeu deseja Julieta como a limalha deseja o ímã; e, se nenhum obstáculo interferir, ele se movimentará na direção dela numa linha tão reta quanto a da limalha. Mas caso um muro seja erguido entre eles, Romeu e Julieta não ficarão ali como patetas forçando o rosto contra os lados opostos do muro, como acontece com ímã e limalha quando separados por um papelão. Romeu logo descobre uma forma alternativa — seja escalando o muro, seja de algum outro modo — para beijar Julieta. Com a limalha, o trajeto é fixo. Se ela vai alcançar o fim depende de acidentes. Com o amante, é o fim que é fixo. O caminho pode sofrer modificações ilimitadas.²

Com essa definição, a defesa da racionalidade parece até óbvia demais: você quer as coisas ou não quer? Se quer, é a racionalidade que lhe permite obtê-las.

Ora, esse argumento a favor da racionalidade é aberto a uma objeção. Ele nos aconselha a alicerçar nossas crenças na verdade, a nos certificarmos de que nossa inferência a partir de uma crença rumo a outra é justificada e a fazer planos que tenham a probabilidade de produzir certo resultado. Mas isso apenas levanta outras questões. O que *é* a "verdade"? O que torna uma inferência "justificada"? Como sabemos que podem ser encontrados meios que de fato produzam um resultado específico? Mas a busca para fornecer a razão final, absoluta, definitiva para a existência da razão está fadada ao insucesso. Exatamente como uma criança de três anos diante de cada resposta a uma pergunta "Por quê?" retrucará com outro "Por quê?", a busca pela razão final para a razão sempre poderá ser entravada por uma busca pela razão para a razão da razão. Só porque eu acredito que P implica Q, e acredito em P, por que eu deveria acreditar em Q? Será que é porque eu também acredito que [(P implica Q) e P] implica Q? Mas por que eu deveria acreditar *nisso*? Será que é porque tenho ainda outra crença, {[(P implica Q) e P] implica Q} implica Q?

Essa regressão foi a base para o conto de Lewis Carroll de 1895, "O que a tartaruga disse a Aquiles", que imaginou a conversa que seria entabulada quando o guerreiro dos pés velozes alcançasse (mas jamais ultrapassasse) a tartaruga com sua vantagem inicial, no segundo paradoxo de Zenão. (No tempo que Aquiles levasse para cobrir a distância, a tartaruga continuaria avançando, abrindo assim uma nova distância para Aquiles transpor, *ad infinitum.*) Além de autor infantil, Carroll era lógico e, nesse artigo publicado na revista de filosofia *Mind*, ele imagina o guerreiro sentado no dorso da tartaruga e respondendo às exigências cada vez maiores desta para justificar seus argumentos, preenchendo um caderno com milhares de regras para regras para regras.[3] A moral é que o raciocínio com regras lógicas a certa altura deve ser *executado* por um mecanismo que esteja pré-programado na máquina ou no cérebro e que funcione porque é assim que o circuito opera, não porque ele consulta uma regra que lhe diz o que fazer. Nós programamos aplicativos num computador, mas sua unidade central de processamento não é em si um aplicativo. É uma peça de silício na qual operações elementares como comparar símbolos e somar números foram gravadas. Essas operações foram projetadas (por um engenheiro ou, no caso do cérebro, pela seleção natural) para executar leis da lógica e da matemática que são inerentes ao reino abstrato das ideias.⁴

Agora, apesar do sr. Spock, a lógica não é a mesma coisa que o raciocínio, e no próximo capítulo vamos examinar as diferenças. No entanto, os dois são intimamente relacionados; e as razões pelas quais as regras da lógica não podem ser executadas por ainda mais regras da lógica (*ad infinitum*) também se aplicam à justificação da razão por ainda mais razão. Em cada caso, a regra definitiva tem de ser simplesmente faça. No fim da história, os debatedores não têm escolha a não ser a de se entregar à razão, porque foi a ela que se entregaram no início da história, quando começaram uma discussão sobre o motivo pelo qual devemos seguir a razão. Desde que os envolvidos estejam debatendo, se persuadindo e então avaliando e aceitando ou rejeitando os argumentos — em contraste com, digamos, subornando ou ameaçando uns aos outros para formular palavras vazias —, já será tarde para fazer perguntas sobre o valor da razão. Eles estão recorrendo à razão para debater; e já tinham aceitado tacitamente seu valor.

Quando se trata de argumentar contra a razão, você já sai perdendo assim que se manifesta. Digamos que você afirme que a racionalidade é desnecessária. *Essa* afirmação é racional? Se você admitir que não é, não há nenhuma razão para eu acreditar nela — foi você mesmo que disse isso. Mas, se insistir que devo acreditar nela porque a afirmação é racionalmente indiscutível, você acabou de admitir que a racionalidade é a medida pela qual deveríamos aceitar crenças. Sendo esse o caso, essa afirmação em particular deve ser falsa. De modo semelhante, se você quisesse alegar que tudo é subjetivo, eu poderia perguntar: "*Essa* afirmação é subjetiva?" Se for, você pode ficar à vontade para acreditar nela, mas eu não preciso. Ou suponha que você alegue que tudo é relativo. Será que *essa* afirmação é relativa? Se for, ela pode ser verdadeira para você aqui e agora, mas não para qualquer outra pessoa ou mesmo para você depois que tiver parado de falar. É por isso que o recente lugar-comum de que estamos vivendo numa "era da pós-verdade" não pode ser verdadeiro. Se fosse verdadeiro, não seria verdadeiro porque estaria afirmando algo verdadeiro sobre a era em que estamos vivendo.

Admite-se que esse argumento, exposto pelo filósofo Thomas Nagel em *A última palavra*, é não convencional, como qualquer argumento sobre argumentos em si teria de ser.[5] Nagel comparou-o ao argumento de Descartes de que nossa existência é a única coisa de que não podemos duvidar, porque o próprio fato de nos perguntarmos se existimos pressupõe a existência de alguém que pergunta. O próprio fato de investigar o conceito de razão usando a razão pressupõe a validade da razão. Por causa dessa inconvencionalidade, não é de fato correto dizer que deveríamos "acreditar na" razão ou "ter fé na" razão. Como Nagel ressalta, "está sobrando um pensamento aí". Os pedreiros (e os maçons) entenderam certo: nós deveríamos *seguir* a razão.

Ora, argumentos a favor da verdade, da objetividade e da razão podem ficar entalados na garganta por parecerem perigosamente arrogantes: "Quem *você* pensa que é para afirmar ter a verdade absoluta?" Mas não é esse o caso na defesa da racionalidade. O psicólogo David Myers disse que a essência da crença monoteísta é: (1) Existe um Deus e (2) não sou eu (e também não é você).[6] O equivalente secular é: (1) Existe a verdade objetiva e (2) eu não a conheço (e você também não). A mesma humildade epistêmica aplica-se à racionalidade que conduz à verdade. A perfeita racionalidade e a verdade objetiva são aspirações que nenhum mortal pode jamais alegar ter alcançado. Mas a convicção de que elas existem nos concede a licença de desenvolver regras que todos podemos cumprir ao nos permitir abordar a verdade em termos coletivos de formas impossíveis para qualquer um de nós como indivíduo.

As regras são projetadas para afastar os vieses que atrapalham a racionalidade: as ilusões cognitivas embutidas na natureza humana, as intolerâncias, os preconceitos, as fobias e os "ismos" que contaminam os membros de uma raça, uma classe, um gênero, uma sexualidade ou uma civilização. Essas regras incluem os princípios do pensamento crítico e os sistemas normativos da lógica, da probabilidade e do raciocínio empírico que serão explicados nos próximos capítulos. Elas são implementadas entre as pessoas de carne e osso por instituições sociais que impedem alguns de impor seu ego, vieses ou delírios sobre todos os outros. "É preciso fazer com que a ambição se contraponha à ambição", escreveu James Madison a respeito dos critérios de separação de poderes num governo democrático; e é assim que outras instituições orientam comunidades de pessoas preconceituosas e afetadas pela ambição na direção da verdade desinteressada. Entre os exemplos estão o contraditório na justiça, a revisão pelos pares na ciência, a correção e verificação de fatos no jornalismo, a liberdade acadêmica nas universidades e a liberdade de expressão no âmbito público. A discordância é necessária nas deliberações entre mortais. Como diz o ditado, quanto mais discordamos, maior a chance de que pelo menos um de nós esteja certo.

EMBORA JAMAIS POSSAMOS *provar* que o raciocínio é sólido ou que a verdade pode ser conhecida (já que precisaríamos pressupor a solidez da razão para fazê-lo), podemos alimentar nossa confiança nisso. Quando aplicamos a razão à própria razão, descobrimos que ela não é simplesmente um impulso instintivo sem palavras, um oráculo misterioso que sussurra verdades em nossos ouvidos. Nós podemos expor as regras da razão, destilá-las e refiná-las para obter modelos normativos de lógica e probabilidade. Podemos até mesmo implementá-las em máquinas que reproduzem e superam nossa capacidade racional. Os computadores são literalmente lógica mecanizada, com seus menores circuitos chamados de portas lógicas.

Outra confirmação de que a razão tem valor está no fato de que ela *funciona*. A vida não é um sonho, no qual surgimos de repente em locais desconexos e coisas desconcertantes acontecem, sem pé nem cabeça. Ao escalar o muro, Romeu de fato consegue alcançar os lábios de Julieta. E ao empregar a razão de outras formas, nós chegamos à Lua, inventamos smartphones e erradicamos a varíola. A cooperatividade do mundo quando aplicada a razão é uma forte indicação de que a racionalidade realmente chega a verdades objetivas.

Em última análise, até mesmo relativistas que negam a possibilidade da verdade objetiva e insistem em que todas as alegações são as meras narrativas de uma cultura carecem da coragem de suas convicções. Os antropólogos culturais ou acadêmicos da literatura que sustentam que as verdades da ciência não passam de narrativas de uma cultura ainda assim permitirão que a infecção de um filho seu seja tratada com antibióticos prescritos por um médico, em vez de com um canto de cura entoado por um xamã. E, mesmo que o relativismo costume ser adornado com uma auréola moral, as convicções morais dos relativistas dependem de um compromisso com a verdade objetiva. Será que a escravidão foi um mito? Terá o Holocausto sido apenas uma de muitas narrativas possíveis? A mudança climática é uma construção social? Ou será que o sofrimento e o perigo que definem esses acontecimentos foram verdadeiros, afirmações que sabemos ser verdadeiras por causa da lógica, dos indícios e do estudo objetivo? Agora os relativistas deixam de ser tão relativos.

Pelo mesmo motivo, não pode haver um "toma lá dá cá" entre a racionalidade e a justiça social ou qualquer outra causa moral ou política. A demanda pela justiça social começa com a crença de que certos grupos são oprimidos e outros, privilegiados. Essas são alegações concretas e podem estar erradas (como os próprios defensores da justiça social insistem, ao responder à alegação de que são os homens brancos heterossexuais que são oprimidos). Nós afirmamos essas crenças porque a razão e os indícios sugerem que são verdadeiras. E por sua vez a demanda é norteada pela crença de que certas medidas são necessárias para retificar essas injustiças. Será suficiente nivelar o campo? Ou as injustiças passadas deixaram alguns grupos em desvantagem tal que somente poderá ser corrigida por políticas compensatórias? Algumas medidas específicas representariam meros tapinhas nas costas que deixam os grupos oprimidos ainda na mesma situação? Será que elas prejudicariam a questão? Defensores da justiça social precisam saber as respostas para essas perguntas, e a razão é a única forma que temos de poder saber qualquer coisa sobre qualquer coisa.

Reconhece-se que a natureza peculiar da argumentação favorável à razão sempre deixa uma brecha. Ao apresentar a defesa da razão, escrevi: "Desde que os envolvidos estejam debatendo, se persuadindo..." Mas esse "desde que" é enorme. Quem rejeita a racionalidade pode se recusar a entrar no jogo. Eles podem dizer: "Não preciso declarar para você que minhas crenças são justificadas. Suas exigências por argumentos e provas demonstram que você faz parte do problema." Em vez de sentir qualquer necessidade de tentar persuadir, as pessoas que têm certeza de estarem corretas podem impor suas crenças por meio da força. Em teocracias e autocracias, as autoridades censuram, aprisionam, exilam ou queimam os que têm as opiniões erradas. Nas democracias, a força é menos brutal, mas as pessoas ainda descobrem meios para impor uma crença em vez de argumentar em sua defesa. Universidades modernas — por estranho que pareça, já que sua missão é avaliar ideias — têm estado na vanguarda da descoberta de modos de suprimir opiniões, entre eles desconvidar palestrantes, abafar sua voz, remover de sala de aula professores polêmicos, revogar ofertas de emprego e apoio, eliminar artigos controversos de arquivos mortos e classificar diferenças de opinião como assédio e discriminação puníveis.[7] Elas respondem como o pai de Ring Lardner respondeu quando o escritor era menino: "'Cala a boca', explicou ele."

Logo, se você sabe que está certo, por que *deveria* tentar persuadir outros por meio da razão? Por que não fortalecer a solidariedade dentro de sua coalizão e mobilizá-la para a luta por justiça? Uma razão é que você estaria suscitando perguntas como, por exemplo: Você é infalível? Tem *certeza* de estar certo a respeito de *tudo*? Em caso positivo, o que o torna diferente de seus adversários, que também têm certeza de estarem certos? E de autoridades ao longo da história as quais insistiam que estavam certas, mas que agora sabemos que estavam erradas? Se precisa silenciar quem discorda de você, isso quer dizer que você não tem bons argumentos para demonstrar por que eles estão errados? A incriminadora falta de boas respostas para essas perguntas poderia afastar os que não tomaram partido, aí incluídas as gerações cujas crenças não estão gravadas em pedra.

E mais uma razão para não descartar de cara a persuasão está em que, com isso, terá deixado àqueles que discordam de você nenhuma escolha a não ser entrar no mesmo jogo e usar contra *você* a força em vez da argumentação. Eles podem ser mais fortes que você, se não agora, em algum momento no futuro. Quando isso se der, quando for você que estiver sendo calado, será tarde demais para reivindicar que suas opiniões sejam levadas a sério com base em méritos próprios.

Parar de fazer sentido?

Devemos *sempre* seguir a razão? Será que preciso de um argumento racional segundo o qual eu deveria me apaixonar, querer bem a meus filhos, apreciar os prazeres da vida? Será que às vezes não é legal fazer umas loucuras, agir como um bobo, parar de fazer sentido? Se a racionalidade é tão maravilhosa, por que a associamos a uma melancólica falta de alegria? Será que o professor de filosofia na peça *Jumpers*, de Tom Stoppard, estava certo em sua resposta à alegação de que "a Igreja é um monumento à irracionalidade"?

> A National Gallery é um monumento à irracionalidade! Todas as salas de concerto são monumentos à irracionalidade! Da mesma forma que um jardim bem cuidado, os favores de um amante ou um abrigo para cães de rua! [...] Se a racionalidade fosse o único critério para as coisas terem permissão de existir, o mundo seria uma gigantesca plantação de soja![8]

O restante deste capítulo aceita o desafio do professor. Veremos que, embora a beleza, o amor e a bondade não sejam racionais ao pé da letra, eles também não são exatamente irracionais. Podemos aplicar a razão a nossas emoções e a nossa moral; e existe mesmo uma racionalidade de ordem superior que nos diz quando pode ser racional ser irracional.

O professor de Stoppard pode ter sido induzido a um erro pelo famoso argumento de David Hume de que "a razão é, e deveria somente ser, a escrava das paixões, e não pode jamais aspirar a qualquer outra função que não a de servir e obedecer a elas".[9] Hume, um dos filósofos mais sóbrios da história do pensamento ocidental, não estava aconselhando seus leitores a agir sem pensar, viver o momento ou se apaixonar loucamente pela pessoa errada.[10] Ele estava expondo a questão lógica de que a razão é o meio para um fim e que ela não tem como lhe dizer qual seria esse fim, nem mesmo se deveria persegui-lo. Por "paixões", ele estava se referindo à fonte desses fins: gostos, desejos, impulsos, emoções e sentimentos inerentes a nós, sem os quais a razão não teria objetivos para tentar descobrir como atingi-los. É a distinção entre pensar e querer, entre acreditar em algo que considera verdadeiro e desejar alguma coisa que gostaria de realizar. Sua intenção era mais próxima de "Gosto não se discute" do que "Se lhe der prazer, faça".[11] Não é nem racional nem irracional preferir uma sobremesa de chocolate a uma de nozes com xarope de bordo. E não é de modo algum irracional manter um jardim, apaixonar-se, cuidar de cães de rua, cair na farra como se estivéssemos em 1999 ou dançar sob um céu estrelado acenando com uma das mãos.[12]

Mesmo assim, a impressão de que a razão pode se opor às emoções deve vir de algum lugar — sem dúvida, ela não é apenas um erro de lógica. Nós nos mantemos afastados de pessoas de pavio curto, imploramos que outras pessoas sejam razoáveis e nos arrependemos de várias aventuras, explosões e atos inconsequentes. Se Hume estava certo, como é possível que o oposto daquilo que ele escreveu também seja verdadeiro: que as *paixões* muitas vezes devem ser escravas da *razão*?

Na realidade, não é difícil conciliá-las. Uma de nossas metas pode ser incompatível com outras. Nossa meta em certo momento pode ser incompatível com nossas metas em outras ocasiões. E as metas de uma pessoa podem ser incompatíveis com as de outras. Com esses conflitos, de nada adianta dizer que deveríamos servir e obedecer a nossas paixões. Alguma coisa precisa ceder, e é aí que a racionalidade deve julgar. Chamamos as duas primeiras aplicações da razão de "sabedoria" e a terceira, de "moralidade". Vamos examinar cada uma.

Conflitos entre objetivos

As pessoas não querem só uma coisa. Elas querem conforto e prazer, mas também querem saúde, orgulhar-se dos filhos, ter a estima dos próximos e uma narrativa satisfatória sobre como levaram a vida. Como esses objetivos podem ser incompatíveis — *cheesecake* engorda, crianças sem supervisão se metem em encrencas e a ambição implacável gera o desdém —, nem sempre se pode ter o que se quer. Alguns objetivos são mais importantes que outros: a satisfação mais profunda, o prazer mais duradouro, a narrativa mais irresistível. Usamos a cabeça para pôr nossos objetivos em ordem de prioridade e nos dedicamos a alguns em detrimento de outros.

Na verdade, alguns de nossos objetivos aparentes nem mesmo são de fato *nossos* — são os objetivos metafóricos de nossos genes. O processo evolutivo seleciona genes que levam organismos a ter a maior quantidade possível de rebentos sobreviventes nos tipos de ambiente em que seus antepassados viveram. E eles o fazem nos dando causas como a fome, o amor, o medo, o conforto, o sexo, o poder e o *status*. Os psicólogos evolutivos chamam essas causas de "proximais", querendo dizer que elas penetram em nossa experiência consciente e nós deliberadamente tentamos cumpri-las. Pode ser observado um contraste entre elas e as causas "distais" da sobrevivência e da reprodução, que são os objetivos figurados de nossos genes — o que eles diriam que queriam se pudessem falar.[13]

Conflitos entre objetivos proximais e distais se apresentam em nossa vida como conflitos entre diferentes causas proximais. O desejo por um parceiro sexual atraente é uma causa proximal, cuja causa distal é conceber um filho. Nós o herdamos porque nossos antepassados mais libidinosos tinham, em média, uma prole maior. Contudo, conceber um filho pode não estar entre nossas causas proximais, e assim acionamos nossa razão para frustrar a causa distal, recorrendo ao uso de métodos anticoncepcionais. Ter um parceiro romântico em quem confiamos e o qual não traímos, bem como manter o respeito de nossos pares, são mais duas causas proximais, que nossas faculdades racionais podem perseguir, aconselhando nossas faculdades não tão racionais a evitar ligações perigosas. De modo semelhante, perseguimos a causa proximal de ter um corpo esbelto e saudável, quando superamos outra causa, também proximal — uma sobremesa deliciosa —, que por si mesma provém da causa distal de armazenar calorias num ambiente carente de energia.

Quando dizemos que alguém está agindo irracionalmente ou guiado pelas emoções, quase sempre estamos aludindo a más escolhas nessas soluções de compromisso. Muitas vezes, sem nem pensar, explodir de raiva com alguém que nos contrariou proporciona uma sensação maravilhosa. Contudo, com mais calma, percebemos que é melhor abafar o assunto, realizar coisas que façam com que nos sintamos ainda melhor a longo prazo, como ter uma boa reputação e um relacionamento de confiança.

Conflitos cronológicos

Como nem tudo acontece ao mesmo tempo, conflitos entre causas costumam envolver as que se cumprem em momentos diferentes. E estas, por sua vez, dão a impressão de conflitos entre *selves* diferentes, um eu presente e um eu futuro.[14]

O psicólogo Walter Mischel capturou o conflito de uma escolha angustiante que ofereceu a crianças de quatro anos num famoso experimento de 1972: um *marshmallow* agora ou dois *marshmallows* dentro de quinze minutos.[15] A vida é uma série interminável de testes do *marshmallow*, dilemas que nos forçam a escolher entre uma recompensa menor mais cedo e outra maior, mais tarde. Assistir a um filme agora ou passar num curso depois; comprar uma bugiganga agora ou pagar o aluguel depois;

curtir cinco minutos de sexo oral agora ou ter uma reputação impecável nos livros de história depois.

O dilema do *marshmallow* atende por vários nomes, entre eles o de autocontrole, atraso da recompensa, preferência temporal e desconto no futuro.[16] Ele se insere em qualquer análise da racionalidade porque ajuda a explicar o conceito equivocado de que um excesso de racionalidade resulta numa vida restrita e árida. Economistas vêm estudando a base normativa do autocontrole — quando *deveríamos* nos deleitar agora ou deixar para mais tarde —, já que essa é a base para as taxas de juros, as pessoas entregando dinheiro agora em troca de pagar depois. Eles nos relembram de que muitas vezes a escolha racional consiste em aproveitar agora: tudo depende de quando e quanto. Na realidade, essa conclusão já faz parte de nossa sabedoria popular, registrada em aforismos e piadas.

Primeiro, mais vale um pássaro na mão do que dois voando. Como você sabe que o condutor do experimento vai cumprir a promessa e o recompensar com dois *marshmallows* quando chegar a hora? Como saber que o fundo previdenciário ainda estará sólido quando você se aposentar e o dinheiro que você guardou para a aposentadoria estará disponível? Não é só a integridade imperfeita dos administradores do fundo que poderá prejudicar a recompensa postergada, é também o conhecimento imperfeito dos especialistas. "Tudo que diziam que fazia mal agora faz bem", brincamos — e hoje, com o aperfeiçoamento da ciência da nutrição, sabemos que, nas últimas décadas, nós nos privamos de ovos, camarões e castanhas sem uma boa razão.

Em segundo lugar, a longo prazo, todos morreremos. Você poderia ser atingido por um raio amanhã, e nesse caso todo o prazer postergado para a semana que vem, o ano que vem ou para a próxima década terá sido desperdiçado. Como diz a frase de para-choque: "A vida é curta. Coma a sobremesa primeiro."

Em terceiro lugar, só se é jovem uma vez. Pode custar mais pegar uma hipoteca aos trinta anos do que ir poupando e pagar a casa aos oitenta, mas com a hipoteca você consegue morar nela todos esses anos. E os anos não são só mais numerosos, mas diferentes. Como meu médico me disse uma vez, depois de um teste de audição: "A grande tragédia da vida é que quando se está velho o suficiente para ter dinheiro para comprar um excelente aparelho de som, não se consegue ouvir a diferença." Este cartum diz mais ou menos a mesma coisa:

[www.CartoonStock.com]

"Veja bem, o problema em fazer coisas para prolongar a vida é que todos aqueles anos a mais virão no final, quando já se está velho."

Esses argumentos aparecem combinados numa história. Um homem é condenado à forca por ter ofendido o sultão e apresenta um acordo ao tribunal: se lhe derem o prazo de um ano, ele ensinará o cavalo do sultão a cantar, conquistando assim sua liberdade. Quando ele volta ao banco dos réus, outro prisioneiro comenta: "Ficou maluco? Você só está adiando o inevitável. Daqui a um ano, vai ser uma encrenca dos diabos." O homem responde: "Acho que, durante um ano, muita coisa pode acontecer. Talvez o sultão morra e o novo sultão me perdoe. Talvez eu morra, e nesse caso não terei perdido nada. Talvez o cavalo morra, e eu fique livre do problema. Quem sabe? Talvez eu ensine o cavalo a cantar!"

Isso quer dizer que, afinal de contas, é racional comer o *marshmallow* agora? Não é bem assim — depende de quanto tempo você vai ter de esperar e quantos *marshmallows* vai ganhar por ter esperado. Vamos deixar de lado o envelhecimento e outras mudanças e supor, no interesse da simplicidade, que cada momento é o mesmo. Suponhamos que a cada ano haja o risco de 1% de você ser atingido por um raio. Isso quer dizer que há uma chance de 0,99 de você estar vivo daqui a um ano. Quais são as chances de você estar vivo daqui a dois anos? Para que isso aconteça, você terá tido de escapar do raio por um segundo ano, com uma probabilidade geral de 0,99 × 0,99, ou seja, $0,99^2$ ou 0,98 (vamos revisitar a matemática no Capítulo 4). Três anos, 0,99 × 0,99 × 0,99, ou $0,99^3$ (0,97); dez anos, $0,99^{10}$ (0,90); vinte anos, $0,99^{20}$ (0,82); e assim por diante — uma queda exponencial. Logo, levando em consideração a possibilidade de que você nunca venha a consumi-lo, um *marshmallow* na mão vale nove décimos de um *marshmallow* voando daqui a uma década. Outros riscos — como o de o condutor do experimento não cumprir a palavra ou a possibilidade de você não gostar mais de *marshmallows* — mudam os números, mas não a lógica. É racional descontar o futuro *exponencialmente*. É por isso que o condutor do experimento tem de prometer recompensar sua paciência, dando-lhe mais *marshmallows* quanto mais tempo você esperar — pagando juros. E os juros se acumulam exponencialmente, numa compensação pela queda também exponencial naquilo que o futuro vale para você agora.

Isso, por sua vez, quer dizer que há duas formas pelas quais viver para o presente pode ser irracional. Uma é que podemos exagerar ao descontar uma recompensa futura — atribuindo-lhe um preço baixo demais, tendo em vista nossa probabilidade de viver para vê-la acontecer e quanto prazer ela nos trará. A impaciência pode ser quantificada. Shane Frederick, inventor do Teste de Reflexão Cognitiva do capítulo anterior, distribuiu aos participantes de um estudo testes hipotéticos do *marshmallow*, usando recompensas adequadas para adultos, e descobriu que uma maioria (em especial os que caíam nas sedutoras respostas erradas das "pegadinhas") preferia 3.400 dólares aqui e agora a 3.800 dólares um mês depois, o equivalente a rejeitar um investimento com um retorno anual de 280%.[17] Na vida real, cerca de metade dos norte-americanos próximos da idade da aposentadoria não poupou *nada* para esse período: eles tinham planejado a vida porque poderiam morrer (como a maioria de nossos antepassados de fato morria).[18] Como Homer Simpson respondeu a Marge ao ser avisado de que ele se arrependeria dessa conduta: "Esse é um problema para o Homer futuro. Puxa, não invejo esse cara."

A taxa mais favorável para descontar o futuro é um problema que enfrentamos não apenas como indivíduos, mas também como sociedades, à medida que decidimos quanto dinheiro público deveríamos gastar para beneficiar a nós mesmos quando mais velhos e as gerações futuras. É preciso que se efetue o desconto. Não apenas porque um sacrifício atual seria em vão se um asteroide nos der o mesmo destino dos dinossauros. É também porque nossa ignorância do que o futuro reserva, incluindo avanços na tecnologia, cresce em termos exponenciais quanto mais adiante planejarmos. (Quem sabe? Talvez ensinemos o cavalo a cantar.) Teria feito pouco sentido que nossos antepassados um século atrás tivessem economizado demais para nos beneficiar — digamos, desviando dinheiro de escolas e estradas para estocar pulmões de aço em preparação para uma epidemia de pólio —, considerando-se que nós somos seis vezes mais ricos e resolvemos alguns dos problemas deles enquanto enfrentávamos novos problemas que eles nem teriam imaginado. Ao mesmo tempo, podemos praguejar contra algumas de suas escolhas míopes, com cujas consequências estamos convivendo, como a devastação ambiental, a extinção de espécies e o planejamento urbano voltado para o transporte rodoviário.

As escolhas públicas que encaramos hoje, como qual deveria ser o valor do imposto a pagar pelo carbono a fim de amenizar as alterações climáticas, dependem da taxa que empregamos para descontar o futuro, às vezes chamada de taxa de desconto social.[19] Uma taxa de 0,1%, que reflete somente o risco de que sejamos extintos, significa que valorizamos as gerações futuras quase tanto quanto a nós mesmos e faz com que invistamos a maior parte de nossa renda atual para fomentar o bem-estar de nossos descendentes.

Uma taxa de 3%, que pressupõe conhecimento e prosperidade crescentes, implica adiar a maior parte do sacrifício para gerações que tenham mais condições de arcar com ele. Não existe uma taxa "correta", já que ela também depende da escolha moral de como comparamos o bem-estar dos vivos com o dos que ainda não nasceram.[20] No entanto, nossa percepção de que os políticos reagem a ciclos eleitorais mais do que ao pensamento a longo prazo e nossa triste experiência de nos descobrirmos despreparados para desastres previsíveis, como furacões e pandemias, sugerem que nossa taxa de desconto social é irracionalmente alta.[21] Deixamos os problemas para o Homer futuro e não invejamos esse cara.

Existe um segundo modo de irracionalmente nos lesarmos no futuro, chamado de desconto míope.[22] Muitas vezes somos capazes de postergar a gratificação de um *self* futuro para um *self* ainda mais distante no futuro. Quando a organização de uma conferência envia antecipadamente um cardápio para o jantar principal, é fácil marcar as caixinhas para legumes no vapor e frutas, em vez de lasanha e cheesecake. O pequeno prazer de um jantar delicioso daqui a cem dias em comparação com o prazer maior de um corpo esbelto daqui a 101 dias? Nem é preciso pensar! Mas se o garçom nos tentasse com a mesma escolha durante a conferência — o pequeno prazer de um jantar delicioso daqui a quinze minutos em comparação com um corpo esbelto amanhã —, mudaríamos nossa preferência, sucumbindo à lasanha.

A inversão de preferências é chamada de míope ou de vista curta porque vemos com excessiva clareza uma tentação atraente que está perto de nós no tempo, enquanto as escolhas remotas ficam embaçadas em termos emocionais, e (um pouco ao contrário da metáfora oftalmológica) as avaliamos com mais objetividade. O processo racional do desconto exponencial, mesmo que a taxa de desconto seja exageradamente alta, não tem como explicar a troca, porque, se uma pequena recompensa iminente for mais sedutora do que uma recompensa maior mais tarde, ela ainda continuará a ser mais sedutora quando as duas recompensas forem empurradas para o futuro. (Se lasanha é mais sedutora do que legumes no vapor agora, a perspectiva de lasanha seria mais sedutora do que a perspectiva de legumes daqui a alguns meses.) Os cientistas sociais dizem que uma inversão de preferências revela que o desconto é *hiperbólico* — não no sentido de ser exagerado, mas no de acompanhar uma curva chamada de hipérbole, que tem a forma mais parecida com um L do que uma queda exponencial. Ela começa com um mergulho acentuado e depois vai se estabilizando. Duas curvas exponenciais a alturas diferentes nunca se cruzam (mais tentador agora, mais tentador sempre); já duas curvas hiperbólicas podem se cruzar. Os gráficos na página seguinte mostram a diferença. (Observe que eles marcam o tempo absoluto como aparece num relógio ou num calendário, não o tempo relativo ao agora, de modo que o eu que está vivenciando coisas neste exato momento está avançando ao longo do eixo horizontal, e o desconto é indicado nas curvas da direita para a esquerda.)

Admite-se que explicar a fraqueza da vontade por meio do desconto hiperbólico, à medida que uma recompensa fica mais próxima, é como explicar o efeito do Zolpidem por seu poder dormitivo. Mas a forma de cotovelo de uma hipérbole sugere que ela de fato seja uma composição de duas curvas, uma traçando a atração irresistível de um prazer que você não consegue tirar da cabeça (o aroma da padaria, aquele olhar convidativo, o brilho na vitrine) e a outra traçando uma avaliação mais fria dos custos e benefícios num futuro hipotético. Estudos que provocam voluntários submetidos a escaneamento, tentando-os com versões adultas do teste do *marshmallow*, confirmam que diferentes padrões cerebrais são ativados por pensamentos a respeito de pequenos prazeres iminentes e distantes.[23]

Embora o desconto hiperbólico não seja racional da forma que o desconto exponencial calibrado pode ser (já que não captura a constante acumulação da incerteza sobre o futuro), ele fornece, sim, uma abertura para o *self* racional superar em inteligência o eu impulsivo. A abertura pode ser vista no segmento mais à esquerda das hipérboles, no período em que as duas recompensas estão muito distantes no futuro, durante o qual a recompensa maior é subjetivamente mais atraente que a menor (como deveria ser, em termos racionais). Nosso eu mais calmo, bem consciente do que acontecerá à medida que o relógio for tiquetaqueando, pode cortar fora a metade direita do gráfico, nunca permitindo que chegue a hora da troca para a tentação. A artimanha foi explicada por Circe a Ulisses:[24]

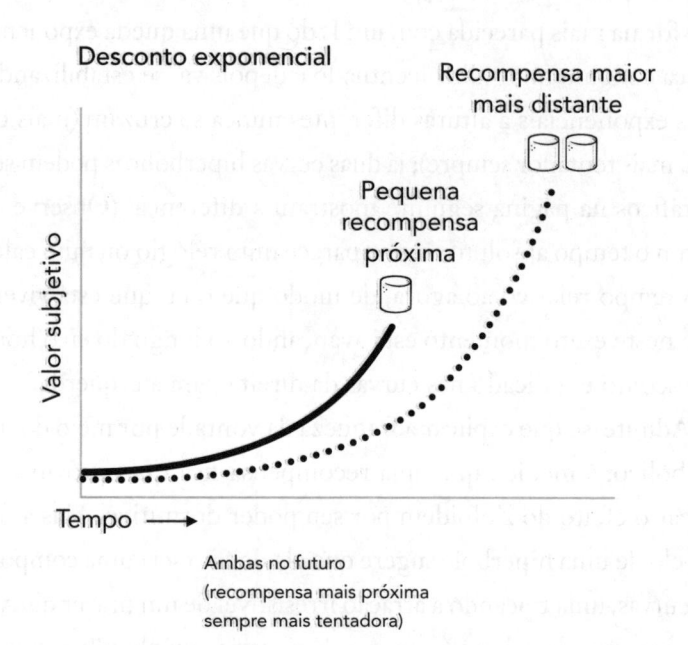

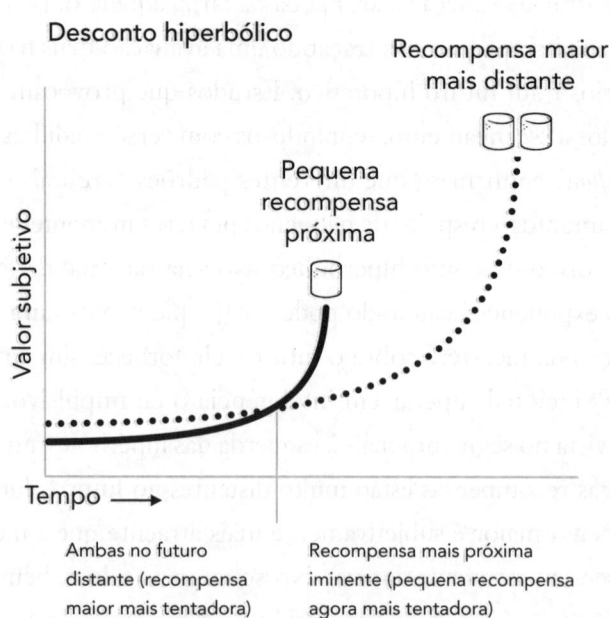

Desconto exponencial

Recompensa maior mais distante

Pequena recompensa próxima

Valor subjetivo

Tempo →

Ambas no futuro
(recompensa mais próxima
sempre mais tentadora)

Desconto hiperbólico

Recompensa maior mais distante

Pequena recompensa próxima

Valor subjetivo

Tempo →

Ambas no futuro distante (recompensa maior mais tentadora)

Recompensa mais próxima iminente (pequena recompensa agora mais tentadora)

Primeiro, você chegará às Sereias, que encantam
todos os que passam. Se um homem se aproximar delas
sem saber e der atenção a suas vozes,
esse homem jamais voltará para casa
e jamais fará sua mulher e filhos felizes
por tê-lo de volta. As Sereias,
que ficam lá sentadas em seu prado, o seduzirão
com cantos agudos. Ao redor jazem enormes
pilhas de homens, com a carne decomposta se soltando
[dos ossos,
a pele toda emurchecida. Use cera para tapar
os ouvidos de seus marinheiros quando passarem remando,
para que sejam surdos a elas. Mas, se quiser ouvi-las,
seus homens deverão amarrá-lo ao mastro do navio,
pelas mãos e pelos pés, totalmente em pé, com cordas
[apertadas.
Preso desse modo, você poderá apreciar o canto das Sereias.

A técnica é denominada autocontrole ulissiano e é mais eficaz do que o diligente exercício da força de vontade, que é facilmente derrubada pela tentação do momento.[25] Durante o precioso interlúdio, antes que o canto das Sereias chegue aos ouvidos, nossas faculdades racionais tratam de impedir a menor possibilidade de que nossos apetites nos atraiam para nossa perdição, amarrando-nos ao mastro com cordas apertadas, eliminando a opção de sucumbir. Fazemos compras de supermercado quando estamos saciados e passamos incólumes pelos biscoitos salgados e bolos que seriam irresistíveis quando estamos com fome. Instruímos nossos patrões a reter uma fração de nosso salário e separar uma porção para a aposentadoria, de tal modo que no fim do mês não sobre nada para torrarmos nas férias.

Na realidade, o autocontrole ulissiano pode subir mais um degrau e eliminar a opção de ter a opção, ou no mínimo tornar mais difícil exercê-la. Suponhamos que a ideia de um salário integral seja tão sedutora que não conseguimos nos forçar a preencher o formulário que autoriza a dedução mensal. Antes de nos depararmos com *essa* tentação, poderíamos permitir que nossos patrões fizessem a escolha por nós (bem como outras escolhas que nos beneficiam a longo prazo), inscrevendo-nos no programa geral de poupança compulsória: precisaríamos tomar medidas para sair do plano, não para entrar nele. Essa é a base da filosofia de governo chamada ironicamente de "paternalismo libertário" pelo jurista Cass Sunstein e pelo economista comportamental Richard Thaler em seu livro *Nudge*. Eles sustentam que é racional que nós demos a governos e empresas o poder de nos amarrar ao mastro, embora com cordas frouxas em vez de apertadas. Informados por pesquisas sobre o discernimento humano, especialistas elaborariam a "arquitetura de escolhas" de nossos ambientes, para tornar difícil que fizéssemos coisas tentadoras e perigosas, como o consumo, o desperdício e o roubo. Nossas instituições, de modo paternalista, atuariam como se soubessem o que é melhor para nós, enquanto nos permitiriam a liberdade de desamarrar as cordas quando estivéssemos dispostos a fazer esse esforço (liberdade que de fato poucas pessoas exercem).

O paternalismo libertário, junto com outros "*insights* comportamentais" extraídos da ciência cognitiva, tornou-se cada vez mais popular entre os analistas de políticas públicas por prometer resultados mais eficazes a baixo custo e sem investir contra princípios democráticos. Essa pode ser a mais importante aplicação prática da pesquisa sobre falácias e vieses cognitivos até o momento (embora a abordagem tenha sido criticada por outros cientistas cognitivos os quais sustentam que os humanos são mais racionais do que essa pesquisa sugere).[26]

Ignorância racional

Enquanto Ulisses fez com que o amarrassem ao mastro e racionalmente abdicou de sua opção de *agir*, seus marinheiros taparam os ouvidos com cera e racionalmente abdicaram de sua opção de *saber*. De início, parece algo enigmático. Seria possível pensar que saber é poder, e que nunca se pode saber demais. Da mesma forma que é melhor ser rico do que pobre porque, quando se é rico, sempre se pode distribuir o dinheiro e vir a ser pobre, seria de pensar que é melhor saber alguma coisa porque se pode escolher não agir com base no que se sabe. Contudo, num dos paradoxos da racionalidade, revela-se que isso não é verdadeiro. Às vezes, é de fato racional tapar os ouvidos com cera.[27] A ignorância pode ser uma bênção, e às vezes o que você não sabe não tem como feri-lo.

Um exemplo óbvio é o alerta de *spoiler*. Sentimos prazer quando assistimos ao desenrolar de um enredo, incluindo o suspense, o clímax e o desfecho, e podemos preferir não estragar esse prazer sabendo com antecedência o final. Fãs de esportes que não podem assistir a uma partida ao vivo e pretendem assistir a uma versão gravada mais tarde costumam se isolar de todo tipo de mídia e até mesmo de outros fãs que possam vazar o resultado numa indicação sutil. Muitos pais preferem não saber o sexo do bebê durante a gravidez para aumentar a alegria da hora do nascimento. Nesses casos, racionalmente escolhemos a ignorância, porque sabemos como nossas emoções positivas involuntárias funcionam e organizamos os acontecimentos para intensificar o prazer que nos darão.

Pelo mesmo raciocínio, podemos entender nossas emoções negativas e evitar consumir informações que a nosso ver viriam a nos causar dor. Muitos clientes de serviços de genômica sabem que se sentirão melhor se continuarem sem saber se o homem que diz ser seu pai é geneticamente ligado a eles. Muitos preferem não saber se herdaram um gene dominante para uma doença incurável que matou um dos genitores, como o músico Arlo Guthrie, cujo pai, Woody, morreu da doença de Huntington. Não há nada que se possa fazer a respeito — e o conhecimento antecipado de uma morte precoce e terrível traria desalento a outros aspectos da sua vida. Por sinal, a maioria de nós taparia os ouvidos se um oráculo prometesse nos dizer o dia em que morreremos.

Também evitamos conhecimento que influencie de maneira indevida nossas faculdades cognitivas. É proibido a jurados verem provas inadmissíveis provenientes de rumores, confissões forçadas ou buscas efetuadas sem mandado — "os frutos contaminados da árvore envenenada" — porque a mente humana é incapaz de ignorá-las. Bons cientistas pensam o pior acerca da própria objetividade e conduzem seus estudos pelo método duplo-cego, escolhendo não saber quais pacientes receberam o medicamento e quais receberam o placebo. Eles submetem seus artigos a uma revisão por pares sem identificação, o que exclui qualquer tentação de retaliar após uma revisão crítica; e, em algumas publicações, omitem seus nomes, para que os revisores não cedam à tentação de retribuir favores ou acertar contas.

Nesses exemplos, agentes racionais escolhem a ignorância para apostar nos próprios vieses menos que racionais. Às vezes, porém, escolhemos a ignorância para impedir que nossas faculdades racionais sejam exploradas por adversários racionais — para nos certificarmos de que eles não nos farão uma oferta que não possamos recusar. Você pode dar um jeito de não estar em casa quando o mafioso chegar com uma ameaça, ou quando o oficial de justiça tentar intimá-lo. O motorista de um carro-forte gosta de ter sua ignorância divulgada no aviso "Motorista não sabe a combinação do cofre" porque assim um assaltante não teria motivo para ameaçá-lo a fim de obter a combinação. Um refém está em melhor situação se não vir o rosto de seus sequestradores, porque isso lhes deixa um incentivo para libertá-lo. Até mesmo criancinhas malcomportadas sabem que é melhor não encarar o olhar feroz dos pais.

Incapacidade racional e irracionalidade racional

A ignorância racional é um exemplo dos desnorteantes paradoxos da razão explicados pelo cientista político Thomas Schelling em seu clássico de 1960 *The Strategy of Conflict*.[28] Em algumas circunstâncias, pode ser racional não ser ignorante, mas incapaz e, de modo ainda mais desarrazoado, irracional.

No jogo da galinha, tornado famoso no clássico de James Dean, *Juventude transviada*, dois adolescentes rumam um na direção do outro em alta velocidade numa estrada estreita, e quem desviar primeiro sai perdendo (é o "medroso", logo "galinha").[29] Como cada um sabe que o outro não quer morrer numa colisão de frente, cada um pode se manter em linha reta, pois sabe que o outro terá de dar a guinada primeiro. É claro que, quando os dois são "racionais" desse modo, temos uma receita para o desastre (um paradoxo da teoria dos jogos ao qual retornaremos no Capítulo 8). Então, existe uma estratégia para a vitória no desafio do medroso? Sim — abdique de sua capacidade de dar a guinada, travando, obviamente, o volante do carro ou pondo um tijolo no pedal do acelerador e se sentando no assento traseiro, deixando ao outro competidor nenhuma escolha a não ser a de dar a guinada. O participante que não tiver controle sai vencedor. Para ser mais preciso, o *primeiro* participante a perder o controle vence: se os dois travarem o volante ao mesmo tempo...

Embora o desafio do medroso pareça ser a síntese da tolice adolescente, ele é um dilema comum em negociações, tanto no mercado como na vida cotidiana. Digamos que você esteja disposto a pagar até 30 mil dólares por um automóvel e saiba que o veículo custou 20 mil ao revendedor. Qualquer preço entre 20 mil e 30 mil será vantajoso para os dois, mas é claro que você quer pagar o preço mais próximo possível do limite inferior e ele, do limite superior. Você poderia fazer uma oferta baixíssima, sabendo que para ele seria melhor consumar a transação do que desistir dela; mas ele poderia fazer uma proposta altíssima, a partir do mesmo conhecimento. Assim, o vendedor concorda que sua oferta é razoável, só que precisa da aprovação de seu gerente. Mas, quando volta, lamenta dizer que o gerente é inflexível e não aprovou o negócio. De modo alternativo, o comprador concorda que o preço pedido é razoável, mas precisa da aprovação do banco, que lhe recusa o empréstimo daquele valor para comprar o carro. O vencedor é quem estiver com as mãos atadas. O mesmo pode acontecer em amizades e casamentos, em que os dois parceiros prefeririam fazer alguma coisa juntos a ficar em casa, mas divergem quanto ao que mais apreciam. O parceiro com a superstição, a dificuldade ou uma personalidade enlouquecedoramente teimosa, que exclui de modo categórico a escolha do outro, vai conseguir o que quer.

Ameaças são outro território em que uma falta de controle pode proporcionar uma vantagem paradoxal. O problema com ameaças de ataque, de violência física ou de castigo consiste no fato de que pode ser custoso executar a ameaça, tornando-a um blefe que o alvo da ameaça pode pagar para ver. Para conferir-lhe credibilidade, quem faz a ameaça precisa estar decidido a executá-la, abdicando do controle que daria ao alvo o poder de ameaçá-lo de volta com uma recusa a ceder. O sequestrador de um avião que usa um cinto explosivo que pode ser detonado ao menor solavanco, ou manifestantes que se acorrentam aos trilhos diante de um trem que transporta combustível para uma usina nuclear, não têm como ser afastados de sua missão pelo medo.

O compromisso de cumprir uma ameaça pode não ser simplesmente físico, mas também emocional.[30] Seja homem, seja mulher, o parceiro romântico narcisista, de personalidade limítrofe, de pavio curto, encrenqueiro, ou o "homem de honra" que considera uma afronta intolerável ser desrespeitado e passa à agressão sem pensar nas consequências é alguém com quem você não quer se meter.

Uma falta de controle pode acabar se fundindo numa falta de racionalidade. Terroristas suicidas que acreditam numa recompensa no paraíso não podem ser dissuadidos com a perspectiva de morte na terra. De acordo com a Teoria do Louco em relações internacionais, um líder visto como impetuoso, até mesmo desequilibrado, pode coagir um adversário a lhe fazer concessões.[31] Diz-se que em 1969 Richard Nixon teria ordenado que bombardeiros com armas nucleares voassem a uma distância imprudentemente próxima da União Soviética para assustar os soviéticos e levá-los a pressionar seu aliado norte-vietnamita a negociar um fim para a guerra no Vietnã. Em 2017, o rompante de Donald Trump a respeito de usar seu mais importante botão nuclear para fazer chover fogo e fúria sobre a Coreia do Norte poderia ser interpretado, com boa vontade, como uma retomada da teoria.

A questão com a Teoria do Louco é, naturalmente, a de que os dois lados podem recorrer a ela, iniciando assim um catastrófico desafio do medroso. Ou o lado ameaçado pode sentir que não tem escolha a não ser derrubar o louco pela força, em vez de continuar com uma negociação infrutífera. No dia a dia, o parceiro mais sensato tem um incentivo para cair fora de um relacionamento com um louco ou uma louca e lidar com alguém mais racional. São essas as razões pelas quais nós todos não somos loucos o tempo todo (se bem que alguns de nós conseguimos escapar impunes disso parte do tempo).

As promessas, como as ameaças, têm um problema de credibilidade que pode exigir uma entrega do controle e do interesse pessoal racional. Como um empreiteiro pode convencer um cliente de que pagará por quaisquer danos, ou como uma tomadora de empréstimo pode convencer um prestamista de que pagará o total do valor de um empréstimo, quando eles terão todos os incentivos para não fazê-lo quando chegar a hora? A solução consiste em prestar uma caução à qual perderiam o direito, ou firmar um documento que daria poderes ao credor de retomar a posse da casa ou do veículo. Ao firmar documentos que excluem suas opções, eles passam a ser parceiros confiáveis. Em nossa vida pessoal, como convencemos um objeto de desejo de que renunciaremos a todos os outros até que a morte nos separe, quando alguém ainda mais desejável pode aparecer a qualquer momento? Podemos alardear que somos incapazes de escolher racionalmente alguém melhor porque nunca escolhemos racionalmente aquela pessoa para começar um relacionamento — nosso amor foi involuntário, irracional e suscitado pelas qualidades exclusivas, idiossincráticas, insubstituíveis daquela pessoa.[32] Não tenho como não me apaixonar por você. Sou louco(a) por você. Gosto de seu jeito de andar, gosto de seu jeito de falar.

A racionalidade paradoxal da emoção irracional tem uma capacidade inesgotável para instigar o pensamento e inspirou os enredos de tragédias, filmes de faroeste, de guerras, sobre a máfia, *thrillers* de espionagem e os clássicos da Guerra Fria, *Limite de segurança* e *Dr. Fantástico*. Mas em nenhum outro local a lógica do ilógico foi afirmada com mais vigor do que no *film noir Relíquia macabra*, de 1941, quando o detetive Sam Spade desafia os capangas de Kasper Gutman a matá-lo, sabendo que eles precisam dele para encontrar o falcão cravejado de pedras preciosas. Gutman responde:

> Essa é uma atitude, senhor, que exige o julgamento mais criterioso dos dois lados, porque, como o senhor sabe, no auge da luta é provável que os homens se esqueçam de onde estão seus melhores interesses e se deixem ser levados pelas emoções.[33]

Tabus

Podem certos pensamentos ser não apenas comprometedores em termos estratégicos, mas também nocivos a quem pensa? Esse é o fenômeno conhecido como *tabu*, de uma palavra da Polinésia para "proibido". O psicólogo Philip Tetlock mostrou que os tabus não são somente costumes dos ilhéus dos mares do Sul, mas estão ativos em todos nós.[34]

O primeiro tipo de tabu de Tetlock, as "taxas-base proibidas", tem como origem o fato de que não existem dois grupos de pessoas — homens e mulheres, pretos e brancos, protestantes e católicos, hindus e muçulmanos, judeus e não judeus — que tenham médias idênticas em qualquer traço que queiramos aferir. Tecnicamente, essas "taxas-base" poderiam ser empregadas em fórmulas atuariais e orientar previsões e políticas pertinentes a esses grupos. Seria pouco dizer que traçar esse tipo de perfil é preocupante. Examinaremos a moralidade da proibição de taxas-base na discussão do pensamento bayesiano no Capítulo 5.

Um segundo tipo é o "tabu da solução de compromisso". Os recursos são finitos na vida, e essas trocas são inevitáveis. Como nem todos valorizam tudo de modo equivalente, podemos aumentar o bem-estar de todos ao incentivar as pessoas a ceder alguma coisa que para elas é menos valiosa em troca de outra que seja mais valiosa. No entanto, em oposição a esse fato econômico há um psicológico: as pessoas tratam alguns recursos como sacrossantos e ficam ofendidas com a possibilidade de que eles possam ser trocados por artigos vulgares, como o dinheiro ou a conveniência, mesmo que todos saiam ganhando.

A doação de órgãos serve como exemplo.[35] Ninguém precisa de seus dois rins, enquanto cem mil norte-americanos precisam desesperadamente de apenas um. Essa necessidade não é coberta pelos doadores póstumos (mesmo quando o Estado dá um empurrãozinho para que concordem, tornando a doação a norma) nem pelos altruístas vivos. Se doadores saudáveis tivessem permissão de vender um rim (com o governo fornecendo vales para as pessoas que não tivessem como pagar), muita gente deixaria de passar por estresse financeiro, muitos seriam poupados da invalidez e da morte e ninguém ficaria em pior situação. Contudo, em sua maioria, as pessoas não só se opõem a esse plano, como também ficam ofendidas só com a ideia. Em vez de apresentarem argumentos contra ele, elas se sentem insultadas até mesmo com a pergunta. Mudar o pagamento do lucro imundo para vales saudáveis (digamos, para educação, atendimento de saúde ou aposentadoria) ameniza a ofensa, mas não a elimina. As pessoas ficam igualmente enfurecidas quando lhes perguntam se deveria haver mercados subsidiados para formação de júris, para o serviço militar ou para crianças oferecidas à adoção, ideias às vezes espalhadas por travessos economistas libertários.[36]

Nós nos deparamos com tabus de soluções de compromisso não apenas em políticas hipotéticas, mas em decisões orçamentárias cotidianas. Um dólar gasto em saúde ou segurança — uma passarela para pedestres, uma operação de limpeza de lixo tóxico — é 1 dólar que não foi gasto em educação, parques, museus ou aposentadorias. No entanto, editorialistas não se sentem constrangidos ao fazer proclamações sem sentido, como "Nenhum valor é alto demais para ser gasto com X" ou "Não podemos atribuir preços a Y" para produtos sagrados como o meio ambiente, as crianças, o atendimento de saúde ou as artes, como se eles estivessem preparados para fechar escolas a fim de poder pagar por usinas de tratamento de esgoto, e vice-versa. É repugnante dar um valor em dólares para uma vida humana, mas também é inevitável, porque, do contrário, os detentores do poder decisório poderão gastar quantias extravagantes em causas sentimentais ou projetos localizados que deixam sem atendimento riscos mais graves. Quando se trata de pagar pela segurança, nos Estados Unidos uma vida humana está atualmente valendo em torno de 7 milhões a 10 milhões de dólares (embora os planejadores fiquem satisfeitos em deixar o preço soterrado em densos documentos técnicos). Quando se trata de pagar pela saúde, os valores são totalmente desorganizados e confusos, um dos motivos pelos quais o sistema de atendimento de saúde nos Estados Unidos é tão caro e ineficaz.

Para demonstrar que o simples *pensar* em tabus de soluções de compromisso é percebido como algo corrosivo em termos morais, Tetlock apresentou aos participantes de um experimento a situação de um administrador de hospital diante da escolha de gastar 1 milhão de dólares para salvar a vida de uma criança doente ou destinar a quantia para despesas gerais do hospital. As pessoas condenaram o administrador se ele refletiu muito, em vez de ter decidido prontamente. E fizeram o julgamento contrário, valorizando o pensamento mais do que o impulso, quando o administrador enfrentou uma escolha trágica em vez de tabu: se deveria gastar o valor para salvar a vida de uma criança em vez da vida de outra.

A arte da retórica política consiste em ocultar, disfarçar ou reformular soluções de compromisso que envolvam tabus. Ministros de Finanças podem chamar a atenção para as vidas que uma decisão orçamentária salvará e deixar de considerar as vidas que ela custará. Reformistas podem reescrever uma transação de forma que oculte o "toma lá dá cá" no segundo plano: defensores das mulheres em zonas de meretrício falam de trabalhadoras do sexo exercendo sua autonomia, em vez de falar em prostitutas vendendo o corpo; anunciantes de seguros de vida (no passado um tabu) descrevem a apólice como um indivíduo pensando em proteger a família e não como um cônjuge apostando na morte do outro.[37]

O terceiro tipo de tabu, segundo Tetlock, é o da "heresia contrafactual". É inerente à racionalidade a capacidade de ponderar sobre o que *aconteceria* se alguma circunstância *não* fosse real. É o que nos permite pensar em leis abstratas em vez de no presente concreto, distinguir entre correlação e causalidade (Capítulo 9). A razão pela qual dizemos que o galo não faz o sol nascer, muito embora um sempre acompanhe o outro, é que *se* o galo *não* tivesse cantado, o sol ainda assim teria nascido.

Mesmo assim, as pessoas costumam considerar imoral permitir que suas mentes vagueiem por certos mundos do faz de conta. Tetlock perguntou a pessoas: "E se José tivesse abandonado Maria quando Jesus era pequeno — teria ele se tornado um adulto tão seguro e carismático?" Cristãos devotos se recusaram a responder. Alguns muçulmanos devotos são ainda mais suscetíveis. Quando Salman Rushdie publicou, em 1988, *Os versos satânicos*, romance que representava a vida de Maomé num mundo contrafactual em que parte dos mandamentos de Alá realmente provinham de Satã, o aiatolá Khomeini, do Irã, decretou uma *fatwa*, uma sentença de morte para ele. Para que essa mentalidade não pareça primitiva e fanática, experimente fazer a seguinte brincadeira no próximo jantar a que comparecer: "É claro que nenhum de nós jamais seria infiel ao parceiro. Mas vamos supor, só por hipótese, que fôssemos. Quem seria nosso/a amante?" Ou experimente a seguinte: "É claro que nenhum de nós é racista, de modo algum. Mas digamos que fôssemos — contra que grupo você teria preconceito?" (Uma parenta minha foi arrastada uma vez para esse tipo de brincadeira e desmanchou com o namorado depois que ele respondeu "Os judeus.")

Como poderia ser racional condenar o mero pensar — uma atividade que não pode, por si só, afetar o bem-estar das pessoas no mundo? Tetlock ressalta que julgamos as pessoas não só por aquilo que *fazem*, mas por quem *são*. Uma pessoa que é capaz de cogitar certas hipóteses, mesmo que até o momento tenha nos tratado bem, poderia nos apunhalar pelas costas ou nos trair mais adiante caso a tentação surgisse. Imagine que alguém lhe pergunte: "Por quanto você venderia seu filho? Ou sua amizade, cidadania, ou favores sexuais?" A resposta certa é uma recusa a responder — melhor ainda, ficar ofendido com a pergunta. Como ocorre com as desvantagens racionais em negociações, ameaças e promessas, uma desvantagem em liberdade mental pode ser uma vantagem. Nós confiamos naqueles que por sua formação são incapazes de nos trair ou a nossos valores, não naqueles que apenas optaram por não fazê-lo até o momento.

Moralidade

Outro território que é às vezes excluído do racional é o da moral. Temos como chegar a deduzir o que é certo ou errado? Temos como confirmar a dedução com dados? Não é óbvio como isso poderia ser feito. Na opinião de muita gente, "não se pode derivar um *dever ser* de um *ser*". A conclusão é às vezes atribuída a Hume, com um fundamento lógico semelhante ao de seu argumento de que a razão deve ser escrava das paixões. "Não contraria a razão", escreveu ele em frase famosa, "preferir a destruição do mundo inteiro a um arranhão em meu dedo".[38] Não se trata de Hume ter sido um sociopata insensível. Como dar meia-volta faz parte do jogo, ele continuou: "Não contraria a razão que eu escolha minha ruína total, para impedir o menor desconforto a um índio ou a uma pessoa que me seja desconhecida." Convicções morais pareceriam depender de preferências não racionais, exatamente como outras paixões. Isso estaria de acordo com a observação de que aquilo que é considerado moral e imoral varia de uma cultura para outra, como o vegetarianismo, a blasfêmia, o homossexualismo, o sexo pré-marital, as surras, o divórcio e a poligamia. Também varia de um período histórico para outro dentro de nossa cultura. Antigamente, ver de relance a meia de uma mulher era considerado escandaloso.

Deve-se de fato distinguir enunciados de teor moral de enunciados lógicos e empíricos. Filósofos da primeira metade do século XX levaram a argumentação de Hume a sério e lutaram para descobrir o que enunciados morais poderiam significar se eles não tratam da lógica nem de fatos empíricos. Alguns concluíram que "X é mau" significa pouco mais do que "X é contra as regras" ou "não gosto de X" ou mesmo "Fora X!".[39] Stoppard diverte-se com isso em *Jumpers*, quando um inspetor que está investigando uma morte por arma de fogo é informado pelo protagonista sobre a opinião de outro filósofo de que os atos imorais não são "*pecaminosos*, mas simplesmente antissociais". Surpreso, o inspetor pergunta: "Ele acha que não tem nada de *errado* em matar pessoas?" George responde: "Bem, nesses termos, é claro... Mas, *em termos filosóficos*, ele acha que na realidade não há nada de inerentemente errado no ato."[40]

Como o inspetor incrédulo, muita gente não se dispõe a reduzir a moralidade a uma convenção ou gosto. Quando dizemos "O Holocausto é terrível", será que nosso poder da razão não nos deixa nenhum modo de diferenciar essa convicção de outra como "Não gosto do Holocausto" ou "Minha cultura não aprova o Holocausto"? Será que ter escravos é mais ou menos racional do que usar turbante, quipá ou véu? Se uma criança está fatalmente doente e nós sabemos que um medicamento pode salvá-la, ministrar o medicamento não é nem um pouco mais racional do que recusá-lo?

Diante dessa implicação intolerável, algumas pessoas têm esperança de conferir moralidade a um poder maior. É para isso que serve a religião, dizem elas — opinião compartilhada por muitos cientistas, como Stephen Jay Gould.[41] Contudo, Platão já tinha liquidado esse argumento há 2.400 anos em *Eutífron*.[42] Alguma coisa é moral porque Deus a ordena ou será que Deus ordena algumas coisas porque elas são morais? Se a primeira opção é verdadeira, e Deus não tivesse nenhuma razão para seus mandamentos, por que deveríamos levar a sério seus caprichos? Se Deus ordenasse que você torturasse e matasse uma criança, isso tornaria o ato correto? "Ele nunca faria uma coisa dessas!", poderia você objetar. Mas isso nos lança para a segunda garra do dilema. Se Deus de fato tem boas razões para seus mandamentos, por que não apelamos direto a essas razões e deixamos de lado o intermediário? (Por sinal, o Deus do Antigo Testamento realmente ordenou, e com bastante frequência, que pessoas sacrificassem crianças.)[43]

Com efeito, não é difícil basear a moralidade na razão. Hume pode ter estado tecnicamente correto quando escreveu que não contraria a razão preferir o genocídio global a um arranhão em nosso mindinho. Mas seus fundamentos eram muito, muito estreitos. Como ele ressaltou, *também* não contraria a razão preferir que coisas desagradáveis nos aconteçam em vez de coisas boas — digamos dor, doença, pobreza e solidão em lugar de prazer, saúde, prosperidade e boa companhia.[44] *Ah, tá*. Mas agora digamos — irracionalmente, de modo excêntrico, teimoso, sem nenhuma boa razão — que preferimos que nos aconteçam coisas boas em lugar de coisas ruins. Façamos uma segunda suposição louca e insensata: a de que somos animais sociais que vivem com outras pessoas, não como Robinson Crusoé numa ilha deserta, de tal modo que nosso bem-estar depende do que outros fizerem, como nos ajudar quando precisamos e não nos prejudicar quando não há razão para isso.

Isso muda tudo. Assim que começamos a insistir com outros "Você não pode me ferir, nem me deixar passar fome, nem deixar que meus filhos se afoguem", não podemos também afirmar "Mas posso ferir você, posso deixá-lo passar fome e posso deixar que seus filhos se afoguem", e ainda esperar que nos levem a sério. Isso porque, assim que entabulamos uma conversa racional, não posso insistir em que somente meus interesses contam só porque eu sou eu e você não é — da mesma forma que não posso insistir em que o lugar em que me encontro é um lugar especial no Universo só porque eu por acaso estou parado aqui. Os pronomes *eu*, *mim* e *meu* não possuem nenhum peso lógico — eles trocam de lugar a cada fala na conversa. E assim qualquer argumento que privilegie meu bem-estar diante do seu, do dele ou dela, sendo todas as outras circunstâncias iguais, é irracional.

Quando se associam o interesse próprio e a sociabilidade à *imparcialidade* — a intercambiabilidade de perspectivas —, obtém-se o cerne da moralidade.[45] Obtém-se a Regra de Ouro ou as variantes que atentam para o conselho de George Bernard Shaw: "Não faça a outros o que você gostaria que outros fizessem a você: eles podem ter gostos diferentes."

Isso consolida a versão do rabino Hillel: "O que é odioso para você, não faça a seu próximo." (Essa é toda a Torá, disse ele, quando foi desafiado a explicar a Torá enquanto o ouvinte se equilibrava numa perna só; o resto é comentário.) Versões dessas regras foram descobertas de modo independente no judaísmo, no cristianismo, no hinduísmo, no zoroastrismo, no budismo, no confucionismo, no islamismo, na fé bahá'í e em outras religiões e códigos morais.[46] Entre elas, está incluída a observação de Espinosa: "Os que são governados pela razão nada desejam para si mesmos que também não desejem para o restante da humanidade." E o imperativo categórico de Kant: "Aja somente de acordo com aquela máxima segundo a qual você possa ao mesmo tempo desejar que ela se torne uma lei universal." Ou a teoria da justiça de John Rawls: "Os princípios da justiça são escolhidos por trás de um véu de ignorância" (quanto às peculiaridades da vida de cada um). Por sinal, o princípio pode ser visto na mais fundamental afirmação da moralidade de todas, a que usamos para ensinar o conceito a criancinhas: "Como *você* se sentiria se *ele* fizesse isso com *você*?"

Nenhuma dessas afirmações depende de gosto, costume ou religião. Embora o interesse próprio e a sociabilidade não sejam estritamente racionais, é difícil considerá-los independentes da racionalidade. Para começo de conversa, como os agentes racionais chegam a existir? A menos que estejamos falando de anjos racionais incorpóreos, eles são produto da evolução, com corpos e cérebros frágeis e vorazes por energia. Para terem se mantido vivos tempo suficiente para entrar numa discussão racional, devem ter afugentado lesões e a fome, instigados pelo prazer e pela dor. Além disso, a evolução opera em populações, não em indivíduos, de modo que um animal racional precisa pertencer a uma comunidade, com todos os laços sociais que o impelem a cooperar, proteger-se e copular. Pensadores na vida real devem ter um corpo e ser membros de um grupo, o que significa que o interesse próprio e a sociabilidade fazem parte do pacote da racionalidade. E com o interesse próprio e a sociabilidade vem a implicação do que chamamos de moralidade.

A imparcialidade, o principal ingrediente da moralidade, não é simplesmente um requinte lógico, uma questão da intercambiabilidade entre pronomes. Em termos práticos, ela também deixa todos, em média, em melhor situação. A vida apresenta muitas oportunidades para se ajudar alguém, ou evitar ferir alguém, a um custo baixo para cada um (Capítulo 8). Logo, se todos se comprometem a ajudar e a não ferir, todos saem ganhando.[47] É claro que isso não quer dizer que as pessoas sejam, de fato, de uma moral perfeita; só que existe um argumento racional quanto ao motivo pelo qual elas deveriam ser.

A racionalidade sobre a racionalidade

Apesar de sua falta de atrativos, deveríamos seguir a razão e, de muitos modos não óbvios, nós de fato a seguimos. A mera pergunta do motivo pelo qual deveríamos seguir a razão equivale a confessar que deveríamos. Perseguir nossos objetivos e desejos não é o oposto da razão, mas, em última análise, é a razão pela qual dispomos de razão. Usamos a razão para atingir essas metas e também organizá-las em ordem de prioridade quando elas não podem ser todas realizadas ao mesmo tempo. Ceder aos desejos no momento é racional para um ser mortal num mundo incerto, desde que momentos futuros não sejam descontados em excesso ou com uma visão muito curta. Quando o são, nosso eu presente racional pode superar um eu futuro, menos racional, restringindo suas escolhas, um exemplo da racionalidade paradoxal da ignorância, da incapacidade, da impetuosidade e do tabu. E a moralidade não se posiciona separada da razão, mas decorre dela, assim que os membros de uma espécie social com interesses pessoais lidam com imparcialidade com seus desejos mutuamente conflitantes e imbricados.

Toda essa racionalização do aparentemente irracional pode despertar a preocupação de que se poderia torcer *qualquer* peculiaridade ou perversidade de modo que revelasse algum fundamento racional oculto. Mas essa impressão não é verdadeira: às vezes o irracional é apenas o irracional. As pessoas podem se equivocar ou podem ser logradas acerca de fatos. Elas podem perder a noção de quais objetivos são mais importantes para elas e de como alcançá-los. Elas podem argumentar com falácias ou, o que é mais comum, em busca do objetivo errado, como o de ganhar uma discussão em vez de apreender a verdade. Elas podem criar situações das quais não têm como sair, podem serrar o galho em que estão sentadas, dar um tiro no próprio pé, jogar dinheiro pelo ralo, aceitar desafios do medroso até o fim trágico, enfiar a cabeça na areia, prejudicar-se para se vingar e agir como se fossem as únicas pessoas no mundo.

Ao mesmo tempo, a impressão de que a razão sempre fica com a última palavra não é infundada. Está na própria natureza da razão a possibilidade de sempre recuar um pouco, observar para ver como está sendo aplicada ou mal aplicada e pensar sobre o sucesso ou o fracasso. O linguista Noam Chomsky afirma que a essência da linguagem humana é a *recursividade*: uma locução pode conter um exemplo de si mesma sem limites.[48] Podemos falar não só do meu cachorro, mas também do cachorro do vizinho da tia do marido da amiga de minha mãe. Podemos dizer não só que ela sabe alguma coisa, mas que ele sabe que ela sabe, e ela sabe que ele sabe que ela sabe, *ad infinitum*. A estrutura recursiva da locução não é simplesmente uma forma de exibicionismo. Não teríamos desenvolvido a capacidade de emitir locuções embutidas em locuções se não tivéssemos a capacidade de ter pensamentos embutidos em pensamentos.

E é este o poder da razão: ela pode pensar sobre si mesma. Quando alguma coisa parece louca, podemos procurar um método na loucura. Quando um *self* futuro poderia agir de modo irracional, um eu atual pode superá-lo em esperteza. Quando um argumento racional resvala para uma falácia ou um sofisma, um argumento ainda mais racional o deixa exposto. E, se você discordar — se achar que há uma falha nessa argumentação —, é a razão que lhe permite isso.

3
A LÓGICA E O PENSAMENTO CRÍTICO

> O tipo moderno do leitor comum pode ser reconhecido pela cordialidade em conversas nas quais concorda com afirmações indistintas, embaçadas: diga que preto é preto, e ele balançará a cabeça em negativa sem pensar duas vezes; diga que preto não é assim tão preto, e ele responderá: "Exato." Ele não hesitará [...] em se levantar numa reunião pública e expressar sua convicção de que às vezes, e dentro de certos limites, os raios de um círculo apresentam a tendência a ser iguais; mas, por outro lado, alegaria com veemência que as pessoas podem se deixar levar um pouco demais pelo espírito da geometria.
>
> — GEORGE ELIOT[1]

No capítulo anterior, perguntamos por que os humanos parecem ser movidos pelo que o sr. Spock chamava de "emoções tolas". Neste, vamos examinar sua irritante "falta de lógica". O capítulo trata da lógica, não no sentido lato da própria racionalidade, mas no sentido técnico da inferência de afirmações verdadeiras (conclusões) a partir de outras afirmações verdadeiras (premissas). Dos enunciados "Todas as mulheres são mortais" e "Xantipa é uma mulher", por exemplo, podemos deduzir que "Xantipa é mortal".

A lógica dedutiva é uma ferramenta poderosa, apesar do fato de ela somente poder extrair conclusões que já estejam contidas nas premissas (diferentemente da lógica indutiva, tópico do Capítulo 5, que nos conduz à generalização a partir de evidências). Como as pessoas concordam a respeito de muitas proposições — todas as mulheres são mortais; oito ao quadrado é igual a 64; as pedras caem para baixo, não para cima; o assassinato é errado —, o objetivo de chegar a novas proposições, menos óbvias, é algo que todos podemos adotar. Uma ferramenta com tamanho poder permite que descubramos novas verdades sobre o mundo a partir do conforto de nossa poltrona, e a resolver disputas a respeito de coisas sobre as quais as pessoas não chegam a um acordo. O filósofo Gottfried Wilhelm Leibniz (1646-1716) fantasiou que a lógica poderia produzir uma utopia epistêmica:

> A única forma para retificar nossas argumentações consiste em torná-las tão tangíveis quanto as dos matemáticos, de tal modo que possamos encontrar nosso erro com um olhar; e quando houver disputas entre pessoas possamos simplesmente dizer: "Vamos calcular, sem mais delongas, para ver quem está certo."[2]

Você pode ter percebido que, três séculos depois, ainda não resolvemos disputas dizendo "Vamos calcular". Este capítulo explicará por quê. Uma razão é que a lógica pode ser realmente difícil, mesmo para os especialistas, e é fácil aplicar as regras de modo incorreto, o que leva a "falácias formais". Outra é que as pessoas muitas vezes nem mesmo tentam seguir as regras e cometem "falácias informais". O objetivo de expor essas falácias e persuadir as pessoas a renunciar a elas é chamado de pensamento crítico. No entanto, uma razão importante pela qual não conseguimos calcular, sem mais delongas, é a de que a lógica, como outros modelos normativos da racionalidade, é uma ferramenta adequada para a busca de certos objetivos com certos tipos de conhecimento, já em relação a outros ela não é útil.

A lógica formal e as falácias formais

A lógica é chamada "formal" não por tratar do conteúdo dos enunciados e sim de suas *formas* — de como eles são montados a partir de sujeitos, predicados e termos lógicos como E, OU, NÃO, TODOS, ALGUNS, SE e ENTÃO.³ Com frequência aplicamos a lógica a enunciados com os quais nos importamos, como, por exemplo, "O presidente dos Estados Unidos deverá ser deposto do cargo por meio de *impeachment* e da condenação por traição, suborno ou outras infrações e crimes graves". Deduzimos que, para ser deposto, um presidente deverá não apenas ser réu no processo de *impeachment*, mas deverá também ser condenado; e que ele não precisa ser condenado por traição e suborno. Uma condenação basta. Mas as leis da lógica são de uso geral: elas se aplicam seja o conteúdo pontual, obscuro, até mesmo se não fizer sentido. Foi esse ponto, e não um simples capricho, que levou Lewis Carroll a criar, em seu manual de 1896, *Symbolic Logic*, os "tontogismos", muitos dos quais ainda hoje são usados em cursos de lógica. Por exemplo, a partir das premissas "Um cachorrinho manco não agradeceria se você se oferecesse para lhe emprestar uma corda de pular" e "Você se ofereceu para emprestar ao cachorrinho uma corda de pular", pode-se deduzir que "O cachorrinho não agradeceu".⁴

Os sistemas da lógica são formalizados como regras que permitem a dedução de enunciados novos a partir de enunciados originais, por meio da substituição de algumas séries de símbolos por outras. O mais elementar é chamado de cálculo proposicional. *Calculus* é o termo em latim para "seixo" e nos relembra de que a lógica consiste em manipular símbolos de modo mecânico, sem refletir sobre seu conteúdo. Sentenças simples são reduzidas a variáveis, como P e Q, que são associadas a um valor de verdade, VERDADEIRO OU FALSO. Sentenças complexas podem ser formadas a partir de sentenças simples com os conectivos lógicos E, OU, NÃO e SE-ENTÃO.

Nem mesmo é necessário saber o que a palavra usada como conectivo significa no idioma. Seu significado resulta somente de regras que dizem se um enunciado complexo é verdadeiro, na dependência de os enunciados simples em seu interior serem verdadeiros. Essas regras são estabelecidas em tabelas-verdade. A que está à esquerda, que define o conectivo E, pode ser lida, linha a linha, como se segue: Quando P é VERDADEIRO e Q é VERDADEIRO, isso quer dizer "P E Q" VERDADEIRO. Quando P é VERDADEIRO e Q é FALSO, isso quer dizer "P E Q" FALSO. Quando P é FALSO... e assim por diante para as duas outras linhas.

P	Q	P E Q
V	V	V
V	F	F
F	V	F
F	F	F

P	Q	P OU Q
V	V	V
V	F	V
F	V	V
F	F	F

P	NÃO P
V	F
F	V

Vejamos um exemplo. No encontro fofinho da abertura da tragédia romântica *Love Story: Uma História de Amor* (1970), Jennifer Cavilleri explica a seu colega estudante de Harvard Oliver Barrett IV — quem ela, cheia de superioridade, chamou de Mauricinho — por que supôs que ele tenha estudado numa escola preparatória particular: "Você parece burro e rico." Vamos rotular "Oliver é burro" como P e "Oliver é rico" como Q. A primeira linha da tabela-verdade para E dispõe os simples fatos que precisam ser verdadeiros para a esnobada conjuntiva de Jennifer ser verdadeira: que ele é burro e que é rico. Ele argumenta (não de modo totalmente honesto): "Na realidade, sou inteligente e pobre." Vamos admitir que "inteligente" significa "NÃO burro" e "pobre" significa "NÃO rico". Entendemos, então, que Oliver a contradiz, invocando a quarta linha da tabela-verdade: se ele não é burro e não é rico, ele não pode ser "burro e rico". Se tudo o que ele queria fazer era contradizê-la, ele também poderia ter dito "Na verdade, sou inteligente e rico" (linha 2) ou "Na verdade, sou burro e pobre" (linha 3). Acontece que Oliver está mentindo — ele não é pobre, o que significa que foi falso ele afirmar que era "inteligente e pobre".

Jenny responde, com franqueza: "Não, *eu é que sou* inteligente e pobre." Suponhamos termos chegado à inferência cínica, sugerida pelo roteiro, de que os "estudantes de Harvard são ricos ou inteligentes". Essa inferência não é uma dedução, mas uma indução — uma generalização falível a partir de observações —, mas deixemos de lado como chegamos a esse enunciado e examinemos o enunciado em si, perguntando o que o tornaria verdadeiro. Ele é uma disjunção, um enunciado com um ou, e pode ser comprovado se inserirmos nosso conhecimento sobre os futuros amantes na tabela-verdade para ou (coluna do meio), com P como "rico" e Q como "inteligente". Jenny é inteligente, mesmo que não seja rica (linha 3), e Oliver é rico, embora possa ou não ser inteligente (linhas 1 ou 2), de modo que o enunciado disjuntivo acerca dos estudantes de Harvard, pelo menos no que diz respeito a esses dois, é verdadeiro.

A troca de gracinhas continua:

OLIVER: Por que você se acha tão inteligente?
JENNY: Eu não ia querer tomar café com você.
OLIVER: E eu não ia te chamar.
JENNY: É isso que mostra que você é burro.

Vamos completar a resposta de Jenny assim: "Se você me chamasse para tomar café, eu diria 'não'." Com base no que já sabemos, o enunciado é verdadeiro? Ele é uma *condicional*, uma sentença formada com um SE (o antecedente) e um ENTÃO (o consequente). Qual é sua tabela-verdade? Relembre a tarefa de seleção de Wason (no Capítulo 1) de que o único modo para "SE P, ENTÃO Q" ser falso é se P é verdadeiro enquanto Q é falso. ("Se uma carta estiver marcada como 'despacho expresso', ela precisa ter um selo de 10 dólares" significa que não pode haver nenhuma carta a ser despachada de forma expressa sem um selo de 10 dólares.) Eis a tabela:

P	Q	SE P, ENTÃO Q
V	V	V
V	F	F
F	V	V
F	F	V

Se levarmos a sério o que os estudantes disseram, Oliver não chamaria Jenny para tomar um café. Em outras palavras, P é falso, o que por sua vez significa que o enunciado SE-ENTÃO de Jenny é verdadeiro (linhas 3 e 4, terceira coluna). A tabela-verdade implica que a resposta que ela der não faz diferença: desde que Oliver nunca a chame, ela está dizendo a verdade. Agora, como o fim da cena do flerte sugere, Oliver acaba chamando-a (P passa de FALSO para VERDADEIRO), e ela aceita o convite (Q é falso). Isso quer dizer que a condicional de Jenny SE P, ENTÃO Q era falsa, como costuma acontecer nesse tipo de bate-papo brincalhão.

A surpresa lógica que acabamos de encontrar aqui — que, uma vez que o antecedente de uma condicional seja falso, a condicional inteira é verdadeira (uma vez que Oliver nunca faça o convite, Jenny está dizendo a verdade) — expõe um aspecto segundo o qual uma condicional na lógica difere de um enunciado com "se" e "então" comum. Em geral, usamos uma condicional para nos referirmos a uma previsão legítima, baseada numa lei causal verificável, como em "Se você tomar café, vai ficar acordado". Não nos contentamos em considerar a condicional verdadeira só porque ela nunca foi testada, como "Se você comer areia higiênica para gato, vai ficar acordado", o que seria verdadeiro em termos lógicos se você nunca comesse areia higiênica. Queremos que haja embasamento para acreditar que nas situações contrafactuais em que P é verdadeiro (você de fato come areia higiênica para gatos), NÃO Q (você dorme) não aconteceria. Quando se sabe que o antecedente de uma condicional é falso ou é necessariamente falso, somos tentados a dizer que a condicional é sem efeito, descabida, especulativa ou até mesmo sem sentido, não que ela é verdadeira. Mas no sentido lógico estipulado na tabela-verdade, na qual SE P, ENTÃO Q é simplesmente um sinônimo de NÃO [P E NÃO Q], esse é o estranho resultado: "Se os porcos tivessem asas, então 2 + 2 = 5" é verdadeiro, da mesma forma que "Se 2 + 2 = 3, então 2 + 2 = 5". Por esse motivo, os especialistas em lógica usam um termo técnico para designar a condicional no sentido da tabela-verdade, chamando-a de "condicional material".

Segue-se um exemplo da vida real do motivo pelo qual a diferença é importante. Suponhamos que queiramos dar notas a celebridades com base no acerto de suas previsões. Como deveríamos tratar uma previsão condicional, feita em 2008, "Se Sarah Palin viesse a ser presidente, ela tornaria ilegais todos os abortos"? A celebridade ganharia crédito porque a afirmação, em termos lógicos, é verdadeira? Ou ela não deveria ser computada de modo algum? Na verdadeira competição de previsões da qual o exemplo foi extraído, os analistas precisaram decidir o que fazer com previsões desse tipo, e decidiram não contá-la como uma previsão real: preferiram interpretar a condicional em seu sentido corriqueiro, não como uma condicional material no sentido lógico.[5]

A diferença entre "se" na linguagem cotidiana e SE na lógica é apenas um exemplo de como os símbolos mnemônicos que usamos como conectivos na lógica formal não são sinônimos com os usos que lhes damos nas conversas, nas quais, como todas as palavras, eles possuem significados múltiplos, cuja ambiguidade é resolvida a partir do contexto.[6] Quando ouvimos "Ele se sentou e me contou a história de sua vida", interpretamos esse "e" como um indicador de que ele primeiro fez uma coisa e depois a outra, embora em termos lógicos pudesse ter sido na ordem contrária (como na piada de outros tempos, "Eles se casaram e tiveram um neném, mas não nessa ordem"). Quando o assaltante diz "A bolsa ou a vida", em termos técnicos seria certo dizer que se poderia ficar com a bolsa e a vida porque P OU Q abrangem o caso em que P é verdadeiro e Q é verdadeiro. Mas não seria recomendável insistir em convencê-lo disso; todo mundo interpreta o "ou" no contexto como o conectivo lógico xou, "ou exclusivo", P ou Q e não [P e Q]. É também por isso que, quando o cardápio oferece "sopa ou salada", não discutimos com o garçom afirmando que, em termos lógicos, temos direito aos dois. E em termos técnicos, proposições como "Uma rosa é uma rosa", "Trato é trato", "É o que é" e "Às vezes um charuto é só um charuto" são tautologias vazias, necessariamente verdadeiras graças à sua forma e, portanto, desprovidas de conteúdo. Mas nós as interpretamos como se tivessem um significado; no último exemplo (atribuído a Sigmund Freud), interpretamos que um charuto nem sempre é um símbolo fálico.

Mesmo quando as palavras ficam presas a seus significados lógicos estritos, a lógica seria um exercício sem importância se consistisse tão somente em confirmar se enunciados com termos lógicos são verdadeiros ou falsos. Seu poder deriva de regras de *inferência* válida: pequenos algoritmos que permitem que se salte de premissas verdadeiras para uma conclusão verdadeira. O mais famoso chama-se "afirmação do antecedente" ou *modus ponens* (as premissas estão escritas acima da linha, a conclusão abaixo):

se P, então Q
P
―――
Q

"Se alguém é uma mulher, então ela é mortal. Xantipa é uma mulher. Logo, Xantipa é mortal." Outra regra válida de inferência chama-se "negação do consequente", a lei da contraposição, ou *modus tollens*:

se P, então Q
não Q
―――
não P

"Se alguém é uma mulher, então ela é mortal. Esteno, uma Górgona, é imortal. Logo, Esteno, uma Górgona, não é uma mulher."

Essas são as mais famosas, mas de modo algum as únicas regras válidas de inferência. Desde quando Aristóteles pela primeira vez formalizou a lógica até fins do século XIX, quando começou a ser matematizada, foi basicamente uma taxonomia das diversas formas segundo as quais seria possível ou não deduzir conclusões a partir de várias coleções de premissas. Por exemplo, existe a adição disjuntiva, que é válida, mas na maioria das vezes inútil:

$$\frac{P}{P \text{ ou } Q}$$

"Paris fica na França. Logo, Paris fica na França ou unicórnios existem." E há o silogismo disjuntivo ou o processo de eliminação, que é mais útil:

$$\frac{P \text{ ou } Q}{\text{NÃO } P}$$
$$\overline{Q}$$

"A vítima foi morta com um cano de chumbo ou com um castiçal. A vítima não foi morta com um cano de chumbo. Logo, a vítima foi morta com um castiçal." Conta-se que o lógico Sidney Morgenbesser e sua namorada fizeram terapia de casal, durante a qual o par estremecido não parava de expor queixas mútuas. O terapeuta, exasperado, acabou lhes dizendo: "Olhem, alguém vai ter que mudar." Morgenbesser retrucou: "Bem, eu não vou mudar. E ela não vai mudar. De modo que *você* vai ter que mudar."

Ainda mais interessante é o Princípio da Explosão, também conhecido como "A partir da contradição, pode-se concluir qualquer coisa".

```
      P
   NÃO P
   ─────
      Q
```

Suponha que você acredite em P, "Hextable fica na Inglaterra". Suponha que você também acredite em NÃO P, "Hextable não fica na Inglaterra". Pela adição disjuntiva, você pode ir de P para P OU Q, "Hextable fica na Inglaterra ou unicórnios existem". Então, pelo silogismo disjuntivo, você pode ir de P OU Q e NÃO P para Q: "Hextable não fica na Inglaterra. Logo, unicórnios existem." Parabéns! Você acabou de provar em termos lógicos que unicórnios existem. Com frequência, as pessoas citam erroneamente Ralph Waldo Emerson ao dizer: "A coerência é o bicho-papão de mentes insignificantes." Na realidade, ele escreveu uma coerência *tola*, que ele aconselhava "grandes almas" a superar, mas, seja como for, a censura é duvidosa.[7] Se seu sistema de crenças contém uma contradição, você pode acreditar em qualquer coisa. (Morgenbesser disse uma vez acerca de um filósofo de quem não gostava: "Esse é um cara que afirmou tanto P quanto não P, e depois extraiu todas as consequências.")[8]

A forma pela qual regras válidas de inferência podem gerar conclusões absurdas expõe um ponto importante a respeito de argumentos lógicos. Um argumento *válido* aplica corretamente regras de inferência às premissas. E só nos diz que *se* as premissas forem verdadeiras, então a conclusão deve ser verdadeira. Ele não garante que as premissas de fato *sejam* verdadeiras; e, portanto, nada diz sobre a veracidade da conclusão. Pode-se contrastá-lo com um argumento *sólido*, um que aplique as regras de forma correta a premissas *verdadeiras*, e assim gere uma conclusão verdadeira. Eis um argumento válido, mas não sólido: "Se Hillary Clinton vencer a eleição de 2016, então Tim Kaine será o vice-presidente em 2017. Hillary Clinton vence a eleição de 2016. Logo, Tim Kaine é o vice-presidente em 2017." Não se trata de um argumento sólido porque Clinton não venceu a eleição. "Se Donald Trump vencer a eleição de 2016, então Mike Pence será o vice-presidente em 2017. Donald Trump vence a eleição de 2016. Logo, Mike Pence é o vice-presidente em 2017." Esse argumento é tanto válido quanto sólido.

Apresentar um argumento válido como se fosse sólido é uma falácia comum. Um político promete: "Se eliminarmos o desperdício e a fraude da burocracia, poderemos reduzir os impostos, elevar os benefícios e equilibrar o orçamento. Vou eliminar o desperdício e a fraude. Por isso, votem em mim, e tudo ficará melhor." Felizmente, as pessoas costumam detectar uma falta de solidez, e dispomos de uma coleção de respostas para o sofista que tira conclusões plausíveis de premissas duvidosas: "Essa é uma hipótese remota." "Se querer fosse poder..." "Imagine uma vaca esférica." (Entre cientistas, derivada de uma piada sobre um físico contratado por um pecuarista para aumentar a produção leiteira.) E então, meu preferido, em iídiche, *As di bubbe volt gehat beytsim volt zi gevain mayn zaidah*, ou seja, "Se minha avó tivesse testículos, ela seria meu avô".

É claro que muitas inferências não são nem mesmo válidas. Os lógicos clássicos também compilaram uma lista de inferências inválidas ou falácias formais, sequências de enunciados em que as conclusões podem parecer derivar das premissas, mas na realidade não derivam. A mais famosa dessas é a *afirmação do consequente*: "SE P, ENTÃO Q. Q. Logo P." Se chover, então as ruas ficam molhadas. As ruas estão molhadas. Logo, choveu. O argumento não é válido: um caminhão de lavagem de ruas pode ter acabado de passar. Uma falácia equivalente consiste em *negar o antecedente*: "SE P, ENTÃO Q. NÃO P. Logo NÃO Q." Não choveu, logo as ruas não estão molhadas. Também não é válido, e pela mesma possível razão. Um jeito diferente de expor isso é que um enunciado "SE P, ENTÃO Q" não acarreta necessariamente sua recíproca, "SE Q, ENTÃO P", nem sua inversão, "SE NÃO P, ENTÃO NÃO Q".

Mas as pessoas são propensas a afirmar o consequente, confundindo "P implica Q" com "Q implica P". É por isso que na tarefa de seleção de Wason tantas pessoas a quem foi pedido que confirmassem "Se D, então 3" desviram a carta 3. É por isso que políticos conservadores norte-americanos incentivam os eleitores a resvalar de "Se alguém é socialista, é provável que seja democrata" para "Se alguém é democrata, é provável que seja socialista". É por isso que certos malucos proclamam que todos os grandes gênios da história foram ridicularizados em seu tempo, esquecendo-se de que "Se gênio, então ridicularizado" não implica "Se ridicularizado, então gênio". Algo a ser lembrado pelos preguiçosos que ressaltam o fato de as empresas de tecnologia mais bem-sucedidas terem sido abertas por estudantes que abandonaram a faculdade.

Felizmente, as pessoas muitas vezes detectam a falácia. Muitos de nós crescidos na década de 1960 ainda reprimimos risinhos diante da patrulha contra as drogas da época, a qual dizia que todo usuário de heroína começou com a maconha, logo, a maconha é uma droga de entrada para a heroína. E ainda temos Irwin, o hipocondríaco, que disse ao médico: "Tenho certeza de que estou com uma doença no fígado." "Impossível", respondeu o médico. "Se você tivesse alguma doença no fígado, nunca ia ficar sabendo. Não sentiria nenhum tipo de desconforto." Irwin retruca: "É exatamente esse o meu sintoma!"

Por sinal, se você esteve prestando muita atenção à redação dos exemplos, terá percebido que não fui firme e meticuloso, como deveria ter sido se a lógica consistisse em manipular símbolos. Em vez disso, às vezes alterei os sujeitos, tempos, números e auxiliares. "Alguém é uma mulher" tornou-se "Xantipa é uma mulher"; "Você me chamasse" alternou com "Ele acaba por chamá-la"; "Você precisa usar capacete" foi trocado por "toda criança esteja usando capacete". Essas alterações importam: "Você precisa usar capacete" naquele contexto não contradiz literalmente "nenhuma criança sem capacete". É por isso que os especialistas em lógica desenvolveram lógicas mais poderosas que decompõem os Ps e Qs do cálculo proposicional em partes menores. Essas incluem o cálculo de predicados, que distingue sujeitos de predicados e TODOS de ALGUNS; a lógica modal, que distingue enunciados que por acaso são verdadeiros neste mundo, como "Paris é a capital da França", daqueles que são necessariamente verdadeiros em todos os mundos, como "$2 + 2 = 4$"; a lógica temporal, que distingue passado, presente e futuro; e a lógica deôntica, que trata da permissão, da obrigação e do dever.[9]

Reconstrução formal

Qual é a utilidade de ser capaz de identificar os vários tipos de argumentos válidos e inválidos? Muitas vezes, eles podem expor o raciocínio falacioso na vida cotidiana. A argumentação racional consiste em preparar um alicerce comum de premissas que todos aceitem como verdadeiras, junto com enunciados condicionais que, de acordo com todos, fazem uma proposição derivar de outra, e então processar tudo por regras válidas de inferência que produzam as implicações lógicas, e somente as lógicas, das premissas. Com frequência, um argumento não atinge esse ideal: ele usa uma regra enganosa de inferência, como a afirmação do consequente; ou depende de uma premissa que nunca foi enunciada de modo explícito, transformando o silogismo naquilo que os lógicos chamam de entimema. Ora, nenhum mortal tem o tempo ou a capacidade de atenção para explicitar até a última premissa e implicação numa argumentação, de modo que na prática quase todos os argumentos são entimemas. Mesmo assim, pode ser instrutivo desembalar a lógica de um argumento como um conjunto de premissas e condicionais para melhor detectar os pressupostos que estão faltando e as falácias. A isso chamamos de reconstrução formal, e os professores de filosofia às vezes passam essa tarefa a seus alunos para lhes afiar o raciocínio.

Eis um exemplo. Candidato nas primárias presidenciais dos democratas para 2020, Andrew Yang propôs uma plataforma para implementar uma Renda Básica Universal (RBU). Segue-se um excerto de seu site no qual ele justifica a política (a numeração dos enunciados é minha):

(1) As pessoas mais inteligentes do mundo preveem agora que um terço dos norte-americanos perderá o emprego para a automação em doze anos.
(2) Nossas políticas atuais não estão equipadas para lidar com essa crise.

(3) Se os norte-americanos não tiverem fonte de renda alguma, o futuro pode ser muito sombrio.

(4) Uma RBU de mil dólares por mês — com recursos de um Imposto de Valor Agregado — garantiria que todos os norte-americanos se beneficiassem da automação.[10]

Os enunciados (1) e (2) são premissas factuais — vamos pressupor que sejam verdadeiras. O (3) é um enunciado condicional e incontroverso. Ocorre uma lacuna de (3) para (4), mas ela pode ser transposta em dois passos. Está faltando uma condicional (mas ela é razoável) — (2a) "Se os norte-americanos perderem o emprego, não terão fonte de renda" —, e há a negação (válida) do consequente de (3), gerando "Se não for para o futuro ser sombrio, os norte-americanos precisam ter uma fonte de renda". Contudo, mediante um exame detalhado, descobrimos que o antecedente de (2a), "Os norte-americanos perderão o emprego", nunca foi afirmado. Tudo o que temos é (1) — que as pessoas mais inteligentes do mundo *preveem* que eles perderão o emprego. Para chegar de (1) ao antecedente de (2a), precisamos acrescentar mais uma condicional (1a): "Se as pessoas mais inteligentes do mundo preveem alguma coisa, ela se realizará." Mas sabemos que essa condicional é falsa. Einstein, por exemplo, anunciou em 1952 que somente a criação de um governo mundial, P, impediria a iminente autodestruição da humanidade, Q (SE NÃO P, ENTÃO Q), e, no entanto, não foi criado nenhum governo mundial (NÃO P) e a humanidade não se destruiu (NÃO Q — pelo menos com o pressuposto de que "iminente" signifique "dentro de algumas décadas"). Por outro lado, algumas coisas podem se realizar sendo previstas por pessoas que não são as mais inteligentes do mundo, mas são especialistas no tema em pauta — nesse caso, a história da automação. Alguns desses especialistas preveem que, para cada emprego perdido para a automação, um novo há de se concretizar e não temos como antever: operadores de empilhadeira desempregados serão retreinados para trabalhar como técnicos de remoção de tatuagens, projetistas de figurinos para videogames, moderadores de conteúdo em mídias sociais e psiquiatras para animais de estimação. Nesse caso, o argumento seria falho — um terço dos norte-americanos não perderia necessariamente o emprego e uma RBU seria prematura ao tentar evitar uma crise inexistente.

O sentido desse exercício não é criticar Yang, que foi admiravelmente explícito em sua plataforma, nem sugerir que façamos um diagrama de uma tabela lógica para cada argumento que examinarmos — o que seria intolerável de tão enfadonho —, mas o hábito da reconstrução formal, mesmo que levado a cabo parcialmente, muitas vezes pode expor inferências falaciosas e premissas não enunciadas em qualquer argumento que, de outra forma, permaneceriam ocultas; e isso vale a pena cultivar.

Pensamento crítico e falácias informais

Embora falácias formais, como a negação do antecedente, possam ser expostas quando um argumento é formalmente reconstruído, os erros mais comuns no raciocínio não podem ser identificados dessa forma. Em vez de violar nitidamente a forma de um argumento no cálculo proposicional, os debatedores exploram algum atrativo irresistível em termos psicológicos, mas espúrio em termos intelectuais. São as chamadas falácias *informais*, e fãs da racionalidade dão-lhes nomes, fazem coleções delas às dúzias e as organizam (junto com as falácias formais) em páginas da web, pôsteres, fichas didáticas e nos roteiros de cursos de calouros sobre "pensamento crítico".[11] (Não pude resistir; ver os índices.)

Muitas falácias informais provêm de uma característica do raciocínio humano que se encontra tão profundamente enraizada em nós que, de acordo com os cientistas cognitivos Dan Sperber e Hugo Mercier, foi a pressão seletiva que permitiu o desenvolvimento do raciocínio. Nós gostamos de vencer discussões.[12] Num fórum ideal, o vencedor de um debate é o que tem a posição mais irrefutável. Mas pouca gente tem a paciência de um rabino para reconstruir formalmente um argumento e avaliar sua correção. A conversa comum é mantida por ligações intuitivas que nos permitem unir os pontos, mesmo quando o debate está longe de uma clareza talmúdica. Debatedores capazes podem explorar esses hábitos para criar a ilusão de que uma proposição está alicerçada numa sólida base lógica, quando na realidade ela está levitando em pleno ar.

Em destaque entre as falácias informais está a do *espantalho*, a imagem de um adversário que é mais fácil de derrubar do que o verdadeiro adversário. "Noam Chomsky alega que as crianças nascem falando." "Kahneman e Tversky dizem que os seres humanos são imbecis." Ela tem uma variante em tempo real, usada por entrevistadores agressivos, a tática do *você-está-dizendo-é-que*. "Hierarquias marcadas pela dominância são comuns no reino animal, mesmo em criaturas simples como as lagostas." "Quer dizer que o que você está dizendo é que deveríamos organizar nossas sociedades pelo exemplo das lagostas."[13]

Da mesma forma que debatedores podem sub-repticiamente substituir a proposição de um opositor por outra que seja mais fácil de atacar, também podem substituir a própria proposição por uma que seja mais fácil de defender. Podem recorrer à *falácia da exceção*, como explicar que a percepção extrassensorial falha em testes experimentais porque é prejudicada pelas vibrações negativas dos céticos. Ou que as democracias nunca iniciam guerras, com exceção da Grécia antiga, mas eles tinham escravos; e da Inglaterra no período georgiano, mas os cidadãos comuns não tinham direito ao voto; e dos Estados Unidos no século XIX, mas suas mulheres não podiam votar; e da Índia e do Paquistão, mas esses eram Estados recém-criados. Eles podem *mudar as regras no meio do jogo*, exigindo que reduzamos os gastos com policiamento, mas depois explicando que só estão querendo realocar parte do orçamento para o atendimento de emergências. (Os conhecedores da racionalidade chamam essa tática de falácia de *motte-and-bailey*, que descreve o castelo medieval com uma torre apinhada, mas inexpugnável [*motte*], para a qual as pessoas podem ir quando invasores atacam o pátio [*bailey*], mais desejável, mas menos defensável.)[14] Eles podem afirmar que nenhum escocês põe açúcar no mingau, e quando forçados a encarar Angus, que põe açúcar no mingau, dizem que isso prova que Angus não é um escocês de verdade. A falácia do *nenhum escocês de verdade* também explica por que nenhum verdadeiro cristão jamais mata, nenhum Estado verdadeiramente comunista é repressor e nenhum verdadeiro apoiador de Trump endossa a violência.

Essas táticas vão aos poucos se transformando na *petição de princípio*, em inglês "*begging the question*", uma expressão que os filósofos imploram que as pessoas não usem como um equivalente incorreto de "levantar a questão", mas a reservem para a falácia informal de pressupor o que se está tentando provar. Ela inclui explicações circulares, como na *virtus dormitiva* de Molière (a explicação dada por seu médico para o motivo pelo qual o ópio provoca o sono), e pressuposições tendenciosas, como na clássica "Quando você parou de bater em sua mulher?". Numa piada, um homem gaba-se do melodioso cantor solista de sua sinagoga e outro retruca: "É! Se eu tivesse aquela voz, seria tão bom quanto ele."

Sempre é possível manter uma crença, não importa qual seja, e dizer que o *ônus da prova* cabe a quem discordar. Bertrand Russell reagiu a essa falácia quando o desafiaram a explicar por que era ateu e não agnóstico, já que ele não podia provar que Deus não existe. Ele respondeu: "Ninguém pode provar que não existe entre a Terra e Marte um bule de porcelana girando numa órbita elíptica."[15] Às vezes, os dois lados recorrem à falácia, levando ao estilo de debate conhecido como "pingue-pongue do ônus". ("Cabe a você o ônus da prova." "Não, o ônus da prova cabe a *você*.") Na realidade, como nosso ponto de partida é a ignorância a respeito de tudo, o ônus da prova cabe a qualquer um que queira demonstrar qualquer coisa. (Como veremos no Capítulo 5, o raciocínio bayesiano oferece um modo baseado em princípios para determinar, pela razão, a quem deveria caber o ônus à medida que o conhecimento se acumula.)

Outra tática diversionista é chamada de *tu quoque*, expressão latina para "você também", também conhecida como "*e-o-que-dizer*". Era uma das preferidas entre os apologistas da União Soviética no século XX, que apresentavam a seguinte defesa de sua repressão totalitária: "E o que dizer de como os Estados Unidos tratam seus negros?" Em mais uma piada, uma mulher chega cedo do trabalho e encontra o marido na cama com sua melhor amiga. O homem, espantado, exclama: "O que você está fazendo em casa tão cedo?!" Ela retruca: "O que *você* está fazendo na cama com minha melhor amiga?!" Ele responde prontamente: "Não mude de assunto!"

A alegação da turma de Yang sobre "as pessoas mais inteligentes do mundo" é um exemplo brando do *argumento de autoridade*. A autoridade à qual se apela costuma ser religiosa, como na canção evangélica e no adesivo de para-choque "Deus disse, eu creio, isso me basta". Mas também pode ser de natureza política ou acadêmica. Panelinhas de intelectuais costumam girar em torno de um guru cujos pronunciamentos passam a ser um evangelho laico. Muitas investigações acadêmicas têm início com "Como Derrida nos ensina..." — ou Foucault, Butler, Marx, Freud ou Chomsky. Bons cientistas repudiam essa forma de expressão, mas às vezes são mencionados como autoridades por terceiros. Costumo receber cartas que me repreendem por eu me preocupar com a mudança climática provocada pelo homem porque, elas salientam, esse ou aquele brilhante físico ou cientista agraciado com o prêmio Nobel a nega. Mas Einstein não foi a única autoridade científica cujas opiniões fora de sua especialidade foram menos do que legítimas. Em seu artigo "The Nobel Disease: When Intelligence Fails to Protect against Irrationality" [A doença do Nobel: Quando a inteligência não consegue proteger contra a irracionalidade, em tradução literal], Scott Lilienfeld e colaboradores enumeram as crenças precárias de dezenas de cientistas laureados, entre elas, a eugenia, as megavitaminas, a telepatia, a homeopatia, a astrologia, a fitoterapia, a sincronicidade, a pseudociência racial, a fusão a frio, tratamentos alternativos para o autismo e a negação de que a aids seja causada pelo HIV.[16]

Como o argumento a partir da autoridade, a falácia da *popularidade* explora o fato de sermos primatas sociais, favoráveis à hierarquia. "A maioria das pessoas que conheço considera a astrologia algo científico, logo, deve haver algo de verdade nela." Embora possa não ser verdade que "a maioria está sempre errada", é óbvio que ela nem sempre está certa.[17] Os livros de história estão cheios de manias, fraudes, caças às bruxas e outros extraordinários delírios populares e loucuras das multidões.

Outra contaminação do aspecto intelectual pelo social é a tentativa de refutar uma ideia insultando o caráter, os motivos, os talentos, os valores ou a preferência política da pessoa que a sustenta. A falácia é chamada de argumento *ad hominem*, contra a pessoa. Uma versão tosca, mas comum, é endossada por Wally em *Dilbert*:

[DILBERT © 2020 Scott Adams, Inc. Usado com permissão de ANDREWS MCMEEL SYNDICATION. Todos os direitos reservados.]

Muitas vezes a expressão é mais cortês, mas não menos falaciosa. "Não precisamos levar a sério o argumento de Smith. Ele é um homem branco, heterossexual e dá aula numa faculdade de administração." "O único motivo pelo qual Jones defende a ideia de que a mudança climática está acontecendo é isso lhe conceder subsídios e bolsas, além de convites para fazer palestras TED." Tática semelhante é a falácia *genética*, que não tem nada a ver com o DNA, mas está relacionada às palavras "gênese" e "gerar". Ela designa a avaliação de uma ideia não por sua veracidade, mas por suas origens. "Brown obtève seus dados do *CIA World Factbook*, e essa agência derrubou governos democráticos na Guatemala e no Irã." "Johnson citou um estudo custeado por uma fundação que apoia a eugenia."

Às vezes, as falácias *ad hominem* e genética são combinadas para criar correntes de *culpa por associação*: "A teoria de Williams deve ser repudiada porque ele discursou numa conferência organizada por alguém que publicou um livro com um capítulo escrito por alguém que fez uma declaração racista." Embora ninguém possa negar o prazer de atacar um "canalha", as falácias *ad hominem* e genética são verdadeiramente falaciosas: boas pessoas podem ter crenças ruins, e vice-versa. Vejamos um exemplo oportuno: conhecimentos que poderiam salvar vidas no âmbito da saúde pública, entre eles o efeito carcinogênico da fumaça do tabaco, foram descobertos por cientistas nazistas; e a indústria do fumo não pestanejou em rejeitar a ligação entre o fumo e o câncer porque se tratava de "ciência nazista".[18]

Ainda há argumentos cujo alvo direto é o sistema límbico em vez do córtex cerebral. Esses incluem o *apelo às emoções*: "Como alguém pode olhar para uma foto dos pais chorando um filho morto e ainda dizer que caiu o número de mortos em guerras?" E a falácia *afetiva* cada vez mais popular, segundo a qual um enunciado pode ser rejeitado por "ferir" ou "prejudicar" alguém, ou, ainda, por poder causar "constrangimento". Eis uma falácia afetiva perpetrada por uma criança:

"*Pode estar errado, mas é como eu sinto.*"

É natural que muitos fatos nos firam: a história racial dos Estados Unidos, o aquecimento global, um diagnóstico de câncer, Donald Trump. Contudo, eles são fatos, apesar de tudo, e precisamos conhecê-los para lidar melhor com eles.

As falácias *ad hominem*, genética e afetiva costumavam ser tratadas como erros que faziam o autor dar um tapa na própria testa ou como truques imundos. Os professores de pensamento crítico e os treinadores para debates no ensino médio ensinavam seus alunos a detectá-las e refutá-las. No entanto, numa das ironias da vida intelectual moderna, elas estão se tornando moeda corrente. Em vastos setores do mundo acadêmico e do jornalismo, recorre-se às falácias com entusiasmo, com ideias sendo atacadas ou abafadas porque seus proponentes, às vezes de séculos atrás, apresentam odores e nódoas desagradáveis.[19] Isso reflete uma mudança na concepção da natureza das crenças: de ideias que podem ser verdadeiras ou falsas para expressões da identidade cultural e moral de uma pessoa. Também denuncia uma mudança em como os acadêmicos e críticos concebem sua missão: da busca do conhecimento para a promoção da justiça social e outras causas morais e políticas.[20]

Sem dúvida, às vezes o contexto de um enunciado é de fato pertinente para a avaliação de sua veracidade. Isso pode deixar uma impressão equivocada de que não há nenhum problema com as falácias informais, afinal de contas. Pode-se ter uma atitude cética diante de um estudo que demonstra a eficácia de uma droga, realizado por alguém que obterá lucro com a droga, mas ressaltar um conflito de interesses não consiste numa falácia *ad hominem*. Pode-se descartar uma alegação que se baseou na inspiração divina, na exegese de textos antigos ou na interpretação das vísceras de um bode; essa desmistificação não corresponde à falácia genética. Pode-se dar atenção ao que é quase um consenso entre os cientistas no sentido de se opor à declaração de que devemos ser agnósticos quanto a alguma questão só porque os especialistas discordam; isso não é a falácia da popularidade. E podemos impor parâmetros mais elevados para a comprovação de uma hipótese que exigiria medidas drásticas se fosse verdadeira, sem que se trate da falácia afetiva. A diferença é que nas argumentações legítimas podemos dar *razões* pelas quais o contexto de um enunciado deveria afetar nossa confiança em sua veracidade, como a indicação do grau de confiabilidade das evidências, por exemplo. Com as falácias, cada um se deixa levar por sentimentos que não têm a menor relação com a veracidade da afirmação.

Ora, com todas essas falácias formais e informais esperando para nos pegar na armadilha (a *Wikipédia* lista mais de cem delas), por que não conseguimos nos livrar desse palavrório de uma vez por todas e implementamos o plano de Leibniz para o discurso lógico? Por que não conseguimos tornar nossos raciocínios tão tangíveis quanto os dos matemáticos, de modo tal que possamos descobrir nossos erros com um olhar de relance? Por que, no século XXI, ainda temos discussões de mesa de botequim, guerras no Twitter, aconselhamento de casais, debates presidenciais? Por que não dizemos "Vamos calcular" para ver quem está certo? É que não vivemos na utopia de Leibniz e, como acontece com outras utopias, nunca viveremos. Há pelo menos três razões.

Verdades lógicas *versus* empíricas

Uma razão pela qual a lógica jamais governará o mundo é a distinção fundamental entre proposições *lógicas* e proposições *empíricas*, o que Hume chamou de "relações de ideias" e "questões de fato" e filósofos chamam de analíticas e sintéticas. Para determinar se o enunciado "Todos os solteiros não são casados" é verdadeiro, você só precisa saber o que as palavras significam (substituindo *solteiro* pela expressão "masculino E adulto E NÃO casado") e verificar a tabela-verdade. Mas para determinar se o enunciado "Todos os cisnes são brancos" é verdadeiro, você precisa se levantar da poltrona e ir olhar. Se visitar a Nova Zelândia, descobrirá que a proposição é falsa, porque lá os cisnes são pretos.

É frequente a afirmação de que a revolução científica do século XVII teve início quando as pessoas perceberam que enunciados sobre o mundo físico são empíricos e somente podem ser comprovados pela observação, não pela argumentação acadêmica. Temos uma história encantadora atribuída a Francis Bacon:

> No ano da graça de 1432, ocorreu uma terrível discussão entre os frades sobre o número de dentes na boca de um cavalo. Por treze dias, a disputa grassou sem trégua. Foram buscados todos os livros e relatos antigos, e uma erudição maravilhosa e impressionante como nunca tinha sido ouvida na região veio a se manifestar. No início do décimo quarto dia, um jovem frade de comportamento agradável pediu aos sábios seus superiores permissão para dizer uma palavra. E de imediato, para assombro dos debatedores, cuja profunda sabedoria muito o perturbava, ele, de modo grosseiro e inaudito, lhes rogou que se empertigassem e olhassem o interior da boca aberta de um cavalo com a finalidade de descobrir a resposta para a pergunta. Diante disso, com sua dignidade seriamente ofendida, eles se enfureceram sobremaneira e, unidos num alvoroço poderoso, investiram contra ele, golpeando-o impiedosamente, acabando por expulsá-lo dali. Pois, disseram eles, decerto Satanás tinha tentado esse neófito audacioso a declarar métodos pecaminosos, de que nunca se tinha ouvido falar, para descobrir a verdade, em oposição a todos os ensinamentos dos antepassados.

Ora, é quase certo que esse episódio nunca aconteceu, e é duvidoso que Bacon tenha dito que aconteceu.[21] Mas a história capta uma razão pela qual jamais resolveremos nossas incertezas ficando sentados e calculando.

Racionalidade formal *versus* ecológica

Uma segunda razão para o sonho de Leibniz nunca se realizar está na natureza da lógica formal: ela é *formal*, com antolhos que a impedem de ver qualquer coisa a não ser os símbolos e seu arranjo, conforme estejam dispostos diante do pensador. Ela é cega ao *conteúdo* da proposição — o que aqueles símbolos significam e o contexto e conhecimento de antecedentes que talvez estejam incorporados na deliberação. No sentido estrito, o raciocínio lógico implica esquecer tudo o que se sabe. Um estudante ao fazer uma prova de geometria euclidiana não ganha nada se sacar uma régua e medir os dois lados do triângulo equilátero, por mais que seja sensato fazer isso no dia a dia; mas é, sim, exigido dele que prove o proposto. Da mesma forma, alunos que estejam fazendo os exercícios de lógica do manual de Carroll não podem se deixar distrair por seu conhecimento desnecessário de que cachorrinhos não falam. A única razão legítima para concluir que o cachorrinho manco não agradeceu é que é isso o que está estipulado no consequente de uma sentença condicional cujo antecedente é verdadeiro.

Nesse sentido, a lógica não é racional. No mundo em que evoluímos, e na maior parte do mundo em que passamos nossos dias, não faz sentido deixar de lado tudo o que se sabe.[22] Faz sentido, sim, em certos mundos não naturais — cursos de lógica, quebra-cabeças, programação de computadores, processos jurídicos, na aplicação da ciência e da matemática a áreas em que o senso comum não se pronuncia ou é enganoso. Mas, no mundo natural, as pessoas se saem bastante bem quando combinam suas capacidades lógicas com seu conhecimento enciclopédico, como vimos no Capítulo 1 com o povo Sã. Também vimos que quando acrescentamos certos tipos de verossimilhança aos quebra-cabeças as pessoas invocam seu conhecimento do assunto e já não passam vergonha. É verdade que, quando lhes pedem que confirmem "Se um cartão tem um D de um lado, ele deverá ter um 3 do outro", essas pessoas erroneamente viram o cartão com o "3" e deixam de virar o cartão com o "7". Mas quando lhes pedimos que se imaginem como leões de chácara num bar e confirmem "Se um cliente estiver ingerindo bebida alcoólica, ele deverá ser maior de 21 anos", elas sabem que devem verificar as bebidas dos adolescentes e exigir identidade de qualquer um que esteja bebendo cerveja.[23]

O contraste entre a racionalidade *ecológica* que nos permite prosperar num ambiente natural e a racionalidade *lógica* exigida por sistemas formais é um dos traços que definem a modernidade.[24] Estudos de povos iletrados realizados por psicólogos culturais e antropólogos demonstraram que esses povos estão enraizados na rica textura da realidade e têm pouca paciência para os mundos de faz de conta familiares aos que possuem uma formação ocidental. Quanto a isso, Michael Cole pergunta a um membro do povo Kpelle, na Libéria:

P: Flumo e Yakpalo sempre bebem rum juntos. Flumo está bebendo rum. Yakpalo está bebendo rum?

R: Flumo e Yakpalo bebem rum juntos, mas na hora em que Flumo estava bebendo a primeira dose, Yakpalo não estava lá naquele dia.

P: Mas eu lhe disse que eles sempre bebem rum juntos. Um dia Flumo estava bebendo rum. Yakpalo estava bebendo rum?

R: No dia em que Flumo estava bebendo rum, Yakpalo não estava lá.

P: Qual é a razão?

R: A razão é que Yakpalo foi à fazenda naquele dia e Flumo ficou na cidade.[25]

O homem Kpelle trata a pergunta como uma indagação sincera, não como um enigma lógico. Sua resposta, embora contasse como erro numa prova, não é de modo algum irracional: ela usa informações pertinentes para oferecer a resposta correta. Ocidentais instruídos aprenderam a jogar o jogo de esquecer o que sabem e se fixarem nas premissas de um problema — embora até mesmo eles tenham dificuldade para separar seu conhecimento dos fatos de seu raciocínio lógico. Muitas pessoas insistirão, por exemplo, que a seguinte argumentação é inválida em termos lógicos: "Todas as coisas feitas de plantas são saudáveis. Cigarros são feitos de plantas. Logo, cigarros são saudáveis."[26] Troque "cigarros" por "saladas", e as pessoas confirmam que a frase está certa. Professores de filosofia que apresentam a alunos elaborados experimentos de pensamento, como a pergunta se é permissível jogar um gordo de cima de uma ponte para deter um trole desgovernado que ameaça cinco trabalhadores na via férrea, muitas vezes ficam frustrados quando os alunos procuram saídas para a situação, como gritar para os trabalhadores saírem da frente. Contudo, é exatamente essa a coisa racional a se fazer na vida real.

As áreas em que participamos de jogos formais, governados por regras — o direito, a ciência, os aparelhos digitais, a burocracia —, se expandiram na vida moderna com a invenção de poderosas fórmulas e regras que são cegas ao conteúdo. Mas elas ainda não conseguem alcançar a vida em toda a sua plenitude. A utopia lógica de Leibniz, que requer uma amnésia infligida a si mesmo quanto ao conhecimento antecedente, não só é contraintuitiva em relação à cognição humana, como é também pouco adequada para um mundo em que nem todos os fatos pertinentes podem ser enunciados como uma premissa.

Categoria clássica *versus* categoria da semelhança familiar

Uma terceira razão para a racionalidade nunca vir a ser reduzida à lógica é que os conceitos com os quais as pessoas se importam diferem em termos cruciais dos predicados da lógica clássica. Tomemos o predicado "número par", que pode ser definido pela bicondicional "Se um número inteiro puder ser dividido por 2 sem resto, ele é par, e vice-versa". A bicondicional é verdadeira, como é verdadeira a proposição "8 pode ser dividido por 2 sem resto", e a partir dessas premissas verdadeiras podemos deduzir a conclusão verdadeira "8 é par". O mesmo vale para "Se uma pessoa é do sexo feminino e é mãe de alguém que tem filhos, ela é avó, e vice-versa" e "Se uma pessoa é do sexo masculino, adulto e não casado, ele é um solteiro, e vice-versa". Poderíamos supor que, com a dedicação de esforço suficiente, todos os conceitos humanos podem ser definidos dessa forma, estipulando as condições necessárias para que cada um seja verdadeiro (o primeiro SE-ENTÃO na bicondicional) e as condições suficientes para ser verdadeiro (a recíproca "vice-versa").

Esse sonho foi esvaziado de forma notória pelo filósofo Ludwig Wittgenstein (1889-1951).[27] Basta *tentar*, disse ele, encontrar condições necessárias e suficientes para qualquer um de nossos conceitos cotidianos. Qual é o denominador comum a todos os passatempos que chamamos de "jogos"? Atividade física? Não para os jogos de tabuleiro. Alegria? Não para o xadrez. Competidores? Não para a paciência. Ganhar ou perder? Não para brincadeiras de ciranda, ou para uma criança chutando uma bola contra uma parede. Habilidade? Não para o bingo. Sorte? Não para palavras cruzadas. E Wittgenstein não viveu para ver o MMA, o Pokémon GO e as três portas de Monty Hall.[28]

O problema não está no fato de não existirem dois jogos que tenham alguma coisa em comum. Alguns são alegres, como o pega-pega e as adivinhas; outros têm vencedores, como o Banco Imobiliário e o futebol; alguns envolvem projéteis, como o beisebol e o jogo da pulga. O que Wittgenstein disse foi que o conceito de "jogo" não tem um encadeamento comum que o permeie, nenhuma característica necessária e suficiente que poderia ser transformada numa definição. Em vez disso, vários traços característicos perpassam subconjuntos diferentes da categoria, quase da mesma forma que traços físicos podem ser encontrados em combinações diferentes nos membros de uma família. Nem todo descendente de Robert Kardashian e Kristen Mary Jenner tem os lábios salientes das Kardashian, os cabelos pretos e lustrosos das Kardashian, a pele bronzeada das Kardashian ou o generoso traseiro das Kardashian. Mas a maioria das irmãs tem alguns desses traços, de modo que podemos reconhecer uma Kardashian quando a vemos, mesmo que não haja nenhuma proposição verdadeira: "Se alguém tiver as características X, Y e Z, essa pessoa é uma Kardashian." Wittgenstein concluiu que a semelhança familiar, não características necessárias e suficientes, é o que une os integrantes de uma categoria.

A maioria de nossos conceitos cotidianos acaba se revelando como categorias de semelhança familiar, não as categorias "clássicas" ou "aristotélicas" que são facilmente estipuladas na lógica.[29] Essas categorias com frequência têm estereótipos, como a pequena imagem de um pássaro num dicionário, ao lado da definição de "pássaro", mas a própria definição deixa de abranger todos e cada um dos indivíduos. A categoria "cadeiras", por exemplo, inclui cadeiras de rodas, que não têm pernas, bancos com rodízios, que não têm encosto, pufes de bolinhas de isopor, que não têm assento, e os acessórios explosivos usados em cenas de luta em Hollywood nos quais ninguém pode se sentar. Mesmo as categorias ostensivamente clássicas que os professores costumavam citar para ilustrar o conceito acabam se revelando crivadas de exceções. Existe uma definição de "mãe" que inclua mães adotivas, "barrigas solidárias" e doadoras de óvulos? Se um "solteiro" é um homem que não se casou, o papa é um solteiro? E o que dizer do indivíduo do sexo masculino, que é a metade de um casal monogâmico mas nunca se deu ao trabalho de obter aquele papel lá no cartório? E hoje em dia você pode se meter numa grande encrenca se tentar explicitar condições necessárias e suficientes para determinar a palavra "mulher".

Como se isso não bastasse para atrapalhar o sonho de uma lógica universal, o fato de conceitos serem definidos por semelhança familiar em vez de por condições suficientes e necessárias implica que nem mesmo se pode atribuir a proposições os valores VERDADEIRO OU FALSO. Seus predicados podem ser mais verdadeiros para alguns assuntos do que para outros, dependendo do grau do estereótipo do assunto — em outras palavras, quantas das características típicas da família ele possui. Todo mundo concorda que "O futebol é um esporte" é um enunciado verdadeiro; mas muitos acham que "O nado sincronizado é um esporte", no máximo, aparenta ser verdadeiro. O mesmo vale para "A salsa é uma verdura", "Estacionar em local proibido é crime", "Um AVC é uma doença" e "Escorpiões são insetos". Em avaliações do dia a dia, a verdade pode ser difusa.

Não que *todos* os conceitos pertençam a categorias difusas de semelhança familiar.[30] As pessoas são perfeitamente capazes de classificar coisas em escaninhos. Todo mundo entende que um número ou é par ou é ímpar, sem nenhuma classificação intermediária. Fazemos piada dizendo que ninguém pode estar só um pouquinho grávida ou só um pouquinho casado. Entendemos leis que evitam disputas intermináveis sobre casos fronteiriços ao traçar linhas vermelhas em torno de conceitos como "adulto", "cidadão", "proprietário", "cônjuge" e outras categorias importantes.

Na realidade, uma família inteira de falácias informais consiste no excesso de disposição das pessoas de pensar em branco e preto. Existe a *falsa dicotomia*: "natureza *versus* criação"; "América: ame-a ou deixe-a"; "Ou você está do nosso lado ou do lado dos terroristas"; "Ou você faz parte da solução ou faz parte do problema". Existe a falácia da *ladeira abaixo*: se legalizarmos o aborto, logo legalizaremos o infanticídio; se permitirmos que as pessoas se casem com alguém do mesmo sexo, teremos de permitir que as pessoas se casem com um indivíduo que não seja da mesma espécie. E o *paradoxo da pilha* começa com a verdade de que se alguma coisa é uma pilha, ela ainda será uma pilha se você retirar um único grão. Mas quando você retira outro e mais outro, chega a um ponto em que ali já não há uma pilha, o que implica que não existe nada que se possa chamar de pilha. Pela mesma lógica, o trabalho será feito, mesmo que eu o adie só mais um dia (a falácia do amanhã), e não vou engordar se comer só mais uma batata frita (a falácia do seguidor de dietas).

A resposta de Wittgenstein a Leibniz e Aristóteles não é somente um ponto para debate em seminários de filosofia. Muitas de nossas controvérsias mais violentas envolvem decisões sobre como conciliar conceitos difusos de semelhança familiar com as categorias clássicas exigidas pela lógica e pela lei. Será que um ovo fertilizado é uma "pessoa"? Será que Bill e Monica "fizeram sexo"? Um veículo utilitário esportivo é um "automóvel" ou uma "camionete"? (Esta última classificação pôs nas estradas norte-americanas dezenas de milhões de veículos que cumpriam normas mais frouxas quanto a segurança e emissões.) E não faz muito tempo que recebi a seguinte mensagem de e-mail do Partido Democrata:

> Os republicanos na Câmara estão querendo nesta semana forçar a passagem de legislação destinada a classificar pizza na categoria de "legumes" para fins de refeições escolares. Por quê? Porque está em andamento um impressionante esforço de convencimento dos legisladores republicanos por parte da indústria de pizza congelada [...].
>
> Neste Congresso de maioria republicana, quase qualquer coisa está à venda aos olhos dos lobistas mais poderosos — inclusive a definição literal da palavra "legumes" — e, desta vez, isso vai afetar a saúde de nossos filhos.
>
> Assine esta petição e divulgue a informação: "Pizza não é legume."

Computação lógica *versus* associação de padrões

Se muitos de nossos julgamentos são escorregadios demais para serem capturados pela lógica, como é que conseguimos pensar? Sem as muretas de proteção das condições necessárias e suficientes, como concordamos que o futebol é um esporte, que Kris Jenner é uma mãe e que, apesar dos republicanos na Câmara, pizza não é legume? Se a racionalidade não se expressa na mente como uma lista de proposições e um encadeamento de regras lógicas, como ela se expressa?

Uma resposta pode ser encontrada na família de modelos cognitivos chamados associadores de padrões, perceptrons, redes conexionistas, modelos de processamento de distribuição paralela, redes neurais artificiais e sistemas de aprendizado profundo.[31] A ideia principal é que, em vez de manipular cadeias de símbolos por meio de regras, um sistema inteligente pode agregar dezenas, milhares ou milhões de sinais graduais, cada um capturando o grau de presença de uma propriedade.

Examinemos o conceito de *"vegetable"**, que gera uma controvérsia surpreendente. Trata-se nitidamente de uma categoria de semelhança familiar. Lineu não criou um táxon que inclua cenouras, brotos de samambaia e cogumelos; não existe um tipo de órgão vegetal que seja idêntico em brócolis, espinafre, batatas, aipo, ervilhas e berinjelas; nem mesmo um sabor, coloração ou textura que sejam característicos a todos eles. Mas, como ocorre com as Kardashians, costumamos reconhecer um legume/verdura quando o vemos, porque traços coincidentes aparecem nos diferentes membros da família. A alface é verde, crocante e folhosa; o espinafre é verde e folhoso; o aipo é verde e crocante; o repolho-roxo é roxo e folhoso. Quanto maior o número de traços semelhantes aos dos legumes/verduras algum legume/vegetal tiver, e quanto mais esses traços o definirem, mais seremos propensos a chamá-lo de legume/verdura. A alface é uma verdura por excelência; a salsa, nem tanto; o alho, ainda menos. Por outro lado, algumas características contribuem para algum produto não ser um legume/verdura. Embora alguns legumes até cheguem a ser doces, como a abóbora-moranga, quando um fruto é doce demais, como um melão, preferimos chamá-lo de fruta. E, mesmo que cogumelos portobello sejam carnudos, e a abóbora-espaguete pareça macarrão, qualquer coisa feita a partir de carne animal ou de massa de farinha de trigo não se qualifica como legume/verdura. (Sinto muito, pizza.)

Isso quer dizer que podemos capturar a qualidade de ser legume ou verdura numa complicada fórmula estatística. Cada traço de um item (seu verdor, sua crocância, sua doçura, sua textura massuda) é quantificado e depois multiplicado por um peso numérico que reflete quanto aquele traço serve para diagnosticar a categoria: alto positivo para verdor, mais

---

* Na língua inglesa, *"vegetable"* designa "legumes e verduras". Não significa qualquer planta, qualquer "vegetal". (N. da T.)

baixo positivo para crocância, baixo negativo para doçura, alto negativo para textura massuda. Então, os valores ponderados são somados; e, se a soma exceder um patamar, dizemos que se trata de um "legume/verdura", com números mais altos indicando melhores exemplos.

Agora, ninguém acha que fazemos nossos julgamentos difusos efetuando séries de multiplicações e somas na cabeça. Mas algo equivalente pode ser feito por redes de unidades semelhantes a neurônios que podem "disparar" a velocidades variáveis, representando o valor da verdade difusa. Uma versão em miniatura é mostrada mais adiante. Na parte inferior, há uma camada de neurônios de entrada, alimentados pelos órgãos dos sentidos, que reagem a traços simples como "verde" e "crocante". Na parte superior, temos os neurônios de saída, que exibem o palpite que a rede tem sobre a categoria. Cada neurônio de entrada é ligado a cada neurônio de saída por meio de uma "sinapse" de intensidade variável, tanto excitatória (efetivando os multiplicadores positivos) quanto inibitória (efetivando os negativos). As unidades de entrada ativadas propagam sinais, reforçados pelas intensidades das sinapses, até as unidades de saída, cada uma das quais faz a soma do conjunto ponderado dos sinais de entrada e dispara de acordo com o resultado. No diagrama, as conexões excitatórias são mostradas por meio de setas, as inibitórias por meio de pontos e a espessura das linhas representa as intensidades das sinapses (mostradas somente para a saída "legumes", com o objetivo de simplificar).

Quem, você poderá perguntar, programou os importantíssimos pesos de conexão? A resposta é ninguém. Eles são aprendidos a partir da experiência. A rede é *treinada* ao lhe serem apresentados muitos exemplos de alimentos diferentes, junto com a categoria correta fornecida por um professor. A rede do neonato, nascido com pesos pequenos e aleatórios, oferece palpites fracos e aleatórios. Mas ela dispõe de um mecanismo de aprendizagem que opera por uma regra de mais-quente/mais-frio. Ela compara a saída de cada nodo com o valor correto fornecido pelo professor e dá um empurrãozinho no peso para cima ou para baixo a fim de corrigir a diferença. Depois de centenas de milhares de exemplos de

... legumes/verduras frutas sobremesa carne ...

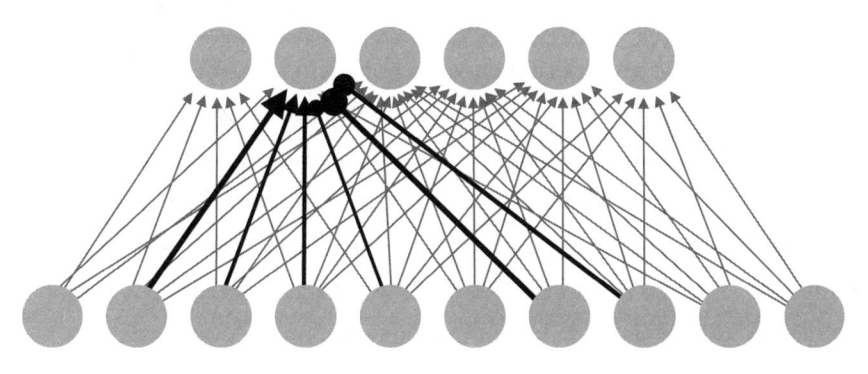

... verde folhoso crocante doce vermelho animal massudo cremoso ...

treinamento, os pesos das conexões se fixam nos melhores valores e as redes podem funcionar muito bem na classificação de coisas.

Mas isso só vale quando as características de entrada indicam as de saída de uma forma linear, quanto-mais-melhor, vamos-só-somar. Funciona para categorias em que o todo é a soma (ponderada) de suas partes, mas não dá certo quando uma categoria é definida por soluções de compromisso, vantagens, combinações vitoriosas, pílulas de veneno, canceladores de negócios, ou nada em excesso é bom. Até mesmo o simples conectivo lógico xou (ou exclusivo), "x ou y, mas não os dois", está além dos poderes de uma rede neural de duas camadas, porque a natureza de x tem de promover uma entrada e a natureza de y tem de promover a saída, mas, quando combinadas, elas têm de suprimi-la. Por isso, enquanto uma rede simples pode aprender a reconhecer cenouras e gatos, ela pode fracassar diante de uma categoria refratária como a de "legumes/verduras". É provável que um item que é vermelho e redondo seja uma fruta se também for crocante e tiver um pedúnculo (como uma maçã), mas será um legume se for crocante e tiver raízes (como uma beterraba). E que combinação de cores, formas e texturas poderia englobar cogumelos, espinafre, couve-flor, cenouras e tomates-caquis? Uma rede de duas camadas acaba ficando confusa com padrões que se cruzam, fazendo subir e descer seus pesos a cada exemplo de treinamento, sem conseguir nunca se fixar em valores que separem os integrantes dos não integrantes de uma categoria, em termos constantes.

O problema pode ser amenizado por meio da inserção de uma camada "oculta" de neurônios entre a entrada e a saída, como na ilustração na página 123. Isso transforma a rede de reação a estímulos em outra com representações internas — conceitos, por assim dizer. Assim, eles poderiam representar categorias intermediárias coesas como "semelhante a repolho", "frutos salgados", "abóboras e cabaças", "verduras", "fungos" e "raízes e tubérculos", cada uma com um conjunto de pesos de entrada, que lhe permite escolher o estereótipo correspondente, e fortes pesos de saída para "legumes/verduras" na camada de saída.

O desafio em fazer essas redes funcionarem está em como ensiná-las. O problema está nas conexões da camada de entrada com a camada oculta: como as unidades estão escondidas do ambiente, seus palpites não podem ser comparados com valores "corretos" fornecidos pelo professor. Contudo, um grande avanço feito na década de 1980, o algoritmo de aprendizagem de retropropagação do erro resolveu a questão.[32] Para começar, a incompatibilidade entre o palpite de cada unidade de saída e a resposta correta é usada para ajustar os pesos das conexões ocultas-para-a-saída na camada superior, exatamente como nas redes simples. Depois a soma de todos esses erros é retropropagada para cada unidade oculta, a fim de ajustar as conexões entrada-para-as-ocultas, na camada do meio. Parece que nunca poderia funcionar, mas, com milhões de exemplos de treinamento, as duas camadas de conexões se fixam em valores os quais permitem que a rede separe o joio do trigo. De modo igualmente espantoso, as unidades ocultas podem descobrir de maneira espontânea categorias abstratas como "fungos" e "raízes e tubérculos", se isso for ajudá-las com a classificação. Entretanto, com maior frequência, as unidades ocultas não representam nada que nós tenhamos nomes para designar. Elas executam qualquer fórmula complexa que cumpra a tarefa: "um tiquinho de nada dessa característica, mas não um excesso daquela outra, a menos que haja de fato uma grande quantidade dessa outra característica".

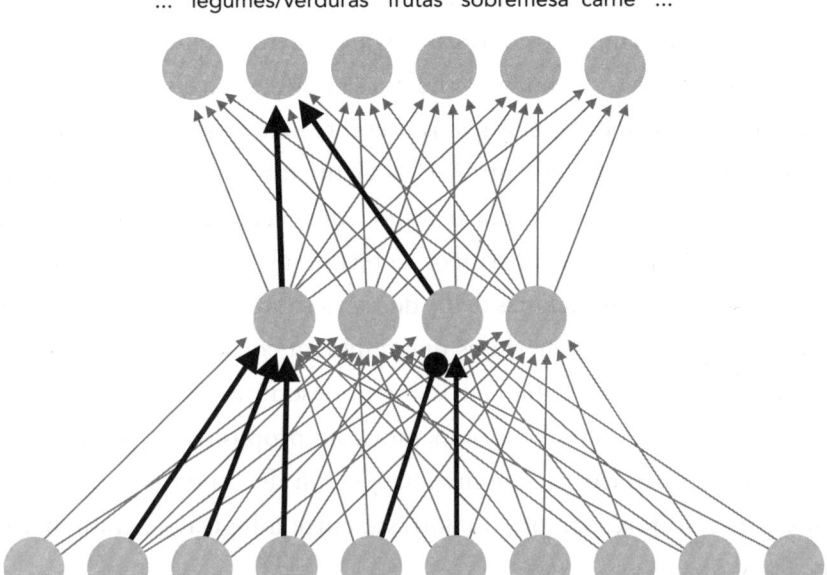

... legumes/verduras   frutas   sobremesa   carne   ...

... verde folhoso crocante doce vermelho animal massudo cremoso ...

Na segunda década do século XXI, a potência dos computadores cresceu de maneira vertiginosa com o desenvolvimento de unidades de processamento de gráficos, e os dados foram aumentando cada vez mais à medida que milhões de usuários transferiam texto e imagens para a web. Cientistas da computação puderam ministrar megavitaminas às redes de múltiplas camadas, dando-lhe duas, quinze, até mil camadas ocultas e fazendo seu treinamento com bilhões ou até mesmo trilhões de exemplos. As redes são chamadas de sistemas de aprendizado profundo em razão do número de camadas entre a entrada e a saída (elas não são profundas no sentido de entendimento de nada). Essas redes energizam "o grande despertar da IA" que estamos vivenciando, o qual está nos proporcionando os primeiros produtos utilizáveis para reconhecer a fala e a imagem, responder a perguntas, traduzir e realizar outras proezas típicas do ser humano.[33]

As redes de aprendizado profundo costumam suplantar a GOFAI (boa e antiquada inteligência artificial, na sigla em inglês) clássica, que efetua deduções semelhantes às da lógica com base em proposições e regras codificadas manualmente.[34] É violento o contraste entre o funcionamento de cada uma: ao contrário do que ocorre na inferência lógica, as operações internas de uma rede neural são inescrutáveis. A maioria dos milhões de unidades ocultas não representa nenhum conceito coerente do qual possamos fazer sentido, e os cientistas da computação que as treinam não conseguem explicar como elas chegam a qualquer resposta específica. Por isso muitos críticos da tecnologia temem que, conforme sejam confiadas aos sistemas de IA decisões sobre o destino das pessoas, eles poderiam perpetuar vieses que ninguém conseguiria identificar e erradicar.[35] Em 2018, Henry Kissinger avisou que, como os sistemas de aprendizado profundo não operam com proposições que possamos examinar e justificar, eles prenunciam o fim do Iluminismo.[36] É uma interpretação forçada, mas o contraste entre a lógica e a computação neural é óbvio.

Será que o cérebro humano é uma grande rede de aprendizado profundo? É certo que não, por muitas razões, mas as semelhanças são esclarecedoras. O cérebro tem cerca de cem bilhões de neurônios conectados por cem trilhões de sinapses — e, quando chegamos aos dezoito anos, estivemos absorvendo exemplos de nossos ambientes há mais de trezentos milhões de segundos de vigília. Logo, somos preparados para executar uma enorme quantidade de associação e combinação de padrões, exatamente como essas redes. As redes são feitas sob medida para as categorias difusas de semelhança familiar que compõem uma parte tão extensa de nosso repertório conceitual. As redes neurais fornecem, assim, pistas sobre a porção da cognição humana que é racional, mas não lógica, em termos técnicos. Elas desmistificam os poderes mentais não articulados às vezes perturbadores que chamamos de intuição, instinto, suspeitas, impressões viscerais e sexto sentido.

APESAR DE TODA a conveniência que a Siri e o Google Tradutor trazem à nossa vida, não devemos pensar que as redes neurais tornaram a lógica obsoleta. Esses sistemas, impulsionados por associações difusas e incapazes de fazer análise sintática ou de consultar regulamentos, podem ser espantosamente toscos.[37] Se você buscar no Google "lanchonetes perto de mim que não sejam McDonald's", ele lhe dará uma lista de todos os McDonald's num raio de oitenta quilômetros. Pergunte à Siri "George Washington usava computador?", e ela vai direcioná-lo a uma reconstrução do rosto de George Washington feita por computador, bem como para os Serviços do Sistema de Informática da George Washington University. Os módulos de visão que um dia hão de dirigir nossos automóveis hoje tendem a confundir placas de trânsito com geladeiras, veículos capotados com sacos de pancada, barcos de combate a incêndios e trenós de *bobsled*.

A racionalidade humana é um sistema híbrido.[38] O cérebro contém associadores de padrões que absorvem semelhanças familiares e acumulam grandes números de pistas estatísticas. Mas também contém um manipulador de símbolos lógicos que pode agregar conceitos para formar proposições e extrair suas implicações. Chame-o de Sistema 2, cognição recursiva ou raciocínio baseado em regras. A lógica formal é uma ferramenta que pode refinar esse modo de pensar, livrando-o dos defeitos decorrentes de sermos um animal social e emocional.

Como nosso raciocínio proposicional nos liberta de similaridades e estereótipos, ele nos capacita para as maiores realizações da racionalidade humana, como a ciência, a moralidade e o direito.[39] Embora os botos pela semelhança familiar se encaixem entre os peixes, as regras que definem o pertencimento às classes de Lineu (como "se um animal amamenta seus filhotes, então ele é um mamífero") nos dizem que eles não são de fato peixes. Por meio de encadeamentos de raciocínio categórico como esse, podemos nos convencer de que os humanos são primatas, o Sol é uma estrela e objetos sólidos são compostos em sua maior parte de espaço vazio. Na esfera social, nossos buscadores de padrões enxergam com facilidade como as pessoas são diferentes: alguns indivíduos são mais ricos, mais inteligentes, mais fortes, mais velozes, têm melhor aparência e são mais parecidos conosco do que outros. No entanto, quando adotamos a proposição de que todos os seres humanos são criados iguais ("SE X é humano, ENTÃO X tem direitos"), podemos isolar as impressões de nosso processo decisório moral e jurídico e tratar todas as pessoas de forma igual.

4
PROBABILIDADE E ALEATORIEDADE

> Mil histórias que os ignorantes contam, e nas quais acreditam, fenecem de imediato quando o computista volta sua atenção para elas.
>
> — SAMUEL JOHNSON[1]

Embora Albert Einstein jamais tenha proferido a maioria das frases que supostamente teria dito, ele de fato disse, com algumas variantes: "Nunca acreditarei que Deus joga dados com o Universo."[2] Estivesse ele certo ou errado a respeito do mundo subatômico, o mundo em que vivemos sem dúvida *parece* um jogo de dados, com imprevisibilidade em todas as escalas. A corrida nem sempre é para os velozes, nem a batalha para os fortes, nem o pão para os sábios, nem o favor para os talentosos, mas todos estão sujeitos ao tempo e ao acaso. Uma parte essencial da racionalidade está em lidar com a aleatoriedade em nossa vida e com a incerteza em nosso conhecimento.

O que é a aleatoriedade? De onde ela se origina?

Na tirinha, a pergunta de Dilbert nos alerta para o fato de que a palavra "aleatório" na linguagem comum se refere a *dois* conceitos: uma falta de padrão nos dados e uma falta de previsibilidade num processo. Quando ele duvida que os noves consecutivos produzidos pelo *troll* sejam de fato aleatórios, ele está se referindo ao padrão.

[Tirinha do Dilbert:
Quadro 1 — TOUR DA CONTABILIDADE. AQUI TEMOS NOSSO GERADOR DE NÚMEROS ALEATÓRIOS.
Quadro 2 — NOVE NOVE NOVE NOVE NOVE NOVE.
Quadro 3 — TEM CERTEZA DE QUE ISSO É ALEATÓRIO? ESSE É O PROBLEMA COM A ALEATORIEDADE. NUNCA SE TEM CERTEZA.]

[DILBERT © 2001 Scott Adams, Inc. Usado com permissão de ANDREWS MCMEEL SYNDICATION. Todos os direitos reservados.]

A impressão de Dilbert de que há um padrão na sequência não é uma fantasia de sua imaginação, como ver borboletas em manchas de tinta. A padronização não aleatória pode ser quantificada. A concisão é a essência do padrão: dizemos que um conjunto de dados é não aleatório quando sua descrição mais curta possível é mais curta do que o próprio conjunto de dados.[3] A descrição "6 9s" tem dois caracteres (numa taquigrafia eficiente para as descrições), ao passo que o conjunto de dados em si, "999999", tem seis caracteres. Outras sequências que consideramos não aleatórias também podem ser comprimidas: "123456" resume-se a "6 1os"; "505050" reduz-se a "3 50s". Em comparação, dados que consideramos aleatórios, como "634579", não podem ser resumidos para nenhuma forma mais concisa. Precisam ser representados literalmente.

A resposta do *troll* capta o segundo sentido da aleatoriedade: um processo de geração imprevisível, anárquico. O *troll* tem razão acerca de um *processo* aleatório poder gerar *padrões* não aleatórios, pelo menos por um tempo — nesse caso, por uma saída de seis dígitos. Afinal, se o gerador não segue ordem alguma, o que o impedirá de produzir seis noves ou qualquer outro padrão não aleatório, pelo menos ocasionalmente? À medida que o gerador prosseguir e a sequência se alongar, podemos esperar que o padrão aleatório se restabeleça, porque é improvável que a série anômala continue.

A frase de fechamento do *troll* é profunda. Como veremos, confundir um *padrão* não aleatório com um *processo* não aleatório é um dos mais longos capítulos nos anais da insensatez humana — e reconhecer a diferença entre eles é um dos maiores dons da racionalidade que a educação pode conceder.

Tudo isso levanta a questão de quais tipos de mecanismo físico podem gerar fenômenos aleatórios. A despeito de Einstein, a maioria dos físicos acredita que haja uma aleatoriedade irredutível no mundo subatômico da mecânica quântica, como a decomposição de um núcleo atômico ou a emissão de um fóton quando um elétron salta de um estado de energia para outro. É possível que essa incerteza quântica seja ampliada a escalas que afetem nossa vida. Quando eu era assistente de pesquisa num laboratório de comportamento animal, os minicomputadores da época, do tamanho de geladeiras, eram lentos demais para gerar números aleatórios em tempo real, de modo que meu supervisor inventou um dispositivo com uma cápsula cheia de um isótopo radioativo e um minúsculo contador Geiger que detectava o aerossol de partículas intermitentes e acionava um interruptor que alimentava o pombo.[4] Contudo, na maior parte do ambiente de tamanho intermediário em que passamos nossos dias, os efeitos quânticos se anulam e é praticamente como se não existissem.

Logo, como poderia a aleatoriedade surgir num mundo de bolas de bilhar que obedeçam às equações de Newton? Como o pôster da década de 1970 proclamava (numa sátira aos *outdoors* sobre o limite de velocidade): "Gravidade. Não é só uma boa ideia. É a lei."[5] Em tese, será que o demônio imaginado em 1814 por Pierre-Simon Laplace, que conhecia a posição e o momento de cada partícula do Universo, teria como inseri-los em equações para as leis da física e prever o futuro com perfeição?

Na realidade, há dois modos pelos quais um mundo governado por leis tem como gerar fenômenos que sob todos os aspectos são aleatórios. Um deles é conhecido dos leitores de ciência popular: o efeito borboleta, cujo nome deriva da possibilidade de que as batidas de asas de uma borboleta no Brasil poderiam produzir um tornado no Texas. Efeitos borboleta podem surgir em sistemas dinâmicos, não lineares, determinísticos, também conhecidos como "caos", em que diferenças minúsculas nas condições iniciais, pequenas demais para serem medidas por qualquer instrumento, podem se alimentar de si mesmas e se ampliar a ponto de gerar efeitos gigantescos.

O outro modo pelo qual um sistema determinista pode parecer aleatório a partir de um ponto de vista humano também tem um nome conhecido: jogo de cara ou coroa. O destino de uma moeda jogada não é literalmente aleatório — um mágico competente sabe como jogá-la para obter cara ou coroa, conforme queira. Mas quando o resultado depende de um grande número de causas diminutas que seria impraticável acompanhar, como os ângulos e as forças que lançaram a moedinha e as correntes de ar que a atingiram em plena queda, ele bem poderia ser aleatório.

O que significa "probabilidade"?

Quando a meteorologista na televisão diz que há uma chance de 30% de chuva em determinada região amanhã, o que ela quer dizer? A maioria das pessoas não tem uma resposta clara. Há quem pense que significa que vai chover em 30% daquela região. Outros acham que significa que vai chover 30% do tempo. Alguns, que 30% dos meteorologistas acham que vai chover. E ainda outros acham que choverá em algum local da região em 30% dos dias em que esse tipo de previsão é feita. (Esta última de fato chegou mais perto do que a meteorologista tinha em mente.)[6]

Observadores do tempo não são os únicos que se sentem confusos. Em 1929, Bertrand Russell ressaltou que "a probabilidade é o conceito mais importante na ciência moderna, especialmente porque ninguém tem a menor noção do que ela significa".[7] Para ser mais exato, pessoas diferentes têm noções diferentes do que ela significa, como vimos no Capítulo 1 com o problema de Monty Hall e o de Linda.[8]

Existe a definição *clássica* de probabilidade, que remonta às origens da teoria da probabilidade como um meio para entender jogos de azar. Você expõe os resultados possíveis de um processo que tenham chance igual de ocorrer, soma os que contam como exemplos do fenômeno e divide pelo número de possibilidades. Um dado pode cair em qualquer um dos seis lados. Um "número par" corresponde a ele cair nos lados com dois, quatro ou seis pontos. Com três formas de cair em número "par" em seis possibilidades ao todo, dizemos que a probabilidade clássica para um resultado "par" é de três em seis, ou 0,5. (No Capítulo 1, usei a definição clássica para explicar a estratégia correta no dilema de Monty Hall e salientei que o erro na contagem das possibilidades foi o que levou especialistas muito confiantes à estratégia incorreta.)

Mas por que, para começar, pensamos que o resultado de cair com uma face para cima teria uma chance igual de ocorrer? Avaliamos a *propensão* do dado, sua disposição física de fazer várias coisas. Isso inclui a simetria das seis faces, o jeito casual com que o jogador o lança e a física da queda.

Intimamente relacionada a essa há uma terceira interpretação *subjetivista*. Antes de lançar o dado, com base em tudo o que você sabe, como quantificaria, numa escala de 0 a 1, sua crença em que o resultado será par? Essa estimativa de confiança às vezes é chamada de interpretação bayesiana da probabilidade (de modo um pouco equivocado, como veremos no próximo capítulo).

Depois há a interpretação *evidencial*: o grau até o qual se acredita que a informação apresentada justifica a conclusão. Pense num tribunal de justiça no qual, ao julgar a probabilidade de que o réu seja culpado, você descarte informações de antecedentes inadmissíveis e preconceituosos e considere somente o teor das alegações do promotor. Foi a interpretação evidencial que tornou racional considerar que Linda, tendo sido apresentada como defensora da justiça social, tinha mais probabilidade de ser uma caixa de banco feminista do que somente uma caixa de banco.

Por fim, há a interpretação *frequentista*: se você lançasse o dado muitas vezes, digamos, mil vezes, e contasse os resultados, concluiria que o resultado seria par em cerca de quinhentas das vezes — ou na metade.

Geralmente, as cinco interpretações estão alinhadas. No caso do cara ou coroa, a moeda é simétrica. "Cara" consiste em exatamente um dos dois resultados possíveis; sua intuição fica dividida ao meio entre "cara sem dúvida" e "coroa sem dúvida". O argumento a favor de "cara" é tão forte quanto o argumento a favor de "coroa"; e, a longo prazo, metade dos resultados que você verá é "cara". A probabilidade de "cara" é 0,5 em cada caso. Mas as interpretações não significam a mesma coisa, e às vezes elas se separam. Quando isso acontece, enunciados sobre probabilidades podem resultar em confusão, controvérsia, até mesmo tragédia.

Em termos mais dramáticos, as quatro primeiras interpretações se aplicam à noção vagamente mística da probabilidade de apenas uma ocorrência. Qual é a probabilidade de você ter mais de cinquenta anos? De que o próximo papa seja o Bono? De que Britney Spears e Katy Perry sejam a mesma pessoa? De que existe vida em Encélado, uma das luas de Saturno? Você poderia levantar a objeção de que as perguntas são sem sentido: ou você tem mais de cinquenta anos ou não, e a "probabilidade" não tem nada a ver com isso. Mas na interpretação subjetivista posso atribuir um número à minha ignorância. Isso ofende alguns estatísticos, que querem reservar o conceito de probabilidade para a frequência relativa num conjunto de eventos, que são de fato reais e podem ser contados. Um gracejou dizendo que probabilidades para eventos únicos não pertencem à matemática, mas à psicanálise.[9]

Também os leigos podem enfrentar dificuldade para encaixar na cabeça o conceito da probabilidade numérica de um único evento. Eles ficam furiosos com a previsão do tempo depois de se encharcarem num dia em que foi informada uma chance de 10% de chuva. E riem das pesquisas que previram que Hillary Clinton tinha uma chance de 60% de vencer a eleição presidencial de 2016. Mas esses adivinhos se defendem invocando uma interpretação frequentista de suas probabilidades: um em cada dez dias em que fazem essa previsão, chove mesmo. Em seis de dez eleições com aquelas pesquisas, o candidato na liderança vence. Na tirinha da página seguinte, o chefe de Dilbert ilustra uma falácia comum:

[DILBERT © 2020 Scott Adams, Inc. Usado com permissão de ANDREWS MCMEEL SYNDICATION. Todos os direitos reservados.]

Como vimos no Capítulo 1 com Linda e voltaremos a ver no próximo, reformular uma probabilidade a partir da confiança num único evento para a frequência num conjunto de eventos pode recalibrar as intuições das pessoas. Um promotor numa cidade grande que disser "A probabilidade de o DNA nas roupas da vítima ser compatível com o DNA do suspeito, ele sendo inocente, é de um para cem mil" tem maior chance de obter uma condenação do que o promotor que disser "De cada cem mil pessoas inocentes nesta cidade, o DNA de uma se revelará compatível". A primeira dá a impressão de uma estimativa de dúvida subjetiva que é indistinguível de zero; a segunda nos convida a imaginar aquela pessoa falsamente acusada, junto com muitos outros moradores da metrópole.

As pessoas também confundem a probabilidade no sentido frequentista com a propensão. Gerd Gigerenzer relata uma visita a uma fábrica de veículos aeroespaciais na qual o guia disse aos visitantes que seus foguetes Ariane tinham um fator de segurança de 99,6%.[10] Eles estavam parados diante de um pôster que descrevia a história de 94 foguetes, oito dos quais tinham caído ou explodido. Quando Gigerenzer perguntou como um foguete com um fator de segurança de 99,6% podia malograr quase 9% das vezes, o guia explicou que o fator era calculado a partir da confiabilidade das peças individuais, e que as panes resultavam de erro humano. É evidente que para nós interessa mesmo é saber a frequência total com que o foguete consegue escapar dos toscos vínculos com a terra ou acaba destruído, não importa quais sejam as causas, de tal modo que a única probabilidade que conta é a frequência total. Pelo mesmo tipo de equívoco, as pessoas às vezes ficam se perguntando por que é atribuída a um candidato popular que está muito à frente nas pesquisas uma chance de apenas 60% de vencer a eleição, quando nada, a não ser um azarão de última hora, poderia derrubá-lo. A resposta é que a estimativa da probabilidade leva em conta azarões de última hora.

Probabilidade *versus* disponibilidade

Apesar da diferença em interpretações, a probabilidade é intimamente ligada a eventos como uma proporção de oportunidades, seja em termos diretos, nas definições clássica e frequentista, seja em termos indiretos, com as outras avaliações. Sem dúvida, sempre que dizemos ser um evento mais provável que outro, acreditamos que, dada a oportunidade, ele ocorrerá com maior frequência. Para uma estimativa do risco, deveríamos calcular o número de ocorrências de um evento e dividi-lo mentalmente pelo número de ocasiões em que ele poderia ter ocorrido.

Contudo, uma das conclusões típicas da ciência do discernimento humano é que não é assim que a estimativa de probabilidades costuma funcionar com os humanos. Em vez disso, as pessoas avaliam a probabilidade de eventos pela facilidade com que exemplos lhes vêm à mente, hábito que Tversky e Kahneman chamaram de *heurística da disponibilidade*.[11] Nós usamos o sistema de classificação do mecanismo de busca de nosso cérebro — imagens, casos e vídeos mentais que ele nos apresenta — como nosso melhor palpite sobre as probabilidades. A heurística explora um traço da memória humana, ou seja, o fato de que a recordação é afetada pela frequência: quanto mais vezes nos deparamos com alguma coisa, mais forte é o rastro que ela deixa em nosso cérebro. Logo, refazer o caminho e estimar a frequência a partir da presteza da recordação costuma funcionar a contento. Quando lhe perguntam quais são os pássaros mais comuns numa cidade, você não se sairia mal se sugerisse pombos e pardais, em lugar de picoteiros e bem-te-vis, recorrendo à memória em vez de se dar ao trabalho de consultar um censo de pássaros.

Ao longo da maior parte da existência humana, a disponibilidade e o que se ouvia dizer eram os *únicos* meios de avaliar a frequência. Bancos de dados estatísticos eram mantidos por alguns governos, mas eram considerados segredos de Estado, sendo divulgados somente para elites administrativas. Com a ascensão de democracias liberais no século XIX, os dados vieram a ser considerados patrimônio público.[12] Mesmo hoje, quando dados sobre praticamente tudo estão a apenas alguns cliques de distância, não são muitas as pessoas que se valem deles. Instintivamente, recorremos a nossas impressões, que desvirtuam nosso entendimento sempre que a intensidade dessas impressões não espelha as frequências no mundo. Isso pode acontecer quando nossas experiências são uma amostra tendenciosa dos eventos, ou quando as impressões são promovidas ou derrubadas nos resultados de nossa busca mental, por amplificadores psicológicos como vividez ou a pungência emocional. Os efeitos sobre as questões humanas são abrangentes.

Fora de nossa experiência imediata, o que sabemos sobre o mundo nos chega por meio da mídia. É assim que a cobertura da mídia conduz o sentido que as pessoas têm da frequência e do risco: elas acham mais provável morrerem por causa de um tornado do que pela asma, embora a asma seja oitenta vezes mais fatal, talvez porque os tornados sejam mais fotogênicos.[13] Por motivos semelhantes, os tipos de pessoa que não saem da mídia costumam ser hiper-representados em nosso censo mental. Qual é o percentual de adolescentes que dão à luz a cada ano, no mundo inteiro? O palpite comum é de 20%, cerca de dez vezes mais do que a realidade. Que proporção de norte-americanos são imigrantes? Em torno de 28%, dizem participantes de pesquisas — a resposta correta é

12%. Gays? Os norte-americanos estimam em 24% e pesquisas indicam 4,5%.[14] Norte-americanos afrodescendentes? Cerca de um terço, dizem as pessoas — aproximadamente duas vezes e meia maior do que o número real, 12,7%. Esse palpite ainda é mais preciso do que a estimativa sobre outra minoria visível, os judeus, em que os participantes erram por um fator de nove (18 em comparação com 2%).[15]

A heurística da disponibilidade é uma importante condutora de acontecimentos no mundo, muitas vezes em direções irracionais. Com exceção de doenças, o maior risco à vida e à integridade física são os acidentes, que matam cerca de cinco milhões de pessoas todos os anos (em 56 milhões de mortes ao todo), cerca de um quarto das quais decorrentes de acidentes de trânsito.[16] No entanto, a menos que tenham tirado a vida de uma celebridade fotogênica, acidentes de automóvel raramente são noticiados, e as pessoas se mantêm despreocupadas com a carnificina. Já quedas de aviões recebem uma cobertura abundante, apesar de elas matarem só umas 250 pessoas por ano no mundo inteiro, tornando os aviões mil vezes mais seguros por milha/passageiro do que os automóveis.[17] Mesmo assim, todos nós conhecemos pessoas que têm medo de viajar de avião, mas ninguém que tenha medo de dirigir, e um cruel desastre de avião pode, por meses a fio, espantar passageiros das linhas aéreas para as rodovias, onde milhares a mais morrem.[18] O cartum do *SMBC* sinaliza um ponto semelhante.

Entre as mortes mais vívidas e medonhas imagináveis está a que é descrita na canção da *Ópera dos três vinténs*, de Brecht: "Quando o tubarão morde, querida, começam a se espalhar ondas escarlates."[19] Em 2019, depois que um surfista de Cape Cod se tornou a primeira fatalidade por tubarão em Massachusetts em mais de oito décadas, as cidades equiparam todas as praias com cartazes de advertência com imagens ameaçadoras tipo *Tubarão* e com *kits* para controle de hemorragias. Além disso, encomendaram estudos sobre torres, drones, aviões, balões, sonares, boias acústicas e repelentes eletromagnéticos e odoríferos. No entanto, em Cape Cod, todos os anos, entre quinze e vinte pessoas morrem em acidentes de automóveis, e melhorias pouco dispendiosas em sinalização, barreiras e fiscalização de trânsito poderiam salvar muito mais vidas a uma fração do custo.[20]

O viés da disponibilidade pode afetar o destino do planeta. Diversos cientistas eminentes especializados no clima, tendo analisado extensamente os dados, advertem para o fato de que "não há caminho confiável para a estabilização do clima que não inclua um papel substancial para a energia nuclear".[21] A energia nuclear é a forma mais segura de energia que a humanidade já chegou a usar. Acidentes em minas, rompimentos de barragens hidrelétricas, explosões de gás natural e desastres com trens de transporte de petróleo matam pessoas, às vezes em grande quantidade, e a fumaça de fornos de queima de carvão causa mortes em números alarmantes, mais de meio milhão por ano. Entretanto, a energia nuclear não avança nos Estados Unidos há décadas e está sendo reduzida na Europa, muitas vezes substituída pelo carvão, que é sujo e perigoso. Em grande parte, a oposição é impulsionada pela lembrança de três acidentes: Three Mile Island, em 1979, que não matou ninguém; Fukushima, em 2011, que matou um trabalhador anos depois (as outras mortes foram causadas pelo tsunami e o pânico durante a evacuação); e a trapalhada soviética em Chernobyl, em 1986, que matou 31 pessoas no acidente e talvez alguns milhares de câncer, aproximadamente o mesmo número morto por emissões de carvão *a cada dia*.[22]

Sem dúvida, a disponibilidade não é o único fator de distorção da percepção de risco. Paul Slovic, um colaborador de Tversky e Kahneman, demonstrou que as pessoas também superestimam o perigo de ameaças que são novidade (o diabo desconhecido em comparação com o conhecido), que estão fora de seu controle (como se elas pudessem dirigir com mais segurança do que um piloto comandando um avião), que foram criadas pelo homem (de modo que evitam alimentos geneticamente modificados, mas engolem as muitas toxinas que se desenvolveram naturalmente em plantas), e que não são equitativas (quando acham que assumem um risco pelo ganho de outrem).[23] Quando esses bichos-papões se associam à perspectiva de um desastre que mata muita gente de uma vez, a soma de todos os temores passa a ser um *risco de pavor*. Quedas de aviões, derretimento do núcleo de usinas nucleares e ataques terroristas são exemplos excelentes.

O TERRORISMO, COMO outras perdas de vidas resultantes de premeditação deliberada, gera uma química diferente ligada ao medo. Cientistas de dados dedicados à contagem de corpos costumam ficar perplexos com a forma pela qual massacres com alta divulgação, mas baixo número de vítimas, podem levar a reações memoráveis por parte da sociedade. O 11 de Setembro foi de longe o pior ataque terrorista na história, com 3 mil vidas perdidas. Na maioria dos anos ruins, os Estados Unidos sofrem algumas dezenas de mortes por terrorismo, um número inexpressivo, perto da soma de homicídios e acidentes. (O número anual de mortes é, por exemplo, inferior ao número de pessoas mortas por raios, picadas de abelhas ou afogamento em banheiras.) No entanto, o 11 de Setembro levou à criação de um novo ministério federal, à vigilância maciça dos cidadãos e ao reforço da infraestrutura pública, bem como a duas guerras que mataram mais que duas vezes o número de norte-americanos mortos em 2001, junto com centenas de milhares de iraquianos e afegãos.[24]

Examinando outro risco de baixo número de vítimas/medo exacerbado, os assassinatos em escolas norte-americanas atingem cerca de 35 vítimas por ano, em comparação com dezesseis mil homicídios de rotina nos registros policiais.[25] Contudo, as escolas investiram bilhões de dólares em medidas duvidosas de segurança, como a instalação de quadros-brancos à prova de balas e professores em posse de armas com munição que libera gás de pimenta, enquanto deixavam as crianças traumatizadas com apavorantes exercícios de simulação de um atirador em ação na escola. Em 2020, o assassinato brutal de George Floyd, um norte-americano afrodescendente desarmado, por um policial branco resultou em protestos enormes e na súbita adoção de uma doutrina acadêmica radical, a Teoria Crítica da Raça, por universidades, jornais e grandes empresas. Essas convulsões sociais resultaram da impressão de que os norte-americanos afrodescendentes correm um sério risco de serem mortos pela polícia. No entanto, como ocorre com o terrorismo e os ataques a tiros em escolas, os números são surpreendentes. No todo, 65 norte-americanos desarmados, de todas as raças, são mortos pela polícia a cada ano, dos quais 23 são afrodescendentes, o que equivale, aproximadamente, a três décimos de 1% dos 7.500 norte-americanos afrodescendentes que são vítimas de homicídio.[26]

Seria obtuso, em termos psicológicos, explicar a reação exagerada a mortes divulgadas exclusivamente pelo medo insuflado pela disponibilidade. Como ocorre com muitos sinais de irracionalidade aparente, há outras lógicas em operação, a serviço de objetivos outros que não probabilidades precisas.

Nossa reação desproporcionada a um assassinato infame pode ser irracional no enquadramento da teoria da probabilidade, mas racional no da teoria dos jogos (veremos no Capítulo 8). O homicídio não se assemelha a outros riscos letais. Um furacão ou um tubarão não se importam com nossa reação ao mal que eles reservam para nós, mas um assassino humano poderia se importar. Por isso, quando as pessoas reagem a um assassinato com manifestações públicas de choque e raiva, e redobram seu compromisso com a defesa pessoal, com a justiça ou a vingança, isso envia um sinal para os que estão premeditando assassinatos por aí, possivelmente fazendo com que pensem melhor.

A teoria dos jogos pode também explicar a comoção detonada por um tipo especial de acontecimento que Thomas Schelling descreveu em 1960 e que pode ser chamado de afronta comunitária.[27] Uma afronta comunitária é um ataque flagrante, amplamente testemunhado contra um membro ou um símbolo de uma coletividade. Ela é percebida como uma afronta intolerável e instiga a coletividade a se insurgir e se dedicar a uma vingança legítima. Entre os exemplos estão a explosão do USS *Maine* em 1898, que levou à Guerra Hispano-Americana; o afundamento do RMS *Lusitania* em 1915, que levou os Estados Unidos a entrar na Primeira Guerra Mundial; o incêndio do Parlamento alemão em 1933, que permitiu a consolidação do regime nazista; o ataque a Pearl Harbor em 1941, que fez os Estados Unidos entrarem na Segunda Guerra Mundial; o 11 de Setembro, que abriu caminho às invasões do Afeganistão e do Iraque; e a perseguição a um vendedor ambulante de frutas e legumes na Tunísia em 2010, cuja autoimolação provocou a Revolução Tunisiana e a Primavera Árabe. A lógica dessas reações é o *conhecimento comum*, no sentido técnico, de algo que todos sabem que todos sabem que todos sabem.[28] O conhecimento comum é necessário para a *coordenação*, na qual diversas partes agem com a expectativa de que cada uma das outras também agirá. Ele pode ser gerado por *pontos focais*, acontecimentos públicos que as pessoas veem que outras pessoas estão vendo. Uma afronta pública pode ser o conhecimento comum que resolve o problema de levar todos a agir de comum acordo, quando uma humilhação foi se acumulando aos poucos e o momento certo para lidar com ela parece não chegar nunca. Uma afronta que não se pode descartar tem como iniciar uma indignação simultânea num grupo disperso e unir essas pessoas numa coletividade resoluta. O grau do dano causado pelo ataque não vem ao caso.

Não só não vem ao caso, como também se torna tabu. Uma afronta comunitária inspira o que o psicólogo Roy Baumeister chama de "versão da vítima": uma alegoria moralizada na qual um ato lesivo é santificado, com o dano sendo consagrado como irreparável e imperdoável.[29] O objetivo da narrativa não é a precisão, mas a solidariedade. Ficar esmiuçando os detalhes sobre o que de fato aconteceu não é apenas descabido, mas constitui traição.[30]

Na melhor das hipóteses, uma afronta pública pode mobilizar ações atrasadas contra um problema que vinha se agravando com o tempo, como o enfrentamento ao racismo sistêmico em reação ao assassinato de Floyd. Uma liderança ponderada tem como canalizar indignação para realizar uma reforma responsável, noção capturada no ditado de um político "Nunca desperdice uma crise".[31] Mas a história das afrontas públicas sugere que elas também podem conferir poder a demagogos e instigar turbas exaltadas a cair em armadilhas e sofrer desastres. Em geral, suponho que o bem maior resulta de cabeças menos quentes avaliarem os danos com exatidão e reagirem a eles de modo proporcional.[32]

As AFRONTAS NÃO podem se tornar públicas sem a mídia. Foi na esteira da explosão do *Maine* que a expressão "imprensa marrom" passou a ser usada. Mesmo quando jornalistas não pretendem gerar uma fúria xenofóbica em seus leitores, reações destemperadas são um risco que faz parte do ofício. Para mim, os jornalistas não se dedicaram a refletir o suficiente sobre como a cobertura midiática pode ativar nossos vieses cognitivos e distorcer nosso entendimento. Cínicos poderiam dizer que jornalistas não se importam nem um pouco, já que o que importaria para eles são cliques e visualizações. Mas, pela minha experiência, jornalistas são idealistas que creem atender a uma vocação maior de informar o público.

A imprensa é uma máquina de disponibilização. Ela fornece casos que alimentam nossa impressão do que é comum de uma forma que nos enganará. Como as notícias consistem no que acontece, não no que não acontece, o denominador na fração correspondente à verdadeira probabilidade de um evento — todas as oportunidades para que o evento ocorra, incluindo as em que ele não ocorre — fica invisível, deixando-nos no desconhecimento quanto à verdadeira incidência de alguma coisa.

Ademais, as distorções não são ao acaso, mas nos fazem pender para o mórbido. O que acontece de repente costuma ser negativo — uma guerra, um ataque a tiros, escassez de víveres, colapso financeiro —, mas coisas positivas podem consistir em nenhum acontecimento, como um entediante país em paz ou uma região fácil de ser esquecida, onde as pessoas são saudáveis e bem alimentadas. E quando ocorre algum progresso, ele não se constrói num dia apenas, e sim ganhando alguns pontos percentuais por ano, transformando o mundo sorrateiramente. Como salienta o economista Max Roser, sites de notícias poderiam ter publicado a manchete 137 MIL PESSOAS ESCAPARAM DA POBREZA EXTREMA ONTEM todos os dias durante os últimos 25 anos.[33] Mas nunca publicaram essa manchete porque nunca houve uma quinta-feira em outubro em que aquilo de repente aconteceu. Foi assim que um dos maiores desdobramentos na história humana — 1,25 bilhão de pessoas tendo escapado da miséria — passou despercebido.

A ignorância pode ser medida. Pesquisadores descobrem repetidamente que, enquanto as pessoas costumam ser muito otimistas a respeito da própria vida, também são muito pessimistas a respeito de sua sociedade. Por exemplo, na maioria dos anos entre 1992 e 2015, período em que os criminologistas atribuem ter havido uma "grande redução da criminalidade nos Estados Unidos", grande parte dos norte-americanos acreditava que a criminalidade estava crescendo.[34] Em seu "Ignorance Project", Hans e Ola Rosling e Anna Rosling-Rönnlund demonstraram que o entendimento de tendências globais na maior parte das pessoas instruídas é exatamente ao contrário: elas acham que a longevidade, a alfabetização e a extrema pobreza estão em piores condições, quando na verdade tudo isso vem apresentando melhoras impressionantes.[35] (A pandemia da covid-19 fez retroceder essas tendências em 2020, quase com certeza temporariamente.)

A ignorância mobilizada pela disponibilidade pode ser corrosiva. Um noticiário mental repetitivo sobre catástrofes e fracassos pode gerar cinismo quanto à capacidade da ciência, da democracia liberal e de instituições de cooperação global para melhorar a condição humana. O resultado pode ser um fatalismo paralisante ou um radicalismo inconsequente: um chamamento para destruir a máquina, acabar com a sujeira ou dar poder a um demagogo que promete "Só eu posso resolver a situação".[36] O jornalismo vendedor de calamidades também estabelece incentivos nocivos para terroristas e atiradores furiosos, que podem se valer do sistema e conquistar notoriedade instantânea.[37] E um lugar especial no "inferno dos jornalistas" está reservado para quem escreveu em 2021, durante a implementação dos programas de vacinas contra a covid — vacinas essas reconhecidas por terem uma eficácia de 95% — matérias sobre os que foram vacinados e acabaram contaminados pelo vírus — por definição uma não notícia (já que sempre foi certo que haveria alguns) —, amedrontando, assim, milhares de pessoas e afastando-as desse recurso que pode salvar vidas.

Como podemos reconhecer os verdadeiros perigos no mundo, enquanto calibramos nosso entendimento de acordo com a realidade? Consumidores de notícias deveriam se conscientizar do viés nelas embutido e ajustar seu cardápio de informações de modo que inclua fontes que apresentam o quadro estatístico mais amplo: menos feed de notícias do Facebook, mais *Our World in Data*.[38] Os jornalistas deveriam contextualizar eventos medonhos. Um assassinato, um desastre de aviação ou um ataque de tubarão deveriam vir acompanhados da incidência anual, que leva em conta o denominador da probabilidade, não apenas o numerador. Um revés ou um período repleto de calamidades deveria ser apresentado no contexto da tendência a longo prazo. As fontes de notícias poderiam incluir um painel de indicadores nacionais e globais — a taxa de homicídios, as emissões de CO_2, mortes em guerras, democracias, crimes de ódio, violência contra mulheres, pobreza, e assim por diante — para que os leitores vejam as tendências por si mesmos e tenham uma noção de quais políticas movem a bússola na direção certa. Embora editores tenham me dito que leitores detestam a matemática e nunca vão tolerar que números estraguem seus artigos e fotos, sua própria mídia desmente essa atitude desdenhosa. As pessoas consomem avidamente dados nas páginas de meteorologia, negócios e esportes. E por que não na seção de notícias?

Probabilidades conjuntivas, disjuntivas e condicionais

Um boletim meteorológico na TV anuncia uma chance de 50% de chuva no sábado e uma de 50% de chuva no domingo, e conclui que há uma chance de 100% de chuva durante o fim de semana.[39] Numa velha piada, um homem leva uma bomba ao embarcar num avião, prezando pela própria segurança porque, segundo seus cálculos, quais são as chances de haver um avião com *duas* bombas? Há também o argumento de ser quase certo que o papa é um alienígena. A probabilidade de uma pessoa selecionada aleatoriamente na Terra ser o papa é minúscula: uma em 7,8 bilhões, ou 0,00000000013. Francisco é o papa. Logo, é provável que Francisco não seja um ser humano.[40]

Quando se raciocina sobre a probabilidade, é fácil perder o rumo. Essas mancadas resultam da aplicação incorreta do próximo passo no entendimento da probabilidade: como calcular as probabilidades de uma conjunção, uma disjunção, um complemento e uma condicional. Se esses termos parecem familiares, é porque eles são os equivalentes probabilísticos de E, OU, NÃO e SE-ENTÃO, do capítulo anterior. Embora as fórmulas sejam simples, cada uma monta uma armadilha; e acionar essas armadilhas é o que dá lugar às gafes em questões de probabilidade.[41]

A probabilidade de uma conjunção de dois eventos independentes, prob(A E B), é o produto das probabilidades de cada um: prob(A) × prob(B). Se o casal Green tem dois filhos, qual é a probabilidade de que sejam duas meninas? É a probabilidade de que a primeira seja uma menina (0,5) vezes a probabilidade de que a segunda seja uma menina (também 0,5), ou 0,25. Traduzindo da linguagem do evento único para a frequentista, concluiremos que em todas as famílias de dois filhos que examinarmos, um quarto será só de meninas. De modo ainda mais intuitivo, a definição clássica da probabilidade nos aconselha a dispor explicitamente as possibilidades lógicas: Menino-Menino, Menino-Menina, Menina-Menino, Menina-Menina. Um desses quatro é só meninas.

A armadilha na fórmula da conjunção está na condição *independente*. Os eventos são independentes quando não são ligados: a chance de ver um acontecer não tem nenhuma influência na chance de ver o outro. Imagine uma sociedade talvez não muito distante na qual as pessoas possam escolher o sexo dos filhos. Imagine que os pais sejam chauvinistas em termos de gênero, com uma metade querendo só meninos e a outra metade, só meninas. Se a primeira criança for uma menina, isso nos dá uma pista de que os pais preferiram uma menina, o que significa que eles optariam por uma menina novamente, e vice-versa, se o primeiro filho for menino. Os eventos não são independentes, e a multiplicação não dá certo. Se as preferências fossem absolutas e a tecnologia fosse perfeita, todas as famílias teriam somente filhos ou somente filhas, e a probabilidade de uma família com dois filhos ser só de meninas seria 0,5, não 0,25.

Deixar de levar em consideração se eventos são independentes pode provocar grandes erros. Quando uma série de ocorrências raras surge em entidades que não estão perfeitamente isoladas umas das outras — os moradores de um prédio que passam gripe uns para os outros, os membros de um grupo de colegas que copiam uns dos outros o jeito de se vestir, as respostas a uma pesquisa dadas por um único pesquisado, que mantém seus vieses de uma pergunta para outra, ou medições de qualquer coisa em dias, meses ou anos sucessivos, o que pode demonstrar a inércia —, o conjunto de observações é de fato de um único evento, não de uma série amalucada de eventos, e suas probabilidades não podem ser multiplicadas. Por exemplo, se a criminalidade esteve abaixo da média em cada um dos doze meses depois que cartazes do programa de vigilância de bairro Neighborhood Watch foram instalados numa cidade, seria um erro concluir que a redução na criminalidade deve ter decorrido dos cartazes e não do acaso. As taxas de criminalidade mudam devagar, com os padrões de um mês sendo transportados para o seguinte, de tal modo que o resultado é mais semelhante a um único lançamento de uma moeda do que a uma série de doze lançamentos de moedas.

No âmbito jurídico, errar na aplicação da fórmula para uma conjunção não é apenas um erro de matemática, mas um erro judiciário. Um exemplo notório é a fictícia "Lei de Meadow", cujo nome se origina de um pediatra britânico que, ao examinar mortes de bebês no berço de uma família, declarou: "Uma é uma tragédia; duas levantam suspeitas; e três representam assassinato, a menos que haja prova em contrário." No caso de 1999 da advogada Sally Clark, que tinha perdido dois bebês do sexo masculino, o depoimento do médico foi de que, como a probabilidade de morte de um bebê no berço numa família afluente de não fumantes é de 1 para 8.500, a probabilidade de duas mortes dessa natureza é o quadrado desse número — 1 em 73 milhões. Clark foi condenada à prisão perpétua por assassinato. Estatísticos estarrecidos apontaram o erro: mortes no berço não são independentes, porque os irmãos podem ter uma predisposição genética, a residência pode ter fatores elevados de risco e os pais podem ter reagido à primeira tragédia adotando precauções equivocadas que aumentaram o risco de ocorrer uma segunda. Clark foi libertada depois de um segundo recurso (com base em outros aspectos), e nos anos seguintes centenas de casos baseados em erros semelhantes precisaram ser reanalisados.[42]

Outro disparate no cálculo de conjunções fez uma breve aparição na tentativa absurda de Donald Trump e seus apoiadores de reverter os resultados da eleição presidencial de 2020 com base em alegações infundadas de fraude na votação. Numa moção apresentada ao Supremo Tribunal dos Estados Unidos, o procurador-geral do Texas, Ken Paxton, escreveu: "A probabilidade de o ex-vice-presidente Biden vencer a votação popular nos quatro estados acusados — Geórgia, Michigan, Pensilvânia e Wisconsin — independentemente, considerando-se a liderança inicial do presidente Trump nesses estados às três da manhã em 4 de novembro de 2020, é de menos de um para um quatrilhão, ou 1 para 1.000.000.000.000.000. Para que o ex-vice-presidente Biden ganhasse nesses quatro estados em conjunto, a probabilidade de que isso acontecesse se reduz a menos de um para um quatrilhão à quarta potência." O embasbacante cálculo de Paxton pressupôs que os votos sendo computados ao longo da contagem eram independentes em termos estatísticos, como lançamentos repetidos de um dado. Mas os votos dos moradores das cidades são diferentes dos votos dos moradores dos bairros afluentes, que por sua vez são diferentes dos votos do meio rural; e votos presenciais diferem dos votos enviados pelo correio (especialmente em 2020, quando Trump desaconselhou seus eleitores a votar pelo correio). Dentro de cada setor, os votos não são independentes e as taxas-base diferem de um setor para outro. Como os resultados de cada zona eleitoral são divulgados assim que estão disponíveis, e os votos enviados pelo correio foram contados bem depois, à medida que as diferentes parcelas são somadas, a contagem corrente favorável a cada candidato pode aumentar ou baixar, e não é possível extrapolar o resultado final a partir dos parciais. A tolice foi então elevada à quarta potência quando Paxton multiplicou as probabilidades fictícias dos quatro estados, cujos votos também não são independentes: é provável que o que influencia eleitores no Michigan (estado do Grande Lago) também os influencie no Wisconsin (terra dos laticínios).[43]

A INDEPENDÊNCIA ESTATÍSTICA está ligada ao conceito de causalidade: se um evento afeta outro, eles não são independentes em termos estatísticos (embora, como veremos, o inverso não se aplique: eventos que são isolados em termos causais podem ser dependentes em termos estatísticos). É por isso que a falácia do apostador é uma falácia. Uma rodada da roleta não tem como influenciar a rodada seguinte. Por isso, o apostador de altos valores que espera que uma série de pretos cause um vermelho acabará perdendo tudo que tem: a probabilidade é sempre um pouco inferior a 0,5 (por causa dos compartimentos verdes com 0 e 00). Isso mostra que as falácias da independência estatística funcionam de dois modos: numa falsa pressuposição de independência (como na falácia de Meadow) e na falsa pressuposição de dependência (como na falácia do apostador).

Nem sempre fica óbvio se os eventos são independentes. Uma das mais famosas aplicações da pesquisa sobre vieses cognitivos à vida cotidiana foi a análise de Tversky (com o psicólogo social Tom Gilovich) da "mão quente" no basquetebol.⁴⁴ Todos os fãs de basquete sabem que de vez em quando um jogador pode estar "pegando fogo", "em transe" ou jogando "no automático", especialmente "cestinhas em série" como Vinnie Johnson, "Micro-Ondas", o ala dos Detroit Pistons na década de 1980 que ganhou esse apelido por "pegar fogo" rapidamente. Diante da descrença de cada fã, torcedor, técnico, jogador e jornalista de esportes, Tversky e Gilovich alegaram que a "mão quente" era uma ilusão, uma falácia do apostador invertida. Os dados que eles analisaram sugeriam que o resultado de cada tentativa é estatisticamente independente da série de tentativas anteriores.

Agora, antes de examinar os dados, não se pode descartar de uma vez a possibilidade de existência da "mão quente" com base na plausibilidade causal, da mesma forma com que descartamos a falácia do apostador. Diferentemente de uma roleta, o corpo e o cérebro de um jogador de basquete têm uma memória, sim; e está longe de constituir uma superstição acreditar que um jorro de energia ou de autoconfiança pode persistir por um período de minutos. Logo, não foi um rompimento com a visão científica do mundo quando outros estatísticos deram uma segunda olhada nos dados e concluíram que os "gênios" estavam errados e os "atletas" estavam certos: *existe* "mão quente" no basquete. Os economistas Joshua Miller e Adam Sanjurjo demonstraram que, quando se selecionam séries de cestas ou erros de uma longa série de dados, o resultado da tentativa seguinte não é estatisticamente independente daquela série. A razão está em que, se a tentativa por acaso tivesse tido sucesso e dado continuidade à série, ela, para começar, poderia ter sido contada como parte da série. Qualquer tentativa que seja selecionada por ter ocorrido em seguida a uma série estaria sujeita ao viés de ser uma tentativa fracassada: uma que não tinha a menor chance de ser definida como parte da série em si. Isso derruba os cálculos do que se deveria esperar por parte do acaso, o que, por sua vez, derruba a conclusão de que os jogadores de basquete não sejam mais propensos a séries do que as roletas.⁴⁵

A falácia da falácia da "mão quente" tem três lições. A primeira é que eventos podem ser estatisticamente dependentes não só quando um evento causa uma influência sobre o outro, mas também quando ele afeta o evento selecionado para comparação. A segunda nos mostra que a falácia do apostador pode ter como origem uma característica não tão irracional da percepção: quando procuramos séries numa longa sucessão de eventos, uma série de um determinado comprimento tem de fato maior probabilidade de ser interrompida do que de continuar. A terceira, a probabilidade pode ser, de fato, profundamente não intuitiva: até mesmo os especialistas podem se enganar.

VAMOS NOS VOLTAR para a probabilidade de uma *disjunção* de eventos, prob(A ou B). É a probabilidade de A mais a probabilidade de B menos a probabilidade de tanto A quanto B. Se os Brown têm dois filhos, a probabilidade de que no mínimo um seja uma menina — quer dizer, que a primeira é uma menina ou a segunda é uma menina — é 0,5 + 0,5 - 0,25, ou 0,75. Pode-se chegar ao mesmo resultado contando as combinações: Menino-Menina + Menina-Menina + Menina-Menino (três possibilidades) de Menino-Menina + Menino-Menino + Menina-Menino + Menina--Menina (quatro oportunidades). Ou ao apurar frequências: num grande conjunto de famílias com dois filhos, descobre-se que três quartos têm pelo menos uma filha.

A aritmética do OU mostra o que deu errado com o meteorologista que disse ter certeza de que choveria no fim de semana porque havia uma chance de 50% de que choveria em cada dia: ao simplesmente somar as duas probabilidades, ele sem querer computou duas vezes os fins de semana em que choveria nos *dois* dias, esquecendo-se de subtrair 0,25 pela conjunção. Ele aplicou uma regra que funciona para o OU exclusivo (OUX), ou seja, A ou B mas não ambos. As probabilidades de eventos mutuamente exclusivos *podem* ser somadas para obter a disjunção, e a soma de todas elas é 1, a certeza. A probabilidade de que uma criança seja menino (0,5) ou menina (0,5) é sua soma, 1, já que a criança deve ser de um sexo ou do outro (como este é um exemplo para explicar a matemática, adotei o gênero binário, sem considerar crianças intersexuais). Quando se esquece da diferença e se confundem eventos imbricados com eventos mutuamente exclusivos, pode-se chegar a resultados malucos. Imaginem que a previsão do tempo indicasse uma chance de 0,5 de chuva no sábado, no domingo e na segunda, e concluísse que a probabilidade de chuva durante o longo fim de semana fosse de 1,5.

A probabilidade do complemento de um evento — que A não aconteça — é 1 menos a probabilidade de que ele aconteça. Isso vem a calhar quando precisamos estimar a probabilidade de "pelo menos um" evento. Lembra-se dos Brown com sua filha, ou talvez duas? Como ter pelo menos uma filha equivale a não ter só filhos homens, em vez de calcular a disjunção (primeiro filho é uma menina ou segundo filho é uma menina), nós poderíamos ter calculado o complemento de uma conjunção: 1 menos a chance de ter somente meninos (que é 0,25) — ou seja, 0,75. No caso de dois eventos, não faz muita diferença que fórmulas utilizaremos. Mas, quando precisarmos calcular a probabilidade de pelo menos um A num conjunto grande, a regra da disjunção exige o tédio de somar e subtrair um monte de combinações. É mais fácil fazer o cálculo como a probabilidade de "não todos NÃO A", que é simplesmente 1 menos um grande produto.

Suponhamos, por exemplo, que a cada ano haja um risco de 10% de que irrompa uma guerra. Quais são os riscos de irromper pelo menos uma guerra ao longo de uma década? (Vamos pressupor que as guerras sejam independentes, não contagiosas, como parece ser verdadeiro.)[46] Em vez de somar a chance de que irrompa uma guerra no Ano 1 com o risco de que uma irrompa no Ano 2, menos a chance de que uma irrompa tanto no Ano 1 quanto no 2, e assim por diante para todas as combinações, podemos calcular a chance de que não irrompa *nenhuma* guerra durante *todos* aqueles anos e subtraí-la de 1. Isso consiste simplesmente na chance de que não irromperá uma guerra num dado ano, 0,9, multiplicado por si mesmo para cada um dos outros anos (0,9 × 0,9 × ... 0,9 ou $0,9^{10}$, que equivale a 0,35), que, quando subtraído de 1, resulta em 0,65.

CHEGAMOS FINALMENTE A uma probabilidade *condicional*: a probabilidade de A dado B, escrita como prob(A | B). Uma probabilidade condicional é simples em termos conceituais: ela é somente a probabilidade do ENTÃO num SE-ENTÃO. É também simples em termos aritméticos: é apenas a probabilidade de A E B dividida pela probabilidade de B. Apesar disso, ela é a fonte de uma quantidade interminável de confusões, erros e paradoxos no raciocínio sobre a probabilidade, começando pelo camarada desafortunado no cartum do *XKCD*:[47] O erro dele consiste em confundir a probabilidade simples, ou taxa-base de mortes por raios, prob(atingido-por-raio), com a probabilidade *condicional* de uma morte por raio, considerando-se que a pessoa esteja ao ar livre durante uma tempestade elétrica, prob(atingido-por-raio | ao-ar-livre-numa-tempestade).

A MORTANDADE ANUAL ENTRE PESSOAS QUE CONHECEM ESSA ESTATÍSTICA É DE 1 EM 6.

Embora a aritmética de uma probabilidade condicional seja simples, ela não é intuitiva enquanto não a tornarmos concreta e visualizável (como sempre). Examine os diagramas de Venn, em que o tamanho de uma região na página corresponde ao número de resultados. O retângulo, com uma área de 1, abrange todas as possibilidades. Um círculo encerra todos os As, e a figura do alto à esquerda mostra que a probabilidade de A corresponde à sua área (escura) como uma proporção do retângulo inteiro (de cor clara) — outra forma de dizer o número de ocorrências dividido pelo número de oportunidades. A figura do alto à direita mostra a probabilidade de A ou B, que é o total da área escura — ou seja, a área de A mais a área de B sem contar duas vezes a fatia no meio compartilhada por eles (a probabilidade de A e B). Essa fatia, prob(A e B), está mostrada no diagrama inferior à esquerda.

O diagrama inferior à direita explica o que acontece com as probabilidades condicionais. Ele indica que deveríamos deixar de lado o vasto espaço de tudo o que possivelmente tem como ocorrer, pintado de branco, para focalizar nossa atenção apenas nos incidentes em que B ocorra, o círculo sombreado. Agora vamos examinar detidamente quantos *daqueles* incidentes pertencem ao grupo em que A também acontece: o tamanho da interseção A e B como uma proporção do tamanho do círculo B. De todos os intervalos em que pessoas caminham numa tempestade elétrica (B), que proporção deles resulta num acidente com um raio (A e B)? É por isso que calculamos a condicional, prob(A | B), dividindo a conjunção, prob(A e B), pela taxa-base, prob(B).

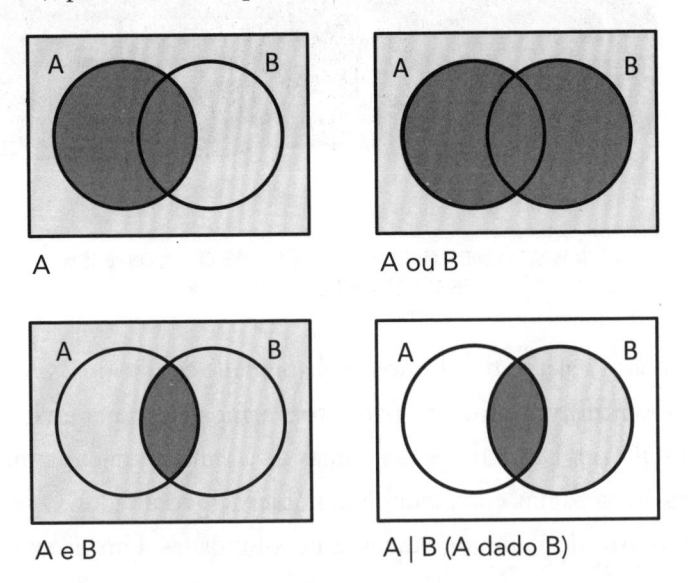

A

A ou B

A e B

A | B (A dado B)

Eis um exemplo. Os Gray têm dois filhos. A mais velha é uma menina. Sabendo disso, qual é a probabilidade de que sejam duas meninas? Vamos traduzir a pergunta para uma probabilidade condicional, ou seja, a probabilidade de que a primeira seja uma menina e a segunda também, considerando-se que a primeira é menina ou, em apresentação sofisticada, prob(1ª = Menina E 2ª = Menina | 1ª = Menina). A fórmula nos diz para dividir a conjunção, que já tínhamos calculado como 0,25, pela probabilidade simples para o segundo filho, 0,5, e assim obtemos 0,5. Ou, seguindo o raciocínio clássico e concreto: Menina-Menina (1 possibilidade) dividida por Menina-Menina e Menina-Menino (2 oportunidades) equivale a uma metade.

Probabilidades condicionais acrescentam alguma precisão ao conceito de independência estatística, que deixei suspenso na subseção anterior. Agora o conceito pode ser definido: A e B são independentes se, para todos os Bs, a probabilidade de A dado B for a mesma que a probabilidade total de A (e assim por diante para B). Então, você se lembra da multiplicação ilegal de probabilidades para a conjunção de eventos quando eles não são independentes? Que deveríamos fazer em vez disso? Fácil: a probabilidade da conjunção para A e B quando eles *não* são independentes é a probabilidade de A vezes a probabilidade de B dado A, a saber, prob(A) × prob(B | A).

Por que estou batendo na mesma tecla do conceito de probabilidade condicional com todas essas representações sinônimas — linguagem em prosa, seu equivalente lógico, a fórmula matemática, os diagramas de Venn, a contagem das possibilidades? É porque a probabilidade condicional é fonte de tanta confusão que nenhuma explicação é demais.[48]

Se não acredita em mim, considere o caso dos White, mais uma família com dois filhos. Pelo menos um deles é uma menina. Qual é a probabilidade de serem duas meninas, ou seja, a probabilidade condicional de duas meninas dado que pelo menos uma é menina, ou prob(1ª = Menina E 2ª = Menina | 1ª = Menina OU 2ª = Menina)? São tão poucos os que acertam a resposta que os estatísticos o chamam de "paradoxo do menino ou menina". A tendência das pessoas é responder 0,5; a resposta certa é 0,33. Nesse caso, o pensamento concreto pode levar à resposta errada: as pessoas visualizam uma menina mais velha, dão-se conta de que ela poderia ter uma irmã mais nova, ou um irmão, e calculam que a irmã é uma possibilidade dessas duas. Elas se esquecem de que existe outra forma de haver pelo menos uma menina: ela poderia ser a mais nova de dois filhos. Enumerando corretamente as possibilidades, temos Menina--Menina (uma) dividida por [Menina-Menina mais Menina-Menino mais Menino-Menina] (três), o que equivale a um terço. Ou, usando a fórmula, dividimos 0,25 (Menina E Menina) por 0,75 (Menina OU Menina).

Esse paradoxo não é só um jogo com palavras. Ele decorre de uma incapacidade da imaginação de enumerar as possibilidades e aparece com muitas formas, aí incluído o Dilema de Monty Hall. Eis um equivalente mais simples, porém exato.[49] Alguns vigaristas de rua que trabalham com cartas ganham a vida atraindo transeuntes para jogar "três cartas num chapéu". O vigarista lhes mostra uma carta que é vermelha nas duas faces, uma carta que é branca nas duas faces e uma carta que é vermelha numa face e branca na outra. Ele as mistura num chapéu, tira uma, percebe que a face é (digamos) vermelha e oferece aos transeuntes uma aposta de valor igual de que a outra face também é vermelha (eles lhe pagarão 1 dólar se ela for vermelha, ele lhes pagará 1 dólar se for branca). É uma aposta de trouxa: a probabilidade de ser vermelha é de duas em três. Os simplórios contam mentalmente cartas em vez de *faces* de cartas, esquecendo-se de que há duas formas para a carta totalmente vermelha, caso tivesse sido escolhida, mostrar uma face vermelha.

E lembra o homem que levou a própria bomba ao embarcar no avião? Ele calculou a probabilidade total de que um avião estivesse levando duas bombas. Só que, ao levar a própria bomba a bordo, ele também tinha excluído a maioria das possibilidades no denominador. O número com que ele deveria ter se importado é a probabilidade condicional de que um avião terá duas bombas *dado que* ele já tenha uma, ou seja, a dele mesmo (que tem uma probabilidade de 1). Essa condicional é a probabilidade de que outra pessoa terá uma bomba vezes 1 (a conjunção da bomba dele e da do outro homem) dividida por 1 (a bomba dele), o que naturalmente dá como resultado a probabilidade de que outra pessoa tenha uma bomba, exatamente o ponto em que ele começou. A piada foi usada com sucesso em *O mundo segundo Garp*. Os Garp estão dando uma olhada numa casa quando um pequeno avião cai sobre ela. Garp diz: "Vamos ficar com a casa. O risco de outro avião atingi-la é ínfima."⁵⁰

Esquecer-se de condicionar uma probabilidade de taxa-base por circunstâncias especiais em vigor — a tempestade de raios, a bomba que você leva a bordo — é um erro comum em probabilidades. Durante o julgamento de O. J. Simpson, o astro do futebol americano acusado de assassinar a esposa, Nicole, realizado em 1995, o promotor chamou a atenção para seu histórico de agressões contra ela. Um integrante do "time dos sonhos" de advogados de defesa de Simpson respondeu que pouquíssimos agressores chegam a matar a esposa, talvez 1 em 2.500. Uma professora universitária de inglês, Elaine Scarry, detectou a falácia. Nicole Simpson não era apenas uma vítima qualquer de violência doméstica. Ela era uma vítima de violência *que foi degolada*. A estatística que se aplica é a probabilidade condicional de que alguém matou a esposa *dado* que ele a tinha agredido e que *sua esposa foi assassinada por alguém*. Essa probabilidade é de 8 em 9.⁵¹

O OUTRO ERRO comum com a probabilidade condicional é confundir a probabilidade de A dado B, com a probabilidade de B dado A, o equivalente estatístico de afirmar o consequente (indo de "SE P, ENTÃO Q" para "SE Q, ENTÃO P").⁵² Lembra-se de Irwin, o hipocondríaco, o qual sabia que sofria do fígado porque seus sintomas eram perfeitamente compatíveis com a lista, ou seja, nenhum desconforto? Irwin confundiu a probabilidade de nenhum sintoma dada uma doença hepática, que é alta, com a probabilidade de doença hepática dado que não havia sintomas, que é baixa. Isso ocorre porque a probabilidade de doença hepática (sua taxa-base) é baixa e a probabilidade de nenhum desconforto é alta.

As probabilidades condicionais não podem ser invertidas sempre que as taxas-base forem diferentes. Tomemos um exemplo da vida real: a conclusão de que um terço dos acidentes fatais ocorre em casa, o que inspirou a manchete Residências são lugares perigosos. A questão é que a casa é onde passamos a maior parte do tempo, de modo que, mesmo que as casas não sejam particularmente perigosas, um monte de acidentes nos acontece ali porque um monte de *tudo* nos acontece ali. O redator da manchete confundiu a probabilidade de que estávamos em casa dado que um acidente fatal ocorreu — como a estatística informou — com a probabilidade de que um acidente fatal ocorreu dado que estávamos em casa, que é a propensão na qual os leitores estão interessados. Podemos captar o problema de modo mais intuitivo olhando o diagrama a seguir, onde as taxas-base são refletidas no tamanho relativo dos círculos (digamos, com A como dias com acidentes fatais, B como dias em casa).

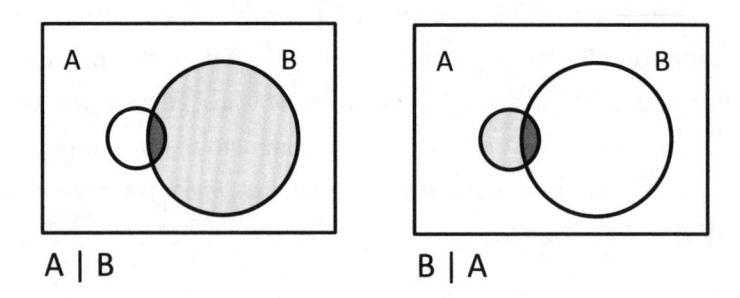

A | B   B | A

O diagrama da esquerda mostra a probabilidade de A dado B (a probabilidade de um acidente fatal dado que se esteja em casa) — é a área da interseção escura (A e B) como proporção do grande círculo claro (B, estar em casa), que é pequena. O diagrama da direita mostra a probabilidade de B dado A (a probabilidade de estar em casa dado que houve um acidente fatal) — é a área daquela mesma interseção escura, mas dessa vez como uma proporção do pequeno círculo claro, acidentes fatais, e é muito maior.

Um motivo para ser tão fácil entender ao contrário as probabilidades condicionais está na ambiguidade da linguagem quanto ao que se pretende dizer. "A probabilidade de que um acidente aconteça em casa é de 0,33" poderia significar "como uma proporção de acidentes" ou "como uma proporção do tempo passado em casa". A diferença pode ficar perdida na interpretação e gerar estimativas falsas de propensões. A maioria dos acidentes com bicicletas envolve meninos. Por isso, temos a manchete MENINOS CORREM MAIS RISCO EM BICICLETAS, insinuando que os meninos são mais imprudentes, ao passo que de fato eles podem simplesmente ser mais adeptos do ciclismo. E, no que os estatísticos chamam de falácia do promotor, o promotor público declara que a probabilidade de o tipo de sangue da vítima ser por acaso compatível com o sangue na roupa do acusado é apenas de 3% e conclui que a probabilidade de o acusado ser culpado é de 97%. Ele confundiu (e espera que os jurados confundam) a probabilidade de um resultado compatível dado que o acusado é inocente com a probabilidade de o acusado ser inocente dado que o resultado é compatível.[53] Como fazer os cálculos certos é o tópico do próximo capítulo, o raciocínio bayesiano.

As ambiguidades na probabilidade condicional podem ser incendiárias. Em 2019, uma dupla de cientistas sociais gerou furor quando publicou um estudo no renomado *Proceedings of the National Academy of Sciences*, no qual citando números como os que mencionei numa seção anterior, alegava que era mais provável a polícia atirar em brancos do que em negros, ao contrário da suposição geral acerca do viés racial. Críticos salientaram que essa conclusão condizia com a probabilidade de alguém ser negro dado que levou um tiro, que de fato é mais baixa do que a probabilidade correspondente para brancos, mas somente porque o país tem menor número de negros do que de brancos, para começar, uma diferença nas taxas-base. Se a polícia tem *mesmo* um viés racial, essa seria uma propensão que se manifestaria como uma probabilidade mais alta de alguém levar um tiro dado que é negro, e os dados sugerem que a probabilidade é na realidade mais alta. Embora os autores originais tenham ressaltado que a taxa-base adequada não é óbvia — ela deveria ser a proporção de negros na população ou em embates com a polícia? —, eles se deram conta de terem feito tamanha confusão na forma com que tinham enunciado as probabilidades que retrataram formalmente o estudo.[54]

E o papa do espaço cósmico? É isso o que acontece quando se confunde a probabilidade de alguém ser o papa dado que ele é humano com a probabilidade de alguém ser humano dado que é o papa.[55]

Probabilidades *a priori* e *a posteriori*

Um homem experimenta um terno sob medida e diz ao alfaiate: "Preciso que encurte esta manga." O alfaiate responde: "Não! É só dobrar o cotovelo desse jeito. Viu? Ele puxa a manga para cima." O cliente diz: "Bem, certo, mas quando dobro o cotovelo, a gola sobe pela minha nuca." O alfaiate diz: "E? Levante a cabeça bem para trás. Perfeito." O homem argumenta: "Mas agora o ombro esquerdo está quatro dedos mais baixo do que o direito!" O alfaiate responde: "Sem problema. Curve sua cintura e tudo ficará certo." O homem sai da alfaiataria usando o terno, com o cotovelo direito saliente, o pescoço esticado para trás, o torso curvado para a esquerda, andando aos solavancos. Dois pedestres passam por ele. O primeiro diz: "Viu aquele inválido? Coitado, como me compadeço dele!" O segundo diz: "É, mas o alfaiate dele é um gênio, porque o terno lhe caiu como uma luva!"

A piada ilustra mais uma família de mancadas ligadas à probabilidade: confundir julgamentos *prévios* com julgamentos *post hoc* (também chamados de *a priori* e *a posteriori*). A confusão é às vezes chamada de falácia do atirador texano, referindo-se ao atirador que dá um tiro na parede de um celeiro e então pinta um alvo em torno do orifício. No caso da probabilidade, faz uma grande diferença se o denominador da fração — o número de oportunidades para um evento ocorrer — for contado independentemente do numerador, os eventos de interesse. O viés da confirmação, examinado no Capítulo 1, define o erro: uma vez que esperemos um padrão, tratamos de procurar exemplos e descartar os exemplos contrários. Se registrarmos as previsões de um vidente que são confirmadas por eventos, mas não dividi-las pelo número total de previsões, corretas e incorretas, poderemos obter qualquer probabilidade que desejarmos. Como Francis Bacon salientou em 1620, é assim que funcionam todas as superstições, seja na astrologia, nos sonhos, nos presságios, seja em julgamentos divinos.

Ou ainda nos mercados financeiros. Um consultor de investimentos sem escrúpulos envia para metade de uma mala-direta de cem mil pessoas um boletim com a previsão de que o mercado estará em alta; e para a outra metade, uma versão com a previsão de que sofrerá uma queda. No fim de cada trimestre, ele descarta os nomes que receberam a previsão errada e repete o processo com os restantes. No fim de dois anos, ele é contratado pelos 1.562 destinatários assombrados com sua folha corrida de previsão do mercado por oito trimestres seguidos.[56]

Embora esse esquema seja ilegal se executado de modo consciente, quando executado sem conhecimento ele é a força vital da indústria financeira. *Traders* agem com a velocidade de um raio para agarrar bons negócios, de modo que muito poucos selecionadores de ações de alta rentabilidade conseguem superar o desempenho de uma cesta automática de ações. Uma exceção foi Bill Miller, consagrado pela CNNMoney.com em 2006 como "O maior gestor financeiro dos nossos tempos" por ter suplantado o índice S&P 500 do mercado de ações por quinze anos a fio. Existe algo mais impressionante que isso? Seria possível pensar que, se um gestor tem uma probabilidade igual de apresentar um desempenho melhor ou pior do que o índice em qualquer ano, a probabilidade de que isso aconteça por acaso é apenas de 1 em 32.768 (2^{15}). Mas Miller foi homenageado *depois* do desenrolar de sua espantosa série de sucessos. Como o físico Len Mlodinow salientou em *O andar do bêbado: Como o acaso determina nossas vidas*, os Estados Unidos têm mais de seis mil gestores de fundos, e os modernos fundos mútuos estão operando há cerca de quatro décadas. A chance de que *algum* gestor tivesse uma série de ganhos de quinze anos em *algum período* durante essas quatro décadas não é de modo algum improvável — ela é de 3 em 4. A manchete da CNNMoney.com poderia ter sido: Esperada série de 15 anos acontece finalmente: Bill Miller é o sortudo. E realmente a maré de sorte de Miller se esgotou, e nos dois anos seguintes o mercado "habilmente o reduziu a pó".⁵⁷

Além do viés de confirmação, uma importante contribuição para as falácias de probabilidade *post hoc* é nossa incapacidade de avaliar a quantidade de oportunidades que existem para a ocorrência de coincidências. Quando podemos identificá-las *post hoc*, as coincidências não são de modo algum improváveis — é quase certo que aconteçam. Numa de suas colunas para a *Scientific American*, o matemático recreativo Martin Gardner perguntou: "Você perceberia se a placa de um carro à sua frente tivesse os dígitos que, lidos de trás para a frente, correspondessem ao número do seu telefone? Quem a não ser um numerólogo ou um logófilo veria as letras U, S, A dispostas simetricamente em louisiana ou no final de john philip sousa, o nome do compositor de nossas mais famosas marchas patrióticas? É preciso ter um tipo estranho de pensamento para descobrir que Newton nasceu no mesmo ano em que Galileu morreu, ou que Bobby Fischer nasceu sob o signo de Peixes (em inglês, *the Fish*)."⁵⁸ Mas esses numerólogos e pessoas dotadas de mentes estranhas existem, e seus tiros *post hoc* podem ser refinados em teorias pretensiosas. O psicanalista Carl Jung propôs uma força mística chamada sincronicidade para explicar a quintessência daquilo que não precisa de explicação, o predomínio da coincidência no mundo.

Quando eu era criança, o que hoje chamamos de memes circulava em revistas populares e em quadrinhos. Um deles era uma lista das incríveis semelhanças entre Abraham Lincoln e John F. Kennedy. Abe, o honesto, e JFK foram eleitos para o Congresso em '46 e para a presidência em '60. Ambos levaram um tiro na cabeça, na presença da esposa, numa sexta-feira. Lincoln tinha um secretário chamado Kennedy; Kennedy tinha um secretário chamado Lincoln. Os dois foram sucedidos por Johnsons que tinham nascido em '08. Seus assassinos tinham nascido em '39 e tinham três nomes que somavam quinze letras. John Wilkes Booth fugiu de um teatro e foi apanhado num galpão. Lee Harvey Oswald fugiu de um galpão e foi apanhado num teatro. O que esses paralelismos extraordinários nos dizem? Com todo o devido respeito ao dr. Jung, absolutamente nada, além de que as coincidências acontecem com maior frequência do que nossa desinformação da estatística é capaz de apreciar. Para não mencionar o fato de que quando coincidências assustadoras são percebidas, elas costumam ser enfeitadas (Lincoln não teve um secretário chamado Kennedy), enquanto são deixadas de lado não coincidências irritantes (como os dias, meses e anos diferentes do nascimento e da morte de cada um).

Os cientistas não estão imunes à falácia do atirador do Texas. Essa é uma das explicações para a crise da replicabilidade que abalou a epidemiologia, a psicologia social, a genética humana e outros campos na década de 2010.[59] Pense em todos os alimentos que fazem bem que costumavam fazer mal, no medicamento miraculoso que acaba se revelando não ser melhor do que o placebo, no gene para essa ou aquela característica que na realidade era ruído no DNA, nos estudos fofos que mostravam que as pessoas contribuem mais para o fundo do cafezinho quando a imagem de um par de olhos está postada na parede, e que elas andam mais devagar até o elevador depois de passar por um experimento que lhes apresentou palavras associadas à velhice.

Não se trata de os pesquisadores terem falsificado os dados. A questão é que eles se envolveram com o que hoje é conhecido como práticas questionáveis de pesquisa, o jardim de caminhos que se bifurcam, e com o *p-hacking* [manipulação de *p*] (referindo-se ao limiar da probabilidade, *p*, que conta como "estatisticamente significativo").[60] Imagine um cientista que executa um experimento trabalhoso e obtém dados que são o oposto de "Heureca!". Antes de desistir para evitar maior prejuízo, é tentador que ele se pergunte se o efeito de fato está ali, mas somente com os homens, ou somente com as mulheres, ou se ele descartar os dados anômalos dos participantes que se desconcentraram, ou se excluir a loucura do mandato de Trump, ou se mudar para um teste estatístico que observe a classificação dos dados em vez de esmiuçar seus valores até a última casa decimal. Ou, ainda, você pode continuar a testar participantes até que aquele asterisco precioso apareça no *printout* estatístico, certificando-se de parar tudo enquanto estiver por cima.

Nenhuma dessas práticas é inerentemente despropositada se puder ser justificada antes que os dados sejam coletados. Mas, caso se recorra a elas após o fato, é provável que alguma combinação tire proveito do acaso e produza um resultado espúrio. A armadilha é inerente à natureza da probabilidade e é conhecida há décadas. Lembro-me de ter sido avisado contra a prática de "fuçar dados" quando estudei estatística, em 1974. Mas até recentemente poucos cientistas captavam por intuição como uma pitada de dados fuçados podia levar a uma batelada de erros. Meio em tom de brincadeira, meu professor sugeriu que fosse exigido dos cientistas que redigissem suas hipóteses e seus métodos numa folha antes de começar um experimento e que a guardassem num cofre, que abririam para mostrar a revisores depois que o estudo estivesse completo.[61] O único problema, ressaltou ele, era que o cientista podia guardar vários cofres em segredo e então abrir somente aquele que ele sabia que "previa" os dados. Com o advento da web, o problema está resolvido, e a última palavra em metodologia científica consiste em "pré-registrar" os detalhes de um estudo num registro público que revisores e editores podem verificar em busca de alguma trapaça *post hoc*.[62]

UM TIPO DE ilusão de probabilidade *post hoc* é tão comum que tem a própria designação: a ilusão de agrupamento.[63] Nós somos bons para detectar coleções bem unidas de coisas ou eventos, porque muitas vezes elas fazem parte de um único acontecimento: os latidos de um cão que não quer se calar, um sistema meteorológico que encharca uma cidade por vários dias, um assaltante numa fase de roubar diversas lojas num quarteirão. Mas nem todos os agrupamentos têm uma causa de onde brotam — na realidade, a maioria deles não tem. Quando há muitos eventos, é inevitável que alguns acabem entrando na vizinhança uns dos outros e até que convivam entre si, a menos que algum processo não aleatório tente mantê-los separados.

A ilusão de agrupamento nos faz pensar que processos aleatórios são não aleatórios, e vice-versa. Quando Tversky e Kahneman mostraram a pessoas (aí incluídos estatísticos) os resultados de séries reais de lançamento de moedas, como CrCrCaCaCrCaCrCrCrCr, que inevitavelmente têm sequências de caras ou coroas consecutivas, elas acharam que a moeda estava adulterada. Elas só diziam que uma moeda parecia honesta se ela estivesse adulterada para impedir as sequências, como CaCrCaCrCrCaCrCaCaCr, que "parece" aleatória, muito embora não seja.[64] Fui testemunha de uma ilusão semelhante quando trabalhei num laboratório de percepção auditiva. Os participantes tinham de detectar tons fracos, que eram apresentados a intervalos aleatórios para que não pudessem adivinhar quando viria. Alguns disseram que o gerador de eventos aleatórios devia estar quebrado porque os tons vinham em rajadas. Não se davam conta de que é exatamente assim que a aleatoriedade parece ser.

Agrupamentos fantasmas surgem no espaço também. As estrelas que compõem Áries, Leão, Câncer, Virgem, Sagitário e outras constelações não são vizinhas em nenhuma galáxia, mas estão salpicadas aleatoriamente pelo céu noturno a partir da perspectiva terrestre e apenas aglomeradas nessas formas por nosso cérebro voltado para a busca de padrões. Aglomerados espúrios também surgem no calendário. As pessoas se surpreendem ao descobrir que, se 23 pessoas estiverem numa sala, a chance de que duas delas farão aniversário no mesmo dia é maior do que 50%. Com 57 pessoas numa sala, a chance chega a 99%. Embora seja improvável que qualquer pessoa na sala tenha o mesmo aniversário que *eu*, não estamos procurando por um dia coincidente com o meu ou com o de qualquer outra pessoa selecionada *a priori*. Estamos contando datas coincidentes *post hoc*, e há 366 formas de uma coincidência ocorrer.

A ilusão de agrupamento, como outras falácias *post hoc* na probabilidade, é a fonte de muitas superstições: que coisas ruins acontecem em grupos de três, que pessoas nascem em signos ruins, ou que um *annus horribilis* significa que o mundo está acabando. Quando se abate sobre nós uma série de flagelos, isso não quer dizer que existe um Deus que está nos punindo por nossos pecados e testando nossa fé. Quer dizer que não existe um Deus que esteja criando intervalos regulares entre eles.

MESMO PARA os que compreendem a matemática do acaso com toda a sua enlouquecedora falta de intuição, uma sequência de sorte pode seduzir a imaginação. A probabilidade subjacente vai determinar quanto tempo, em média, se espera que uma sequência dure, mas o momento exato em que a sorte se esgota é um mistério insondável. Essa tensão foi explorada no meu ensaio predileto de autoria do paleontólogo, divulgador científico e fã de beisebol Stephen Jay Gould.[65]

Gould examinou um dos maiores feitos no esporte, a série de rebatidas em 56 jogos de Joe DiMaggio em 1941. Ele explicou que a série era estatisticamente extraordinária mesmo considerando-se a alta média de rebatidas de DiMaggio e o número de oportunidades para essas sequências terem ocorrido na história do esporte. O fato de DiMaggio ter se beneficiado de alguns golpes de sorte no período não diminui a façanha, mas a exemplifica, porque nenhuma longa série, por mais que seja impulsionada por oportunidades favoráveis, consegue se desenrolar sem elas. Gould explica nossa fascinação por marés de sorte:

> A estatística de marés altas e baixas, corretamente entendida, ensina uma lição importante sobre a epistemologia e sobre a vida em geral. A história de uma espécie, ou qualquer fenômeno natural que exija uma continuidade ininterrupta num mundo de problemas, funciona como uma sequência de rebatidas. Tudo se resume a lances de um apostador jogando com sua capacidade limitada para apostar contra uma banca com recursos infinitos. O apostador vai perder. Seu objetivo só pode ser o de se manter por ali o máximo possível, divertir-se nesse meio-tempo e,

se por acaso for também um agente moral, preocupar-se em manter o rumo com honra [...].

A sequência de rebatidas de DiMaggio é a mais bela das lendas legítimas porque encarna a essência da batalha que realmente define nossa vida. DiMaggio acionou o maior e mais inatingível sonho de toda a humanidade, a esperança e a quimera de todos os sábios e xamãs: ele enganou a morte, pelo menos por um tempo.

5
CRENÇAS E EVIDÊNCIAS
(RACIOCÍNIO BAYESIANO)

> Alegações extraordinárias exigem evidências extraordinárias.
>
> — Carl Sagan

Uma exceção animadora ao descaso pela razão em tão grande proporção do nosso discurso on-line é o surgimento de uma "Rationality Community" [Comunidade da Racionalidade], cujos membros se esforçam pelo "menos errado" através da compensação de seus vieses cognitivos e da adoção de padrões de pensamento crítico e humildade epistêmica.[1] A introdução de um de seus tutoriais on-line pode servir como introdução para o tema deste capítulo:[2]

> A regra de Bayes, ou o teorema de Bayes, é a lei da probabilidade que rege *a força das evidências* — com a regra dizendo *quanto* devemos revisar nossas probabilidades (mudar de ideia) quando aprendemos um fato novo ou observamos novas evidências.
>
> Você pode querer aprender sobre a regra de Bayes se for:
>
> - um profissional que usa a estatística, como um cientista ou médico;

- um programador de computadores que trabalhe com aprendizado de máquina;
- um ser humano.

Sim, um ser humano. Muitos racionalistas acreditam que a regra de Bayes está entre os modelos normativos que são desdenhados com maior frequência no raciocínio cotidiano; e que, se fosse mais valorizada, poderia dar maior impulso à racionalidade pública. Em décadas recentes, o pensamento bayesiano apresentou uma ascensão vertiginosa, ganhando proeminência em todos os campos científicos. Embora poucos leigos saibam identificá-lo ou explicá-lo, eles sentem sua influência no termo da moda "*prior*", que se refere a uma das variáveis do teorema.

Um caso paradigmático do raciocínio bayesiano é o diagnóstico médico. Suponha que a incidência de câncer de mama na população de mulheres seja de 1%. Suponha que a sensibilidade de um exame para câncer de mama (sua taxa de verdadeiros positivos) seja de 90%. Suponha que sua taxa de falsos positivos seja de 9%. O exame de uma mulher dá positivo. Qual é o risco de ela estar com a doença?

A resposta mais comum de uma amostragem de médicos aos quais esses números foram apresentados foi de 80% a 90%.[3] A regra de Bayes permite que você calcule a resposta correta: 9%. É verdade. Os profissionais a quem confiamos nossa vida metem os pés pelas mãos na tarefa básica de interpretar um exame médico, e não erram por pouco. Eles acham que há um risco de quase 90% de essa mulher ter câncer, ao passo que na realidade há uma chance de 90% de ela não ter. Imagine sua reação emocional ao ouvir um número ou o outro; e considere como avaliaria suas opções em resposta a eles. É por isso que você, um ser humano, deve aprender sobre o teorema de Bayes.

A tomada de decisões arriscadas requer tanto a estimativa das probabilidades (Será que estou com câncer?) quanto a avaliação das consequências de cada escolha (Se eu não fizer nada e estiver com câncer, posso morrer; se eu me submeter a uma cirurgia e não estiver com câncer, vou sofrer dor e mutilação desnecessárias). Nos Capítulos 6 e 7, vamos examinar as melhores formas de tomar decisões relevantes quando conhecemos as probabilidades, mas o ponto de partida deve ser a probabilidade em si: dadas as evidências, qual é a probabilidade de que algum estado de coisas seja verdadeiro?

Apesar de a palavra "teorema" ser amedrontadora, a regra de Bayes é bastante simples — e, como veremos no fim do capítulo, pode se tornar praticamente intuitiva. O grande *insight* do reverendo Thomas Bayes (1701-1761) foi o de que o grau de crença numa hipótese pode ser quantificado como uma probabilidade. (Esse é o significado subjetivista de "probabilidade" que encontramos no capítulo anterior.) Vamos chamá-la de prob(Hipótese), a probabilidade de uma hipótese, ou seja, nosso grau de confiança em que ela seja verdadeira. (No caso de um diagnóstico médico, a hipótese é que o paciente está com a doença.) É claro que nossa confiança em qualquer ideia deveria depender das evidências. No jargão das probabilidades, podemos dizer que nossa confiança deveria ser *condicional* com base nas evidências. O que buscamos é a probabilidade de uma hipótese considerando-se os dados, ou prob(Hipótese | Dados). Ela se chama probabilidade *posterior*, nossa confiança numa ideia depois de termos examinado as evidências.

Se você tiver dado esse passo conceitual, estará preparado para a regra de Bayes, porque ela é apenas a fórmula para a probabilidade condicional, que vimos no capítulo anterior, aplicada à confiança e às evidências. Lembre-se de que a probabilidade de A dado B é a probabilidade de A E B dividida pela probabilidade de B. Logo, a probabilidade de uma hipótese tendo em vista os dados (o que estamos buscando) é a probabilidade da hipótese *e* dos dados (digamos, o paciente está com a doença *e* o resultado do exame dá positivo) dividida pela probabilidade dos dados (a proporção total de pacientes que testa positivo, saudáveis ou enfermos). Enunciada como uma equação, temos: prob(Hipótese | Dados) = prob(Hipótese E Dados) / prob(Dados). Mais um lembrete do Capítulo 4: a probabilidade de A E B é a probabilidade de A vezes a probabilidade de B dado A. Faça essa simples substituição e você terá a regra de Bayes:

$$\text{prob(Hipótese | Dados)} = \frac{\text{prob(Hipótese)} \times \text{prob(Dados | Hipótese)}}{\text{prob(Dados)}}$$

O que isso significa? Lembre-se de que prob(Hipótese | Dados), a expressão do lado esquerdo, é a probabilidade posterior: nossa confiança atualizada na hipótese depois que examinamos as evidências. Essa poderia ser nossa confiança no diagnóstico de uma doença depois que vimos os resultados do exame.

Prob(Hipótese) no lado direito significa a probabilidade *anterior* ou *prior*, nossa confiança na hipótese *antes* de olharmos os dados: quanto ela é possível ou bem estabelecida, o que seríamos forçados a adivinhar se não tivéssemos nenhum conhecimento dos dados à disposição. No caso de uma doença, poderia ser sua incidência na população, a taxa-base.

Prob(Dados | Hipótese) é chamada de *verossimilhança*. No mundo de Bayes, a "verossimilhança" não é um sinônimo de "probabilidade", mas refere-se a em que grau seria possível que os dados aparecessem *se* a hipótese fosse verdadeira.[4] Se alguém estiver de fato com a doença, qual é a possibilidade de que se manifeste um dado sintoma, ou haja um resultado positivo no exame?

E prob(Dados) é a probabilidade de que os dados apareçam de qualquer maneira, quer a hipótese seja verdadeira, quer seja falsa. Ela é às vezes chamada de probabilidade "marginal", não no sentido de "menos significante", mas no sentido de que os totais de cada fileira (ou de cada coluna) são somados ao longo da margem da tabela — a probabilidade de obter esses dados quando a hipótese é verdadeira *mais* a probabilidade de obter esses dados quando a hipótese é falsa. Um termo mais mnemônico é a frequência ou ordinariedade dos dados. No caso de um diagnóstico médico, ele se refere à proporção de *todos* os pacientes que têm um sintoma ou obtêm um resultado positivo, saudáveis e enfermos.

Substituindo-se a álgebra pela mnemônica, a regra de Bayes passa a ser:

$$\text{Probabilidade posterior} = \frac{\text{Probabilidade anterior} \times \text{Verossimilhança dos dados}}{\text{Frequência dos dados}}$$

Traduzindo para nossa língua, ficaria: "Nossa confiança numa hipótese depois de olhar as evidências deveria ser nossa confiança anterior na hipótese, multiplicada pelo grau de possibilidade das evidências *se* a hipótese fosse verdadeira, ajustada para quanto aquelas evidências são comuns em qualquer circunstância."

Traduzindo para o senso comum, funciona assim: Agora que vi as evidências, até que ponto devo acreditar na ideia? Primeiro, acredite mais se a ideia for bem corroborada, verossímil ou plausível, para começar — se ela tiver um *prior* alto, o primeiro termo no numerador. Como dizem aos estudantes de medicina: se você ouvir o som de cascos do lado de fora da janela, é provável que seja um cavalo, não uma zebra. Se atender a um paciente com dores musculares, é mais provável que ele esteja com uma gripe do que com *kuru* (uma doença rara encontrada na tribo Fore, da Nova Guiné), mesmo que os sintomas sejam compatíveis com as duas enfermidades.

Segundo, acredite mais na ideia se for bem mais provável que as evidências ocorram quando a ideia for verdadeira — ou seja, se ela tiver uma alta verossimilhança de incidência, o segundo termo no numerador. É razoável levar a sério a possibilidade de metemoglobinemia, também conhecida como síndrome da Pele Azul, se um paciente apresentar a pele azul; ou de febre maculosa das montanhas Rochosas, se um paciente das montanhas Rochosas apresentar febre e manchas na pele.

E, em terceiro lugar, acredite *menos* se as evidências forem corriqueiras — se ela tiver uma alta probabilidade marginal, o denominador da fração. É por isso que rimos de Irwin, o hipocondríaco, convencido de que está com uma doença hepática por causa da característica ausência de desconforto. É verdade que sua falta de sintomas tem uma alta verossimilhança dada a doença, o que faz subir o numerador, mas ela também tem uma enorme probabilidade marginal (já que a maioria das pessoas não sente desconforto na maior parte do tempo), o que amplia o denominador e assim faz encolher o posterior, nossa confiança no autodiagnóstico de Irwin.

Como isso funciona com números? Voltemos ao exemplo do câncer. A incidência da doença na população, 1%, é como estabelecemos nossos *priors*: prob(Hipótese) = 0,01. A sensibilidade do exame é a verossimilhança de obter um resultado positivo caso a paciente tenha a doença: prob(Dados | Hipótese) = 0,9. A probabilidade marginal de um resultado de exame positivo em todas as circunstâncias é a soma das probabilidades de um acerto para os enfermos (90% do 1%, ou 0,009) e de um alarme falso para os saudáveis (9% dos 99%, ou 0,0891), ou 0,0981, que pede para ser arredondado para 0,1. Insira os três números na regra de Bayes, e você terá 0,01 vezes 0,9 dividido por 0,1, ou seja: 0,09.

Então, onde é que os médicos (e, para ser justo, a maioria de nós) erram? Por que achamos que é quase certo que a paciente tenha a doença, quando é quase certo que ela não a tenha?

Negligência da taxa-base e heurística da representatividade

Kahneman e Tversky identificaram uma importante inépcia em nosso raciocínio bayesiano: nós negligenciamos a *taxa-base*, que costuma ser a melhor estimativa da probabilidade anterior.[5] No problema do diagnóstico médico, nossa cabeça é afetada pelo resultado positivo do exame (a verossimilhança), e nos esquecemos de quanto a doença é rara na população (o *prior*).

A dupla avançou mais e sugeriu que não chegamos a praticar o raciocínio bayesiano de modo algum. Em vez disso, avaliamos a probabilidade de que uma amostra pertença a uma categoria pelo quanto ela é *representativa*: quanto ela é semelhante ao protótipo ou ao estereótipo daquela categoria, que representamos mentalmente como uma família difusa com suas semelhanças entrecruzadas (como vimos no Capítulo 3).

Uma paciente com suspeita de câncer recebe um diagnóstico positivo. Quanto o câncer é comum e quanto um diagnóstico positivo é comum nunca passam pela nossa cabeça. (Cavalos, zebras, quem se importa?) Como a heurística da disponibilidade do capítulo precedente, a heurística da representatividade é um método empírico que o cérebro emprega em vez de fazer as contas.[6]

Tversky e Kahneman demonstraram em laboratório a negligência da taxa-base falando às pessoas sobre um acidente seguido de fuga do motorista de táxi tarde da noite numa cidade com duas empresas de táxi: a Táxi Verde, que possui 85% dos veículos, e a Táxi Azul, que possui 15% (essas são as taxas-base, portanto, os *priors*). Uma testemunha ocular identificou o táxi como da Azul, e testes demonstraram que ele identificava corretamente as cores à noite 80% das vezes (essa é a verossimilhança dos dados, ou seja, o testemunho dada a verdadeira cor do táxi). Qual é a probabilidade de que o táxi envolvido no acidente era da Azul? A resposta correta, de acordo com a regra de Bayes, é 0,41. A resposta média foi 0,80, quase o dobro. Os participantes levaram a verossimilhança excessivamente a sério, quase seguindo a primeira impressão, e não deram a devida atenção à taxa-base.[7]

Um dos sintomas da negligência da taxa-base no mundo é a hipocondria. Quem entre nós não se preocupou em estar com Alzheimer após um lapso de memória, ou com algum câncer exótico quando sentimos uma dor ou desconforto? Outro sintoma é o terrorismo médico. Uma amiga minha sofreu um leve episódio de pânico quando um médico notou um tique em sua filha em idade pré-escolar e sugeriu que a criança tinha síndrome de Tourette. Quando se recuperou, ela pensou no assunto como uma bayesiana, deu-se conta de que tiques são comuns e a síndrome de Tourette, rara, e se tranquilizou (enquanto passava um sermão no médico por seu analfabetismo estatístico).

A negligência da taxa-base também incentiva o pensamento em estereótipos. Tomemos o exemplo de Penélope, uma universitária descrita pelas amigas como sonhadora e sensível.[8] Ela já viajou pela Europa e fala francês e italiano fluentemente. Seus planos de carreira não estão definidos, mas ela é uma calígrafa talentosa e escreveu um soneto para o namorado como presente de aniversário. Em qual área você acha que Penélope vai se formar: psicologia ou história da arte? História da arte, é claro! É mesmo? Será que não viria só um pouquinho ao caso o fato de 13% dos universitários se formarem em psicologia, mas somente 0,08% em história da arte, um desequilíbrio de 150 para 1? Não importa onde ela passe o verão nem o presente que tenha dado ao namorado, é improvável que Penélope, *a priori*, esteja concentrando seus estudos em história da arte. Mas, em nossa visão mental, ela é *representativa* de alguém que vai se formar em história da arte, e o estereótipo expulsa da cogitação as taxas-base. Kahneman e Tversky confirmaram isso em experimentos em que pediram a participantes que examinassem uma amostragem de setenta advogados e trinta engenheiros (e vice-versa), entregaram-lhes uma descrição resumida compatível com um estereótipo, como "um *nerd* chato", e lhes pediram que atribuíssem uma probabilidade acerca do trabalho daquela pessoa. Os participantes eram influenciados pelo estereótipo — as taxas-base entravam por um ouvido e saíam pelo outro.[9] (É também por isso que as pessoas caem na falácia da conjunção do Capítulo 1, em que Linda, a lutadora pela justiça social, tem maior probabilidade de ser uma caixa de banco feminista do que uma caixa de banco. Ela é representativa do feminismo, e as pessoas se esquecem das taxas-base relativas de caixas de banco feministas e caixas de banco.)

  Uma cegueira quanto a taxas-base também leva o público a exigir o impossível. Por que não podemos prever quem cometerá suicídio? Por que não temos um sistema de alarme precoce para atiradores que atacam escolas? Por que não conseguimos gerar perfis de terroristas ou de atiradores furiosos e submetê-los a uma prisão preventiva? A resposta vem da regra de Bayes: um teste menos que perfeito em busca de um traço raro vai gerar resultados falsos positivos. O cerne do problema é que somente uma proporção minúscula da população é de ladrões, suicidas, terroristas ou atiradores furiosos (a taxa-base). Enquanto não chegar o dia em que os cientistas sociais possam prever o mau comportamento com a mesma precisão de astrônomos prevendo eclipses, os melhores testes em sua maioria indicariam os inocentes e os inofensivos.

Ter a mente atenta para as taxas-base pode ser uma dádiva de equanimidade à medida que refletimos sobre nossa vida. De vez em quando ansiamos por algum resultado raro: um emprego, um prêmio, a admissão a uma escola exclusiva, a conquista do coração da pessoa ideal. Avaliamos nossas magníficas qualificações e podemos nos sentir arrasados e magoados quando não somos recompensados como merecemos. Mas é claro que outras pessoas também estão na disputa — e, por mais que nos consideremos superiores, elas são em maior número. Não se pode ter certeza de que os juízes apreciarão nossas virtudes, já que não são oniscientes. Lembrar as taxas-base — o mero número dos concorrentes — pode tirar parte do impacto de uma rejeição. Por mais merecedores que achamos ser, a taxa-base — um em cinco? Um em dez? Um em cem? — deveria nivelar nossa expectativa, e calibraríamos nossa esperança até o grau em que se poderia esperar, razoavelmente, que nossa qualidade aumente a probabilidade.

Priors na ciência e a vingança dos livros didáticos

Nossa negligência com as taxas-base é um caso especial de nossa negligência de *priors*: o conceito vital, embora nebuloso, de quanta confiança deveríamos atribuir a uma hipótese antes de olhar as evidências. Para começar, acreditar em alguma coisa antes de olhar as evidências pode parecer o melhor exemplo da irracionalidade. Não é isso o que desdenhamos como preconceito, viés, dogma, ortodoxia, noções preconcebidas? Mas a confiança anterior é simplesmente o conhecimento falível acumulado a partir de toda a nossa experiência no passado. Na realidade, a probabilidade posterior de uma passada de olhos nas evidências pode fornecer a probabilidade anterior para a próxima passada de olhos, um ciclo chamado de atualização bayesiana. Seja como for, o raciocínio bayesiano nos deixa sem outra escolha. Para conhecedores falíveis num mundo incerto, a crença justificada não pode ser equiparada ao último fato com que você se deparou. Como Francis Crick gostava de dizer: "Qualquer teoria que possa dar a razão de todos os fatos é errada, porque alguns dos fatos são errados."[10]

Por isso é razoável ser cético quanto às alegações de milagres, astrologia, homeopatia, telepatia e outros fenômenos paranormais, mesmo quando alguma testemunha ocular ou algum estudo em laboratório alegar demonstrá-las. Por que essa atitude não é dogmática e turrona? As razões foram expostas por aquele herói da razão, David Hume. Hume e Bayes foram contemporâneos — e, embora nenhum dos dois tenha lido o que o outro escreveu, comentários sobre as ideias de cada um podem ter passado entre eles por intermédio de um colega comum. E a famosa argumentação de Hume contra os milagres é totalmente bayesiana:[11]

> Nada é considerado um milagre se chegou a acontecer na marcha comum da natureza. Não é milagre algum que um homem, aparentemente em bom estado de saúde, morra de repente: porque a ocorrência de uma morte desse tipo, embora mais incomum do que qualquer outra, já foi observada com frequência. Mas é um milagre que um morto volte a viver, porque isso nunca foi observado em nenhuma época ou país.[12]

Em outras palavras, deve ser atribuída a milagres, como o de uma ressurreição, uma baixa probabilidade anterior. Este é o comentário mordaz:

> Nenhum testemunho é suficiente para estabelecer um milagre, a menos que o testemunho seja de tal ordem que prová-lo como falso seria mais milagroso do que o fato que ele pretende estabelecer.[13]

Em termos bayesianos, estamos interessados na probabilidade posterior de que milagres existem, dado o testemunho. Vamos contrastá-la com a probabilidade posterior de que *nenhum* milagre exista dado o testemunho. (No raciocínio bayesiano, costuma ser prático examinar as *chances*, ou seja, a razão da confiança de uma hipótese em relação à confiança da alternativa, porque isso nos poupa o tédio de calcular a probabilidade marginal dos dados no denominador, que é a mesma para os dois posteriores e, de modo conveniente, se anula.) O "fato que ele pretende estabelecer" é o milagre, com seu *prior* baixo, arrastando para baixo o posterior. O "testemunho de tal ordem" é a verossimilhança dos dados dado o milagre, e a prova de que o milagre é falso é a verossimilhança dos dados dado *nenhum* milagre — a possibilidade de que a testemunha tenha mentido, percebido errado, lembrado mal, aumentado ou repetido um caso inacreditável que ouviu de algum terceiro. Considerando-se tudo o que sabemos do comportamento humano, isso está longe de ser milagroso! Sua verossimilhança é maior do que a probabilidade anterior de um milagre. Aquela verossimilhança moderadamente alta impulsiona a probabilidade posterior de nenhum milagre e reduz as chances totais deste em comparação com nenhum milagre. Outro modo de dizer é: O que é mais verossímil — que as leis do Universo como as entendemos são falsas ou que algum cara captou algo errado?

Uma versão mais vigorosa do argumento bayesiano contra alegações paranormais foi enunciada pelo astrônomo e divulgador da ciência Carl Sagan (1934-1996) no slogan que serve como epígrafe para este capítulo: "Alegações extraordinárias exigem evidências extraordinárias." Uma alegação extraordinária tem um *prior* bayesiano baixo. Para sua confiança posterior ser mais alta do que a confiança posterior no seu oposto, a verossimilhança dos dados dado que a hipótese seja verdadeira deve ser mais alta do que a verossimilhança dos dados dado que a hipótese seja falsa. Em outras palavras, as evidências precisam ser extraordinárias.

A insuficiência de raciocínio bayesiano entre os próprios cientistas contribuiu para a crise de replicabilidade que vimos no Capítulo 4. A questão bateu no ventilador em 2010 quando o eminente psicólogo social Daryl Bem publicou os resultados de nove experimentos no respeitado periódico *Journal of Personality and Social Psychology*, os quais alegavam demonstrar que participantes previram com sucesso (a uma taxa superior à do acaso) eventos aleatórios antes que ocorressem, como qual de duas cortinas na tela de um computador escondia uma imagem erótica, antes que o computador selecionasse onde a colocaria.[14] Não surpreende que não tenha sido possível replicar os efeitos, mas essa era uma conclusão previsível dada a infinitésima probabilidade anterior de que um psicólogo social tivesse refutado as leis da física ao mostrar pornografia a alguns universitários. Quando levantei esse ponto com um colega psicólogo social, ele retrucou: "Talvez Pinker não entenda as leis da física!" Só que físicos de verdade, como Sean Carroll em seu livro *The Big Picture* [A visão do todo, em tradução livre], explicou por que as leis da física realmente excluem a possibilidade de precognição e outras formas de percepção extrassensorial.[15]

A trapalhada de Bem levantou uma pergunta incômoda. Se uma alegação absurda conseguiu ser publicada num periódico de prestígio por um psicólogo eminente usando a última palavra em métodos e sujeita a uma rigorosa revisão por parte de colegas, o que isso nos diz sobre os padrões de prestígio, eminência, rigor e a última palavra em métodos? Já vimos que uma resposta está no perigo da probabilidade *post hoc*: os cientistas tinham subestimado o mal que poderia se acumular a partir da prática de fuçar dados e outras práticas questionáveis de pesquisa. Mas outra resposta é um desafio ao raciocínio bayesiano.

Por sinal, em sua maioria as conclusões em psicologia se replicam, sim. Como muitos professores de psicologia, todos os anos passo demonstrações de experimentos clássicos sobre memória, percepção e discernimento a alunos em meus cursos de introdução e de laboratório, obtendo resultados idênticos ano após ano. Você não ouviu falar dessas conclusões replicáveis porque elas não surpreendem: as pessoas se lembram dos itens no fim de uma lista melhor do que daqueles no meio, ou demoram mais para girar mentalmente uma letra de cabeça para baixo do que uma que esteja de lado. Os exemplos notórios de impossibilidade de replicação vêm de estudos que atraíram atenção por suas conclusões serem tão contraintuitivas. Segurar uma caneca quentinha deixa a pessoa mais amável. ("Calor humano", captou?) Ver logotipos de cadeias de fast-food deixa a pessoa impaciente. Segurar uma caneta entre os dentes faz com que as *charges* pareçam mais engraçadas porque força a boca a dar um pequeno sorriso. Pessoas que são solicitadas a mentir por escrito são mais favoráveis a lavar as mãos com sabonete; pessoas que são solicitadas a mentir em voz alta são mais favoráveis a enxaguantes bucais.[16] Qualquer leitor de ciência popular sabe de outras conclusões fofas que se revelaram adequadas para a satírica publicação *Journal of Irreproducible Results*.

A razão para esses estudos serem alvo fácil para a polícia da replicabilidade é que eles tinham baixos *priors* bayesianos. Não tão baixos quanto a percepção extrassensorial, é verdade, mas seria uma descoberta extraordinária se a disposição de espírito e o comportamento pudessem ser facilmente influenciados por manipulações triviais do ambiente. Afinal, indústrias inteiras dedicadas à persuasão e à psicoterapia tentam isso a um custo altíssimo com um sucesso apenas discreto.[17] Foi a qualidade extraordinária das conclusões que lhes conquistou um lugar nas seções de ciências de jornais e de festivais de ideias estilosas — e é por isso que, com base no pensamento bayesiano, deveríamos exigir evidências extraordinárias antes de acreditar nessas conclusões. Na realidade, um viés na direção de conclusões excêntricas pode transformar o jornalismo científico num fornecedor de erros em grande quantidade. Os editores sabem que podem aumentar o número de leitores com manchetes de capa como as seguintes:

DARWIN ESTAVA ERRADO?

EINSTEIN ESTAVA ERRADO?

Jovem novato joga por terra a carroça da ciência

Uma revolução científica em X

Tudo o que você sabe sobre Y está errado

O problema é que "surpreendente" é um sinônimo para "probabilidade prévia baixa", partindo-se do pressuposto de que nosso entendimento científico cumulativo não seja desprovido de valor. Isso quer dizer o seguinte: mesmo que a qualidade das evidências seja constante, deveríamos ter uma confiança *menor* em alegações que são surpreendentes. Mas a questão não está somente com os jornalistas. O médico John Ioannidis escandalizou seus colegas e previu a crise da replicabilidade com seu artigo de 2005 "Why Most Published Research Findings are False" [Por que a maioria das conclusões de pesquisas publicadas é falsa]. Um grave problema é o de que muitos dos fenômenos que os pesquisadores biomédicos procuram são interessantes e *a priori* dificilmente seriam verdadeiros, exigindo métodos muito sensíveis para evitar falsos positivos, enquanto muitas conclusões verdadeiras, que incluem tentativas bem-sucedidas de replicação e resultados nulos, são consideradas entediantes demais para publicação.

É claro que isso não quer dizer que a pesquisa científica é uma perda de tempo. As superstições e crenças populares têm uma folha corrida ainda pior do que a ciência menos que perfeita — e a longo prazo um entendimento vem à tona da desordem das disputas científicas. Como o físico John Ziman salientou em 1978: "A física dos livros didáticos na formação universitária é 90% correta; o teor dos periódicos de pesquisa básica em física é 90% falso."[18] Esse é um lembrete da recomendação do raciocínio bayesiano contra a prática disseminada de usar o termo "didático" como um insulto e a expressão "revolução científica" como um elogio.

Um respeito saudável pelo enfadonho também melhoraria a qualidade dos comentários políticos. No Capítulo 1, vimos que os históricos de muitos profissionais famosos do campo da previsão são ridículos. Um bom motivo para isso é que a carreira deles depende de atrair a atenção com previsões irresistíveis — o que quer dizer, aquelas com *priors* baixos —, e a partir daí, supondo-se que lhes falte o dom da profecia, posteriores baixos. Philip Tetlock estudou "superprevisores", que de fato têm um bom histórico de previsão de desdobramentos econômicos e políticos. Uma característica em comum é que eles são bayesianos: começam com um *prior* e o atualizam a partir daí. Quando lhes pedem a probabilidade de um ataque terrorista no prazo de um ano, por exemplo, eles de início estimam a taxa-base ao consultar a *Wikipédia* e contar o número de ataques na região nos anos precedentes — não é uma prática provável de ser encontrada com facilidade na próxima página de opinião sobre o que ler acerca do que o futuro reserva para o mundo.[19]

Proibição de taxas-base e tabu bayesiano

A negligência das taxas-base nem sempre é um sintoma da heurística da representatividade. Às vezes ela é levada a cabo de forma ativa. "A proibição de taxas-base" é o terceiro dos tabus seculares de Tetlock (ver Capítulo 2), junto com a heresia contrafactual e o tabu das soluções de compromisso.[20]

O cenário para a proibição de taxas-base é instalado por uma lei da ciência social. Meça qualquer variável socialmente significativa: notas em provas, interesses vocacionais, confiança social, renda, proporção de casamentos, hábitos de vida, ocorrência de diferentes tipos de violência (crimes nas ruas, crimes por parte de gangues, violência doméstica, crime organizado, terrorismo). Agora divida os resultados pelos divisores demográficos padrões: idade, sexo, raça, religião, etnia. As médias para os diferentes subgrupos nunca são as mesmas, e às vezes as diferenças são grandes. Se as diferenças resultam da natureza, cultura, discriminação, história ou de alguma combinação delas não vem ao caso: as diferenças existem.

Isso quase não é surpreendente, mas tem uma implicação horripilante. Digamos que você estivesse procurando a previsão mais exata possível acerca das perspectivas de um indivíduo: qual seria seu grau de sucesso na faculdade ou no trabalho, se ele teria uma boa avaliação de crédito, se seria verossímil que ele tivesse cometido um crime, tivesse fugido após pagar uma fiança, que fosse reincidente ou executasse um ataque terrorista. Se você fosse um bom bayesiano, começaria a partir da taxa-base para idade, sexo, classe social, raça, etnia e religião dessa pessoa e então faria os ajustes de acordo com suas características particulares. Em outras palavras, você estaria traçando um perfil da pessoa. Estaria agindo com preconceito, não por ignorância, ódio, supremacia ou qualquer outro dos "ismos" ou "fobias", mas em decorrência de um esforço objetivo no sentido de tornar a previsão mais precisa.

É claro que a maioria das pessoas fica horrorizada com a ideia. Tetlock pediu a participantes que pensassem em um executivo de seguradora que tivesse de estipular prêmios para bairros diferentes com base no histórico de incêndios. Eles não viram problema algum. Mas quando os participantes descobriram que os bairros também variavam em sua composição racial, pensaram melhor e condenaram o executivo por ser um bom atuário. E, se eles mesmos tivessem estado no papel dele e descoberto a terrível verdade sobre a estatística dos bairros, tentariam promover uma limpeza moral oferecendo-se como voluntários por uma causa antirracista.

Esse é ainda mais um exemplo da irracionalidade humana? Será que o racismo, o sexismo, a islamofobia, o antissemitismo e outros fanatismos são "racionais"? Claro que não! As razões remontam à definição de racionalidade do Capítulo 2: o uso do conhecimento para atingir um objetivo. Se a previsão atuarial fosse nosso *único* objetivo, talvez devêssemos usar qualquer migalha de informação que pudesse nos dar o *prior* mais preciso. Mas é claro que ela não é nosso único objetivo.

Um objetivo mais alto é a justiça. É cruel tratar um indivíduo de acordo com a raça, o sexo ou a etnia dessa pessoa — julgá-la pela cor da pele ou pela composição dos cromossomos em vez de pelo teor do caráter. Nenhum de nós quer ser prejulgado desse modo; e, pela lógica da imparcialidade (ver Capítulo 2), devemos estender esse direito a todos os outros.

Além disso, somente quando um sistema é *percebido* como justo — quando as pessoas sabem que receberão uma oportunidade igual e não serão prejulgadas por características de sua biologia ou de sua história, fora de seu controle — que conseguirá conquistar a confiança de seus cidadãos. Por que seguir as regras quando o sistema vai arrasar com você por causa de sua raça, sexo ou religião?

Mais um objetivo a evitar é o das profecias autorrealizáveis. Se um grupo étnico ou um sexo foi prejudicado pela opressão no passado, seus membros podem ser assoberbados por características médias diferentes no presente. Se essas taxas-base forem incluídas em fórmulas de previsões que determinem seu destino daqui para a frente, eles ficarão presos a essas desvantagens para sempre. O problema está se tornando crítico agora que as fórmulas ficam soterradas em redes de aprendizado profundo, com suas indecifráveis camadas ocultas (ver Capítulo 3). Uma sociedade pode querer racionalmente interromper esse ciclo de injustiça, mesmo que sofra um pequeno golpe na acuidade de suas previsões nesse momento.

Por fim, políticas são sinais. Proibir o uso de taxas-base étnicas, raciais ou de sexo é um compromisso público com a igualdade e a justiça que reverbera além dos algoritmos permitidos numa burocracia. Ele proclama que o preconceito por *qualquer* razão é impensável, lançando um opróbrio ainda maior sobre o preconceito enraizado na inimizade e na ignorância.

Proibir o uso de taxas-base tem, portanto, um sólido alicerce na racionalidade. Mas um teorema é um teorema, e o sacrifício da precisão atuarial que ficamos felizes em fazer no tratamento de indivíduos por instituições públicas pode ser insustentável em outras esferas. Uma dessas esferas é a dos seguros. A menos que uma seguradora avalie com cuidado os riscos totais de grupos diferentes, as indenizações excederiam os prêmios e o seguro cairia por terra. A Liberty Mutual discrimina rapazes adolescentes quando inclui sua taxa-base mais alta para acidentes automobilísticos nos cálculos de seus prêmios. Se não o fizessem, as mulheres adultas estariam subsidiando a imprudência deles. Mesmo aqui, porém, as seguradoras são legalmente proibidas de usar certos critérios no cálculo de seus preços, em especial a raça e, às vezes, o gênero.

Uma segunda esfera em que não podemos racionalmente proibir as taxas-base é no entendimento de fenômenos sociais. Se a proporção entre os sexos num campo profissional não é de 50-50, isso prova que seus porteiros estão tentando negar o acesso a mulheres, ou talvez haja uma diferença na taxa-base de mulheres tentando entrar? Se as instituições que fazem hipotecas rejeitam candidatos de minorias em proporção maior, elas estão sendo racistas? Ou, como o hipotético executivo no estudo de Tetlock, elas não estariam usando taxas-base para inadimplência de bairros diferentes que por acaso estão correlacionadas com a raça? Cientistas sociais que investigam essas questões a fundo costumam ver seu trabalho ser premiado com acusações de racismo e sexismo. No entanto, proibir cientistas sociais e jornalistas de examinar taxas-base reprimiria o esforço de identificar a discriminação corrente e distingui-la de legados históricos de diferenças econômicas, culturais ou legais entre grupos.

Raça, sexo, etnia, religião e orientação sexual tornaram-se zonas de combate na vida intelectual, apesar de o fanatismo explícito de todas as naturezas estar se reduzindo.[21] Uma razão importante, ao que me parece, está na impossibilidade de pensar com clareza sobre as taxas-base — para expor quando há boas razões para proibi-las e quando elas inexistem.[22] Mas esse é o problema com um tabu. Como ocorre com a instrução, "Não pense num urso-polar", discutir sobre quando aplicar um tabu é em si um tabu.

Bayesianos afinal de contas

Apesar de todos os nossos tabus, negligências e estereótipos, é um erro descartar nossa espécie como irremediavelmente não bayesiana. (Lembre-se de que o povo Sã é bayesiano, exigindo que os rastros sejam conclusivos antes de inferir que foram deixados por uma espécie mais rara.) Gigerenzer já argumentou que às vezes pessoas comuns estão em sólido território matemático quando parecem estar zombando da regra de Bayes.[23] Os próprios matemáticos se queixam de que cientistas sociais costumam usar fórmulas estatísticas de modo desatento: eles inserem números, acionam uma alavanca e pressupõem que a resposta certa virá. Na realidade, uma fórmula estatística só é tão boa quanto os pressupostos subjacentes. Leigos podem ser sensíveis a esses pressupostos e às vezes, quando parecem estar deixando para lá a regra de Bayes, podem estar simplesmente exercendo a precaução que um bom matemático aconselharia.

Para começar, uma probabilidade prévia não é a mesma coisa que uma taxa-base, embora taxas-base muitas vezes sejam exibidas como o *prior* "correto" nas provas escritas. O problema é saber *qual* taxa-base. Suponhamos que eu receba um resultado positivo de um exame de antígeno específico para a próstata e queira estimar minha probabilidade posterior de ter câncer da próstata. Para o *prior*, eu deveria usar a taxa-base para o câncer de próstata na população? Entre os norte-americanos brancos? Entre os judeus asquenazes? Judeus asquenazes com mais de 65 anos? Judeus asquenazes com mais de 65 anos que se exercitam e não têm histórico familiar? Essas taxas podem ser muito diferentes. É claro que quanto mais específica a classe de referência, melhor — mas quanto mais específica a classe de referência, menor a amostra sobre a qual a estimativa se baseia, e mais ruído haverá na estimativa. A melhor classe de referência seria composta de pessoas *exatamente* como eu, ou seja eu — uma classe de um integrante que é perfeitamente exata e perfeitamente inútil. Não temos escolha a não ser a de usar o discernimento humano na troca da especificidade pela confiabilidade quando selecionamos um *prior* adequado, em vez de aceitar a taxa-base para toda uma população estipulada nos termos de um exame.

Outro problema com o uso de uma taxa-base como o *prior* é que as taxas-base podem mudar, e às vezes rapidamente. Quarenta anos atrás, cerca de um décimo dos estudantes de veterinária eram mulheres; hoje, essa proporção está mais perto de nove décimos.²⁴ Em décadas recentes, qualquer um que tenha sido informado da taxa-base histórica e a tenha inserido na regra de Bayes teria tido um resultado pior do que se tivesse negligenciado a taxa-base de uma vez. Com muitas hipóteses que nos interessam, nenhuma agência de manutenção de registros chegou sequer a compilar taxas-base. (Será que sabemos que proporção dos estudantes de veterinária são judeus? Canhotos? Transgêneros?) E, naturalmente, uma falta de dados sobre taxas-base foi nossa dificuldade ao longo da maior parte da história e da pré-história, quando nossas intuições bayesianas foram moldadas.

Como não existe um *prior* "correto" num problema bayesiano, o distanciamento das pessoas da taxa-base fornecida pelo condutor de um experimento não é necessariamente uma falácia. Tomemos o problema do táxi, em que os *priors* eram as proporções de táxis da Azul ou da Verde na cidade. Os participantes podem ter pensado que esse simples patamar de referência seria neutralizado por diferenças mais específicas, como as taxas de acidentes das empresas, o número de seus táxis em serviço durante o dia e à noite, e os bairros atendidos por eles. Nesse caso, tendo em vista o desconhecimento desses dados cruciais, eles podem ter se contentado com uma indiferença, 50%. Estudos de acompanhamento demonstraram que os participantes se tornam melhores bayesianos quando lhes fornecem taxas-base que são mais pertinentes se o assunto for um acidente.²⁵

Além disso, uma taxa-base pode ser tratada como um *prior* somente quando os exemplos disponíveis vierem de uma *amostragem aleatória* daquela população. Se foram escolhidos a dedo por causa de algum traço interessante — como pertencer a uma categoria com alta verossimilhança de exibir esses dados —, tudo muda. Tomemos os exemplos que mostravam às pessoas um estereótipo, como Penélope, a autora de sonetos, ou o *nerd* no grupo de advogados e engenheiros, e lhes pediam que adivinhassem sua formação ou profissão. A menos que os participantes soubessem que Penélope tinha sido selecionada do grupo de estudantes por sorteio, o que tornaria a pergunta bem estranha, eles poderiam ter suspeitado que ela foi escolhida porque suas características forneciam pistas reveladoras, o que é uma pergunta natural. (Na realidade, essa pergunta foi transformada num clássico programa de televisão, *What's My Line?* [Adivinhe o que ele faz], no qual o objetivo era adivinhar a ocupação de um convidado misterioso — selecionado não aleatoriamente, é claro, mas porque seu trabalho era tão diferente, como leão de chácara, caçador de animais de grande porte, jogador do Harlem Globetrotter ou o Coronel Sanders, famoso pela cadeia de fast-food KFC.) Quando se esfrega na cara das pessoas a aleatoriedade da amostragem (por exemplo, quando elas veem a descrição ser sorteada de um pote), suas estimativas ficam mais próximas da posterior bayesiana correta.[26]

Por fim, as pessoas são sensíveis à diferença entre a probabilidade no sentido de confiança num único evento e no sentido de frequência a longo prazo. Muitos problemas bayesianos propõem a pergunta vagamente mística da probabilidade de um único evento — se Irwin está com *kuru*, se Penélope vai se formar em história da arte ou se o táxi no acidente era da Azul. Diante de problemas como esses, é verdade que as pessoas não computam de imediato uma confiança subjetiva, usando os números que lhes foram fornecidos. Mas, como até os estatísticos estão divididos acerca de quanto sentido isso faz, talvez elas possam ser perdoadas. Junto com Cosmides e Tooby, Gigerenzer alega que as pessoas não associam frações decimais a eventos únicos porque não é assim que a mente humana se depara com informações estatísticas no mundo. Nós temos a experiência de *eventos*, não de números entre 0 e 1. Somos perfeitamente aptos para o raciocínio bayesiano com essas "frequências naturais" e, quando um problema é reformulado nesses termos, nossa intuição pode ser acionada para resolvê-lo.

Voltemos ao problema do diagnóstico médico do início do capítulo e vamos traduzir aquelas frações metafísicas em frequências concretas. Esqueça a tal "mulher" genérica. Pense numa amostragem de mil mulheres. De cada 1.000 mulheres, 10 têm câncer de mama (essa é a prevalência ou taxa-base). Dessas 10 mulheres que têm câncer de mama, 9 vão testar positivo (essa é a sensibilidade do teste). Das 990 mulheres que não têm câncer de mama, cerca de 89 vão mesmo assim testar positivo (essa é a taxa de falsos positivos). Uma mulher testa positivo. Qual é o risco de ela de fato estar com câncer de mama? Não é tão difícil assim: 98 das mulheres testam positivo ao todo, 9 delas estão com câncer; 9 dividido por 98 é por volta de 9%. Essa é nossa resposta. Quando o problema é apresentado assim, 87% dos médicos acertam (em comparação com cerca de 15% com a redação original), da mesma forma que a maioria das crianças de dez anos.[27]

Como essa mágica funciona? Gigerenzer observa que o conceito de uma probabilidade condicional nos afasta de coisas contáveis no mundo. Aquelas frações decimais — 90% verdadeiros positivos, 9% falsos positivos, 91% verdadeiros negativos, 10% falsos negativos — acabam não somando 100%, de modo que para calcular a proporção de verdadeiros positivos entre todos os positivos (o desafio diante de nós), precisaríamos efetuar três multiplicações. Em comparação, as frequências naturais permitem que você se concentre nos positivos e os some: 9 verdadeiros positivos mais 89 falsos positivos dá um total de 98 positivos, dos quais os 9 verdadeiros formam 9%. (O que se deveria *fazer* com esse conhecimento, considerando-se o custo de agir ou não agir com essa informação, será o tópico dos próximos dois capítulos.)

De modo ainda mais fácil, podemos pôr em uso nosso cérebro visual de primata e transformar os números em formas. Isso pode tornar o raciocínio bayesiano incrivelmente intuitivo, mesmo com enigmas de livros didáticos que estão distantes de nossa experiência cotidiana, como o clássico problema do táxi. Visualize a frota de táxis da cidade como um quadro de 100 quadrados, um para cada táxi (diagrama da esquerda, na p. 189). Para representar a taxa-base de 15% dos táxis da Azul, colorimos 15 quadrados no canto superior esquerdo. Para mostrar a verossimilhança das quatro identificações possíveis por nossa testemunha ocular, que era 80% confiável (diagrama central), clareie três dos quadrados dos táxis da

CRENÇAS E EVIDÊNCIAS   189

Azul (20% dos 15 que ele confundiria como sendo "da Verde") e escureça 17 da Verde (20% dos 85 que ele confundiria como sendo "da Azul"). Sabemos que a testemunha disse "da Azul", de modo que podemos descartar todos os quadrados para a identificação como "da Verde", tanto as verdadeiras como as falsas, deixando-nos com o diagrama da direita, que contém somente os identificados como "da Azul". Agora é moleza dar uma olhada na forma e ver que a parte escura, os táxis que realmente são da Azul, ocupa um pouco menos da metade da área total. Se quisermos ser exatos, podemos contar: 12 quadrados em 29, ou 41%. O segredo intuitivo para as frequências naturais tanto quanto para as formas visuais é que elas lhe permitem focalizar a atenção nos dados à mão (o resultado do teste positivo; as identificações de "da Azul") e separar as que são verdadeiras das que são falsas.

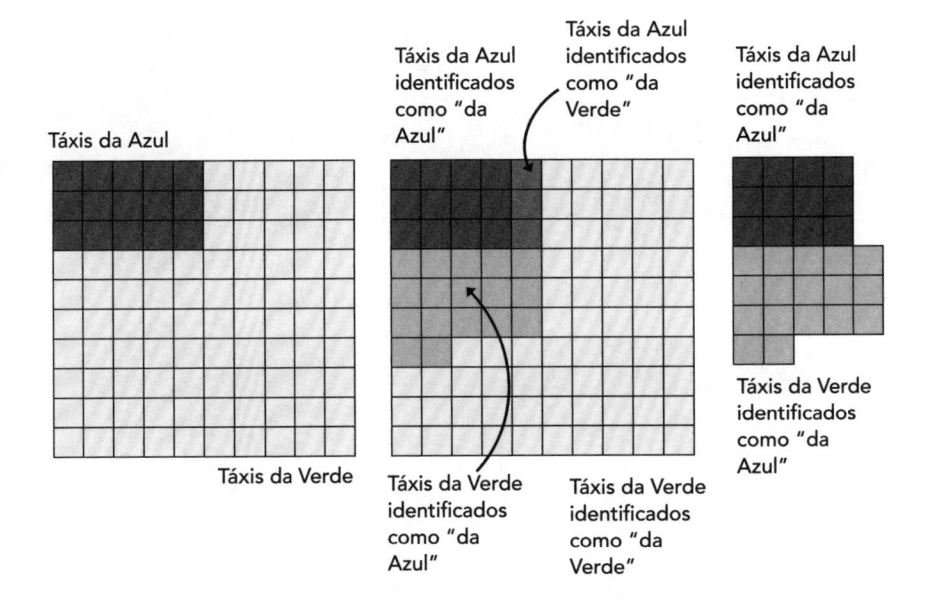

Adaptado do blog Mind Your Decisions, de Presh Talwalkar, https://mindyourdecisions.com/blog/2013/09/05/the-taxi-cab-problem. Baseado em Cosmides e Tooby, 1996, e Talwalkar, 2013.

Recorrer a intuições preexistentes e traduzir informações em formatos amigáveis possibilita afiar o raciocínio estatístico das pessoas. E afiar é preciso. O entendimento de riscos é essencial para médicos, juízes, detentores do poder decisório e outros que têm nossa vida nas mãos. E, como todos vivemos num mundo em que Deus joga dados, a fluência no raciocínio bayesiano e outras formas de competência estatística representam um patrimônio público que deveria ser uma prioridade na educação. Os princípios da psicologia cognitiva sugerem que é melhor trabalhar com a racionalidade que as pessoas têm e aprimorá-la do que descartar a maioria de nossa espécie como deficientes crônicos prejudicados por falácias e vieses.[28] Os princípios da democracia fazem a mesma sugestão.

6

RISCO E RECOMPENSA
(ESCOLHA RACIONAL E UTILIDADE ESPERADA)

> Todos se queixam de sua memória, e ninguém se queixa de seu julgamento.
>
> — La Rochefoucauld

Algumas teorias não inspiram simpatia. Ninguém tem grande afeto pelas leis da termodinâmica, e gerações de birutas esperançosos enviaram ao registro de patentes seus projetos de uma máquina de movimento perpétuo fadados ao insucesso. Desde que Darwin propôs a teoria da seleção natural, criacionistas não conseguem engolir a implicação de que os seres humanos descendem de macacos, e os adeptos do comunitarismo ficam procurando brechas no princípio de que a evolução é impulsionada pela competição.

Uma das teorias mais detestadas de nosso tempo é conhecida em diferentes versões como escolha racional, ator racional, utilidade esperada e *Homo economicus*.[1] Nesse último período natalino, o programa *CBS This Morning* passou um segmento enternecedor sobre um estudo que deixou cair milhares de carteiras recheadas de dinheiro em cidades pelo mundo afora e descobriu que a maioria delas foi devolvida, especialmente as que continham mais dinheiro, lembrando-nos, afinal de contas, de que os seres humanos são generosos e honestos. O lado negativo da matéria? "Abordagens racionalistas à economia", que supostamente preveem que as pessoas são fiéis à crença de que "achado não é roubado; quem perdeu foi relaxado".²

O que vem a ser exatamente a teoria da mesquinhez? Segundo ela, quando se deparam com uma decisão arriscada, atores racionais deveriam escolher a opção que maximize sua "utilidade esperada", ou seja, a soma de suas possíveis recompensas, ponderada por suas probabilidades. Fora da economia e de alguns setores da ciência política, a teoria é praticamente tão simpática quanto o avarento Ebenezer Scrooge. As pessoas a interpretam como se ela alegasse que os seres humanos são, ou deveriam ser, psicopatas egoístas, ou que são maníacos cerebrais hiper-racionais que calculam probabilidades e utilidades antes de decidir se vão se apaixonar. Descobertas provenientes de laboratórios de psicologia que demonstram que as pessoas parecem desrespeitar a teoria foram elogiadas como solapadoras dos alicerces da economia clássica, e com isso do fundamento lógico das economias de mercado.³

Contudo, em sua forma original, a teoria da escolha racional é um teorema da matemática, considerado de beleza perfeita pelos entusiastas, sem implicação direta sobre como membros de nossa espécie pensam e escolhem. Muitos consideram que ela fornece a caracterização mais rigorosa da racionalidade em si, um marco de referência em comparação com o qual se pode medir o julgamento humano. Como veremos, isso pode ser contestado — às vezes, quando as pessoas se afastam da teoria, não fica evidente se elas estão sendo irracionais ou se os supostos padrões de racionalidade são irracionais. Mas, seja como for, a teoria lança luz sobre enigmas desconcertantes da racionalidade — e, apesar de ser proveniente da matemática pura, ela pode ser uma fonte de profundas lições de vida.⁴

A teoria da escolha racional remonta aos primórdios da teoria da probabilidade e ao famoso argumento de Blaise Pascal (1623-1662) sobre os motivos pelos quais se deveria acreditar em Deus: se você acreditasse, e ele não existisse, você só teria desperdiçado algumas orações, ao passo que, se você não acreditasse e ele existisse, incorreria em sua ira eterna. Ela foi formalizada em 1944 pelo matemático John von Neumann e pelo economista Oskar Morgenstern. Ao contrário do papa, Von Neumann de fato poderia ter sido um extraterrestre — seus colegas se faziam essa pergunta por causa de sua inteligência do outro mundo. Ele também inventou a teoria dos jogos (Capítulo 8), o computador digital, máquinas autorreplicáveis, a lógica quântica, componentes essenciais para armas nucleares e realizou dezenas de outros avanços na matemática, física e ciência da computação.

A escolha racional não é uma teoria psicológica de como os seres humanos fazem escolhas, nem mesmo uma teoria normativa do que eles deveriam escolher, mas uma teoria do que faz as escolhas serem *condizentes* com os valores do agente da escolha e entre si. Isso a vincula intimamente ao conceito de racionalidade, que significa fazer escolhas que sejam condizentes com nossos objetivos. A busca de Romeu por Julieta é racional, mas a busca da limalha de ferro pelo ímã não é, porque só Romeu escolhe qualquer caminho que o leve a seu objetivo (Capítulo 2). Na outra extremidade da escala, chamamos as pessoas de "malucas" quando elas agem de modo que é obviamente contrário a seus interesses, como gastar dinheiro com coisas que não querem ou sair correndo nuas para um frio enregelante.

A beleza da teoria é que ela parte de alguns axiomas fáceis de digerir: requisitos gerais que se aplicam a qualquer tomador de decisões que estejamos dispostos a chamar de "racional". Ela deduz como o agente decisório teria de tomar decisões para se manter fiel a esses requisitos. Os axiomas foram agregados e separados de diversas formas. A versão que apresentarei aqui foi formulada pelo matemático Leonard Savage e codificada pelos psicólogos Reid Hastie e Robyn Dawes.[5]

Uma teoria da escolha racional

O primeiro axioma pode ser chamado de comensurabilidade: para quaisquer opções A e B, o agente decisório prefere A, prefere B ou as duas lhe são indiferentes.[6] Isso pode parecer inútil — essas não são simplesmente as possibilidades lógicas? —, mas requer que o agente decisório se comprometa com uma das três, mesmo que seja a indiferença. Quer dizer que o agente decisório nunca pode recorrer à desculpa "não se pode comparar maçãs com laranjas". Podemos interpretá-lo como o requisito de que um agente racional se importe com as coisas e prefira algumas a outras. Não se pode dizer o mesmo acerca de entidades não racionais, como rochas e legumes.

O segundo axioma, a transitividade, é mais interessante. Quando você compara duas opções de cada vez, se preferir A a B e B a C, então deverá preferir A a C. É fácil ver por que esse é um requisito não negociável: qualquer um que o transgredir pode ser transformado numa "fábrica de dinheiro". Suponhamos que você prefira um Apple iPhone a um Samsung Galaxy, mas no momento tenha de se contentar com um Galaxy. Eu agora me disponho a lhe vender um belo iPhone por 100 dólares na troca pelo Galaxy. Suponhamos que você também prefira um Google Pixel a um iPhone. Beleza! Você trocaria essa droga de iPhone pelo Pixel, que é superior, pagando uma diferença de, digamos, 100 dólares. E suponhamos que você prefira um Galaxy a um Pixel — aí está a intransitividade. Dá para ver onde isso vai parar. Por mais 100 dólares na troca, eu lhe vendo o Galaxy. Você estaria de volta ao ponto onde começou, só que 300 dólares mais pobre; e pronto para ser espoliado mais uma vez. Não importa o que você considere que a racionalidade seja, decerto ela não é isso.

O terceiro chama-se finalização. Com Deus jogando dados e tudo o mais, as escolhas nem sempre são entre certezas, como decidir por um sabor de sorvete, mas podem incluir uma coleção de possibilidades com chances diferentes, como a escolha de um bilhete de loteria. O axioma estabelece que, desde que o agente decisório possa considerar A e B, esse agente decisório pode também considerar um bilhete de loteria que oferece A com certa probabilidade, p, e B com a probabilidade complementar, $1 - p$.

Dentro da teoria da escolha racional, embora o resultado de uma opção ao acaso não possa ser prevista, as probabilidades são fixas, como num cassino. Isso se chama *risco*, e pode ser diferenciado da *incerteza*, na qual o agente decisório nem mesmo conhece as probabilidades e qualquer coisa pode acontecer. Em 2002, Donald Rumsfeld, secretário de Defesa dos Estados Unidos fez a famosa explicação da distinção: "Há desconhecidos conhecidos, o que quer dizer que sabemos que existem coisas que não sabemos. Mas também há desconhecidos desconhecidos — aqueles que nem sabemos que não sabemos." A teoria da escolha racional é uma teoria de tomada de decisões com desconhecidos conhecidos: com risco, não necessariamente com incerteza.

Chamarei o quarto axioma de consolidação.[7] A vida não só nos oferece loterias. Ela nos oferece loterias cujos prêmios podem eles mesmos ser loterias. Um primeiro encontro incerto, se tudo correr bem, pode levar a um segundo encontro, o que trará todo um novo conjunto de riscos. Esse axioma diz simplesmente que um agente decisório, diante de uma série de escolhas arriscadas, calcula o risco total de acordo com as leis da probabilidade explicadas no Capítulo 4. Se o primeiro bilhete de loteria tem uma chance em dez de um resultado positivo, com o prêmio sendo um segundo bilhete com uma chance em cinco de um resultado positivo, o agente decisório o trata como exatamente tão desejável quanto um bilhete com uma chance em cinquenta de resultado positivo. (Vamos deixar de lado qualquer prazer a mais que se tenha numa segunda oportunidade de assistir aos saltos das bolas de pingue-pongue ou de raspar a camada superficial do bilhete.) Como critério para a racionalidade, isso parece bastante óbvio. O que ocorre com o limite de velocidade e a lei da gravidade também se aplica à teoria da probabilidade. Não é só uma boa ideia. É a lei.

O quinto axioma, a independência, também é interessante. Se você preferir A a B, também preferirá uma loteria com A e C como prêmios a uma loteria com B e C como prêmios (mantendo as chances constantes). Ou seja, o acréscimo de uma chance de obter C às duas opções não deveria mudar se uma é mais desejável que a outra. Outra forma de colocar esse ponto é que o modo como você *enquadra* as escolhas — como você as apresenta no contexto — não deveria importar. Uma rosa com qualquer outro nome deveria ter exatamente o mesmo perfume. Um agente decisório racional deveria concentrar o foco nas escolhas em si e não ser perturbado por alguma distração que acompanhe as duas.

A independência de alternativas não pertinentes, como é chamada a versão genérica da independência, é um requisito que aparece em muitas teorias da escolha racional.[8] Uma versão mais simples diz que, se você prefere A a B ao escolher entre as duas, você ainda deveria preferir A a B ao escolher entre elas e uma terceira alternativa, C. Diz a lenda que o lógico Sidney Morgenbesser (que conhecemos no Capítulo 3) estava num restaurante onde lhe foi oferecida a escolha entre torta de maçã e torta de mirtilo. Pouco depois de ele ter escolhido a de maçã, a garçonete voltou e disse que naquele dia eles também tinham torta de cereja. Como se estivesse esperando a vida inteira por esse momento, Morgenbesser respondeu: "Sendo assim, vou querer a de mirtilo."[9] Se você achou graça, entende por que a independência é um critério para a racionalidade.

O sexto axioma é a coerência: se prefere A a B, então prefere uma aposta na qual tenha alguma chance de obter A, sua primeira escolha, e de outro modo obter B, à certeza de se contentar com B. Meia chance é melhor do que nada.

O último axioma pode ser chamado de intercambiabilidade: uma solução de compromisso entre a conveniência e a probabilidade.[10] Se a agente decisória prefere A a B e prefere B a C, deve haver alguma probabilidade que a deixaria indiferente entre obter B com certeza, sua escolha mediana, e arriscar a obter ou A, sua escolha de preferência, ou se contentar com C. Para ter uma noção disso, imagine a probabilidade de início alta, com 99% de chance de obter A e somente 1% de chance de obter C. Essas probabilidades fazem a aposta parecer muito melhor do que aceitar a segunda escolha, B. Agora, considere o outro extremo, uma chance de 1% de obter sua primeira escolha e uma chance de 99% de obter a última. Nesse caso, ocorre o oposto: a certeza da opção medíocre vence a quase certeza de precisar se contentar com a pior. Agora, imagine uma sequência de probabilidades indo da quase certeza de A à quase certeza de C. À medida que as probabilidades mudam, você acha que manteria sua aposta até certo ponto, depois ficaria indiferente entre apostar e se contentar com B, e então passaria para a certeza de B? Em caso positivo, você concorda que a intercambiabilidade é racional.

Agora, eis o retorno do teorema. Para cumprir os critérios da racionalidade, o agente decisório deve estimar o valor de cada resultado numa escala contínua de conveniência, multiplicar por sua probabilidade e somar todos, gerando a "utilidade esperada" daquela opção. (Nesse contexto, *esperada* significa "em média, a longo prazo", não "prevista", e *utilidade* significa "preferível aos olhos do agente decisório", não "útil" ou "prática".) Os cálculos não precisam ser conscientes ou envolver números; podem ser percebidos e combinados como sentimentos análogos. Então, o agente decisório deveria escolher a opção com a maior utilidade esperada. Isso garante que o agente decisório é racional segundo os sete critérios. Quem faz uma escolha racional é um maximizador da utilidade, e vice-versa.

Em termos concretos, examinemos uma escolha entre jogos num cassino. Nos dados, a probabilidade de um "7" ser lançado é de 1 em 6, e nesse caso você ganharia 4 dólares; em qualquer outro caso, você perde o dólar que pagou para jogar. Suponhamos, por ora, que cada dólar seja uma unidade de utilidade. Assim, a utilidade esperada de apostar no "7" nos dados é $(1/6 \times 4) + (5/6 \times -1)$, ou -0,17 centavos de dólar. Comparemos isso com a roleta. Na roleta, a probabilidade de acertar o "7" é de 1 em 38, e nesse caso você ganharia 35 dólares; em qualquer outro caso, você perde 1 dólar. Sua utilidade esperada é $(1/38 \times 35) + (37/38 \times -1)$, ou -0,05 centavos de dólar. A utilidade esperada de apostar no "7" nos dados é menor do que na roleta, de modo que ninguém o consideraria irracional por preferir a roleta. (É claro que alguém poderia chamá-lo de irracional por jogar, para começo de conversa, já que o valor esperado de ambas as apostas é negativo, por conta da taxa da banca, de modo que quanto mais jogar mais se perde. Mas se você já entrou no cassino, é presumível que atribua alguma utilidade positiva ao *glamour* de Monte Carlo e ao *frisson* do suspense, o que promove a utilidade das duas opções fazendo com que entrem em território positivo, e somente deixando em aberto a escolha de qual jogar.)

Jogos de azar facilitam a explicação da teoria da escolha racional porque fornecem números exatos que podemos multiplicar e somar. Mas a vida diária nos apresenta escolhas incontáveis que intuitivamente avaliamos em termos de suas utilidades esperadas. Estou numa loja de conveniência e não lembro se tenho leite na geladeira — eu deveria comprar um litro? Penso: já estou na rua e, se for esse o caso e eu desistir da compra, vou ficar muito irritado de precisar comer meu cereal puro na manhã do dia seguinte. Por outro lado, se eu já tiver leite em casa e comprar mais, o pior que pode acontecer é ele estragar, o que é improvável; e mesmo que estrague, vou perder só uns 2 dólares. Então, no todo, para mim o melhor é comprar o leite. A teoria da escolha racional simplesmente fornece um alicerce para esse tipo de raciocínio.

Até que ponto a utilidade é útil?

É tentador pensar que os padrões de preferências identificados nos axiomas da racionalidade se aplicam aos sentimentos subjetivos das pessoas acerca do prazer e do desejo. Mas, no sentido técnico, os axiomas tratam o agente decisório como uma caixa-preta e consideram apenas seus padrões de selecionar uma coisa em vez de outra. A escala de utilidade que emerge da teoria é uma entidade hipotética que é reconstruída a partir do padrão de preferências e recomendada como uma forma de manter essas preferências coerentes. A teoria protege o agente decisório de ser transformado numa "fábrica de dinheiro", de mudar a escolha da sobremesa a cada instante e de outros tipos de tolice. Isso significa que a teoria não pretende nos dizer como agir de acordo com nossos valores, mas, sim, como descobrir nossos valores por meio da observação de como agimos.

Isso desmente o primeiro equívoco a respeito da teoria da escolha racional: o de que ela descreve as pessoas como hedonistas amorais ou, pior, que aconselha as pessoas a serem assim. A utilidade não equivale ao egoísmo. Ela é qualquer escala de valor que um agente decisório racional maximiza com constância. Se as pessoas fazem sacrifícios pelos filhos e amigos, se auxiliam os enfermos e dão esmolas aos pobres, se devolvem uma carteira cheia de dinheiro, isso demonstra que o amor, a caridade e a honestidade estão incluídos em sua escala de utilidade. A teoria apenas oferece conselhos sobre como não esbanjá-los.

Naturalmente, ao refletirmos sobre nós mesmos como tomadores de decisões, não precisamos nos tratar como caixas-pretas. A escala hipotética da utilidade deveria corresponder a nossas sensações internas de felicidade, ganância, desejo sexual, satisfação pela generosidade e outras paixões. As coisas ficam interessantes quando investigamos o relacionamento, começando pelo objeto mais óbvio de desejo, o dinheiro. Não importa se o dinheiro pode comprar a felicidade ou não, ele pode comprar utilidade, já que pessoas trocam coisas por dinheiro, aí incluída a caridade. Mas o relacionamento não é linear; ele é côncavo. No jargão, ele demonstra "utilidade marginal decrescente".

O significado psicológico é óbvio: 100 dólares a mais aumentam a felicidade de um pobre mais do que a de um rico.[11] (Esse é o argumento moral favorável à redistribuição: transferir dinheiro dos ricos para os pobres aumenta a quantidade de felicidade no mundo, tudo o mais permanecendo igual.) Na teoria da escolha racional, essa curva não vem de fato da fonte óbvia, ou seja, indagar a pessoas com diferentes quantidades de dinheiro quanto elas se sentem felizes, mas decorre da observação das preferências das pessoas. O que você preferiria: mil dólares garantidos ou uma chance de 50:50 de ganhar 2 mil dólares? O valor esperado é o mesmo, mas a maioria opta pelo garantido. Isso não significa que as pessoas estejam desfazendo da teoria da escolha racional — só quer dizer que a utilidade não é a mesma coisa que o valor em dólares. A utilidade de 2 mil dólares é menos que duas vezes a utilidade de mil dólares. Felizmente para nosso entendimento, as avaliações das pessoas acerca de sua satisfação e sua escolha de apostas apontam para a mesma curva acentuada que relaciona dinheiro a utilidade.

Economistas equiparam uma curva de utilidade côncava à "aversão ao risco". Isso é um pouco desconcertante, porque a expressão não se refere a alguém ser medroso em oposição a ser um temerário — ela somente indica que ele prefere algo certo a uma aposta com o mesmo resultado esperado. Mesmo assim, os conceitos costumam coincidir. As pessoas compram seguros para ter tranquilidade. Mas essa é a mesma atitude de um insensível tomador racional de decisões, com uma curva de utilidade côncava. Pagar o prêmio dá um pequeno puxão para a esquerda em sua escala do dinheiro, o que baixa um pouquinho sua felicidade; mas, se ele tivesse de substituir seu Tesla desprovido de seguro, seu saldo bancário daria uma guinada para a esquerda, com uma queda maior na felicidade. Numa escolha racional, ele opta pela perda garantida do prêmio diante de uma aposta contra uma perda ainda maior, muito embora o valor esperado da perda garantida (a não ser confundido com sua utilidade esperada) deva ser um pouco menor para que a seguradora tenha lucro.

Infelizmente para a teoria, pela mesma lógica, as pessoas jamais deveriam jogar, comprar um bilhete de loteria, abrir uma empresa ou aspirar ao estrelato em vez de se tornarem dentistas. Mas é claro que algumas pessoas agem assim, um paradoxo que deixou os economistas clássicos sem saída. A curva da utilidade humana não pode ser tanto côncava, explicando por que evitamos o risco por meio dos seguros, quanto convexa, explicando por que procuramos o risco através do jogo. Talvez nós joguemos pela emoção, exatamente como compramos seguros pela paz de espírito, mas esse apelo a emoções só empurra o paradoxo para um nível superior: por que evoluímos com as motivações contraditórias de usar estimulantes e de procurar nos acalmar, pagando pelos dois privilégios? Talvez sejamos irracionais, e é só isso. Talvez as coristas, os giros aleatórios das bolinhas e outros acessórios dos cassinos sejam uma forma de entretenimento pela qual os grandes apostadores estão dispostos a pagar. Ou talvez o gráfico tenha uma segunda curva e dispare para o alto na extremidade, tornando a utilidade esperada de um grande prêmio acumulado maior do que a de um simples aumento em nosso saldo bancário. Isso poderia acontecer se as pessoas achassem que o prêmio as lançaria para uma classe social e um estilo de vida diferente: a vida de um milionário sofisticado e despreocupado, não simplesmente um membro mais abonado da burguesia. Muitos anúncios de loterias estaduais incentivam essa fantasia.

Embora seja mais fácil elaborar as implicações da teoria quando a utilidade é calculada em dinheiro, a lógica se aplica a qualquer coisa de valor que possamos situar ao longo de uma escala. Isso inclui a avaliação pública da vida humana. O ditado falsamente atribuído a Josef Stalin, "Uma morte é uma tragédia, um milhão de mortes é uma estatística", usa os números errados, mas capta o modo pelo qual tratamos o custo moral de vidas perdidas numa catástrofe como uma guerra ou uma pandemia. A curva se inclina mais, como a da utilidade do dinheiro.[12] Num dia normal, um ataque terrorista ou um incidente de intoxicação alimentar com umas dez vítimas pode receber uma cobertura completa. Mas no meio de uma guerra, ou de uma pandemia, mil vidas perdidas num dia são algo que não causa perturbação — mesmo que cada uma dessas vidas, ao contrário de um dólar decrescente, fosse uma pessoa real, um ser senciente que amava e era amado. Em *Os anjos bons da nossa natureza*, sugeri que nosso senso moralmente equivocado da utilidade marginal decrescente de vidas humanas é um motivo pelo qual pequenas guerras podem progressivamente se transformar em catástrofes humanitárias.[13]

Descumprir os axiomas: até que ponto é irracional?

Seria possível pensar que os axiomas da escolha racional são tão óbvios que qualquer pessoa normal os respeitaria. Na realidade, geralmente as pessoas não dão a mínima para eles.

Comecemos pela comensurabilidade. Pareceria impossível desconsiderá-la: trata-se somente do requisito de que você deve preferir A a B, B a A ou ser indiferente diante dos dois. No Capítulo 2, testemunhamos o ato de rebeldia, o tabu da solução de compromisso.[14] As pessoas tratam certas coisas na vida como sacrossantas e consideram imoral a mera ideia de compará-las. Acham que qualquer um que obedeça ao axioma é como a definição de "cínico" de Oscar Wilde: alguém que sabe o preço de tudo e o valor de nada. Quanto deveríamos gastar para salvar uma espécie ameaçada de extinção? Para salvar a vida de uma garotinha que caiu num poço? Deveríamos equilibrar o orçamento cortando fundos para a educação, os idosos ou o meio ambiente? Uma piada de outra era começa com um homem perguntando: "Você dormiria comigo por 1 milhão de dólares?"[15] A expressão idiomática "escolha de Sofia" teve origem no angustiante romance de William Styron, e se refere ao fato de a protagonista ter de entregar um de seus dois filhos para ser asfixiado com gás em Auschwitz. No Capítulo 2, vimos como recuar diante da exigência de que se comparem entidades sagradas pode ser tanto racional, quando isso afirma nosso compromisso com um relacionamento, quanto irracional, quando desviamos o olhar de escolhas dolorosas, mas na realidade as fazemos de modo inconstante e incoerente.

Uma família diferente de descumprimentos envolve um conceito apresentado pelo psicólogo Herbert Simon chamado *racionalidade limitada*.[16] Teorias da escolha racional pressupõem um conhecedor sobrenatural com informações perfeitas e tempo e memória ilimitados. Para os mortais tomadores de decisões, a incerteza nas probabilidade e recompensas e os custos de obter e processar a informação precisam ser computados na tomada de decisão. Não faz sentido gastar vinte minutos tentando descobrir um atalho que lhe poupará dez minutos no tempo do trajeto. Os custos não são de modo algum insignificantes. O mundo é um jardim de caminhos que se bifurcam, com cada decisão nos levando para uma situação na qual novas decisões se apresentam diante de nós, explodindo numa profusão de possibilidades que não teriam como ser subjugadas pelo axioma da consolidação. Simon sugeriu que um tomador de decisões de carne e osso raramente dispõe do luxo da otimização, mas em lugar disso precisa recorrer ao "satisfice" [satisficiente], uma mistura de "*satisfy*" e "*suffice*", ou seja, aceitar a primeira alternativa que supere algum padrão considerado bom o suficiente. Dados os custos da informação, o perfeito pode ser o inimigo do bom.

Infelizmente, uma regra de decisão que simplifica a vida pode descumprir os axiomas, aí incluído o da transitividade. Até mesmo ele? Será que eu poderia ganhar a vida encontrando uma fábrica humana de dinheiro e lhe vendendo as mesmas coisas repetidamente, como Sylvester McMonkey McBean em *The Sneetches*, do Dr. Seuss, que repetidamente cobrava aos *sneetches* 3 dólares para lhes prender uma estrela na barriga e 10 dólares para removê-la? ("Então, quando não lhes restava mais um vintém/ O Cara que Conserta Tudo fez as malas. E foi embora.") Apesar de a intransitividade ser o epítome da irracionalidade, ela pode facilmente surgir de duas características da racionalidade limitada.

Uma é que não fazemos todas as multiplicações e somas necessárias para fundir os atributos de um item num aglomerado de utilidade. Em vez disso, podemos considerar seus atributos um por um, reduzindo gradualmente as escolhas por um processo de eliminação.[17] Ao escolher uma faculdade, poderíamos de início excluir as que não tivessem uma equipe de *lacrosse*, depois as que não tivessem curso de medicina, depois as que ficassem muito longe de casa, e assim por diante.

A outra característica é que podemos deixar de lado uma pequena diferença nos valores de um atributo quando outros parecerem mais pertinentes. Savage nos pede que pensemos num turista que não consegue decidir entre visitar Paris e Roma.[18] Suponhamos, então, que lhe foi oferecida uma escolha entre visitar Paris e visitar Paris recebendo 1 dólar. É inquestionável que Paris + 1 é mais desejável que só Paris. Mas isso *não* quer dizer que Paris + 1 é inquestionavelmente mais desejável que Roma! Temos um tipo de intransitividade: o turista prefere A (Paris + 1) a B (Paris), e é indiferente quanto à escolha entre B e C (Roma), mas não prefere A a C. O exemplo de Savage foi redescoberto por um cartunista da *New Yorker*:

"*Quanto você pagaria por todos os segredos do Universo? Espere, não responda ainda. Você também leva essa panela de sete litros para fazer espaguete e cozinhar mexilhões no vapor. Agora, quanto você pagaria?*"

Um tomador de decisões que escolhe por um processo de eliminação pode resvalar para uma intransitividade total.[19] Tversky imagina três candidatos a um emprego com diferentes pontuações num teste de aptidão e em anos de experiência:

	Aptidão	Experiência
Archer	200	6
Baker	300	4
Connor	400	2

Um gerente de recursos humanos compara os candidatos dois a dois com o seguinte método: se um tiver mais de 100 pontos em aptidão, escolha esse candidato; se não, escolha aquele com mais experiência. O gerente prefere Archer a Baker (mais experiência), Baker a Connor (mais experiência) e Connor a Archer (maior aptidão). Quando participantes de experimentos se põem no lugar do gerente, muitos fazem escolhas intransitivas sem se dar conta.

Quer dizer que os economistas comportamentais conseguiram financiar suas pesquisas usando os participantes como "fábricas de dinheiro"? Em sua maioria, não. As pessoas acabam percebendo, pensam duas vezes acerca das escolhas e não compram necessariamente alguma coisa só porque no momento a preferem.[20] Mas, sem essa segunda olhada a partir do Sistema 2, a vulnerabilidade é real. Na vida real, o processo de tomar decisões comparando alternativas, um aspecto de cada vez, pode deixar um agente decisório vulnerável a irracionalidades que nós todos reconhecemos em nós mesmos. Quando decidimos entre mais de duas escolhas, podemos ser influenciados pelo último par para o qual olhamos, ou podemos ficar dando voltas sem sair do lugar à medida que cada alternativa parece ser melhor do que as outras duas de uma forma diferente.[21]

E as pessoas de fato podem ser transformadas em "fábricas de dinheiro", pelo menos por um tempo, quando preferem A a B, mas atribuem um preço mais alto a B.²² (Você lhes venderia B, conseguiria que eles o trocassem por A, compraria A de volta pelo preço mais baixo e repetiria.) Como alguém poderia acabar nessa contradição maluca? É fácil: quando se deparam com duas escolhas com o mesmo valor esperado, as pessoas podem preferir a que tiver a probabilidade mais alta, mas podem pagar mais pela que der um resultado maior. (Um exemplo concreto: considere dois bilhetes para jogar roleta que têm o mesmo valor esperado, 3,85 dólares, mas com combinações diferentes de probabilidades e resultados. O Bilhete A lhe dá uma chance de 35/36 de ganhar 4 dólares e um risco em 36 de perder 1 dólar. O Bilhete B lhe dá uma chance de 11/36 de ganhar 16 dólares e um risco de 25/36 de perder 1,50.²³ Diante das opções, as pessoas escolhem A. Quando perguntadas quanto pagariam por bilhete, elas oferecem um preço mais alto por B.) Parece bobeira — quando as pessoas pensam num preço, elas se agarram ao número maior depois do cifrão e esquecem as probabilidades, e o condutor do experimento pode praticar arbitragem e extrair dinheiro de algumas delas. As vítimas, bestificadas, dizem "Não consigo deixar de fazer isso" ou "Sei que é tolice minha e que você está tirando vantagem de mim, mas prefiro aquele".²⁴ Depois de algumas rodadas, quase todos abrem os olhos. Parte do movimento em mercados financeiros do mundo real pode resultar de investidores ingênuos sendo influenciados por riscos à custa de recompensas, e vice-versa, e arbitradores se precipitando sobre eles para tirar vantagem das incoerências.

E O QUE dizer da independência de alternativas não pertinentes, com sua dependência amalucada do contexto e da apresentação? O economista Maurice Allais descobriu o seguinte paradoxo:²⁵ qual desses dois bilhetes você preferiria?

Supercash: 100% de chance de 1 milhão de dólares	Powerball: 10% de chance de 2,5 milhões de dólares
	89% de chance de 1 milhão de dólares

Embora o valor esperado do bilhete Powerball seja maior (1,14 milhão), a maioria das pessoas prefere o garantido, evitando o risco de 1% de acabar sem nada. Isso não descumpre os axiomas — é presumível que sua curva de utilidade se incline, criando uma aversão ao risco. Agora, qual *destes* dois você preferiria?

Megabucks: 11% de chance de 1 milhão de dólares	LottoUSA: 10% de chance de 2,5 milhões de dólares

Com essa escolha, as pessoas preferem LottoUSA, que acompanha seus valores esperados (250 mil *versus* 110 mil). Parece razoável, certo? Enquanto você reflete sobre a primeira opção, o homúnculo na sua cabeça está dizendo: "A loteria pode ter um prêmio maior, mas, se ficar com ela, há um risco de que você não receba nada. Você se sentiria um idiota, sabendo que tinha jogado fora 1 milhão de dólares!" Quando examina a segunda opção, ele diz: "Dez por cento, 11%, qual é a diferença? De qualquer modo, você tem chance de ganhar. Melhor escolher de uma vez o prêmio maior."

Infelizmente para a teoria da escolha racional, as preferências descumprem o axioma da independência. Para ver o paradoxo, vamos partir em pedaços as probabilidades das duas escolhas da esquerda, mantendo tudo igual exceto a forma de apresentação:

Supercash: 10% de chance de 1 milhão de dólares 1% de chance de 1 milhão de dólares 89% de chance de 1 milhão de dólares	Powerball: 10% de chance de 2,5 milhões de dólares 89% de chance de 1 milhão de dólares
Megabucks: 10% de chance de 1 milhão de dólares 1% de chance de 1 milhão de dólares	LottoUSA: 10% de chance de 2,5 milhões de dólares

Agora vemos que a escolha entre Supercash e Powerball é simplesmente a escolha entre Megabucks e LottoAmerica com uma chance a mais, de 89%, de ganhar 1 milhão de dólares acrescentada a cada uma. Mas essa chance a mais fez com que você mudasse sua escolha. Acrescentei torta de cereja a cada bilhete, e você mudou da torta de maçã para a de mirtilo. Se você está cansado de ler sobre loterias e dinheiro, Tversky e Kahneman oferecem um exemplo não monetário.[26] Você preferiria um bilhete de rifa que lhe oferecesse uma chance de 50% de uma viagem de três semanas pela Europa ou um *voucher* que lhe garantisse uma viagem de uma semana pela Inglaterra? As pessoas escolhem o garantido. Você preferiria uma rifa que lhe desse uma chance de 5% da viagem de três semanas ou uma rifa com uma chance de 10% da viagem pela Inglaterra? Agora, as pessoas escolhem a viagem mais longa.

Quanto ao aspecto psicológico, é óbvio o que está acontecendo. A diferença entre uma probabilidade de 0 e uma probabilidade de 1% não é qualquer intervalo de um ponto percentual — é a distinção entre impossibilidade e possibilidade. De modo semelhante, a diferença entre 99% e 100% é a distinção entre possibilidade e certeza. Nenhuma das duas é comensurável com diferenças ao longo do resto da escala, como a diferença entre 10% e 11%. A possibilidade, por menor que seja, permite a esperança ao se olhar para a frente e o arrependimento ao se olhar para trás. Se uma escolha motivada por essas emoções é "racional" depende de você considerar quais emoções são respostas naturais que deveríamos respeitar, como nos mantermos alimentados e aquecidos, ou inconvenientes evolutivos que nossos poderes racionais deveriam superar.

As emoções instigadas pela possibilidade e pela certeza acrescentam um ingrediente a escolhas repletas de casualidade como os seguros e os jogos de azar, que não podem ser explicados pelas formas das curvas de utilidade. Tversky e Kahneman salientam que ninguém compraria seguros probabilísticos, com prêmios a uma fração do custo e cobertura apenas em certos dias da semana — apesar de as pessoas ficarem perfeitamente satisfeitas em incorrer no mesmo risco geral ao comprar seguros contra certos riscos, como incêndios, mas não contra outros, como furacões.[27] Elas compram seguros em troca de paz de espírito: para ter uma coisa a menos com que se preocupar. Elas prefeririam expulsar o medo de um tipo de desastre de lá do armário de suas ansiedades a tornar sua vida mais segura sob todos os outros aspectos. Isso também pode explicar decisões de toda uma sociedade, como a proibição da energia nuclear, com seu minúsculo risco de um desastre, em lugar da redução do uso do carvão, com sua constante contagem diária de muito mais mortes. A lei norte-americana do Superfundo estipula a eliminação total de certos poluentes do ambiente, embora a remoção dos 10% finais possa custar mais do que a dos primeiros 90%. O juiz Stephen Breyer, da Suprema Corte dos Estados Unidos, comentou acerca de um processo que procurava forçar a limpeza total de um depósito de lixo tóxico: "O registro de quarenta mil páginas desse esforço de dez anos indicou (e todas as partes parecem concordar com isso) que, sem a despesa a mais, o depósito de lixo era limpo o suficiente para crianças que brincassem ali comerem pequenas quantidades de terra diariamente por setenta dias cada ano, sem ter a saúde afetada em termos significativos [...]. Mas não havia nenhuma criança que comesse terra brincando na área, porque era um pântano [...]. Gastar 9,3 milhões de dólares para proteger crianças comedoras de terra inexistentes é o que quero dizer com o problema dos 'últimos 10%'."[28]

Uma vez perguntei a um parente que comprava um bilhete de loteria todas as semanas por que ele jogava dinheiro fora nisso. Ele me explicou, como se estivesse falando com uma criança de raciocínio lento: "Não se pode ganhar sem jogar." Sua resposta não foi necessariamente irracional: pode haver alguma vantagem psicológica em se manter uma carteira de perspectivas que inclua a possibilidade de uma sorte caída do céu, em vez de se concentrar em maximizar a utilidade esperada, que garante que aquilo não tem como acontecer. A lógica é reforçada numa piada. Um velho devoto implora ao Todo-Poderoso: "Ó Senhor, toda minha vida obedeci a tuas leis. Respeitei o sábado. Recitei as preces. Fui bom pai e marido. Só te faço um pedido. Quero ganhar na loteria." Os céus se escurecem, um raio de luz atravessa as nuvens e uma voz profunda retumba: "Vou ver o que posso fazer." O homem fica animado. Passa-se um mês, passam-se seis meses, passa-se um ano, mas a fortuna não vem. Em desespero, ele clama novamente: "Senhor todo-poderoso, sabes que sou devoto. Já implorei. Por que me abandonaste?" Os céus se escurecem, um feixe de luz irrompe e vem o bramido de uma voz: "Faz tua parte. Compra um bilhete."

Não é só a forma de apresentação de riscos que pode fazer mudar as escolhas das pessoas; é também a forma de apresentação de recompensas. Suponhamos que tenham acabado de lhe dar mil dólares. Agora você precisa escolher entre pegar mais 500 dólares garantidos e jogar uma moeda que lhe daria mais mil dólares, se der cara. O valor esperado das duas opções é o mesmo (500 dólares), mas a essa altura você já aprendeu que a maioria das pessoas tem aversão ao risco e escolhe o que está garantido. Agora, vejamos uma variante. Suponhamos que tenham lhe dado 2 mil dólares. Você precisa escolher entre devolver 500 dólares e lançar uma moeda que o faria devolver mil dólares, se der cara. A maioria escolhe lançar a moeda. Mas vamos fazer as contas: em termos da situação final, as escolhas são idênticas. A única diferença é o ponto de partida, que apresenta o resultado como um "ganho" com a primeira escolha e uma "perda" com a segunda.

E, com essa mudança na apresentação, a aversão das pessoas ao risco é esquecida. Agora elas *procuram* um risco se este lhes oferecer a esperança de evitar uma perda. Kahneman e Tversky concluem que as pessoas não têm aversão ao risco em qualquer circunstância, embora tenham aversão à perda: procuram o risco se ele puder evitar uma perda.[29]

Mais uma vez, isso não acontece apenas em apostas arquitetadas. Suponhamos que você tenha recebido o diagnóstico de um câncer com risco de vida e possa escolher o tratamento por cirurgia, com risco de morrer durante a operação, ou radioterapia.[30] Participantes do experimento recebem a informação de que de cada 100 pacientes que escolhem a cirurgia, 90 sobrevivem à operação, 68 estavam vivos depois de um ano e 34 estavam vivos após cinco anos. Em comparação, de cada 100 pacientes que escolheram a radioterapia, 100 sobreviveram ao tratamento, 77 estavam vivos após um ano e 22 estavam vivos após cinco anos. Menos de um quinto dos participantes escolhe a radioterapia — eles dão preferência à utilidade esperada a longo prazo.

Mas vamos supor agora que as opções sejam descritas de outro modo. De cada 100 pacientes que escolheram a cirurgia, 10 morreram durante o procedimento, 32 ao final de um ano e 66 no prazo de cinco anos. De cada 100 que escolheram a radioterapia, nenhum morreu durante o tratamento, 23 ao final de um ano e 78 no prazo de cinco anos. Agora quase a metade escolhe a radioterapia. Eles aceitam um risco geral maior de morrer, com a garantia de que não morrerão de imediato com o tratamento. Mas os dois pares de opções apresentam as mesmas probabilidades: tudo o que mudou foi elas serem apresentadas como o número dos que viveram, percebido como ganho, ou o número dos que morreram, percebido como perda.

Mais uma vez, o descumprimento dos axiomas da racionalidade transborda de escolhas particulares para políticas públicas. Numa estranha premonição, quarenta anos antes da covid-19, Tversky e Kahneman pediram a pessoas que imaginassem que "os Estados Unidos estavam se preparando para a eclosão de uma extraordinária doença asiática".[31] Vou atualizar o exemplo deles. Calcula-se que o coronavírus, se deixado sem tratamento, mate seiscentas mil pessoas. Quatro vacinas foram desenvolvidas, e somente uma pode ser distribuída em larga escala. Se a escolhida for a Miraculon, duzentas mil pessoas se salvarão. Se a Wonderine for escolhida, há uma chance de um terço de seiscentas mil pessoas serem salvas e um risco de dois terços de que ninguém seja salvo. Em sua maioria, as pessoas têm aversão ao risco e recomendam a Miraculon.

Agora examinemos as outras duas. Se a Regenera for escolhida, quatrocentas mil pessoas morrerão. Se a Preventavir for escolhida, há uma chance de um terço de que ninguém morrerá e um risco de dois terços de que seiscentas mil pessoas morrerão. A essa altura, você já desenvolveu uma antena para perguntas capciosas em experimentos de racionalidade e detectou que as duas escolhas são idênticas, com a única diferença consistindo em se os efeitos são formulados como ganhos (vidas salvas) ou perdas (mortes). Mas a mudança na apresentação mudou a preferência: agora uma maioria está *procurando* o risco e prefere a Preventavir, que oferece a esperança de que a perda de vidas possa ser evitada. Não é preciso muita imaginação para ver como essas formulações poderiam ser exploradas para manipular as pessoas, embora possam ser evitadas com apresentações cuidadosas dos dados, como, por exemplo, sempre mencionar *tanto* os ganhos *quanto* as perdas, ou expô-los como gráficos.[32]

Kahneman e Tversky combinaram nosso deturpado senso de probabilidade com nosso senso acumulador de perdas e ganhos, compondo o que chamam de Teoria do Prospecto.[33] Ela é uma alternativa à teoria da escolha racional, que pretende descrever como as pessoas de fato escolhem, em lugar de prescrever como elas deveriam escolher. O primeiro gráfico na página seguinte mostra como nossos "pesos decisórios", o sentido subjetivo de probabilidade que aplicamos a uma escolha, estão relacionados à probabilidade objetiva.[34] A curva tem uma subida acentuada perto de 0 e 1 (e com uma descontinuidade nos limiares perto daqueles valores especiais), mais ou menos objetiva por volta de 0,2 e mais achatada no meio, onde não diferenciamos, digamos, 0,10 de 0,11.

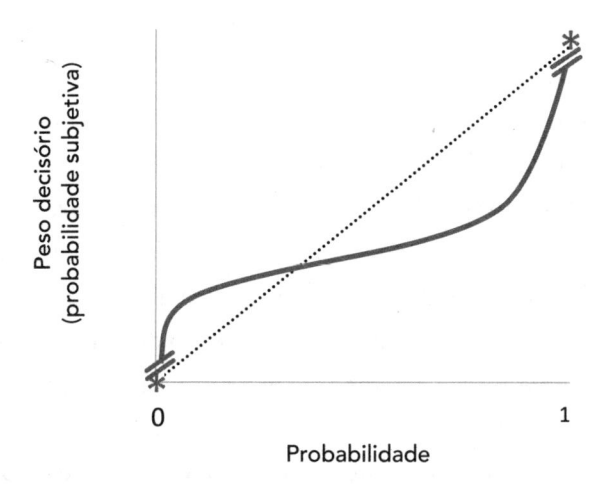

Um segundo gráfico exibe nosso valor subjetivo.[35] Seu eixo horizontal está centrado não no "0", mas numa linha de base móvel, geralmente o *statu quo*. O eixo é demarcado não em dólares absolutos, vidas ou outros bens valorizados, mas em perdas e ganhos relativos com respeito àquela linha de base. Tanto ganhos quanto perdas são côncavos — cada unidade adicional de ganho ou perda vale menos do que as que já foram registradas —, porém, a inclinação é mais acentuada no lado inferior; uma perda é mais que duas vezes mais dolorosa do que o ganho equivalente é prazeroso.

É óbvio que a mera plotagem de fenômenos como curvas não os explica. Mas podemos dar sentido a esses descumprimentos dos axiomas racionais. Em termos epistemológicos, a certeza e a impossibilidade são muito diferentes de probabilidades muito altas e muito baixas. É por isso que, neste livro, a lógica está num capítulo separado da teoria da probabilidade. ("P ou Q; não P; então, Q" não é simplesmente um enunciado com uma probabilidade muito alta — é uma verdade lógica.) É por isso que funcionários do registro de patentes devolvem solicitações de patentes para máquinas de movimento perpétuo sem abrir, em vez de imaginar uma chance de que algum gênio tenha resolvido nossos problemas de energia de uma vez por todas. Benjamin Franklin estava certo pelo menos na primeira metade de sua declaração de que nada é certo, a não ser a morte e os impostos. Probabilidades intermediárias, em comparação, são questões de conjectura, pelo menos do lado de fora dos cassinos. Elas são estimativas com margens de erro, às vezes grandes. No mundo real, não é tolice tratar a diferença entre uma probabilidade de 0,10 e uma de 0,11 com certa reserva.

A assimetria entre perdas e ganhos também se torna mais fácil de explicar quando saímos da matemática e vamos para a vida real. Nossa existência depende de uma precária bolha de improbabilidades, com a dor e a morte à distância de um mero passo em falso. Como Tversky uma vez me perguntou, quando éramos colegas de trabalho: "Quantas coisas poderiam lhe acontecer hoje que melhorariam em muito sua vida? Quantas coisas poderiam lhe acontecer hoje que *piorariam* em muito sua vida? A segunda lista é infinita." Faz sentido sermos mais vigilantes sobre o que temos a perder e nos arriscarmos para evitar quedas vertiginosas em nosso bem-estar.[36] E no extremo negativo, a morte não é simplesmente algo que é uma droga. Ela é fim de jogo, sem chance de jogar de novo, uma singularidade que torna sem efeito todos os cálculos de utilidade.

É também por isso que as pessoas podem descumprir ainda mais um axioma, o da intercambiabilidade. Se prefiro uma cerveja a 1 dólar e 1 dólar à morte, isso não quer dizer que, com as chances certas, eu pagaria 1 dólar para apostar minha vida por uma cerveja.

Ou será que sim?

Escolhas racionais afinal de contas?

Na ciência cognitiva e na economia comportamental, mostrar todas as formas pelas quais as pessoas desfazem dos axiomas da escolha racional tornou-se uma espécie de esporte. (E não só um esporte: cinco prêmios Nobel foram para descobridores desses descumprimentos.)[37] Parte da diversão vem de mostrar como os seres humanos são irracionais; o restante, de mostrar como os economistas clássicos e os teóricos da tomada de decisões são péssimos psicólogos. Gigerenzer gosta de contar uma história verdadeira sobre uma conversa entre dois teóricos de tomada de decisões, um dos quais estava enfrentando a tortura de decidir se devia aceitar uma sedutora oferta de emprego em outra universidade.[38] Seu colega disse: "Por que não escreve as utilidades de ficar onde está em comparação com aceitar o emprego, multiplica os dois grupos por suas probabilidades e escolhe a mais alta das duas? Afinal, é isso o que você aconselha em seu trabalho profissional." Ao que o primeiro retrucou: "Ora, isso aqui é sério!"

Só que Von Neumann e Morgenstern podem merecer rir por último. Todos esses tabus, limites, intransitividades, trocas, arrependimentos, aversões e reformulações apenas demonstram que as pessoas desfazem dos axiomas, não que elas deveriam fazê-lo. Na realidade, em alguns casos, como a sacralidade de nossos relacionamentos e o assombro diante da morte, nós de fato podemos nos dar melhor sem fazer as somas que a teoria prescreve. Mas sempre queremos manter nossas escolhas coerentes com nossos valores. Isso é tudo o que a teoria da utilidade esperada pode proporcionar, e essa é uma coerência da qual não devíamos nos descuidar. Chamamos de tolas nossas decisões quando elas negam nossos valores, e sábias quando os confirmam. Já vimos que algumas transgressões aos axiomas são realmente imprudentes, como evitar difíceis questões sociais que envolvam soluções de compromisso, buscar o risco zero e ser manipulado por uma escolha de palavras. Suspeito que haja inúmeras decisões na vida em que, se multiplicássemos os riscos pelas recompensas, faríamos escolhas mais sábias.

Quando você compra algum aparelho, deveria também comprar a garantia estendida empurrada pelo vendedor? Cerca de um terço dos americanos compra, entregando mais de 40 bilhões de dólares por ano. Mas realmente faz sentido pagar seguro de saúde para sua torradeira? Os valores são menores do que um seguro para um carro ou uma casa, casos em que a perda financeira teria um impacto em seu bem-estar. Se os consumidores refletissem, mesmo que de forma tosca, sobre o valor esperado, perceberiam que uma garantia estendida pode custar quase um quarto do valor do produto, o que significa que ela só valeria a pena se o produto tivesse um risco maior do que 1 em 4 de apresentar defeito. Uma olhada pela *Consumer Reports* revelaria que aparelhos modernos não são nem de longe assim tão frágeis: menos que 7% dos televisores, por exemplo, precisam de qualquer tipo de conserto.[39] Ou examinemos valores dedutíveis aplicados a seguros para residências. Você deveria pagar 100 dólares a mais por ano para reduzir a despesa que lhe couber na eventualidade de um pedido de indenização de mil dólares a 500 dólares? Muita gente faz isso, mas o pagamento só faz sentido se você calcula fazer um pedido a cada cinco anos. A taxa média de pedidos de indenização de seguros residenciais é de fato em torno de um a cada *vinte* anos, o que quer dizer que as pessoas estão pagando 100 dólares por 25 dólares em valor esperado (5% de 500 dólares).[40]

Avaliar riscos e recompensas pode, com consequências muito mais importantes, também influenciar escolhas médicas. Tanto médicos quanto pacientes tendem a pensar em termos de propensões: exames preventivos para o câncer são bons porque detectam cânceres; e a cirurgia de um câncer é boa porque pode removê-lo. Mas pensar nos custos e benefícios ponderados por suas probabilidades pode transformar o bom em ruim. Para cada mil mulheres que se submetem a uma ultrassonografia anual para detectar o câncer de ovário, seis recebem um diagnóstico correto da doença, em comparação com cinco em mil mulheres não examinadas — e o número de mortes nos dois grupos é o mesmo: três. Até aí, os benefícios. E o que dizer dos custos? Das mil mulheres que fizeram o exame, outras 94 recebem apavorantes alarmes falsos, 31 das quais sofrem a remoção desnecessária dos ovários, cinco das quais enfrentam complicações, ainda por cima. O número de alarmes falsos e cirurgias desnecessárias entre mulheres que não fazem o exame é, naturalmente, zero. Não é preciso muita matemática para mostrar que a utilidade esperada do exame preventivo de câncer do ovário é negativa.[41] O mesmo raciocínio vale para homens quando se trata do exame preventivo do câncer de próstata, pelo teste de antígeno específico da próstata (não contem comigo). Esses são casos fáceis — vamos mergulhar mais fundo em como comparar os custos e benefícios de acertos e alarmes falsos no próximo capítulo.

Mesmo quando números exatos não estão disponíveis, é prudente fazer uma multiplicação mental das probabilidades pelos resultados. Quantas pessoas arruinaram a vida ao fazer uma aposta com um grande risco de um ganho baixo e um pequeno risco de uma perda catastrófica — burlando algum detalhe da lei por um pequeno valor em dinheiro do qual não precisavam, arriscando a reputação e a tranquilidade por um caso insignificante? Passando de perdas para ganhos, quantos solteiros solitários renunciam à pequena chance de uma vida de felicidade com uma alma gêmea porque só conseguem pensar na grande chance de um café entediante com uma chata?

Quanto a apostar sua vida: você alguma vez poupou um minuto na estrada dirigindo acima do limite de velocidade? Ou cedeu à impaciência e checou suas mensagens de texto enquanto atravessava a rua? Se ponderasse esses benefícios em contraste com o risco de um acidente multiplicado pelo preço que atribui a sua vida, que decisão tomaria? E se não pensa assim, será que pode se considerar racional?

7
ACERTOS E ALARMES FALSOS
(TEORIA DA DETECÇÃO DE SINAIS E DA DECISÃO ESTATÍSTICA)

A gata que se senta numa tampa quente de fogão [...] nunca voltará a se sentar numa tampa quente de fogão, e isso é bom; mas ela também nunca mais se sentará numa tampa fria.

— Mark Twain[1]

A racionalidade requer que distingamos o que é verdadeiro do que queremos que seja verdadeiro: que não enterremos a cabeça na areia, construamos castelos no ar, nem decidamos que as uvas que estão fora do nosso alcance estão verdes. As tentações do pensamento mágico e desejado estão sempre conosco porque nossa sorte depende do estado do mundo, que nunca podemos conhecer com certeza. Para manter alta nossa energia e nos protegermos da adoção de medidas dolorosas que podem se provar desnecessárias, somos propensos a ver o que queremos ver e a descartar o restante. Nós nos equilibramos na beira da balança do banheiro de um jeito que minimize nosso peso, adiamos um exame médico que pode gerar um resultado indesejável e tentamos acreditar que a natureza humana é infinitamente maleável.

Sim, existe um modo mais racional de conciliar nossa ignorância com nossos desejos: o instrumento da razão chamado Teoria da Detecção de Sinais ou teoria da decisão estatística. Ela associa as duas grandes ideias dos capítulos precedentes: estimar a probabilidade de que algo seja verdadeiro acerca do mundo (raciocínio bayesiano) e decidir o que fazer a respeito ponderando seus benefícios e custos esperados (escolha racional).²

O desafio da detecção de sinais consiste em sabermos se devemos tratar algum indicador como um sinal genuíno do mundo ou como um ruído em nossa percepção imperfeita dele. É um dilema recorrente na vida. Uma sentinela vê um bipe numa tela de radar. Estamos sendo atacados por bombardeiros nucleares ou se trata de um bando de gaivotas? Um radiologista vê um borrão num exame de imagem. A paciente está com câncer ou será que é um cisto inofensivo? Um júri ouve uma testemunha ocular num processo. O réu é culpado ou a testemunha não se lembrou direito? Somos apresentados a uma pessoa que nos parece vagamente familiar. Já a vimos antes ou foi só uma impressão inexplicada de *déjà vu*? Um grupo de pacientes melhora depois de tomar um medicamento. O medicamento funcionou de algum modo, ou foi só um efeito placebo?

O produto da teoria da decisão estatística não é um grau de confiança, mas uma decisão com a qual se pode agir: fazer a cirurgia ou não; condenar ou absolver. Ao escolher um lado, não estamos decidindo no que acreditar acerca do estado do mundo. Estamos nos comprometendo a realizar uma ação na expectativa de seus prováveis custos e benefícios. Essa ferramenta cognitiva nos atinge com a distinção entre o que é verdadeiro e o que fazer. Ela reconhece que diferentes estados do mundo podem exigir diferentes escolhas arriscadas, mas demonstra que não precisamos nos iludir acerca da realidade para tirar proveito das probabilidades. Ao traçar uma distinção nítida entre nossa avaliação do estado do mundo e aquilo que decidirmos fazer a respeito, podemos agir racionalmente *como se* algo fosse verdadeiro, sem necessariamente *acreditar* que seja verdadeiro. Como veremos, isso faz uma diferença enorme, mas pouco apreciada, no entendimento do uso da estatística na ciência.

Sinais e ruído, sins e nãos

Como deveríamos pensar sobre algum indicador errático do estado do mundo? Comecemos pelo conceito de uma distribuição estatística.[3] Suponhamos a medição de algo que varie de modo imprevisível (uma "variável aleatória"), como pontos num teste de introversão de 0 a 100. Classificamos os pontos em caixas — de 0 a 9, de 10 a 19 e assim por diante — e contamos o número de pessoas que caem em cada caixa. Em seguida, nós as empilhamos num *histograma*, um gráfico diferente dos gráficos comuns que vemos pelo fato de que a variável de interesse é plotada ao longo do eixo horizontal, em vez do vertical. A dimensão para cima e para baixo simplesmente acumula o número de pessoas que caem em cada caixa. Eis um histograma da pontuação de introversão de vinte pessoas, uma pessoa por quadrado.

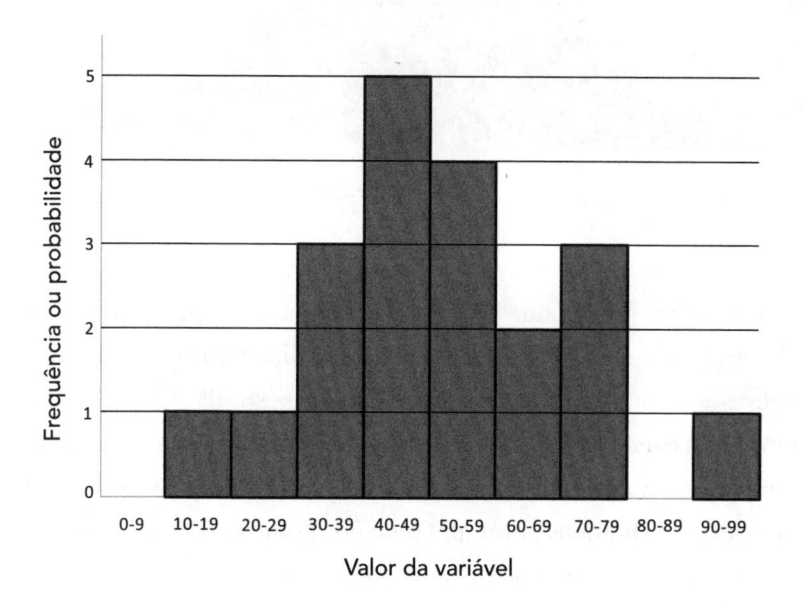

Imaginemos que testamos alguns *milhões* de pessoas, tantas que já não precisamos selecioná-las em caixas, mas podemos dispô-las da esquerda para a direita por suas pontuações originais. À medida que empilhamos cada vez mais quadrados e nos afastamos cada vez mais, o zigurate vai perdendo a nitidez, transformando-se num morro liso, a conhecida curva em forma de sino. Ela tem quantidades de observações acumuladas com um valor médio no centro, e quantidades cada vez menores à medida que se olha para valores que são menores para a esquerda ou maiores para a direita. O modelo matemático mais conhecido para uma curva em forma de sino é chamado de distribuição normal ou gaussiana.

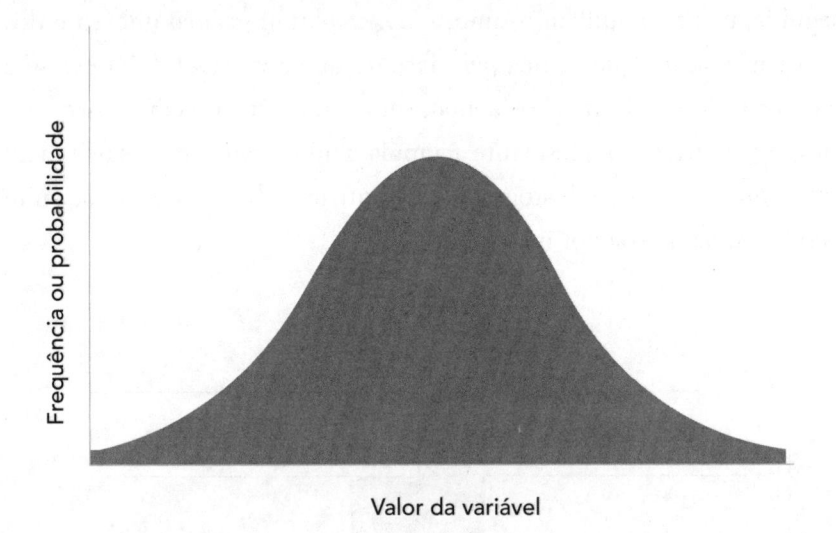

Curvas em forma de sino são comuns no mundo — por exemplo, em pontuações de testes de inteligência ou personalidade, altura de homens e mulheres e velocidades de veículos numa autoestrada. Elas não são a única forma nas quais as observações podem se acumular. Existem também distribuições com duas corcovas ou bimodais, como o grau relativo de atração sexual dos homens por mulheres e por homens, que apresenta um grande pico numa extremidade para os heterossexuais e um pico menor na outra extremidade para os homossexuais, com ainda menos bissexuais entre eles. E há distribuições de cauda larga, em que valores extremos são raros, mas não raros em termos astronômicos, como as populações de cidades, as rendas de indivíduos ou o número de visitantes a websites. Muitas dessas distribuições, como aquelas geradas por "leis de potência", apresentam um espinhaço à esquerda com montes de valores baixos e uma cauda longa e gorda à direita com uma pequena quantidade de valores extremos.[4] Mas as curvas em forma de sino — unimodais, simétricas, de cauda fina — são comuns no mundo. Elas surgem sempre que uma medição é a soma de um grande número de pequenas causas, como muitos genes juntos com muitas influências ambientais.[5]

Voltando ao assunto em pauta: as observações sobre se algo aconteceu ou não no mundo. Não podemos adivinhar com perfeição — não somos Deus —, mas apenas por meio de nossas medições, como bipes numa tela de radar, provenientes de uma aeronave, ou a opacidade de manchas num exame de imagem de um tumor. Nossas medições não saem exatamente idênticas todas as vezes. Pelo contrário, elas tendem a se distribuir numa curva em forma de sino, como no gráfico abaixo. Pode-se pensar nela como uma plotagem da verossimilhança bayesiana: a probabilidade de uma observação, dado que um sinal está presente.[6] Em média, a observação tem um determinado valor (a linha tracejada vertical), mas às vezes ela é um pouco mais alta ou mais baixa.

Mas eis que há uma trágica peculiaridade. Seria possível pensar que, quando nada está acontecendo no mundo — nenhum bombardeiro, nenhum tumor —, teríamos uma medição de zero. Infelizmente, isso nunca acontece. Nossas medições são sempre contaminadas pelo ruído — a estática do rádio, perturbações como aves em bando, cistos benignos que aparecem no exame de imagem —, que também vão variar de uma medição para outra, encaixando-se em sua própria curva em forma de sino. O que é ainda mais lamentável: a faixa superior das medições acionadas pelo ruído pode se sobrepor parcialmente à faixa inferior das medições acionadas pelo objeto da observação:

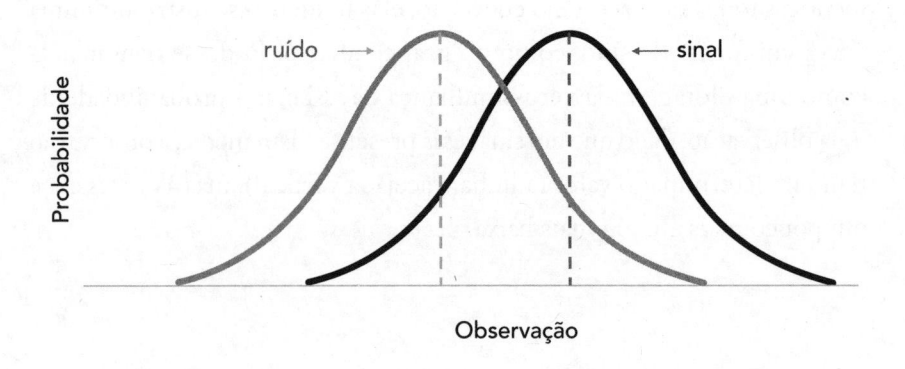

A tragédia é que só Deus pode ver o gráfico e saber se uma observação vem de um sinal ou de ruído. Tudo o que nós, mortais, conseguimos ver são nossas observações.

Quando somos forçados a adivinhar se uma observação é um sinal (que reflete algo real) ou um ruído (as imperfeições em nossas observações), precisamos aplicar um ponto de corte. No jargão da detecção de sinais, ele se chama *critério* ou *viés de resposta*, simbolizado como β (beta). Se uma observação estiver acima do critério, dizemos "Sim", agindo como se ela fosse um sinal (quer ela seja, quer não, o que não temos como saber); se ela estiver abaixo, dizemos "Não", agindo como se ela fosse ruído.

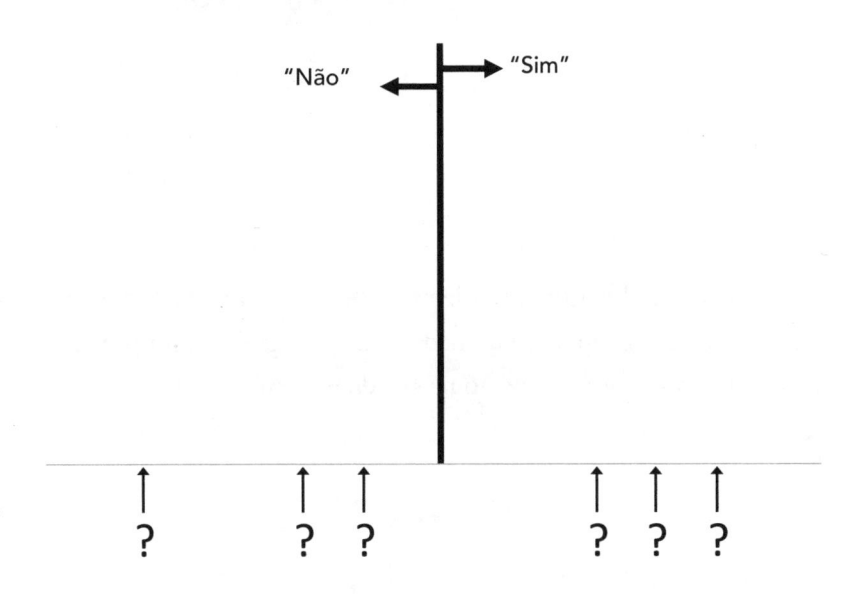

Vamos voltar a assumir a visão panorâmica de Deus e verificar como nos saímos bem, na média, com esse ponto de corte. São quatro possibilidades. Quando dizemos "Sim", e realmente se trata de um sinal (o bombardeiro ou o tumor está lá), chama-se acerto, e a proporção de sinais que identificamos corretamente aparece como a porção sombreada da distribuição.

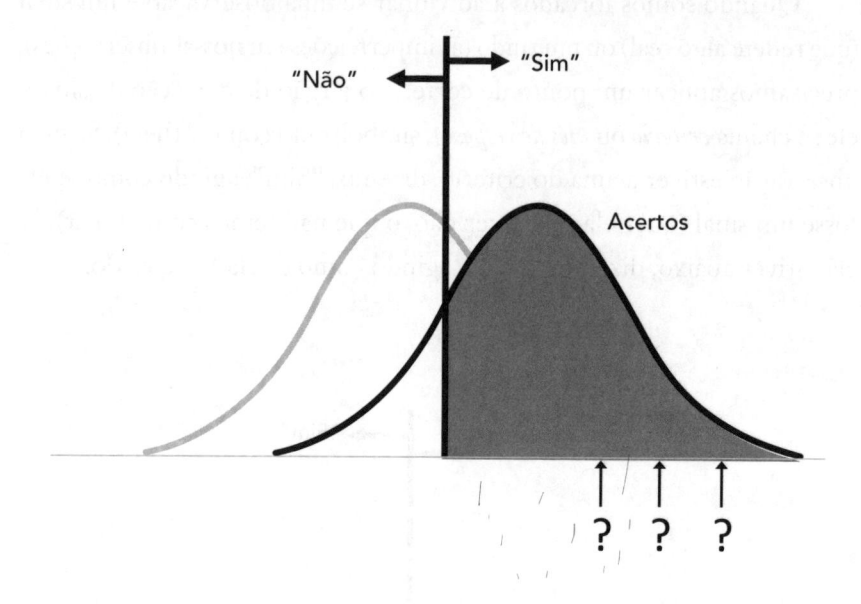

E se for ruído? Quando dizemos "Sim" para nada, isso se chama alarme falso, e a proporção de nadas em que agimos com precipitação aparece a seguir, como a porção na cor de um cinza médio.

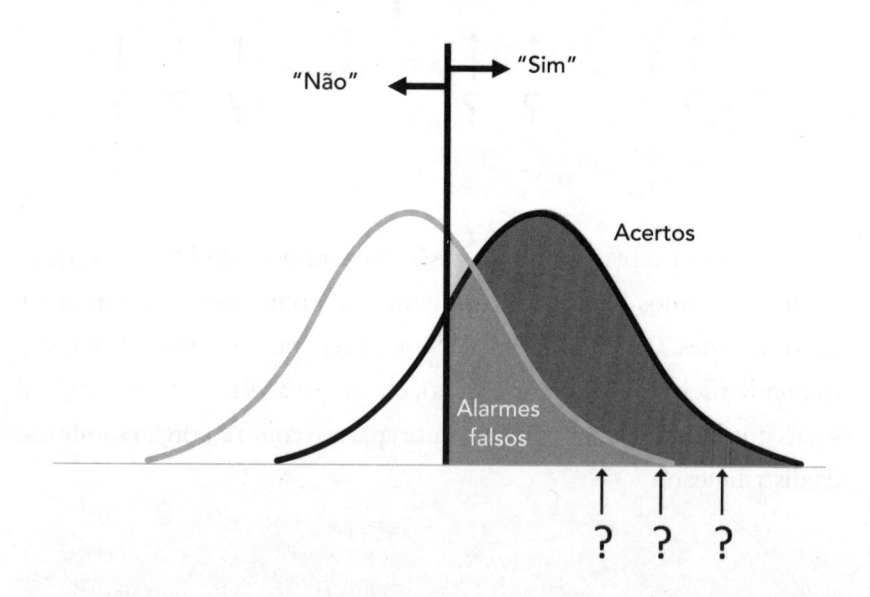

E o que dizer das ocasiões em que a observação fica *abaixo* de nosso critério e dizemos "Não"? Aqui também há duas possibilidades. Quando de fato alguma coisa está acontecendo no mundo, ela é chamada de falha. Quando não há nada a não ser ruído, ela é chamada de rejeição correta.

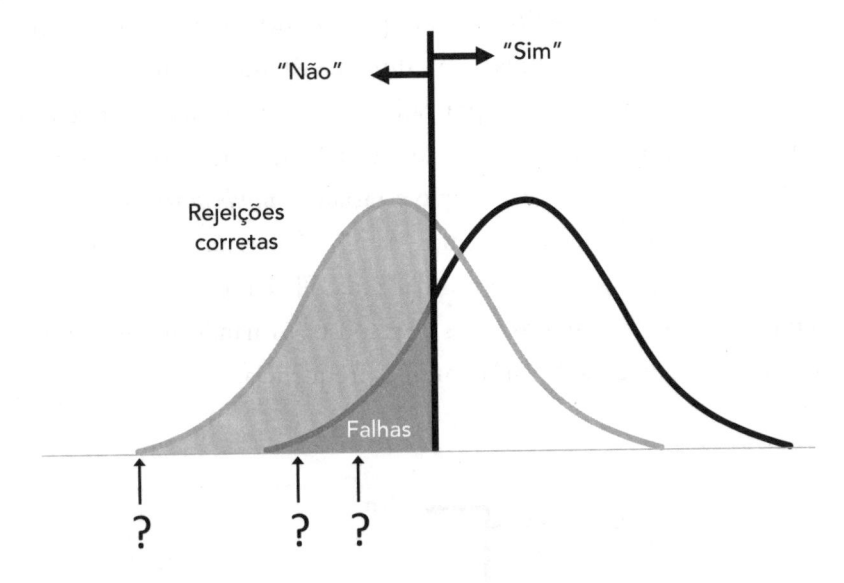

Eis como as quatro possibilidades dividem o espaço dos acontecimentos:

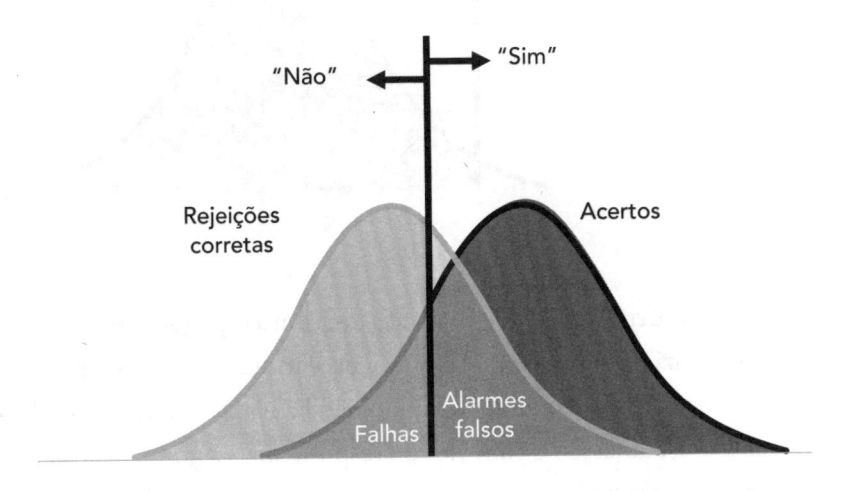

Como sempre dizemos "Sim" ou "Não", as proporções de acertos e falhas quando houver um sinal real (monte da direita) deverão somar 100%. O mesmo vale para as proporções de alarmes falsos e rejeições corretas quando não houver nada além de ruído (monte da esquerda). Se baixássemos nosso critério para a esquerda, tornando-nos mais rápidos no gatilho, ou o elevássemos para a direita, evitando acionar esse gatilho, estaríamos trocando acertos por falhas, ou alarmes falsos por rejeições corretas, numa questão de pura aritmética. O que é menos óbvio, porque as duas curvas se sobrepõem, é que estaríamos *também* trocando acertos por alarmes falsos (quando dizemos "Sim") e falhas por rejeições corretas (quando dizemos "Não"). Vamos dar uma olhada mais de perto no que acontece quando relaxamos o viés de resposta, tornando-nos mais rápidos no gatilho ou dizendo "Sim" com mais frequência.

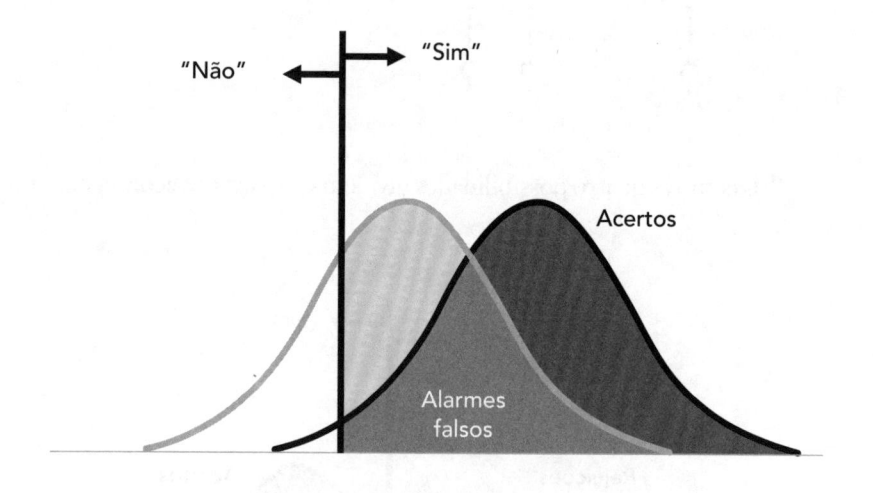

A boa notícia é que temos mais acertos, com a captação de quase todos os sinais. A má notícia é que teremos mais alarmes falsos, exagerando na reação a maior parte do tempo quando não há nada além de ruído. E se, em vez disso, adotássemos um viés de resposta mais rigoroso, passando a ser alguém que evita o gatilho, que diz não e exige um alto ônus da prova?

"Não" ← | → "Sim"

Acertos

Alarmes
falsos

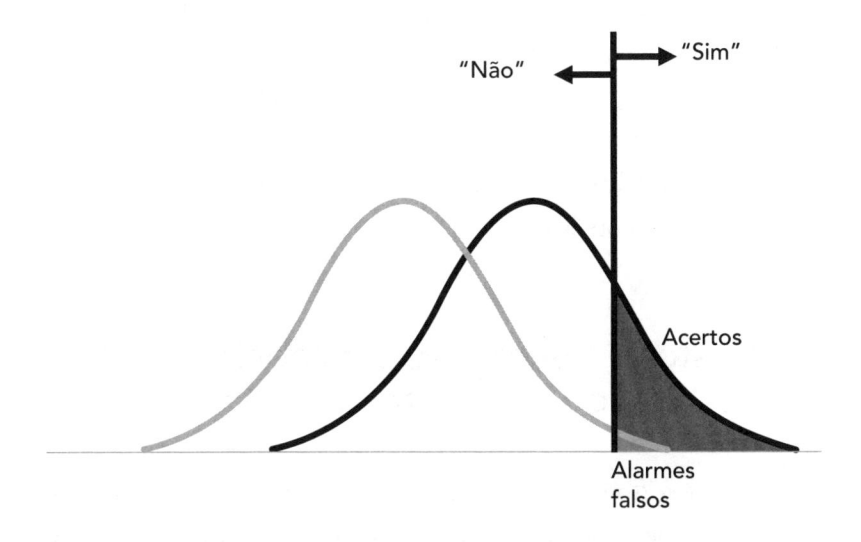

Agora a situação se inverteu: quase nunca nos precipitamos por conta de um alarme falso, o que é bom; mas deixamos de ver a maioria dos sinais, o que é ruim. No caso extremo, se descuidadamente disséssemos "Sim" todas as vezes, sempre estaríamos certos quando houvesse um sinal e sempre estaríamos errados quando houvesse ruído; e vice-versa se disséssemos "Não" o tempo todo.

Isso parece óbvio, mas confundir o viés de resposta com a precisão, olhando apenas para os sinais ou apenas para o ruído é uma falácia surpreendentemente comum. Suponhamos que um investigador analise à parte o desempenho nos itens verdadeiro e falso num teste de verdadeiro--falso. Ele acredita estar vendo se as pessoas são melhores na detecção de verdades ou na rejeição de falsidades, mas tudo o que ele está de fato vendo é se elas são o tipo de pessoa que gosta de dizer "Sim" ou "Não". Fiquei estarrecido quando um médico me aplicou um teste de audição que oferecia uma série de bipes que aumentavam em altura, desde inaudível até impossível de não ser ouvido, e me pediu que erguesse um dedo quando eu começasse a ouvi-los. Não era um teste de minha audição. Era um teste de minha impaciência e disposição de correr riscos quando eu sinceramente não poderia dizer se estava ouvindo um tom ou um zumbido nos ouvidos.

A Teoria da Detecção de Sinais proporciona uma série de formas corretas de análise, que incluem penas para os participantes que responderem com alarmes falsos, forçando-os a dizer "Sim" um determinado percentual de vezes, pedindo-lhes uma avaliação de confiança em vez de uma simples aprovação ou rejeição e formatando o teste como múltipla escolha em vez de verdadeiro ou falso.

Custos e benefícios, e estabelecimento de um ponto de corte

Com o trágico "toma lá dá cá" entre acertos e alarmes falsos (ou entre falhas e rejeições corretas), o que há de fazer um observador racional? Pressupondo-se por ora que estamos limitados pelos sentidos e instrumentos de medição de que dispomos, junto com suas curvas em forma de sino irritantemente imbricadas, a resposta surge direto da teoria da utilidade esperada (Capítulo 6): ela depende dos benefícios de cada tipo de palpite correto e dos custos de cada tipo de erro.[7]

Voltemos à situação em que surgiu a Teoria da Detecção de Sinais, ao detectar a chegada de bombardeiros a partir de bipes do radar. As quatro possibilidades estão dispostas na tabela a seguir, cada linha representando um estado de coisas, cada coluna uma resposta de nosso operador de radar, com o resultado relacionado em cada célula.

	"Sim"	"Não"
Sinal (bombardeiro)	Acerto (cidade poupada)	Falha (cidade bombardeada)
Ruído (gaivotas)	Alarme falso (missão desperdiçada, aumento das tensões)	Rejeição correta (tudo tranquilo)

Ao decidir onde estabelecer o critério para resposta, nosso tomador de decisões precisará ponderar os custos combinados (a utilidade esperada) de cada coluna.[8] Respostas "Sim" pouparão a cidade-alvo quando ela de fato estiver sob um ataque iminente (um acerto), o que é um benefício enorme, ao passo que isso incorrerá em custos moderados se ela não estiver (um alarme falso), aí incluído o desperdício de enviar ao combate aeronaves interceptadoras por nenhum motivo, associado ao medo no país e a tensões no exterior. Respostas "Não" exporão uma cidade ao ataque caso ele ocorra (uma falha), um custo descomunal, enquanto manterão a abençoada paz e tranquilidade caso ele não ocorra (uma rejeição correta). No todo, a planilha pareceria exigir um critério de resposta baixo ou relativamente rápido no gatilho: os dias em que aviões interceptadores forem acionados desnecessariamente parece ser um pequeno preço a pagar pelo dia em que isso pouparia a cidade de ser bombardeada.

O cálculo seria diferente se os custos fossem diferentes. Suponhamos que a resposta não fosse enviar aeronaves para interceptar os bombardeiros, mas lançar mísseis balísticos intercontinentais com ogivas nucleares para destruir as cidades do inimigo, levando a uma terceira guerra mundial termonuclear. Nesse caso, o custo catastrófico de um alarme falso exigiria a certeza absoluta de que se está sendo atacado antes da resposta, o que significa estabelecer um critério de resposta muito, muito alto.

Também é pertinente analisar as taxas-base dos bombardeiros e das gaivotas que acionam aqueles bipes (os *priors* bayesianos). Se as gaivotas fossem comuns, mas os bombardeiros raros, isso exigiria um critério alto (não nos precipitarmos no gatilho), e vice-versa.

Como vimos no capítulo anterior, enfrentamos um dilema idêntico numa escala pessoal ao decidir se vamos nos submeter a uma cirurgia em resposta a um resultado ambíguo de algum exame preventivo do câncer.

	"Sim"	"Não"
Sinal (câncer)	Acerto (vida salva)	Falha (morte)
Ruído (cisto benigno)	Alarme falso (dor, mutilação, despesa)	Rejeição correta (vida de sempre)

Então, exatamente onde um tomador de decisões racional — um "observador ideal", no jargão da teoria — deveria estabelecer o critério? A resposta é: no ponto que maximize a utilidade esperada do observador.[9] É fácil calcular no laboratório, onde o condutor do experimento controla o número de ensaios com um bipe (o sinal) e sem nenhum bipe (o ruído), paga aos participantes por acerto e rejeição correta e cobra multas por falha e alarme falso. Desse modo, um participante hipotético que quisesse ganhar o máximo de dinheiro estabeleceria seu critério de acordo com a seguinte fórmula, em que os valores são as recompensas e as penalidades:

$$\beta = \frac{(\text{valor de uma rejeição correta} - \text{valor de um alarme falso}) \times \text{prob}(\text{ruído})}{(\text{valor de um acerto} - \text{valor de uma falha}) \times \text{prob}(\text{sinal})}$$

A álgebra exata é menos importante do que simplesmente notar o que está na parte superior e na parte inferior da razão e o que está de cada lado do sinal de "menos". Um observador ideal elevaria seu critério (preciso de melhores evidências antes de dizer "Sim") de acordo com a probabilidade de o ruído ser maior do que a de um sinal (um *prior* bayesiano baixo). É uma questão de senso comum: se os sinais são raros, você deveria dizer "Sim" com menos frequência. Ele deveria também estipular um padrão mais alto quando as recompensas por acertos forem mais baixas ou por rejeições corretas forem mais altas, e as punições por alarmes falsos forem mais altas ou por falhas, mais baixas. Mais uma vez, é senso comum: se você estiver pagando multas altas por alarmes falsos, deveria desconfiar mais antes de dizer "Sim", mas se está recebendo prêmios por acertos, deveria ser mais afoito. Nos experimentos em laboratório, participantes gravitam rumo ao ótimo de modo intuitivo.

Quando se trata de decisões que envolvam vida e morte, dor e mutilação ou a salvação ou destruição da civilização, atribuir números aos custos é obviamente mais problemático. Contudo, os dilemas são angustiantes se não lhes atribuirmos números. Refletir sobre cada uma das quatro divisões, mesmo com uma noção tosca de quais custos são monstruosos e quais são toleráveis, pode tornar as decisões mais coerentes e justificáveis.

Sensibilidade *versus* viés de resposta

Ajustes de compromisso entre falhas e alarmes falsos são angustiantes e podem instilar uma visão trágica da condição humana. Será que nós, mortais, estamos perpetuamente fadados a escolher entre o terrível custo de uma inação equivocada (uma cidade bombardeada, um câncer deixado livre para se espalhar) e o custo medonho de uma ação equivocada (uma provocação desastrosa, uma cirurgia mutiladora)? A Teoria da Detecção de Sinais diz que sim, mas ela também nos mostra como mitigar a tragédia. Podemos alterar o "toma lá dá cá" aumentando a *sensibilidade* de nossas observações. Os custos numa tarefa de detecção de sinais dependem de dois parâmetros: onde estabelecemos o ponto de corte (nosso viés de resposta, critério, rapidez no gatilho ou β) e qual é a distância entre as distribuições de sinais e ruídos, chamada de "sensibilidade", simbolizada como d' — em inglês, "*d-prime*".[10]

Imagine que aperfeiçoemos nosso radar a tal ponto que ele exclua as gaivotas, ou, na pior das hipóteses, as registre como uma leve precipitação de neve, enquanto exibe os bombardeiros como grandes pontos luminosos. Isso quer dizer que as curvas em forma de sino para o ruído e o sinal seriam mais afastadas (gráfico inferior na página seguinte). Isso por sua vez significa que, não importa onde posicione o ponto de corte da resposta, você terá um número menor *tanto* de falhas *quanto* de alarmes falsos.

muitas falhas

muitos alarmes falsos

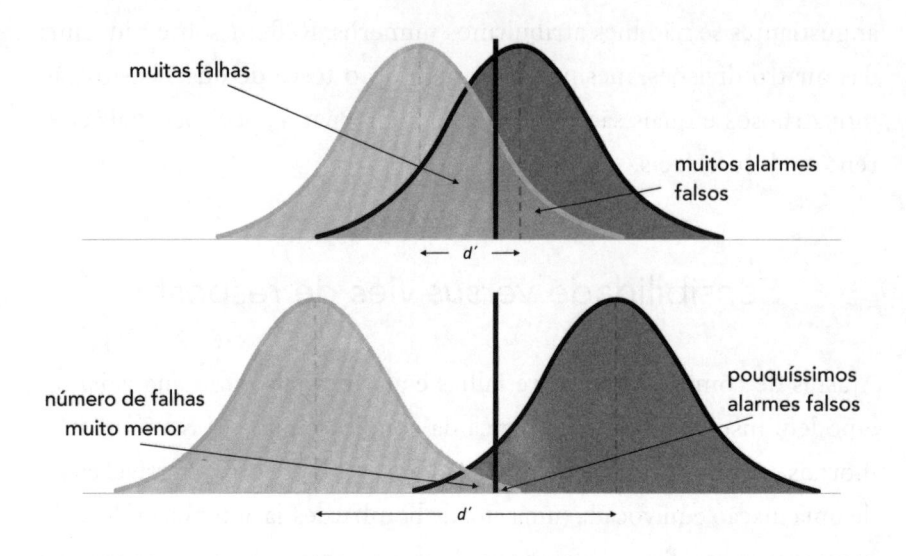

← d′ →

número de falhas muito menor

pouquíssimos alarmes falsos

← d′ →

E, pelas leis da aritmética, você teria uma maior proporção de acertos e de rejeições corretas. Enquanto deslizar o ponto de corte para lá e para cá efetua uma troca trágica de um erro por outro, afastar as duas curvas — por meio de melhores instrumentos, diagnósticos mais sensíveis, práticas mais confiáveis de medicina legal — gera um bem sem restrições, o que reduz os erros dos dois tipos. Aperfeiçoar a sensibilidade deveria sempre ser nossa aspiração em desafios de detecção de sinais, e isso leva a uma de suas aplicações mais importantes.

A detecção de sinais nos tribunais

Uma investigação para apurar um malfeito é uma tarefa de detecção de sinais. Um juiz, um júri ou uma junta disciplinar deparam-se com evidências acerca da possível conduta delinquente de um réu. As evidências variam em força, e um dado conjunto de evidências poderia ter surgido porque o réu teria perpetrado o crime (um sinal), por alguma outra razão — como outra pessoa ter cometido o ato —, ou por nenhum crime ter ocorrido de modo algum (ruído).

As distribuições de evidências se imbricam mais do que a maioria das pessoas avalia. O desenvolvimento da identificação por DNA (um salto gigantesco na sensibilidade) demonstrou que muitos inocentes, alguns à espera da execução da pena de morte, foram condenados com base em evidências que poderiam ser provenientes de ruído quase com tanta frequência quanto as provenientes de um sinal. O mais infame é o testemunho ocular: uma pesquisa realizada por Elizabeth Loftus e outros psicólogos cognitivos revelou que as pessoas de modo rotineiro e confiante se lembram de ter visto coisas que nunca aconteceram.[11] E a maioria dos métodos supostamente científicos e tecnológicos apresentados em séries como *CSI* e outras atrações da TV voltadas para a medicina legal nunca foram adequadamente legitimadas, mas são "vendidas" pelos que se dizem peritos no assunto, com todo o seu excesso de confiança e seus vieses de confirmação. Entre eles estão análises balísticas, marcas de mordidas, fibras, cabelo, pegadas de sapatos, marcas de pneus, marcas deixadas por ferramentas, caligrafia, respingos de sangue, aceleradores de incêndio e até mesmo impressões digitais.[12] O DNA é a técnica mais confiável da medicina legal, mas lembre-se da diferença entre uma propensão e uma frequência: algum percentual da prova de DNA é corrompido por amostras contaminadas, etiquetagem descuidada e outros erros humanos.

Um júri que se depara com ruído nas evidências precisa aplicar um critério e apresentar um veredito de sim ou não. Sua matriz decisória tem custos e benefícios que são calculados em moedas práticas e morais: os malfeitores que são removidos das ruas ou os que não o são, o valor abstrato da aplicação justa ou injusta da justiça.

	"Condenar"	"Absolver"
Sinal (culpado)	Acerto (justiça feita; criminoso encarcerado)	Falha (justiça negada; criminoso livre para atacar outros)
Ruído (inocente)	Alarme falso (decisão injusta; inocente punido)	Rejeição correta (justiça feita; mas com os custos de um julgamento)

Como vimos no exame das taxas-base proibidas (Capítulo 5), ninguém toleraria um sistema de justiça que funcionasse exclusivamente com os princípios práticos dos custos e benefícios para a sociedade — nós insistimos em imparcialidade para com o indivíduo. Considerando-se, porém, que falta aos júris a onisciência divina, como deveríamos encontrar um compromisso entre as injustiças incomensuráveis de uma condenação falsa e de uma absolvição falsa? Na linguagem da detecção de sinais, onde devemos situar o critério de resposta?

A presunção-padrão tem sido a de atribuir um alto custo moral a alarmes falsos. Como o jurista William Blackstone (1723-1780) enunciou na regra que leva seu nome: "É melhor dez culpados escaparem do que um inocente sofrer." E assim júris em julgamentos de crimes fazem uma "presunção da inocência" e podem condenar somente se o réu for "culpado para além de uma dúvida razoável" (um posicionamento alto para β, o critério ou viés de resposta). Eles não poderão condenar com base numa simples "preponderância de evidências", também conhecida como "50% e uma pena".

A razão de 10:1 de Blackstone é arbitrária, naturalmente, mas essa assimetria é eminentemente defensável. Numa democracia, a liberdade é o padrão, e também a coação por parte do governo, uma exceção custosa que deve cumprir uma alta carga de justificativas, considerando-se o poder assombroso do Estado e sua constante tentação a tiranizar. Punir o inocente, especialmente com a pena de morte, choca a consciência de uma forma que deixar de punir o culpado não choca. Um sistema que não usa as pessoas aleatoriamente como alvos para destruição representa a diferença entre um regime de justiça e um de terror.

Como acontece com todos os ajustes de um critério de resposta, o ajuste baseado na razão de Blackstone depende da avaliação dos quatro resultados — o que pode ser contestado. No rescaldo do 11 de Setembro, a administração de George W. Bush acreditou que o custo catastrófico de um ato terrorista justificava o uso do "interrogatório avançado", um eufemismo para tortura, sobrepondo-se ao custo moral de obter confissões falsas de inocentes torturados.[13] Em 2011, o Departamento de Educação dos Estados Unidos desencadeou uma conflagração com uma nova diretriz (rescindida desde então) no sentido de que as faculdades deveriam condenar, com base numa preponderância de evidências, estudantes acusados de conduta sexual imprópria.[14] Alguns defensores desse tipo de política admitiram tratar-se de uma solução de compromisso, mas alegaram que as infrações de ordem sexual são tão hediondas que vale a pena pagar o preço de condenar alguns inocentes.[15]

Não existe nenhuma resposta "correta" para essas questões de avaliação moral, mas podemos usar o raciocínio de detecção de sinais para garantir que nossas práticas sejam condizentes com nossos valores. Suponhamos que acreditemos que não mais de 1% dos culpados deveria ser absolvido e não mais de 1% dos inocentes, condenado. Suponhamos também que os júris fossem observadores ideais que aplicassem a Teoria da Detecção de Sinais da melhor forma. Qual deveria ser a força das evidências para cumprir essas metas? Para ser exato, qual deveria ser o tamanho de d', ou seja, a distância entre as distribuições para o sinal (culpado) e o ruído (inocente)? A distância pode ser medida em desvios-padrão, a estimativa mais comum de variabilidade. (Visualmente, ela corresponde à largura da curva em forma de sino, ou seja, a distância horizontal da média até o ponto de inflexão, onde o convexo muda para côncavo.)

Os psicólogos Hal Arkes e Barbara Mellers fizeram as contas e calcularam que, para cumprir essas metas, o d' para a força das evidências teria de ser de 4,7 — quase cinco desvios-padrão separando as evidências indicadoras da culpa das indicadoras da inocência.[16] Esse é um nível sublime de sensibilidade que não é alcançado nem mesmo por nossas tecnologias médicas mais sofisticadas. Se nos dispuséssemos a relaxar nossos padrões e condenar até 5% dos inocentes e absolver 5% dos culpados, d' precisaria ser de "apenas" 3,3 desvios-padrão, o que ainda é um nível de sensibilidade surreal.

Será que isso quer dizer que nossas aspirações morais, no que diz respeito à justiça, excedem nossos poderes probatórios? Quase com certeza. Arkes e Mellers sondaram uma amostragem de universitários para ver quais são de fato essas aspirações. Os estudantes sugeriram que uma sociedade justa não deveria condenar mais do que 5% dos inocentes e absolver não mais do que 8% dos culpados. Uma amostragem de juízes apresentou intuições semelhantes. (Não temos como dizer se essa proporção é mais ou menos rigorosa do que a razão de Blackstone, porque não sabemos qual porcentagem dos réus é de fato culpada.) Essas aspirações requerem um d' de 3,0 — as evidências deixadas por réus culpados teriam de ser três desvios-padrão mais sólidas do que as evidências deixadas pelos inocentes.

Até que ponto isso é realista? Arkes e Mellers mergulharam na literatura sobre a sensibilidade de vários testes e técnicas e concluíram que a resposta é "não muito". Quando se pede a pessoas que distingam entre quem mente e quem diz a verdade, seu d' é aproximadamente 0 — o que quer dizer que elas não conseguem. O testemunho ocular é melhor do que isso, mas não muito, com um modesto 0,8. Detectores de mentiras mecânicos, ou seja, testes em polígrafos, ainda são os melhores, em torno de 1,5, mas não são admissíveis na maioria dos tribunais norte-americanos.[17] Passando da medicina legal para outros tipos de teste a fim de calibrar nossas expectativas, eles encontraram d' de cerca de 0,7 para exames de triagem de pessoal militar, de 0,8 a 1,7 para a previsão do tempo, de 1,3 para mamografias e de 2,4 a 2,9 para tomografias de lesões cerebrais (devemos admitir que essas estimativas foram feitas com as tecnologias de fins do século XX; hoje, todas deveriam ser mais altas).

Suponhamos que a qualidade típica das evidências num tribunal de júri tenha um d' de 1,0 (ou seja, um desvio-padrão mais alto para réus culpados do que para réus inocentes). Se júris adotarem um rígido critério de resposta, ancorado, digamos, numa crença anterior de que um terço dos réus é culpado, eles absolverão 58% dos réus culpados e condenarão 12% dos inocentes. Se adotarem um critério menos rígido, correspondente a uma crença anterior de que dois terços dos réus são culpados, eles absolverão 12% dos culpados e condenarão 58% dos inocentes. A conclusão desalentadora é a de que os júris absolvem muito mais culpados e condenam muito mais inocentes do que qualquer um de nós consideraria aceitável.

Ora, o sistema de justiça criminal pode fazer um pacto com o diabo melhor do que esse. A maioria dos casos não vai a julgamento porque as evidências são muito fracas, ou é feito um acordo de pena (em termos ideais) porque as evidências são muito sólidas. Ainda assim, a mentalidade de detecção de sinais poderia conduzir nossos debates sobre procedimentos judiciais rumo a mais justiça. Atualmente, muitas das campanhas ingenuamente desconhecem as soluções de compromisso entre acertos e alarmes falsos, e tratam a possibilidade de condenações erradas como algo inconcebível, como se os jurados fossem infalíveis. Muitos que se dizem defensores da justiça reivindicam que se abaixe o ponto de corte da decisão. Mais criminosos atrás das grades. Acreditem nas mulheres. Monitorem os terroristas e os tranquem em prisões antes que ataquem. Se alguém tirar uma vida, merece perder a própria. Mas é uma necessidade matemática: abaixar o critério de resposta só pode trocar um tipo de injustiça por outro. As reivindicações poderiam ser reformuladas da seguinte forma: mais gente inocente atrás das grades. Acusem de estupro mais homens sem culpa alguma. Trancafiem jovens inofensivos que só sabem vociferar nas mídias sociais. Executem mais os que não têm culpa.[18] Essas paráfrases em si não refutam os argumentos. Em dado período, um sistema pode de fato privilegiar o acusado em detrimento de suas possíveis vítimas — e vice-versa — e estar sujeito a um ajuste. E se seres humanos menos que oniscientes quiserem ter algum tipo de sistema de justiça, deverão enfrentar a sombria necessidade de que alguns inocentes sejam punidos.

Contudo, estar consciente das trágicas trocas de "toma lá dá cá" na distinção entre sinais e ruídos pode produzir uma justiça maior. Essa consciência nos força a encarar a enormidade de punições severas, como a pena de morte e as longas sentenças, que não são apenas cruéis para os culpados, mas se abaterão inevitavelmente sobre os inocentes. E ela nos diz que a verdadeira busca pela justiça deveria consistir em aumentar a sensibilidade do sistema, não seu viés: procurar técnicas mais precisas de medicina legal, protocolos mais justos para interrogatório e testemunho, restrições ao excesso de entusiasmo da promotoria, bem como outras salvaguardas contra injustiças dos dois tipos.

Detecção de sinais e significância estatística

O "toma lá dá cá" entre acertos e alarmes falsos é inerente a qualquer decisão que se baseie em evidências imperfeitas, o que significa que ele paira sobre todos os julgamentos humanos. Menciono mais um: decisões sobre se uma descoberta empírica deveria permitir uma conclusão acerca da veracidade de uma hipótese. Nesse campo, a Teoria da Detecção de Sinais aparece disfarçada como teoria da decisão estatística.[19]

Em sua maioria, as pessoas informadas sobre questões científicas ouviram falar de "significância estatística", já que ela costuma ser mencionada em reportagens sobre descobertas da medicina, epidemiologia e ciências sociais. Ela se baseia praticamente na mesma matemática que a Teoria da Detecção de Sinais, cujos pioneiros foram os estatísticos Jerzy Neyman (1894-1981) e Egon Pearson (1895-1980). Ver a conexão vai ajudá-lo a evitar um erro que até mesmo grande parte dos cientistas comete. Todo estudante de estatística é avisado de que a "significância estatística" é um conceito técnico que não deveria ser confundido com "significância" no sentido vernáculo de "digno de nota" ou "de grande importância". Mas a maioria é mal informada sobre o que a expressão de fato denota.

Suponhamos que um cientista observe algumas coisas no mundo e converta suas medições em dados que representem o efeito em que está interessado, como a diferença em sintomas entre o grupo que recebeu a droga e o grupo que recebeu o placebo, a diferença em habilidades verbais entre meninos e meninas ou a melhora nas notas de alunos matriculados num programa de enriquecimento curricular. Se o número for zero, significa que não há efeito; maior que zero, há chances de um leve grito de heureca. No entanto, as cobaias humanas sendo o que são, os dados são ruidosos, e um escore médio acima de zero pode significar que existe uma diferença real no mundo, ou que se trata de um erro de amostragem, obra do acaso. Voltemos àquela visão panorâmica divina e tracemos um gráfico com a distribuição de escores que o cientista obteria se não houvesse diferença alguma na realidade, chamada de hipótese nula, e a distribuição de escores que ele obteria se alguma coisa estivesse acontecendo, um efeito de certo tamanho. As distribuições imbricam-se — é isso o que torna a ciência difícil. O gráfico deveria ter um aspecto familiar.

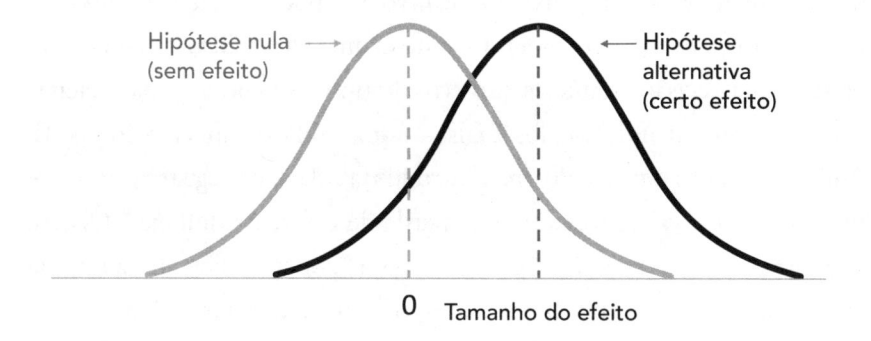

A hipótese nula é o ruído; a hipótese alternativa é o sinal. O tamanho do efeito é como a sensibilidade e determina com que facilidade se distingue o sinal do ruído. O cientista precisa aplicar algum critério ou viés de resposta antes de estourar a champanhe, chamado de valor crítico: abaixo desse valor, ele deixa de rejeitar a hipótese nula e afoga as mágoas; acima dele, o cientista a rejeita e comemora — declara que o efeito é "estatisticamente significativo".

```
          Não rejeita a  ←  →  Rejeita a
          hipótese nula         hipótese nula
                                ("estatisticamente
                                significante")

                    Erro do
                    tipo II      Poder


                              Erro do
                              tipo I
```

Mas onde deveria ser colocado o valor crítico? O cientista precisa fazer uma compensação entre dois tipos de erro. Ele poderia rejeitar a hipótese nula quando esta fosse verdadeira — isto é, um alarme falso, ou, no jargão da teoria da decisão estatística, um erro do tipo I. Ou poderia não rejeitar a hipótese nula quando esta fosse falsa — uma falha, ou um erro do tipo II. Ambos são ruins: um erro do tipo I introduz falsidade no registro científico; um erro do tipo II representa uma perda de esforço e dinheiro. Ocorre quando a metodologia não é projetada com "poder" suficiente (a taxa de acerto, ou 1 menos a taxa de erro do tipo II) para detectar o efeito.

Ora, nas profundezas enevoadas do tempo foi decidido — não está totalmente óbvio por quem — que um erro do tipo I (proclamar um efeito quando não há efeito algum) é danoso para os empreendimentos científicos, que podem tolerar somente uma determinada quantidade deles: 5% dos estudos em que a hipótese nula for verdadeira, para ser exato. E assim surgiu a convenção de que os cientistas deveriam adotar um nível crítico que garanta a probabilidade de rejeitar a hipótese nula quando esta for verdadeira ser de menos de 5%: o cobiçado "$p < 0{,}05$". (Embora fosse possível pensar que os custos de um erro do tipo II também devessem ser computados, como acontece na Teoria da Detecção de Sinais — por alguma razão histórica igualmente obscura, isso nunca ocorreu.)

É isso o que "significância estatística" representa: é uma forma de manter a proporção de falsas alegações de descobertas abaixo de um limite arbitrário. Logo, se obteve um resultado estatisticamente significante em $p < 0,05$, isso quer dizer que você pode chegar às seguintes conclusões (certo?):

- A probabilidade de que a hipótese nula seja verdadeira é menor que 0,05.
- A probabilidade de que exista um efeito é maior que 0,95.
- Se você rejeitar a hipótese nula, existe um risco de menos que 0,05 de que tenha tomado a decisão errada.
- Se replicasse o estudo, a chance de sucesso é > 0,95.

Noventa por cento dos professores universitários de psicologia, incluídos 80% dos que ensinam estatística, acham que sim.[20] Mas estão errados, errados, errados e errados. Se você acompanhou a discussão neste capítulo e no Capítulo 5, pode ver por quê. A "significância estatística" é uma *verossimilhança* bayesiana: a probabilidade de obter os dados dada a hipótese (nesse caso, a hipótese nula).[21] Mas cada um desses enunciados é um *posterior* bayesiano: a probabilidade da hipótese dados os dados. Em última análise, é isso o que queremos — é o sentido de fazer um estudo —, mas não é o que um teste de significância gera. Se você se lembra de por que Irwin não tem uma doença hepática, por que as residências não são necessariamente perigosas e por que o papa não é um extraterrestre, sabe que essas duas probabilidades condicionais não podem ser intercambiáveis. O cientista não pode usar um teste de significância para avaliar se a hipótese nula é verdadeira ou falsa, a menos que também leve em consideração o *prior* — seu melhor palpite da probabilidade de que a hipótese nula seja verdadeira antes de fazer o experimento. E na matemática do teste de significância da hipótese nula, não se encontra em parte alguma um *prior* bayesiano.

Em sua maioria, os cientistas sociais são tão imersos no ritual do teste de significância, desde bem cedo na carreira, que eles se esquecem de sua verdadeira lógica. Percebi isso quando colaborei com uma linguista teórica,

Jane Grimshaw, autodidata em estatística, que me perguntou: "Deixe-me entender isso direito. A única coisa que esses testes mostram é que, quando algum efeito não existe, um em cada vinte cientistas à procura desse efeito fará a falsa alegação de que ele existe. O que lhe dá a certeza de que ele não é *você*?" A resposta honesta é: nada. Seu ceticismo anteviu mais uma explicação para a confusão da replicabilidade. Suponhamos que, como os caçadores do *snark* de Lewis Carroll, vinte cientistas saiam em busca de um fenômeno. Dezenove arquivam seus resultados nulos numa gaveta, e aquele que tem a sorte (ou o azar) de cometer o erro do tipo I publica sua "descoberta".[22] Num cartum da *XKCD*, um par de cientistas efetua testes em busca de uma correlação entre jujubas e a acne, separadamente para cada uma de vinte cores, e se torna famoso por associar a jujuba verde à acne a $p < 0,05$.[23] Cientistas finalmente entenderam a piada: estão adotando o hábito de publicar resultados nulos e desenvolveram técnicas para compensar o problema da gaveta de arquivos, quando revisam a literatura numa meta-análise, um estudo de estudos. Resultados nulos chamam a atenção por sua ausência, e o analista pode detectar o nada que não está ali assim como o nada que está.[24]

A escandalosa interpretação falha do teste de significância denuncia um anseio humano. Filósofos desde Hume apontaram que a indução — extrair uma generalização a partir de observações — é um tipo de inferência inerentemente incerta.[25] Um número infinito de curvas pode ser traçado por meio de qualquer conjunto finito de pontos; um número ilimitado de teorias apresenta coerência lógica com qualquer corpo de dados. As ferramentas da racionalidade explicadas neste livro oferecem meios diferentes de lidar com essa desventura cósmica. A teoria da decisão estatística não tem como apurar a verdade, mas pode conter os danos decorrentes dos dois tipos de erro. O raciocínio bayesiano pode ajustar nossa confiança na verdade, mas precisa começar com um *prior*, com todo o julgamento subjetivo que está incluído nele. Nenhum dos dois fornece o que todos almejam: um algoritmo pronto para uso na determinação da verdade.

8
O *SELF* E OS OUTROS
(TEORIA DOS JOGOS)

> Sua lavoura está pronta para a colheita hoje; a minha estará amanhã. É lucrativo para ambos que eu trabalhe com você hoje e que você me ajude amanhã. Não tenho a menor simpatia por você e sei que sente o mesmo por mim. Logo, não farei nenhum esforço por você; e, caso eu trabalhasse com você por conta própria, na expectativa de uma retribuição, sei que eu ficaria decepcionado, e que seria em vão depender de sua gratidão. Deixo então que você trabalhe sozinho; você me trata da mesma forma. As estações mudam; e nós dois perdemos nossas colheitas por falta de segurança e confiança mútua.
>
> — David Hume[1]

Não muito tempo atrás, tive uma discussão amigável com um colega sobre as mensagens que nossa universidade deveria enviar acerca da mudança climática. O professor J. argumentou que precisávamos convencer as pessoas de que é do interesse delas reduzir suas emissões de gases causadores do efeito estufa, já que um planeta mais quente resultaria em inundações, furacões, incêndios florestais e outros desastres que prejudicariam a vida de cada um. Respondi que *não* é do interesse delas, já que sacrifício algum de qualquer indivíduo por si só tem como impedir a mudança climática. Aquele que se sacrifica iria transpirar no verão, tremer de frio no inverno e esperar por um ônibus na chuva, enquanto seus vizinhos poluidores permaneceriam secos e confortáveis. Apenas se *todos* zerassem suas emissões é que *qualquer* pessoa se beneficiaria. E a única forma para isso ser do interesse de qualquer um seria se a energia limpa fosse mais barata para todos (por meio de avanços tecnológicos) e a suja fosse mais cara (por meio de ajuste do preço do carbono). Meu colega tinha razão, em certo sentido: é irracional destruir o planeta. Mas não consegui convencê-lo de que isso também é tragicamente racional demais.

Naquele momento, percebi que um conceito importantíssimo estava ausente da visão de mundo do bom doutor: a teoria dos jogos, a análise de como fazer escolhas racionais quando os resultados dependem das escolhas racionais de *outra pessoa*.

A teoria dos jogos foi apresentada ao mundo por Von Neumann e Morgenstern no mesmo livro em que explicaram a utilidade esperada e a escolha racional.[2] No entanto, diferentemente dos dilemas em que nos arriscamos contra uma roda da fortuna desprovida de cérebro e as melhores estratégias acabam se revelando bastante intuitivas, a teoria dos jogos lida com dilemas que nos lançam contra tomadores de decisões igualmente espertos, e os resultados podem virar nossas intuições de cabeça para baixo e do avesso. Os jogos da vida às vezes não oferecem a atores racionais nenhuma escolha a não ser a de fazer coisas que deixam a eles mesmos e a todos os outros em pior situação: a de serem erráticos, arbitrários ou descontrolados; a de cultivar compaixões e alimentar rancores; a de se submeterem voluntariamente a penalidades e punições; e às vezes a de se recusarem a jogar. A teoria dos jogos revela a estranha racionalidade subjacente a muitas das perversidades da vida social e política; e, como veremos num capítulo mais adiante, ela ajuda a explicar o mistério central deste livro: como uma espécie racional pode ser tão irracional.

Um jogo de soma zero: pedra-papel-tesoura

O perfeito dilema da teoria dos jogos, que explicita como o resultado de uma escolha depende da escolha do outro, é o jogo de pedra-papel-tesoura.[3] Dois jogadores fazem simultaneamente um gesto com a mão — dois dedos para tesoura, mão aberta para papel, punho cerrado para pedra — e o vencedor é determinado pela regra: "A tesoura corta o papel, o papel cobre a pedra, a pedra cega a tesoura." O jogo pode ser exibido como uma tabela em que as escolhas possíveis da primeira jogadora, Amanda, são mostradas como linhas, as escolhas do segundo jogador, Brad, são mostradas como colunas, e os resultados são escritos em cada retângulo, os de Amanda no canto inferior esquerdo e os de Brad no superior direito. Vamos atribuir valores numéricos aos resultados: 1 para uma vitória, -1 para uma derrota, 0 para um empate.

		Escolhas de Brad		
		Tesoura	Papel	Pedra
Escolhas de Amanda	Tesoura	Empate 0 / Empate 0	Derrota -1 / Vitória 1	Vitória 1 / Derrota -1
	Papel	Vitória 1 / Derrota -1	Empate 0 / Empate 0	Derrota -1 / Vitória 1
	Pedra	Derrota -1 / Vitória 1	Vitória 1 / Derrota -1	Empate 0 / Empate 0

Os resultados de Amanda e de Brad somam zero em cada retângulo, dando-nos um termo técnico que cruzou as fronteiras da teoria dos jogos para entrar na vida cotidiana: o jogo de soma zero. O ganho para Amanda é a perda para Brad, e vice-versa. Eles estão presos num estado de puro conflito, brigando por um único pedaço de torta.

Que movimento (linha) Amanda deveria escolher? A técnica crucial na teoria dos jogos (e na realidade da vida) é ver o mundo da perspectiva do outro jogador. Amanda deve examinar as escolhas de Brad, as colunas, uma de cada vez. Indo da esquerda para a direita, se Brad escolhe tesoura, ela deveria escolher pedra. Se ele escolhe papel, ela deveria escolher tesoura. E se ele escolher pedra, ela deveria escolher papel. Não existe nenhuma escolha "dominante", uma que seja superior não importa o que o outro faça, e é claro que ela não sabe o que Brad vai fazer.

Mas isso não quer dizer que Amanda deva escolher um movimento arbitrário, digamos papel, e se aferrar a ele. Se agir assim, Brad perceberia, escolheria tesoura e a derrotaria o tempo todo. Na realidade, mesmo que ela favorecesse papel um pouco, fazendo essa escolha, digamos, 40% do tempo, e as outras duas estratégias 30% cada, Brad poderia escolher tesoura e derrotá-la 4 em cada 7 vezes. A melhor estratégia para Amanda é se transformar numa roleta humana e escolher cada movimento a esmo, com a mesma probabilidade, sufocando qualquer assimetria, tendência ou desvio em relação a uma perfeita divisão de 1/3 – 1/3 – 1/3.

Como a tabela é simétrica ao longo da diagonal, as maquinações de Brad são idênticas. Enquanto considera o que Amanda poderia fazer, linha a linha, ele não tem motivo para selecionar um dos movimentos mais que os outros dois e acaba chegando à mesma estratégia "mista", jogando cada opção com uma probabilidade de um terço. Se Brad se desviasse dessa estratégia, Amanda mudaria a dela para tirar vantagem dele, e vice-versa. Eles estão presos num *equilíbrio de Nash*, em homenagem ao matemático John Nash (o personagem principal do filme *Uma mente brilhante*). Cada um está recorrendo à melhor estratégia considerando-se a melhor estratégia do adversário; qualquer mudança unilateral os deixaria em pior situação.

A descoberta de que em algumas situações um agente racional deve ser aleatório em termos sobre-humanos é somente uma das conclusões da teoria dos jogos que parecem bizarras, até você se dar conta de que as situações não são incomuns na vida. O equilíbrio no pedra-papel-tesoura é um impasse, muito comum em esportes como o tênis, o beisebol, o hóquei e o futebol. Um cobrador de pênalti no futebol pode chutar para a direita ou para a esquerda, e o goleiro pode defender sua direita ou sua esquerda; a imprevisibilidade é uma virtude fundamental. Blefes no pôquer e ataques-surpresa na estratégia militar também são momentos de impasse. Mesmo quando um movimento não é literalmente selecionado a esmo (presume-se que em 1944 os Aliados não lançaram dados para decidir se invadiriam a Normandia ou Calais), o jogador precisa apresentar uma cara de paisagem e não demonstrar nada, fazendo com que a escolha *pareça* aleatória a seus adversários. Os filósofos Liam Clegg e Daniel Dennett sustentaram que o comportamento humano é inerentemente imprevisível, não apenas por causa do ruído neural aleatório no cérebro, mas também como uma adaptação que torna mais difícil que nossos rivais consigam adivinhar o que decidiremos fazer.[4]

Um jogo de soma não zero: o Dilema do Voluntário

Agentes racionais podem acabar se encontrando em momentos de impasse não só em jogos que os lancem numa competição de soma zero, mas em jogos que os alinhem parcialmente com interesses comuns. Um exemplo é o Dilema do Voluntário, que pode ser ilustrado pela história medieval de pôr o guizo no gato. Um rato propõe a seus companheiros que um deles pendure um guizo no pescoço do gato enquanto este está dormindo para assim saberem quando ele se aproximar. O problema, naturalmente, é quem vai pendurar o guizo no pescoço do gato, correndo o risco de acordá-lo e ser devorado. Entre dilemas paralelos para seres humanos estão o de qual passageiro vai dominar um sequestrador num avião, qual transeunte vai socorrer uma pessoa em apuros e qual funcionário do escritório vai fazer o café na cozinha comunitária.[5] Todos querem que alguém se prontifique, mas preferem que não sejam eles mesmos. Se traduzirmos os custos e os benefícios em unidades numéricas, com zero como o pior que pode acontecer, obtemos a tabela a seguir. (Tecnicamente, ela deveria ser um hipercubo, com tantas dimensões quantos os participantes, mas resumi todos menos o eu numa única camada.)

		Escolhas dos outros	
		Agir	Esquivar-se
Próprias escolhas	Agir	50 / 50	100 / 50
	Esquivar-se	50 / 100	0 / 0

Mais uma vez, não há nenhuma estratégia dominante que facilite a escolha: se um rato soubesse que os outros se esquivariam, ele deveria agir, e vice-versa. Mas se cada rato decidisse se devia pôr o guizo no pescoço do gato com certa probabilidade (uma que equiparasse os resultados esperados dos *outros* ratos de pendurar o guizo e de se esquivar), eles ficariam num impasse, cada um disposto a pendurar o guizo enquanto esperaria que outro fosse antes.

Ao contrário de pedra-papel-tesoura, o Dilema do Voluntário não é soma zero: alguns resultados são melhores para todos do que outros. (Os resultados são "ganha-ganha" — mais um conceito da teoria dos jogos que passou para a linguagem cotidiana.) Coletivamente, eles estarão mal se ninguém se apresentar como voluntário e estarão na melhor das situações se alguém o fizer — o que não garante que esse será o final feliz, já que não existe nenhum Líder dos Ratos que convoque um deles para enfrentar um possível martírio pelo bem da turma. Em vez disso, cada rato lança o dado porque nenhum deles se sairia melhor mudando de forma unilateral para uma estratégia diferente. Aqui, novamente, eles estão num equilíbrio de Nash, um impasse em que todos os participantes se aferram à sua melhor escolha em resposta às melhores escolhas dos outros.

O Encontro e outros jogos coletivos

Uma disputa feroz como pedra-papel-tesoura e um impasse nervoso e hipócrita como o Dilema do Voluntário envolvem um grau de competição. Mas, em alguns jogos na vida, todos saem ganhando, se ao menos conseguirem descobrir como. Esses são os chamados jogos de coordenação, como o Encontro. Caitlin e Dan gostam de estar na companhia um do outro e planejam tomar café numa tarde, mas o telefone de Caitlin para de funcionar antes que eles consigam decidir se vão à Starbucks ou à Peet's. Cada um deles tem uma leve preferência, mas ambos preferem se encontrar em qualquer dos dois lugares a desistir do encontro. A tabela tem dois equilíbrios, os retângulos superior esquerdo e a inferior direito, correspondentes a eles optarem pela mesma escolha. (Tecnicamente, suas preferências diferentes inserem uma gota de competição no roteiro, mas podemos ignorá-la por ora.)

		Escolhas de Dan	
		Peet's	Starbucks
Escolhas de Caitlin	Peet's	95 / 100	0 / 0
	Starbucks	0 / 0	100 / 95

Caitlin sabe que Dan prefere a Peet's e resolve aparecer lá. Já Dan sabe que Caitlin prefere a Starbucks e, por isso, pretende aparecer *lá*. Caitlin, pondo-se no lugar de Dan, prevê a empatia dele, e muda seu plano para a Starbucks, e Dan, igualmente empático com a empatia *dela*, muda para a Peet's — até ele se dar conta de que ela previu o que ele tinha previsto, e volta para sua primeira escolha. E assim por diante, ao infinito, sem que nenhum dos dois tenha uma razão para se fixar no que ambos querem.

O que eles precisam é de *conhecimento comum*, que na teoria dos jogos é uma expressão técnica que denota algo que cada um sabe que o outro sabe que eles sabem, *ad infinitum*.[6] Embora pareça que o conhecimento comum faria nossa cabeça explodir, as pessoas não precisam pensar uma série infinita de "eu sei que ela sabe que eu sei que ela sabe...". Elas só precisam ter uma noção de que o conhecimento é "óbvio", que está "disponível" ou "é público". Essa intuição pode ser gerada por um sinal manifesto que cada um percebe com o conhecimento do outro, como uma conversa direta entre eles. Com muitos jogos, uma mera promessa é "papo furado", logo, descartável. (Num Dilema do Voluntário, por exemplo, se um rato declarasse que se recusa a ser o voluntário, na esperança de que isso pusesse pressão sobre algum outro para tanto, os outros ratos poderiam pagar para ver e se esquivar, sabendo que ele poderia então se apresentar.) Mas num jogo coletivo é do interesse de ambas as partes conquistarem a mesma coisa, de modo que uma declaração de intenção é digna de crédito.

Na ausência da comunicação direta (como quando um celular para de funcionar), as partes envolvidas podem preferir convergir para um *ponto focal*: uma escolha que seja notável para os dois, cada um calculando que o outro deve ter notado esse ponto e deve estar consciente de que os dois o notaram.[7] Se a Peet's ficasse mais próxima, se recentemente tivesse sido mencionada numa conversa ou se fosse um ponto de referência conhecido na cidade, isso seria tudo o que Caitlin e Dan precisariam saber para acabar com o impasse, sem que fizesse diferença qual estabelecimento alardeasse os melhores *latti* ou a mobília mais luxuosa. Nos jogos cooperativos, um atrativo arbitrário, superficial, sem sentido pode fornecer a solução racional para um problema intratável.

Muitos de nossos padrões e convenções são soluções para jogos coletivos, sem nada que os recomende além do fato de todos já terem se acomodado aos mesmos itens.[8] Dirigir na faixa da direita, tirar os domingos de folga, aceitar papel-moeda, adotar padrões tecnológicos (127 volts, Microsoft Word, o teclado QWERTY) são equilíbrios em jogos cooperativos. Pode haver melhores resultados com outros equilíbrios, mas permanecemos presos aos que temos porque não conseguimos chegar lá a partir daqui. A menos que todos concordem em mudar ao mesmo tempo, as penalidades para a descoordenação são pesadas demais.

Pontos focais arbitrários podem fazer parte de negociações. Uma vez que um vendedor e um comprador tenham convergido quanto a uma faixa de preços que torna o negócio mais atraente para os dois do que uma desistência, ambos estão numa espécie de jogo cooperativo. Um dos dois equilíbrios (suas ofertas atuais) é mais atraente do que não chegar a um consenso, mas cada um é mais atraente para um deles. À medida que cada participante muda os resultados, esperando atrair o outro para o que seja mais vantajoso para ele ou ela, os dois lados podem procurar um ponto focal que, embora arbitrário, lhes dê algo com que possam concordar, como um número redondo ou uma oferta que divida a diferença. Como disse Thomas Schelling, que foi o primeiro a identificar os pontos focais em jogos cooperativos: "O vendedor que faz sua última oferta num carro no valor de 35.017,63 dólares está praticamente implorando para que lhe tirem 17,63 dólares."[9] De modo semelhante: "Se alguém vem exigindo 60% e recua para 50%, pode fincar os pés no chão; se recuar para 49%, o outro vai supor que ele chegou ao desespero e aceitará recuar ainda mais."[10]

Jogos da galinha e da escalada

Embora a negociação tenha elementos de um jogo cooperativo, a capacidade de qualquer participante de ameaçar o outro, saindo da mesa e conduzindo a uma situação pior, faz com que ela imbrique com outro jogo famoso, o jogo da galinha, que vimos no Capítulo 2.[11] Na página seguinte podemos ver a tabela. (Como sempre, os números exatos são arbitrários; apenas as diferenças são significativas.)

		Escolhas de Buzz	
		Dar guinada	Seguir reto
Escolhas de James	Dar guinada	Anticlímax 0 Anticlímax 0	Vitória 1 "Galinha" -1
	Seguir reto	"Galinha" -1 Vitória 1	Colisão -100 Colisão -100

Os nomes dos jogadores são de *Juventude transviada*, mas esse jogo não é só um passatempo suicida de adolescentes. Nós o jogamos quando dirigimos ou caminhamos por uma trilha estreita e nos deparamos com alguém que vem em nossa direção — o que exige que alguém ceda a vez — e também quando entabulamos negociações formais e informais. Exemplos públicos incluem a execução de dívidas ou a inadimplência, bem como impasses de malabarismo político em relações internacionais como a Crise dos Mísseis de Cuba de 1962. O jogo tem um equilíbrio de Nash quando cada participante corre algum risco mantendo o desafio e dá uma guinada, embora na vida real essa solução seja discutível porque as regras do jogo podem ser aperfeiçoadas para acrescentar sinalizações e alterações ao conjunto de estratégias. No Capítulo 2, vimos como uma vantagem paradoxal pode ir para um participante que é visivelmente louco ou está descontrolado, tornando suas ameaças dignas de confiança para coagir o oponente a ceder a vez — embora com a sombra da destruição mútua suspensa sobre eles se ambos enlouquecerem ou perderem o controle ao mesmo tempo.[12]

Alguns jogos não consistem em apenas um encontro em que os participantes fazem um único movimento simultâneo e então mostram as respectivas mãos, mas, sim, uma série de movimentos na qual cada um reage ao outro, com os valores acertados no final. Um desses jogos tem implicações mórbidas desconcertantes. Um exemplo é o jogo leilão de 1 dólar num eBay infernal.[13] Imagine um leilão com a regra diabólica de que o perdedor, não apenas o ganhador, tenha de pagar seu último lance.

Digamos que o item sendo leiloado é uma quinquilharia que pode ser revendida por 1 dólar. Amanda faz um lance de 5 centavos, esperando ter um lucro de 95 centavos. Mas é claro que Brad oferece 10 centavos, e assim por diante, numa escalada de valor até o lance de Amanda chegar a 95 centavos, o que reduziria sua margem para um lucro de 5 centavos. Pode parecer bobo àquela altura Brad dar um lance de 1 dólar para ganhar 1 dólar, mas não ter nem lucro nem prejuízo seria melhor do que perder 90 centavos, que o regulamento perverso do leilão o forçaria a pagar se ele desistisse. De modo ainda mais perverso, Amanda agora se depara com a escolha de perder 95 centavos se desistir ou perder 5 centavos se subir o lance, e assim ela dá o lance de 1,05 dólar, que Brad, preferindo perder 10 centavos a 1 dólar, rebate com 1,10 dólar, e assim por diante. Os dois são tragados pela fúria de cobrir o lance um do outro, jogando fora cada vez mais dinheiro até um deles perder tudo e o outro ficar com a vitória de Pirro de ter perdido um pouquinho a menos.

A estratégia racional no meio de um jogo de 1 dólar é reduzir o prejuízo e se retirar com certa probabilidade a cada movimento, na esperança de que o outro participante, sendo igualmente racional, desista primeiro. Seu sentido é captado pelo conselho "Pare de jogar dinheiro fora" e pela Primeira Lei dos Buracos: "Quando você estiver num buraco, pare de cavar." Uma das irracionalidades humanas citadas com maior frequência é a falácia do custo perdido, na qual as pessoas continuam a investir num empreendimento malsucedido devido ao que já investiram até aquele momento, em vez de prever o que ganharão indo adiante. Agarrar-se a ações em queda vertiginosa, assistir a um filme chato até o final, terminar de ler um romance entediante e insistir num casamento falido são exemplos familiares. É possível que as pessoas caiam na falácia do custo perdido como uma sequela da escalada de valor, quando sua reputação por manter a posição, por mais custosa que fosse, poderia convencer o outro participante a recuar primeiro.

O jogo de 1 dólar não é nenhum quebra-cabeça exótico. A vida real nos apresenta complexidades diante das quais ficamos na situação de, como se diz, perdido por um, perdido por mil. Entre elas, estão greves prolongadas, processos litigiosos e guerras de desgaste em termos literais, nas quais cada nação alimenta o monstro da guerra com homens e equipamento militar, na esperança de que o outro lado se esgote primeiro.[14] A base racional comum é "lutamos para que nossos rapazes não tenham morrido em vão", um exemplo didático da falácia do custo perdido, mas também uma tática na busca patética por uma vitória de Pirro. Muitas das guerras mais sangrentas na história foram guerras de desgaste, o que demonstra, mais uma vez, como a lógica exasperante da teoria dos jogos consegue explicar algumas tragédias da condição humana.[15] Embora, uma vez que se tenha sido apanhado num jogo de 1 dólar, persistir com certa probabilidade talvez seja a opção menos ruim, em primeiro lugar a estratégia verdadeiramente racional é não jogar.

Isso inclui jogos de 1 dólar dos quais nós talvez nem mesmo percebamos que estamos participando. Para muita gente, uma das vantagens de vencer um leilão é o puro prazer de vencer. Como a alegria da vitória e a agonia da derrota são independentes da quantia do lance vencedor e do valor do item, isso pode transformar qualquer leilão numa escalada. Os leiloeiros exploram esse aspecto psicológico criando suspense e cumulando de parabéns o vencedor. Por outro lado, sites de usuários do eBay aconselham os participantes a decidir de antemão o valor que o item tem para eles e a não fazer nenhum lance acima disso. Alguns vendem uma forma de autocontrole ulissiano: por meio de robôs fazem os lances até o limite que o participante estipulou de antemão, amarrando-o ao mastro para seu próprio bem durante a exaltação de um jogo de escalada do ego.

O Dilema do Prisioneiro e a Tragédia dos Comuns

Examinemos um roteiro conhecido do programa *Lei e ordem*. Uma promotora detém cúmplices num crime em celas separadas. Como lhe faltam provas para condená-los, ela lhes oferece um trato. Quem concordar em testemunhar contra o outro sairá livre, e o parceiro será condenado a dez anos de prisão. Se um dedurar o outro, ambos receberão a pena de seis anos. Se forem fiéis à parceria e não abrirem a boca, ela só poderá condená-los por uma infração menor, e os dois cumprirão seis meses.

Os resultados aparecem a seguir. Na análise do Dilema do Prisioneiro, "cooperar" significa manter-se fiel ao parceiro (não significa cooperar com a promotora) e "trair", dedurá-lo. Os resultados também têm rótulos mnemônicos, e até que ponto são nocivos é o que define o dilema. Para cada participante, o melhor resultado é trair enquanto o outro coopera (a tentação); o pior é ser a vítima de uma traição dessas (o prêmio do trouxa); o segundo pior resultado é fazer parte de uma traição mútua (a punição); e o segundo melhor é ser fiel à parceria quando o outro também for fiel (a recompensa). O pior resultado e o melhor para a dupla como um todo ficam ao longo da outra diagonal: o pior que pode acontecer aos dois coletivamente é a traição mútua e o melhor é a cooperação mútua.

		Prisioneiro A	
		Cooperar (boca fechada)	Trair (dedurar)
Prisioneiro B	Cooperar (boca fechada)	6 meses (recompensa) / 6 meses (recompensa)	Liberdade (tentação) / 10 anos (prêmio do trouxa)
	Trair (dedurar)	10 anos (prêmio do trouxa) / Liberdade (tentação)	6 anos (punição) / 6 anos (punição)

Quando apreendemos a tabela inteira do alto de nosso ponto de observação olímpico, fica óbvio onde os parceiros deveriam tentar chegar. Nenhum dos dois pode contar com que o outro assuma a culpa, de modo que o único objetivo sensato é a recompensa da cooperação mútua. Infelizmente para eles, do ponto de vista terreno de cada um, eles não podem apreender a tabela inteira, porque a escolha do parceiro está além de seu controle. O prisioneiro B está olhando para as suas duas opções e o prisioneiro A está olhando para as suas. O prisioneiro B tem de acompanhar o seguinte raciocínio: "Suponhamos que ele fique de boca fechada (coopere). Nesse caso eu pegaria seis meses se também ficasse de boca fechada e sairia livre se eu o dedurasse (traísse). Seria melhor para mim se eu o traísse. Agora suponhamos que ele me dedurasse (traísse). Eu pegaria dez anos se ficasse calado, mas só seis se eu *o* dedurasse também. No todo, isso quer dizer que, se ele cooperar, eu me saio melhor traindo; e se ele trair, eu me saio melhor traindo. Não preciso quebrar a cabeça com isso." Enquanto isso, o prisioneiro A está pensando na mesma coisa: os dois traem e são presos por seis anos em vez de por seis meses — o fruto amargo de cada um agir no próprio interesse racional. Não que eles tivessem escolha: trata-se de um equilíbrio de Nash. A traição é uma estratégia dominante para ambos, uma estratégia que deixa cada um melhor, não importa o que o outro faça. Se um deles fosse sábio, ético, confiante ou previdente, ficaria à mercê do medo e da tentação do outro. Mesmo que seu parceiro lhe tivesse assegurado que agiria de forma correta, podia ser papo furado, que não valeria nem o ar que ele respirou.

Dilemas do Prisioneiro são tragédias comuns. Marido e mulher que se divorciam contratam advogados gananciosos, por um temer que o outro o deixe a ver navios, enquanto as cobranças desses predadores jurídicos vão esgotando o patrimônio do casal. Nações inimigas estouram o orçamento numa corrida armamentista, que as deixa mais pobres, mas não mais seguras. Atletas do ciclismo se dopam e corrompem o esporte porque, se não o fizerem, ficarão atrás de seus rivais que o fazem.[16] Todos se aglomeram junto à esteira de bagagem, ou ficam em pé num concerto de rock, esticando o pescoço para ver melhor, e ninguém consegue ver melhor.

O Dilema do Prisioneiro não tem solução, mas as regras do jogo podem ser mudadas. Uma forma é os participantes, antes do jogo, entrarem em acordos executáveis ou se submeterem às ordens de uma autoridade, o que muda os resultados ao acrescentar uma recompensa pela cooperação ou uma punição pela traição. Suponhamos que os parceiros fizessem um juramento de *omertà*, garantido pelo Padrinho, de tal modo que, se cumprissem um código de silêncio, seriam promovidos a *capo*, ao passo que, se o descumprissem, acabariam comendo capim pela raiz. Isso muda a tabela de resultados para um jogo diferente, cujo equilíbrio é a cooperação mútua. É do interesse dos parceiros fazer o juramento antes, mesmo que ele os prive da liberdade de trair. Agentes racionais podem escapar de um Dilema do Prisioneiro, submetendo-se a contratos vinculantes e ao Estado de direito.

Outra atitude que muda o jogo é jogar repetidamente, lembrando-se do que o parceiro fez em rodadas anteriores. Agora uma dupla pode descobrir um jeito de entrar no abençoado retângulo de cooperar-cooperar e ficar ali, adotando uma estratégia chamada "pagar na mesma moeda". Ela requer cooperar no primeiro movimento e daí em diante tratar o parceiro "na mesma moeda": cooperar se o parceiro cooperou; trair se ele traiu (em algumas versões, traindo-lhe antes de ser traído, caso tenha ocorrido uma vez antes).

Biólogos evolutivos salientaram que animais sociais costumam se encontrar em reiterados Dilemas do Prisioneiro.[17] Um exemplo é a recompensa mútua da catação, com a tentação de ser catado sem catar em retribuição. Robert Trivers sugeriu que o *Homo sapiens* desenvolveu um conjunto de emoções morais que fazem valer o "pagar na mesma moeda" e nos permitem aproveitar as vantagens da cooperação.[18] A solidariedade nos leva a cooperar no primeiro gesto: a gratidão, para retribuir cooperação com cooperação; a raiva, para punir traição com traição; a culpa, para reparar nossa traição antes que ela seja punida; e o perdão, para impedir que uma traição única de um parceiro os condene a traições mútuas para sempre. Muitos dos dramas da vida social humana — as sagas de solidariedade, confiança, favorecimento, dívida, vingança, gratidão, culpa, vergonha, deslealdade, mexericos, reputações — podem ser compreendidos como a execução de estratégias num repetido Dilema do Prisioneiro.[19] A epígrafe deste capítulo mostra que Hume, mais uma vez, chegou lá primeiro.

MUITOS DOS DRAMAS da vida política e econômica podem ser explicados como Dilemas do Prisioneiro com mais de dois jogadores, quando são chamados de jogos de bens públicos.[20] Todos numa comunidade se beneficiam de um bem público, como um farol, estradas, redes de esgoto, polícia e escolas. Mas beneficiam-se ainda mais se todos os outros pagarem pelos bens e eles forem de carona — uma vez construído um farol, qualquer um pode vê-lo. Numa contundente versão ambiental chamada de Tragédia dos Comuns, cada pastor tem um incentivo de acrescentar mais um carneiro a seu rebanho e pô-lo para pastar na área comum da cidadezinha, mas, quando todos aumentam os rebanhos, o capim é pastado mais rápido do que consegue voltar a crescer e todos os carneiros passam fome. O trânsito e a poluição funcionam do mesmo jeito: minha decisão de ir de carro não vai congestionar as ruas ou poluir o ar, da mesma forma que minha decisão de usar o transporte público não poupará as ruas nem o ar; mas, quando todos andam de automóvel, todos acabam num engarrafamento a passo de cágado, numa autoestrada com ar poluído. Sonegar impostos, ser mesquinho quando alguém está passando o chapéu, aproveitar um recurso até o esgotamento e resistir a medidas de saúde pública, como o distanciamento social e o uso de máscaras durante uma pandemia, são outros exemplos de traição num jogo de bens públicos: esses atos oferecem uma tentação aos que cedem a eles, um prêmio do trouxa aos que contribuem e conservam, e uma punição comum quando todos traem.

Voltando ao exemplo com o qual iniciei o capítulo, eis a tragédia dos bens comuns do carbono. Os participantes podem ser cidadãos individuais, com o fardo do inconveniente de renunciar à carne, a viagens aéreas, ou a SUVs que consomem muito combustível. Ou podem ser países inteiros

— e nesse caso o fardo é o prejuízo à economia decorrente de abandonar a energia barata e transportável dos combustíveis fósseis. Como sempre, os números são arbitrários, e a tragédia está captada em sua disposição: estamos rumando para o retângulo inferior direito.

		Todos os outros	
		Conservação	Emissões
Self	Conservação	Fardo -10 Fardo -10	Mudança climática -100 Fardo + Mudança climática -110
	Emissões	Fardo -10 Benefício +10	Mudança climátca -100 Mudança climática -100

Da mesma forma que um juramento executável pode poupar os prisioneiros num dilema entre duas pessoas de uma traição mútua, leis e contratos em vigor podem punir as pessoas para o próprio bem mútuo delas num jogo de bens públicos. Um exemplo simples é fácil de demonstrar em laboratório. Um grupo de participantes recebe um valor em dinheiro, sendo-lhe oferecida a chance de contribuir para um bolo comunitário (o bem público) que o pesquisador então dobra e redistribui. A melhor estratégia para todos é contribuir o máximo, mas a melhor estratégia para cada indivíduo é guardar sua quantia e deixar que todos os outros contribuam. Os participantes captam a sinistra lógica da teoria dos jogos, e suas contribuições se reduzem a zero — a menos que também lhes seja dada a oportunidade de uma multa para os que pegarem carona, e nesse caso as contribuições permanecem altas e todos saem ganhando.

Fora do laboratório, um bem comum numa comunidade em que todos se conhecem pode ser protegido por uma versão para muitos jogadores de "pagar com a mesma moeda": qualquer um que explore em excesso um recurso começa a passar vergonha, tornando-se alvo de mexericos, ameaças veladas e vandalismo discreto.[21] Em comunidades maiores e mais anônimas, mudanças nos resultados precisam ser feitas por meio de contratos e regulamentações executáveis. E assim pagamos impostos para estradas, escolas e um sistema jurídico, com os sonegadores sendo mandados para a cadeia. Pecuaristas adquirem licenças para pastagem e pescadores respeitam limitações quanto ao que podem pescar, desde que tais licenças também estejam em vigor para os outros. Jogadores de hóquei aceitam regras sobre o uso compulsório de capacetes, que protegem o crânio sem conceder uma vantagem de conforto e visão para seus adversários. E economistas recomendam um imposto sobre o carbono e investimentos em energia limpa, que reduzem o benefício particular de emissões e diminuem o custo da conservação, conduzindo todos rumo à recompensa comum da conservação mútua.

A lógica do Dilema do Prisioneiro e dos bens públicos prejudica o anarquismo e o libertarianismo radical, apesar do eterno apelo da liberdade irrestrita. A lógica faz com que seja racional dizer "deveria haver uma lei contra o que estou fazendo". Como Thomas Hobbes observou, o princípio fundamental da sociedade é "que um homem esteja disposto, quando outros também o estiverem [...] a deixar de lado esse direito a todas as coisas; e a se contentar em ter tanta liberdade em relação a outros homens quanto ele permitiria a outros homens em relação a si mesmo".[22] Esse contrato social não apenas encarna a lógica moral da imparcialidade. Ele também elimina tentações perversas, prêmios do trouxa e tragédias de traição mútua.

9
CORRELAÇÃO E CAUSALIDADE

> Uma das primeiras coisas ensinadas nos manuais de introdução à estatística é que correlação não é causalidade. E também é uma das primeiras coisas a serem esquecidas.
> — Thomas Sowell[1]

A racionalidade abrange todos os setores da vida, aí incluídos o pessoal, o político e o científico. Não surpreende que os teóricos da democracia norte-americana inspirados pelo Iluminismo fossem admiradores da ciência, nem que autocratas pretensos e verdadeiros se agarrem a teorias descerebradas de causa e efeito.[2] Mao Tsé-tung forçou lavradores chineses a aglomerar suas mudinhas para aumentar sua solidariedade socialista, e um recente líder norte-americano sugeriu que a covid-19 poderia ser tratada com injeções de água sanitária.

De 1985 a 2006, o Turcomenistão foi governado pelo presidente vitalício Saparmurat Niyazov. Entre suas realizações estavam exigir a leitura de sua autobiografia para o exame nacional de habilitação para dirigir e construir uma enorme estátua dourada dele mesmo que girava para estar sempre voltada para o sol. Em 2004, ele emitiu a seguinte notificação de saúde para seu público adorador: "Quando jovem, eu observava cachorrinhos. Davam-lhes ossos para roer. Aqueles de vocês que perderam os dentes não roeram ossos. Esse é meu conselho."[3]

Como a maioria de nós não corre o menor perigo de ser mandado para a prisão em Ashgabat, podemos identificar a falha no conselho de Sua Excelência. O presidente cometeu um dos erros mais famosos de raciocínio confundindo correlação com causalidade. Mesmo que fosse verdade que os turcomanos desdentados não tivessem roído ossos, isso não permitiria ao presidente concluir que roer ossos é o que fortalece os dentes. Talvez somente pessoas com dentes fortes consigam roer ossos, um caso de causalidade reversa. Ou talvez algum terceiro fator, como o de ser membro do Partido Comunista, fosse a causa de os turcomanos tanto roerem ossos (para mostrar lealdade a seu líder) quanto terem dentes fortes (se o atendimento odontológico fosse uma regalia de ser membro), um caso de confusão.

O conceito de causalidade, bem como seu contraste com a mera correlação, é a força vital da ciência. O que causa o câncer? Ou a mudança climática? Ou a esquizofrenia? Ele está entremeado em nossa linguagem cotidiana, em nosso raciocínio e humor. O contraste semântico entre "O navio afundou" e "O navio foi afundado" está na hipótese de o falante afirmar que houve um agente causal por trás do acontecimento ou se foi uma ocorrência espontânea. Nós recorremos à causalidade sempre que refletimos sobre o que fazer com um vazamento, uma corrente de ar, um desconforto ou uma dor. Uma piada que meu avô adorava era sobre o homem que se empanturrou com *cholent* (o ensopado de carne e feijão feito em fogo brando ao longo de doze horas durante a proibição de cozinhar no sábado) e um copo de chá, deitou-se, cheio de dor, queixando-se de que o chá lhe fizera mal. Supostamente, era preciso ter nascido na Polônia em 1900 para achar a história tão impagável quanto ele; mas, se entendeu a piada, você pode ver como a diferença entre correlação e causalidade faz parte de nosso senso comum.

Mesmo assim, confusões niyazovianas são comuns em nosso discurso público. Este capítulo sonda a natureza da correlação, a natureza da causalidade e as formas de distinguir entre elas.

O que é correlação?

Uma correlação é uma dependência do valor de uma variável do valor de outra: se você sabe um, pode dizer o outro, pelo menos aproximadamente. ("Dizer" aqui significa "adivinhar", não "predizer"; pode-se dizer a altura dos pais a partir da altura dos filhos, e vice-versa.) Uma correlação costuma ser descrita num gráfico chamado *gráfico de dispersão* (*scatterplot*). Nele, cada ponto representa um país, e os pontos estão dispostos da esquerda para a direita por sua renda média e do alto para baixo por sua média de satisfação autoavaliada com a vida. (A renda foi concentrada numa escala logarítmica para compensar a decrescente utilidade marginal do dinheiro, pelas razões vistas no Capítulo 6.)[4]

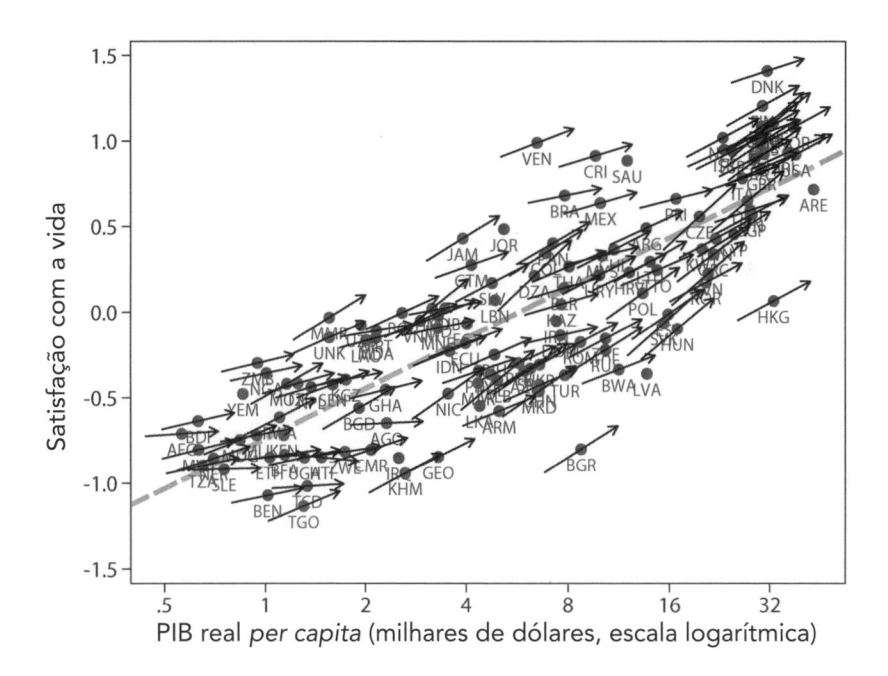

[Adaptado com permissão de Stevenson & Wolfers, 2008]

Pode-se detectar de imediato a correlação: os pontos estão espalhados ao longo de um eixo diagonal, ilustrado com a linha tracejada cinza, escondida por trás do enxame. Cada ponto é atravessado por uma seta que resume um minigráfico de dispersão para as pessoas *dentro* do país. Os minigráficos e o macrográfico demonstram que a felicidade está correlacionada com a renda, tanto entre as pessoas em um país (cada seta) quanto entre os países (os pontos). E sei que você, pelo menos por ora, está resistindo à tentação de inferir "Ser rico torna a pessoa feliz".

De onde vêm a linha tracejada cinza e as setas que atravessam cada ponto? E como poderíamos traduzir nossa impressão visual de que os pontos estão dispostos ao longo da diagonal em algo mais objetivo, para que não sejamos levados a imaginar uma tendência em qualquer pilha de pega-varetas?

Esta é a técnica matemática chamada *regressão*, o burro de carga da epidemiologia e das ciências sociais. Considere o gráfico de dispersão a seguir. Imagine que cada ponto de dados seja um percevejo e nós os conectaremos, cada um, a uma barra rígida por meio de elásticos. Imagine que os elásticos só possam se esticar para cima e para baixo, não na diagonal e que, quanto mais esticá-los, mais resistência eles oferecerão.

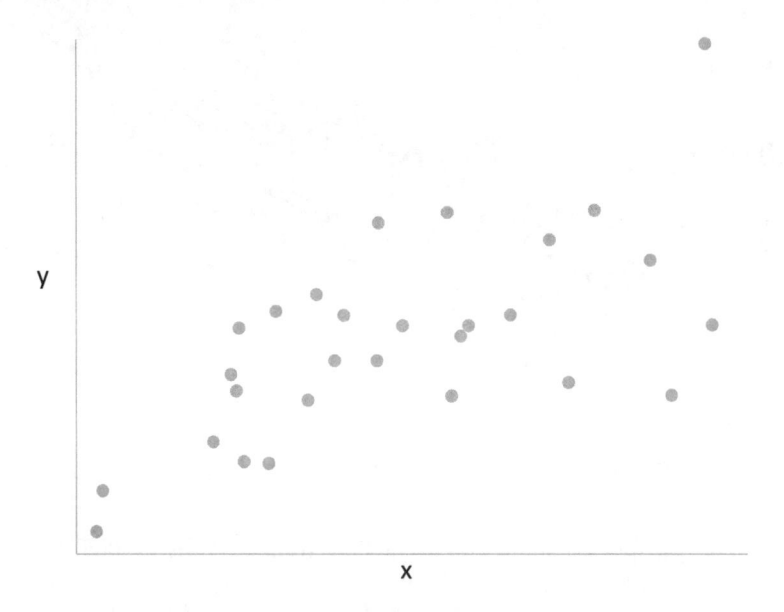

Quando todos os elásticos estiverem presos, solte a barra e deixe que ela salte para seu lugar (gráfico na página 267).

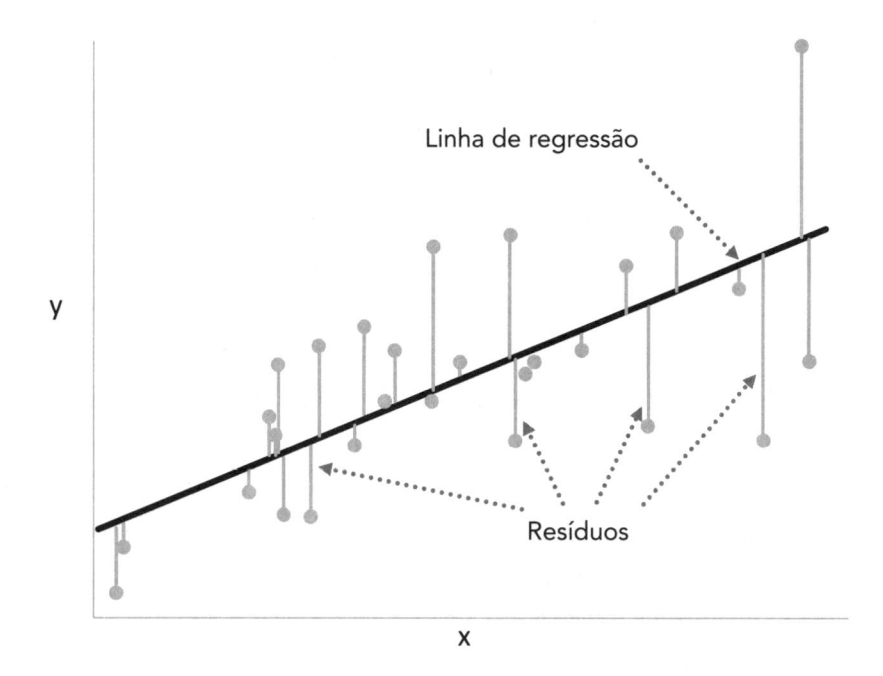

[Gráfico: dispersão de pontos com uma linha de regressão diagonal ascendente, eixos y (vertical) e x (horizontal). Setas indicam "Linha de regressão" e "Resíduos".]

A barra se fixa numa localização e num ângulo que minimiza o quadrado da distância entre cada percevejo e o ponto ao qual ele está preso. A barra, assim posicionada, é chamada de linha de regressão, e ela capta a relação linear entre as duas variáveis: y, correspondente ao eixo vertical, e x, correspondente ao horizontal. O comprimento do elástico que liga cada percevejo à linha é chamado de resíduo, e representa a porção idiossincrática do valor-y daquela unidade que se recusa a ser previsto por seu x. Volte ao gráfico da felicidade-renda. Se a renda indicasse com perfeição a felicidade, todos os pontos cairiam exatamente ao longo da linha de regressão, mas com dados reais isso nunca acontece. Alguns dos pontos flutuam acima da linha (eles têm resíduos positivos consideráveis), como Jamaica, Venezuela, Costa Rica e Dinamarca. Descartando-se erros de medição e outras fontes de ruído, as discrepâncias mostram que, em 2006 (quando os dados foram coletados), as pessoas desses países eram mais felizes do que se esperaria com base na renda, talvez por causa de outras características positivas oferecidas pelo país, como clima ou cultura. Outros pontos ficam suspensos abaixo da linha, como os dos habitantes do Togo, da Bulgária e de Hong Kong, sugerindo que algo esteja tornando as pessoas nesses países um pouco mais entristecidas do que o nível da renda lhes daria direito.

Os resíduos também nos permitem quantificar *quanto* as duas variáveis são correlacionadas: quanto mais curtos os elásticos — como uma proporção de quanto o grupo inteiro está espalhado da esquerda para a direita e do alto para baixo —, mais próximos os pontos estarão da linha e mais alta será a correlação. Com um pouco de álgebra, isso pode ser convertido num número, r, o coeficiente de correlação, que vai de -1 (não mostrado), quando os pontos estão em perfeita sintonia ao longo de uma diagonal de cima para baixo e da esquerda para a direita; passando por uma faixa de valores negativos em que eles se espalham em diagonal ao longo daquele eixo; passando por 0, quando estão num enxame não correlacionado de mosquitinhos; passando por valores positivos em que se espalham de baixo para cima e da direita para a esquerda, até chegar a 1, onde se posicionam perfeitamente ao longo da diagonal.

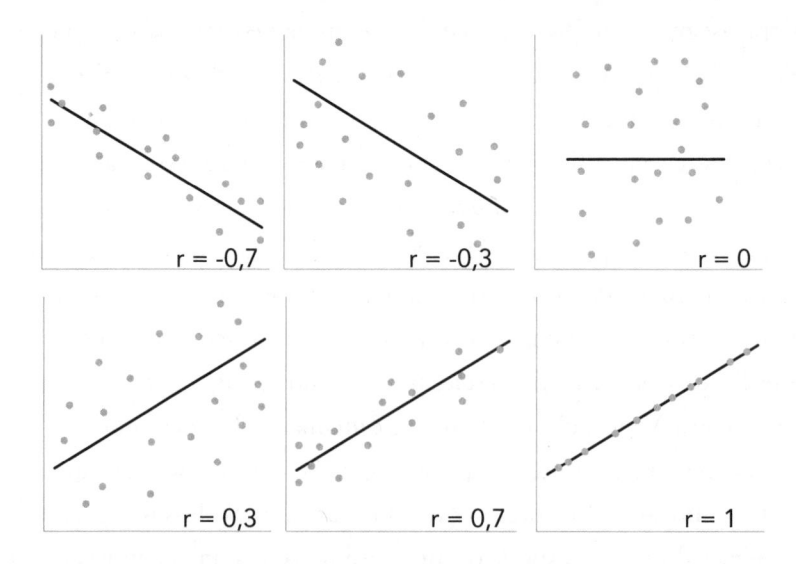

Embora as denúncias de erros em correlação *versus* causalidade sejam geralmente dirigidas àqueles que saltam da primeira para a segunda, muitas vezes o problema é mais básico: nenhuma correlação foi estabelecida para começo de conversa. Talvez os turcomanos que roem mais ossos nem mesmo *tenham* dentes mais fortes ($r = 0$). Não são só os presidentes de antigas repúblicas soviéticas que não conseguem demonstrar correlação e muito menos causalidade. Em 2020, Jeff Bezos se gabou ao dizer "Todas as minhas melhores decisões nos negócios e na vida foram tomadas com o coração, a intuição, a coragem... não com análise", com a implicação de que o coração e a coragem levam a melhores decisões do que a análise.[5] Mas ele não nos disse se todas as suas *piores* decisões nos negócios e na vida *também* foram tomadas com o coração, a intuição e a coragem; nem se as boas decisões intuitivas e as más decisões analíticas foram em maior número que as más decisões intuitivas e as boas decisões analíticas.

A correlação ilusória, como se chama essa falácia, foi demonstrada pela primeira vez num famoso conjunto de experimentos pelos psicólogos Loren e Jean Chapman, que se perguntavam por que tantos psicoterapeutas ainda usavam os testes de borrões de tinta de Rorschach e o "desenhe uma pessoa", muito embora todos os estudos que tentassem validá-los não mostrassem correlação alguma entre respostas aos testes e sintomas psicológicos. Com sagacidade, os pesquisadores associaram descrições escritas de pacientes psiquiátricos a suas respostas ao teste "desenhe uma pessoa", mas na realidade as descrições eram falsas e a junção destas com as respostas foi aleatória. Eles então pediram em uma amostragem de universitários que eles relatassem qualquer padrão que vissem entre os pares.[6] Os estudantes, guiados por seus estereótipos, estimaram incorretamente que mais homens de ombros largos foram desenhados por pacientes hipermasculinos, mais pessoas de olhos arregalados vinham de paranoicos, e assim por diante — exatamente as associações que profissionais ao fazerem um diagnóstico alegam ver em seus pacientes, com a mesma base precária na realidade.

Muitas correlações que se tornaram parte de nossa sabedoria convencional, como a de que as Emergências dos hospitais ficam lotadas em dias de lua cheia, são igualmente ilusórias.[7] O perigo é acentuado com correlações que usam meses ou anos como suas unidades de análise (os pontos no gráfico de dispersão), porque muitas variáveis sobem e descem de acordo com as mudanças dos tempos. Um estudante de direito entediado, Tyler Vigen, criou um programa que vasculha a internet em busca de conjuntos de dados que mostrem correlações sem sentido, só para demonstrar como elas são generalizadas. O número de assassinatos por vapor ou objetos muito quentes, por exemplo, apresenta uma alta correlação com a idade da Miss Estados Unidos do ano analisado. E o índice de divórcios no Maine acompanha de perto o consumo nacional de margarina.[8]

Regressão à média

A "regressão" tornou-se o termo-padrão para análises correlacionais, mas a ligação não é direta. Ele originalmente se referia a um fenômeno específico que acompanha a correlação, a regressão à média. Esse fenômeno onipresente, mas contraintuitivo, foi descoberto pelo polímata vitoriano Francis Galton (1822-1911), que comparou a altura de crianças com a altura média dos seus genitores (o escore da "média dos pais", a média entre a altura da mãe e do pai), fazendo nos dois casos ajustes para a diferença média entre homens e mulheres. Ele concluiu que "quando a média dos pais é mais alta do que a média estatística, os filhos tendem a ser mais baixos que eles. Quando a média dos pais é mais baixa que a média estatística, os filhos tendem a ser mais altos que eles".[9] Isso ainda é verdade, não apenas sobre a altura de pais e filhos, mas sobre o QI de pais e filhos; e, por sinal, sobre quaisquer duas variáveis que não sejam perfeitamente correlacionadas. Um valor extremo em uma será acoplado a um valor não tão extremo assim na outra.

Isso não quer dizer que famílias altas estejam produzindo filhos cada vez mais baixos, e vice-versa, de tal modo que um dia todas as crianças ficarão alinhadas à mesma marca na parede e o mundo não terá jóqueis nem pivôs de basquete. Também não significa que a população esteja convergindo para um QI medíocre de 100, com os gênios e os beócios entrando em extinção. A razão pela qual as populações não caem na mediocridade uniforme, apesar da regressão à média, está no fato de que as caudas da distribuição estão sendo constantemente reabastecidas pelo eventual filho muito alto de pais mais altos que a média e pelo filho muito baixo de pais mais baixos que a média.

A regressão à média é apenas um fenômeno *estatístico*, uma consequência do fato de que, em distribuições em forma de sino, quanto mais extremo for um valor, menos provável que ele apareça. Isso implica que, quando um valor é realmente extremo, é improvável que qualquer outra variável vinculada a ele (como o filho de um casal de estatura extraordinária) consiga estar à altura de sua esquisitice, reproduzir sua maré de vitórias, receber a mesma mão de cartas vencedoras, sofrer a mesma série de reveses, enfrentar a mesma tempestade como nenhuma antes, ainda mais uma vez, além de voltar a resvalar rumo ao que é comum. No caso da altura ou do QI, a conspiração maluca seria que tipo de combinação incomum de genes, experiências e acidentes da biologia se uniram nos pais. Muitos componentes dessa combinação serão favorecidos em seus filhos, mas a combinação em si não será reproduzida com perfeição. (E vice-versa: como a regressão é um fenômeno estatístico, não um fenômeno causal, os pais também apresentam regressão para a média dos filhos.)

Num gráfico, quando valores correlatos de duas curvas de sino são dispostos em comparação uns com os outros, o gráfico de dispersão geralmente se assemelha a uma bola de futebol americano inclinada. Aqui temos um conjunto hipotético de dados semelhante ao de Galton, o qual mostra a altura dos pais (a média de cada casal) e a altura dos filhos adultos (ajustada para que filhos e filhas possam ser dispostos na mesma escala).

A diagonal grossa a 45 graus mostra o que esperaríamos, em média, se os filhos fossem tão excepcionais quanto os pais. A linha de regressão, mais fina, é o que encontramos de fato. Se focarmos num valor extremo, digamos, pais com uma altura média de 1,83m, verá que o grupo de pontos para os filhos fica em sua maioria abaixo da diagonal grossa a 45 graus, o que se pode confirmar subindo pela seta tracejada da direita até a linha de regressão, checando à esquerda e acompanhando a seta tracejada horizontal até o eixo vertical, onde ela aponta para um pouco acima de 1,75m, altura mais baixa que a dos pais. Se focar nos pais com uma altura média de 1,52m (seta tracejada à esquerda), verá que os filhos, na maioria, flutuam acima da diagonal grossa, e a virada à esquerda no ponto da linha de regressão o leva a um valor de quase 1,60m mais altos que os pais.

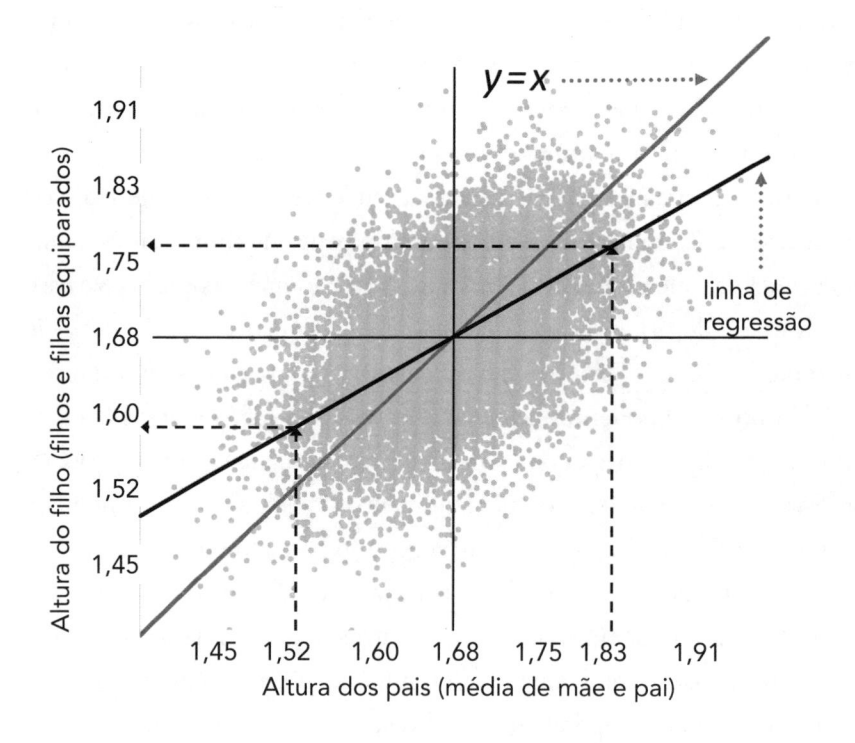

A regressão à média acontece sempre que duas variáveis estão correlacionadas de modo imperfeito — o que significa que temos toda uma vida de experiência com ela. Mesmo assim, Tversky e Kahneman demonstraram que a maioria das pessoas não percebe o fenômeno (apesar da piada infame na tirinha de *Frank & Ernest*).[10]

[*Frank e Ernest*, usado com permissão de Thaves and The Cartoonist Group. Todos os direitos reservados.]

A atenção das pessoas é atraída para um fenômeno por ele ser incomum, e elas deixam de prever ser provável que qualquer coisa associada a tal fenômeno não seja exatamente tão incomum quanto o fenômeno em si. Em vez disso, apresentam explicações causais ilusórias para o que de fato é uma inevitabilidade estatística.

Um exemplo trágico é a ilusão de que a crítica funciona melhor que o elogio e o castigo, melhor que a recompensa.[11] Criticamos os alunos quando eles têm desempenho baixo. Mas é improvável que qualquer má sorte que tenha afetado aquele desempenho se repita na próxima tentativa, e com isso a tendência é que melhorem, levando-nos à conclusão enganosa de que a punição funciona. Nós os elogiamos quando se saem bem, mas um raio não cai no mesmo lugar duas vezes, de modo que é improvável que repitam a façanha da próxima vez, o que nos leva a concluir, equivocadamente, que o elogio é contraproducente.

O desconhecimento da regressão à média nos prepara para muitas outras ilusões. Os fãs de esportes especulam sobre os motivos pelos quais um atleta considerado a Revelação do Ano está fadado a sofrer uma queda brusca de resultados no ano seguinte, e por que a matéria de capa de uma revista famosa terá depois que conviver com a maldição da *Sports Illustrated*.

---

* Jogo de palavras entre dois sentidos de "*mean*", como substantivo, "média", e como adjetivo, "cruel, intratável".

(Excesso de confiança? Expectativas impossíveis? As distrações da fama?) Mas se um atleta tiver tido a sorte de uma semana extraordinária — ou de um ano extraordinário —, é improvável que os astros se alinhem dessa forma duas vezes seguidas, e ele não terá para onde ir a não ser na direção da média. (De modo igualmente sem sentido, uma equipe em queda melhora depois da demissão do técnico.) Depois que uma onda de crimes hediondos é manchete nos jornais, políticos intervêm com batalhões de operações especiais, equipamento militar, placas de Vizinhança Presente e outros recursos — e no mês seguinte se parabenizam pela criminalidade não estar tão alta. Psicoterapeutas também, qualquer que seja a escala de sua cura pela fala, podem declarar uma vitória não merecida após tratar um paciente que os procura com uma crise severa de ansiedade ou depressão.

Mais uma vez, os cientistas também são afetados. Uma causa de fracassos de replicação se encontra no fato de os pesquisadores não valorizarem uma versão da regressão à média, chamada de "maldição do vencedor". Se os resultados de um experimento parecem revelar um efeito interessante, muitas coisas podem ter dado certo, quer o efeito seja real, quer não. Os deuses do acaso podem ter sorrido para os pesquisadores — sorte com que eles não deveriam contar numa segunda vez —, de modo que, quando tentarem replicar o efeito, deveriam convocar *mais* participantes. No entanto, em sua maioria, os condutores do experimento acham que já amealharam provas para tal efeito e, por isso, podem prosseguir sem problemas com *menos* participantes, sem avaliar que essa estratégia é uma estrada sem volta até a *Journal of Irreproducible Results*.[12] A falta de noção de como a regressão à média se aplica a descobertas impactantes levou a um artigo equivocado publicado pela *New Yorker* em 2010, intitulado "The Truth Wears Off" [A verdade vai se apagando], que postulava um místico "efeito de declínio", supostamente lançando dúvidas sobre o método científico.[13]

A maldição do vencedor vale para qualquer empreendimento humano extraordinariamente bem-sucedido, e nossa incapacidade de prever compensações para momentos singulares de sorte pode ser uma das razões para a vida causar decepções com tanta frequência.

O que é causalidade?

Antes de projetarmos a ponte da correlação à causalidade, vamos dar uma espiada na margem oposta, a causalidade em si. Ela se revela um conceito surpreendentemente escorregadio.[14] Mais uma vez, Hume estabeleceu os termos para séculos de análise ao propor que a causalidade é meramente uma expectativa de que uma correlação que experimentamos no passado seja válida no futuro.[15] Uma vez que tenhamos assistido a uma quantidade suficiente de partidas de bilhar, sempre que virmos uma bola se aproximar de outra, prevemos que esta será lançada à frente, exatamente como todas as vezes anteriores — previsão sustentada por nossa pressuposição tácita, mas não provável, de que as leis da natureza persistem através dos tempos.

Não demora muito para vermos o que está errado com a "conjunção constante" como uma teoria da causalidade. O galo sempre canta pouco antes do alvorecer, mas não achamos que isso faz o sol nascer. De modo semelhante, trovões costumam preceder um incêndio florestal, mas não dizemos que trovões causam incêndios. Esses são *epifenômenos*, também conhecidos como confundimentos ou variáveis perturbadoras: eles acompanham o evento, mas não o causam. Os epifenômenos são a praga da epidemiologia. Por muitos anos, o café foi culpado pela doença cardíaca porque quem o consumia tinha mais ataques cardíacos. Com o tempo, descobrimos que os consumidores de café também costumavam fumar e evitar exercícios; o café era um epifenômeno.

Hume previu o problema e aperfeiçoou sua teoria: não só a causa deve preceder regularmente o efeito, mas "se o primeiro objeto não tivesse existido, o segundo nunca teria existido". A cláusula crucial "se não tivesse existido" é um enunciado *contrafactual*, um "e se". Ela se refere ao que aconteceria num mundo possível, num universo alternativo, num experimento hipotético. Num universo paralelo em que a causa não ocorresse, tampouco ocorreria o efeito. Essa definição contrafactual da causalidade resolve o problema do epifenômeno. A razão para dizermos que o galo não faz o sol nascer está na hipótese de que, *se* o galo tivesse se transformado no ingrediente principal de um *coq au vin* na noite anterior, o sol teria nascido de qualquer jeito. Dizemos que os raios causam incêndios florestais, não os trovões, porque se houvesse raios sem trovões uma floresta poderia pegar fogo, mas não vice-versa.

Pode-se, portanto, considerar a causalidade como a diferença entre resultados quando um evento (a causa) ocorre e quando não ocorre.[16] O "problema fundamental da inferência causal", como os estatísticos a chamam, é que temos de lidar com este universo, onde um suposto evento causal ou bem aconteceu ou não. Não temos como perscrutar o outro universo para ver qual é o resultado por lá. É verdade que podemos comparar os resultados neste universo nas várias ocasiões em que tal evento ocorre e não ocorre. Mas isso bate de frente com um problema ressaltado por Heráclito no século VI a.C.: não podemos nos banhar duas vezes no mesmo rio. Entre as duas ocasiões, o mundo pode ter mudado de outras maneiras, e não podemos ter certeza se uma dessas mudanças não tenha sido a causa. Também podemos comparar coisas isoladas que foram submetidas àquele tipo de evento com coisas semelhantes que não o foram. Mas aí também cai-se num problema, identificado pelo dr. Seuss: "Hoje você é você, isso é mais verdade que a verdade. Não existe ninguém vivo que seja mais você do que você." Todo indivíduo é único, tanto que não temos como saber se um resultado vivenciado por um indivíduo dependeu da suposta causa ou das inúmeras idiossincrasias da pessoa. Para inferir causalidade a partir dessas comparações, temos de pressupor, como se diz em termos menos poéticos, a "estabilidade temporal" e a "homogeneidade das unidades". Os métodos examinados nas duas próximas seções tentam tornar essas pressuposições razoáveis.

Mesmo depois de termos estabelecido que alguma causa faz diferença para um resultado, nem cientistas nem leigos se contentam em parar por aí. Nós ligamos a causa a seu efeito por meio de um *mecanismo*: as engrenagens nos bastidores que fazem com que as coisas se movam. As pessoas têm intuições de que o mundo não é um *videogame*, com arranjos de pixels que dão lugar a novos arranjos. Por trás de cada acontecimento está oculta uma força, um poder ou uma energia. Muitas de nossas intuições primitivas de poderes causais revelam-se equivocadas à luz da ciência, como o *"impetus"*, que os medievais acreditavam estar inculcado nos objetos em movimento, e o *psi*, o *chi*, os engramas, campos de energia, miasmas homeopáticos, poderes dos cristais e outras conversas fiadas da medicina alternativa. Mas alguns mecanismos intuitivos, como a lei da gravidade, sobrevivem em formas cientificamente respeitáveis. E muitos novos mecanismos ocultos foram postulados para explicar correlações no mundo, entre eles genes, patógenos, placas tectônicas e partículas elementares. Esses mecanismos causais são o que nos permite prever o que aconteceria em situações contrafactuais, alçando-as do reino do faz de conta: nós montamos o mundo imaginado e então simulamos os mecanismos, e parte-se daí.

Mesmo com uma compreensão da causalidade em termos de resultados alternativos e dos mecanismos que os produzem, tentar identificar "a" causa de um efeito cria um emaranhado de enigmas. Um deles é a diferença fugidia entre uma causa e uma *condição*. Dizemos que riscar um fósforo causa incêndio, porque sem acendê-lo não haveria incêndio. Mas sem o oxigênio, sem a secura do papel, sem a imobilidade do recinto, também não haveria incêndio. Então, por que não dizemos "o oxigênio causou o incêndio"?

Um segundo enigma é a *preempção*. Suponhamos, para ilustrar o raciocínio, que Lee Harvey Oswald tivesse um cúmplice empoleirado na colina gramada em Dallas em 1963, e eles tivessem combinado que qualquer um dos dois que tivesse a primeira oportunidade de dar um tiro certeiro o faria, enquanto o outro desapareceria na multidão. No mundo contrafactual em que Oswald não deu o tiro, JFK ainda assim teria morrido — no entanto, seria absurdo negar que, no mundo em que ele de fato deu o tiro antes do cúmplice, tivesse causado a morte de Kennedy.

Um terceiro é a *sobredeterminação*. Um prisioneiro condenado é executado por um pelotão de fuzilamento em vez de por apenas um carrasco para que nenhum atirador tenha de conviver com o terrível fardo de ser a pessoa que causou a morte de outra: se ele não tivesse atirado, o prisioneiro ainda assim teria morrido. Mas a verdade é que, pela lógica das contrafactuais, *ninguém* causou sua morte.

E ainda temos a *causalidade probabilística*. Muitos de nós conhecemos uma nonagenária que fumou um maço por dia a vida inteira. Hoje em dia, porém, poucas pessoas diriam que sua idade avançadíssima prova que fumar não causa câncer, muito embora essa fosse uma "refutação" comum antes de a ligação entre o fumo e o câncer ser incontestável. Mesmo atualmente é muito difundida a confusão entre uma causalidade menos que perfeita e nenhuma causalidade. Uma coluna publicada em 2020 no *New York Times* defendia a extinção da polícia porque "a atual abordagem não acabou [com o estupro]. Em sua maioria, os estupradores jamais vão a julgamento".[17] O autor do artigo não levou em consideração a hipótese de que, se não existisse nenhum policiamento, um número ainda menor de estupradores, ou talvez absolutamente nenhum, chegaria a ser julgado num tribunal.

Só podemos fazer sentido desses paradoxos da causalidade se esquecermos as bolas de bilhar e reconhecermos que nenhum evento tem apenas uma causa. Os eventos são engastados numa *rede* de causas que detonam, permitem, inibem, impedem e aplicam pressão umas às outras em caminhos unidos e que se bifurcam. Os quatro enigmas causais se tornam menos enigmáticos quando mapeamos as estradas da causalidade em cada caso.

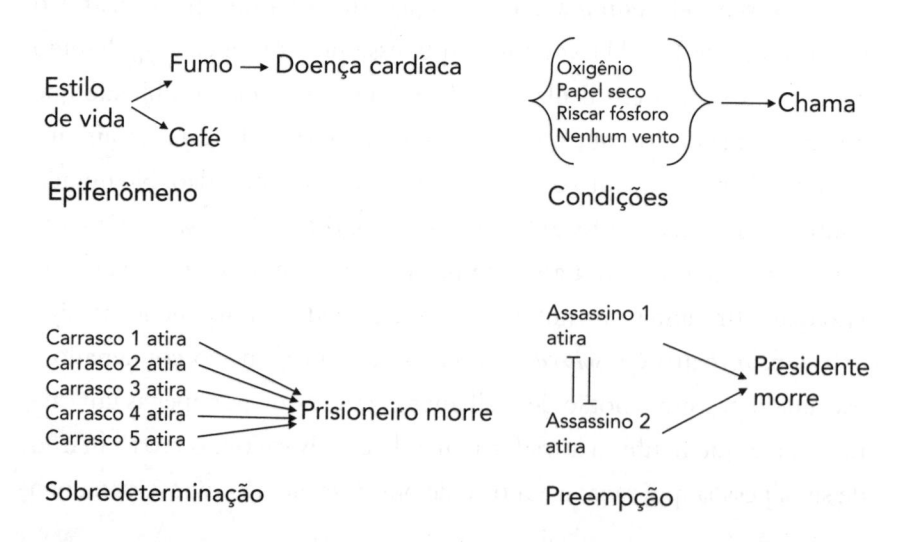

Estilo de vida → Fumo → Doença cardíaca
            ↘ Café

Epifenômeno

{Oxigênio, Papel seco, Riscar fósforo, Nenhum vento} → Chama

Condições

Carrasco 1 atira
Carrasco 2 atira
Carrasco 3 atira → Prisioneiro morre
Carrasco 4 atira
Carrasco 5 atira

Sobredeterminação

Assassino 1 atira
                ↘ Presidente morre
Assassino 2 atira ↗

Preempção

Se interpretar as setas não como implicações lógicas ("Se X fuma, então X terá doença cardíaca"), mas como probabilidades condicionais ("A verossimilhança de X ter doença cardíaca considerando-se que X é fumante é maior do que a verossimilhança de X ter doença cardíaca considerando-se que ele não é fumante"), e os nodos dos eventos não como sendo do tipo ligado ou desligado, mas como probabilidades, refletindo uma taxa-base ou *prior*, então o diagrama se chama rede bayesiana causal.[18] Pode-se calcular o que se desenrola com o tempo aplicando (naturalmente) a regra de Bayes, nodo por nodo, pela rede inteira. Por mais difícil que seja o emaranhado de causas, condições e confundimentos, é possível determinar quais eventos são, em termos causais, dependentes ou independentes uns dos outros.

O inventor dessas redes, o cientista da computação Judea Pearl, ressalta que elas são construídas a partir de três padrões simples — a cadeia de mediação, a forquilha de dependência mútua e a causação mútua —, cada um capturando uma característica fundamental (porém não intuitiva) da causalidade com mais de uma causa.

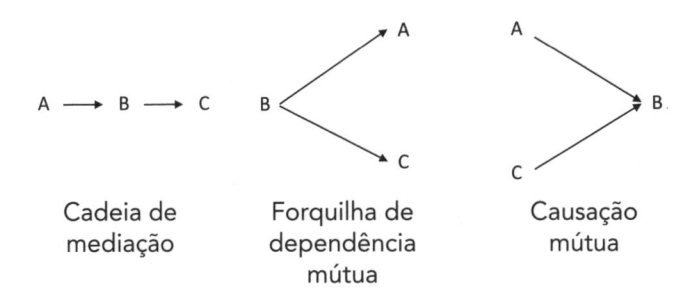

A ⟶ B ⟶ C

Cadeia de
mediação

B ⟨ A, C

Forquilha de
dependência
mútua

A, C ⟩ B

Causação
mútua

As conexões refletem as probabilidades condicionais. Em cada caso, A e C não estão conectadas diretamente, o que significa que a probabilidade de A dado B pode ser especificada independentemente da probabilidade de C dado B. E em cada caso algo de característico pode ser dito sobre a relação entre eles.

Numa *cadeia de mediação*, a primeira causa, A, fica "encoberta", separada do efeito final, C — sua única influência é através de B. No que diz respeito a C, A bem poderia não existir. Considere o alarme de incêndio de um hotel, acionado pela cadeia "fogo → fumaça → alarme". Na realidade, não se trata de um alarme de incêndio, mas de um alarme de fumaça, ou melhor, um alarme de nevoeiro. Os hóspedes podem ser acordados da mesma forma tanto por alguém pintando uma estante com tinta em aerossol perto de uma tomada de ar como por um inesperado maçarico para fazer *crème brûlée*.

Uma *forquilha de dependência mútua* já é conhecida: ela descreve um confundimento ou epifenômeno, com o consequente perigo da identificação incorreta da verdadeira causa. A idade (B) afeta o vocabulário (A) e o tamanho dos calçados (C), já que crianças mais velhas têm pés maiores e conhecem mais palavras. Isso quer dizer que o vocabulário tem uma correlação com o tamanho dos sapatos. Mas não seria recomendável que programas de auxílio a famílias de baixa renda as preparasse para frequentar a escola dando às crianças tênis de tamanho maior do que o adequado.

Tão perigosa quanto a forquilha é a *causação mútua*, na qual causas não relacionadas convergem num único efeito. Na realidade, ela é ainda mais perigosa, porque, enquanto a maioria das pessoas intuitivamente capta a falácia de um confundimento (e as faz cair na risada), o "viés de seleção na estratificação da causação" é quase desconhecido. A armadilha numa causação mútua é concentrar o foco numa série restrita de efeitos, inserindo uma correlação negativa artificial entre as causas, já que uma causa compensará a outra. Muitas mulheres com experiência em encontros se perguntam por que os homens de boa aparência são babacas. Mas essa pode ser uma calúnia contra os bonitões, e é uma perda de tempo bolar teorias para explicá-la, como a de que homens bonitos foram mimados a vida inteira. Muitas mulheres aceitam um encontro com um homem (B) somente se ele for ou atraente (A) ou simpático (C). Mesmo que a simpatia e a aparência não sejam correlacionadas no mundo dos encontros, os homens mais feiosos *tinham* de ser simpáticos, ou a mulher, para começar, nunca teria saído com eles, enquanto os "gatões" não eram selecionados por nenhum filtro desse tipo. Uma falsa correlação negativa foi inserida pela escolha disjuntiva por parte da mulher.

A falácia da causação mútua também engana críticos de testes padronizados, levando-os a pensar que as notas dos testes não importam, com base na observação de que os alunos da pós-graduação que foram admitidos com maiores notas não têm maior probabilidade de completar o programa. O problema é que os alunos que foram aceitos *apesar* das notas baixas deviam ter demonstrado *outras* vantagens.[19] Quando não se tem noção do viés, seria até mesmo possível concluir que fumar na gravidez é bom para os bebês, já que, entre os bebês com baixo peso ao nascer, os com mães que fumavam têm melhor saúde. Isso porque o baixo peso ao nascer deve ser causado por *alguma coisa*, e as outras causas possíveis, como o abuso do álcool ou de drogas, podem até ser ainda mais prejudiciais para a criança.[20] A falácia da causação mútua também explica por que Jenny Cavilleri sustentava de modo injusto que rapazes ricos eram burros: para conseguir entrar em Harvard (B), você pode ser ou rico (A) ou inteligente (C).

Da correlação à causalidade: experimentos reais e naturais

Agora que examinamos a natureza da correlação e a natureza da causalidade, está na hora de ver como chegar de uma até a outra. O problema não é que "a correlação não implique causalidade". Isso geralmente acontece porque, a menos que a correlação seja ilusória ou uma coincidência, *algo* deve ter causado o alinhamento de uma variável com a outra. O problema é que, quando uma coisa está correlacionada à outra, isso não significa necessariamente que a primeira causou a segunda. Como diz o mantra: quando A está correlacionado com B, isso poderia significar que A causa B, B causa A ou algum terceiro fator, C, causa tanto A como B.

A causalidade reversa e o confundimento, o segundo e o terceiro versos do mantra, estão por toda parte. O mundo é uma enorme rede bayesiana causal, com setas apontando para todos os lados, enredando acontecimentos em nós em que tudo está correlacionado com todo o restante. Esses retorcimentos (chamados de multicolinearidade e endogeneidade) podem surgir por causa do Efeito Mateus, vigorosamente explicado por Billie Holiday: "Os que têm receberão, os que não têm perderão. É o que a Bíblia diz, e ainda é notícia."[21] Países que são mais ricos também são propensos a ser mais saudáveis, felizes, seguros, bem instruídos, menos poluídos, mais pacíficos, mais democráticos, mais liberais, mais seculares e mais igualitários quanto ao gênero.[22] As pessoas que são mais ricas também são propensas a ser mais felizes, mais inteligentes, bem instruídas, bem relacionadas, a ter maior probabilidade de se exercitar e comer bem, e têm maior probabilidade de pertencer a grupos privilegiados.[23]

Esses emaranhados significam que é provável que quase todas as conclusões causais que tiramos de correlações entre países ou entre pessoas estejam erradas ou, no mínimo, não sejam comprovadas. Será que a democracia torna um país mais pacífico porque seu líder não pode prontamente transformar seus cidadãos em bucha de canhão? Ou países que não enfrentam ameaças dos países vizinhos têm o luxo de poder usufruir a democracia? Será que frequentar uma universidade dá a uma pessoa habilidades que a capacitam a ganhar bem no futuro? Ou será que só pessoas inteligentes, disciplinadas ou privilegiadas, que conseguem traduzir seus dons naturais em financeiros, saem da universidade com sucesso?

Existe uma forma impecável de desatar esses nós: o experimento randomizado, muitas vezes chamado de estudo controlado randomizado ou RCT, na sigla em inglês. Basta tomar uma grande amostra da população de interesse, dividi-la aleatoriamente em dois grupos, aplicar a suposta causa a um grupo e não dar ao outro grupo acesso a ela, e verificar se o primeiro grupo muda enquanto o segundo não o faz. Um experimento randomizado é o mais próximo que se pode chegar da *criação* do mundo contrafactual — que é a prova decisiva para a causalidade. Numa rede causal, ela consiste em isolar cirurgicamente a suposta causa de todas as influências de entrada, ajustá-la para valores diferentes e verificar se as probabilidades dos supostos efeitos diferem.[24]

A aleatoriedade é o segredo: se os pacientes que receberam a medicação se inscreveram antes, moravam mais perto do hospital ou apresentavam sintomas mais interessantes do que os pacientes que receberam o placebo, você nunca saberá se o medicamento funcionou. Como dizia um dos meus professores da pós-graduação (fazendo alusão a uma frase da peça *What Every Woman Knows* [O que toda mulher sabe], de J. M. Barrie): "A atribuição aleatória é como o charme. Se você a tiver, não precisa de mais nada; se não a tiver, não importa mais nada que você tenha."[25] Não é totalmente verdadeiro sobre o charme, e também não é totalmente verdadeiro sobre a atribuição aleatória, mas ainda está na minha cabeça décadas depois, e gosto mais dessa descrição do que do lugar-comum de que os estudos randomizados são o "padrão-ouro" para demonstrar a causalidade.

A prudência dos estudos controlados randomizados está se infiltrando nas políticas públicas, na economia e na educação. Cada vez mais, os "randomistas" estão recomendando aos criadores de políticas públicas que testem seus planos "infalíveis" num conjunto de vizinhanças, classes ou cidadezinhas aleatoriamente selecionadas e comparem os resultados com um grupo de controle que é posto numa lista de espera ou ao qual é dado algum programa sem sentido só para constar.[26] É provável que o conhecimento assim adquirido supere os modos tradicionais de avaliar políticas públicas, como o dogma, o folclore, o carisma, a sabedoria convencional e a opinião da pessoa mais bem paga.

Experimentos randomizados não são nenhuma panaceia (já que nada é uma panaceia, o que é uma boa razão para aposentar esse lugar-comum). Cientistas em laboratórios trocam palavras ásperas entre si tanto quanto cientistas de dados correlacionais, porque mesmo num experimento não se pode fazer só uma coisa. Condutores de experimentos podem acreditar que administraram um tratamento e somente aquele tratamento ao grupo experimental, mas outras variáveis podem ser confundidas com ele, um problema chamado excluibilidade. De acordo com uma piada, um casal não realizado em termos sexuais consulta um rabino, para quem apresentam seu problema, já que está escrito no Talmude que um marido é responsável pelo prazer sexual de sua mulher. O rabino coça a barba e apresenta uma solução: eles deveriam contratar um rapaz bonito e vigoroso para agitar uma toalha sobre eles na próxima vez que transassem, e as fantasias ajudariam a mulher a chegar ao clímax. O casal segue o conselho do grande sábio, mas o efeito desejado não é atingido; e eles mais uma vez vêm lhe implorar orientação. O rabino coça a barba mais uma vez e imagina uma variante. Dessa vez, o rapaz fará sexo com a mulher e o marido agitará a toalha. Eles seguem o conselho. E não é que a mulher tem um orgasmo extasiante, arrebatador? O marido diz ao rapaz: "Pateta! Viu? É *assim* que se agita uma toalha."

É claro que o outro problema com manipulações experimentais é que o mundo não é um laboratório. Não é como se os cientistas políticos pudessem lançar uma moeda, impor a democracia em alguns países e a autocracia em outros e esperar cinco anos para ver quais entrariam em guerra. Os mesmos problemas práticos e éticos se aplicam aos estudos de indivíduos, como demonstrado no cartum a seguir.

"O título do meu projeto de ciências é 'Meu irmãozinho: natureza ou criação'."

Embora nem tudo possa ser estudado num ensaio experimental, cientistas sociais concentraram sua engenhosidade para descobrir casos em que o mundo faz a randomização para eles. Esses experimentos da natureza podem às vezes permitir que se extraiam conclusões causais de um universo correlacional. Eles são um tema recorrente em *Freakonomics*, a série de livros e outras mídias de autoria do economista Steven Levitt e do jornalista Stephen Dubner.[27]

Um exemplo é a "descontinuidade de regressão". Digamos que você queira decidir se frequentar a universidade enriquece pessoas ou se adolescentes destinados à prosperidade têm maior probabilidade de serem aceitos por universidades. Embora não se possa literalmente randomizar uma amostra de adolescentes e forçar uma universidade a aceitar um grupo e rejeitar outro, universidades seletivas de fato fazem isso com estudantes próximos de seu ponto de corte. Ninguém acredita que o aluno que passou raspando no vestibular com a nota 1.720 seja mais inteligente do que aquele que por pouco não conseguiu entrar, com 1.710. A diferença está no ruído, e até que poderia ter sido aleatória. (O mesmo vale para outras qualificações como notas no ensino médio e cartas de recomendação.) Suponhamos que ambos os grupos sejam acompanhados por uma década e seja criado um gráfico comparativo entre sua renda e suas notas no exame. Se houver um degrau ou um cotovelo no ponto de corte, com um salto maior no salário na fronteira entre a rejeição e a aceitação do que para intervalos de tamanhos semelhantes ao longo do resto da escala, pode-se concluir que a varinha de condão da admissão à universidade fez uma diferença.

Outra dádiva para cientistas sociais famintos por causalidade é a aleatoriedade fortuita. Será que a Fox News torna as pessoas mais conservadoras ou será que os conservadores são atraídos para a Fox News? Quando o canal estreou, em 1996, diferentes empresas de TV a cabo o acrescentaram a seus menus de modo aleatório ao longo dos cinco anos seguintes. Economistas tiraram vantagem dessa causalidade durante aquela meia década e descobriram que cidades com a Fox News em seus canais disponíveis na TV a cabo votavam de 0,4 a 0,7 pontos mais em republicanos do que cidades que precisavam assistir a algum outro canal.[28] Essa diferença é grande o suficiente para virar uma eleição apertada, e o efeito poderia ter se acumulado nas décadas subsequentes quando a entrada universal da Fox News nos mercados televisivos tornou o efeito mais difícil de provar, mas não menos poderoso.

Mais difícil, mas não impossível. Outro lance genial atende pelo nome antipático de "regressão por variáveis instrumentais". Suponhamos que você queira ver se A causa B e esteja preocupado com as habituais perturbações da causalidade reversa (B causa A) e do confundimento (C causa A e B). Agora suponhamos que encontre alguma quarta variável, I (o "instrumento"), que está correlacionado com a suposta causa, A, mas não poderia de modo algum ser causado por ela, digamos, porque aconteceu anteriormente, sendo o futuro incapaz de afetar o passado. Suponhamos também que essa variável intacta também não esteja correlacionada com o confundidor C, e que ela não possa causar B diretamente, apenas através de A. Mesmo que A não possa ser atribuído randomicamente, temos algo que quase chega lá, I. Se I, o perfeito substituto para A, revelar que é correlacionado com B, essa é uma indicação de que A causa B.

O que isso tem a ver com a Fox News? Outra dádiva para os cientistas sociais é a preguiça norte-americana. Os norte-americanos detestam sair do carro, acrescentar água a uma mistura para sopa e ficar clicando pelo menu da TV a cabo para ver acima do número 10. Quanto mais baixo o número do canal, mais espectadores ele terá. Hoje, à Fox News são atribuídos números diferentes de canais pelas diferentes empresas de TV a cabo de forma bastante aleatória (a numeração dependia somente de quando a rede fechava o acordo com cada empresa de TV a cabo, e não estava relacionada aos aspectos demográficos dos espectadores). Enquanto um número baixo de canal (I) pode fazer com que pessoas assistam à Fox News (A), e assistir à Fox News pode ou não fazer com que elas votem no Partido Republicano (B), tampouco ter opiniões conservadoras (C) ou votar nos republicanos tem como fazer com que o canal de televisão preferido de alguém desça pelo menu da TV a cabo. E de fato, numa comparação entre mercados de TV a cabo, quanto mais baixo o número do canal da Fox News em relação a outras redes de notícias, maior a votação em republicanos.[29]

Da correlação à causalidade sem experimentação

Quando um cientista de dados encontra uma descontinuidade de regressão ou uma variável instrumental, esse é um dia de sorte. Entretanto, com mais frequência eles precisam espremer a causalidade que puderem a partir do costumeiro emaranhado correlacional. Nem tudo está perdido, porque há paliativos para cada um dos achaques que enfraquecem a inferência causal. Eles não são tão bons quanto o charme da atribuição randômica, mas muitas vezes são o melhor que se pode fazer num mundo que não foi criado para agradar aos cientistas.

A causalidade reversa é das duas a mais fácil de excluir, graças à lei implacável que cerceia os escritores de ficção científica e de outros enredos com viagens no tempo, como *De volta para o futuro:* o futuro não pode afetar o passado. Suponha que você queira testar a hipótese de que a democracia causa a paz, não vice-versa. Para começar, é preciso evitar a falácia da causalidade do tudo ou nada e avançar além da alegação comum, porém falsa, de que as "democracias nunca lutam entre si" (há grande quantidade de exceções).[30] A hipótese mais realista é a de que países que são *relativamente* mais democráticos tenham *menor probabilidade* de entrar em guerra.[31] Algumas organizações de pesquisa atribuem a países notas em democracia de -10 para uma autocracia total, como a Coreia do Norte, até +10 para uma democracia plena, como a Noruega. A paz é um pouco mais difícil, porque (felizmente para a humanidade, mas infelizmente para os cientistas sociais) guerras de conflito armado são incomuns, de modo que a maioria dos registros na tabela seria "0". Em vez disso, pode-se estimar a propensão a uma guerra pelo número de "disputas militarizadas" em que um país se envolveu ao longo de um ano: ostentações de poderio militar, forças em alerta, tiros de advertência, aeronaves de guerra sob ordens de decolagem imediata, ameaças belicosas e escaramuças em fronteiras. Pode-se converter isso de um escore de guerra para um escore de paz (para que países mais pacíficos obtenham números mais altos), subtraindo-se a conta de algum número maior, como o número máximo de disputas já registrado. Então, pode-se correlacionar o escore de paz com o escore de democracia. É óbvio que essa correlação sozinha não prova nada.

Mas suponhamos que cada variável seja registrada *duas vezes*, digamos, com um intervalo de uma década. Se a democracia provoca a paz, o escore da democracia no Tempo 1 deveria ser correlacionado com o escore da paz no Tempo 2. Isso também prova muito pouco, porque pau que nasce torto morre torto: uma democracia pacífica dez anos atrás pode simplesmente continuar uma democracia pacífica hoje. Mas, como um controle, pode-se olhar para a outra diagonal: a correlação entre Democracia (o escore de democracia) no Tempo 2 e Paz (o escore de paz) no Tempo 1. Essa correlação capta qualquer causalidade reversa, junto com os confundimentos que ficaram imóveis ao longo da década. Se a primeira correlação (causa passada com efeito presente) for mais forte que a segunda (efeito passado com causa presente), essa é uma pista de que a democracia causa a paz, e não vice-versa. A técnica chama-se correlação com painel de retardo cruzado, sendo "painel" jargão para um conjunto de dados que contém medições a vários pontos no tempo.

Também os confundimentos podem ser manejados por uma estatística inteligente. Você pode ter lido, em artigos de notícias sobre a ciência, a respeito de pesquisadores "que mantêm constante" alguma variável confundida ou perturbadora ou "realizam um controle estatístico para" ela. O modo mais simples de fazer isso é chamado de emparelhamento.[32] A relação entre democracia-paz é infestada de uma quantidade de confundimentos, como a prosperidade, a educação, o comércio e a inclusão em organizações de tratados. Consideremos um deles, a prosperidade, medida como o PIB *per capita*. Suponhamos que, para cada democracia em nossa amostra, encontrássemos uma autocracia que tivesse o mesmo PIB *per capita*. Se compararmos a média dos escores de paz das democracias com os de seus duplos idênticos autocráticos, teríamos uma estimativa dos efeitos da democracia sobre a paz, mantendo-se o PIB constante. A lógica do emparelhamento é direta, mas exige uma grande quantidade de candidatos entre os quais se encontrariam bons pares, e o número cresce ainda mais à medida que mais confundimentos têm de ser mantidos constantes. Isso pode funcionar para um estudo epidemiológico com dezenas de milhares de participantes a escolher, mas não funciona para um estudo político num mundo com apenas 193 países.

A técnica mais corrente é chamada de regressão múltipla, e ela tira vantagem do fato de que um confundimento nunca é *perfeitamente* correlacionado com uma suposta causa. As discrepâncias entre elas revelam ser não ruído perturbador, mas informações que podem ser utilizadas. Eis como ela poderia funcionar com a democracia, a paz e o PIB *per capita*. De início, montamos um gráfico com a suposta causa, o escore da democracia, em contraste com a variável perturbadora (na página 290, gráfico superior à esquerda), um ponto por país. (Os dados são falsos, criados para ilustrar a lógica.) Inserimos a linha de regressão e voltamos nossa atenção para os resíduos: a distância vertical entre cada ponto e a linha, correspondendo à discrepância entre o grau de democracia que o país *teria*, se a renda previsse a democracia com perfeição, e quanto ele é democrático na realidade. Agora, descartamos o escore de democracia original de cada país e o substituímos pelo resíduo: a medida de quanto ele é democrático, feitos os ajustes sobre a renda.

Agora vamos fazer o mesmo com o efeito suposto, a paz. Montamos um gráfico com o escore da paz em contraste com a variável perturbadora (na página 290, gráfico superior à direita), medimos os resíduos, descartamos os dados originais da paz e os substituímos pelos resíduos, ou seja, quanto cada país é pacífico acima e além do que se esperaria de sua renda. O passo final é óbvio: correlacionar os resíduos da Paz com os resíduos da Democracia (gráfico inferior). Se a correlação for significativamente diferente de zero, pode-se postular que a democracia causa a tranquilidade, mantendo-se a prosperidade constante.

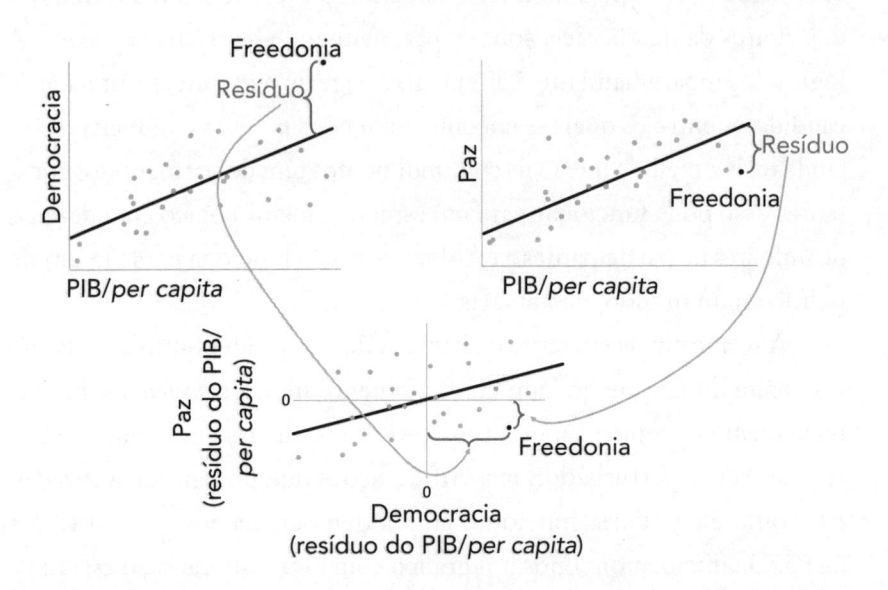

O que você acaba de ver é o cerne da grande maioria das estatísticas usadas em epidemiologia e ciências sociais, chamado de modelo linear geral. A entrega é uma equação que lhe permite prever o efeito a partir de uma soma ponderada dos preditores (alguns deles, presumivelmente, causas). Se você é bom no pensamento visual, pode imaginar a previsão como um *plano* inclinado, mais do que como uma linha, flutuando acima do chão definido pelos dois preditores. Qualquer quantidade de preditores pode ser acrescentada, criando um hiperplano num hiperespaço — isso rapidamente sobrecarrega nossos débeis poderes de visualização (que enfrentam problemas suficientes para lidar com três dimensões), mas na equação isso consiste apenas em adicionar termos à sequência. No caso da paz, a equação poderia ser: Paz = (a × Democracia) + (b × PIB/*per capita*) + (c × Comércio) + (d × participação em Tratados) + (e × Educação), pressupondo-se que qualquer um desses cinco pudesse promover ou atrair a paz. A análise da regressão nos informa quais das variáveis candidatas exercem seu poder na previsão do resultado, mantendo-se cada uma das outras constante. Não é uma máquina automática para comprovar a causalidade — ainda é preciso que se interpretem as variáveis e como elas estão conectadas em termos plausíveis, além de se ficar alerta para uma infinidade de armadilhas —, mas é a ferramenta de uso mais comum para desemaranhar múltiplas causas e confundimentos.

Causas múltiplas, soma e interação

A álgebra de uma equação de regressão é menos importante que a ideia maior ostentada por sua forma: os eventos têm mais de uma causa, todas elas estatísticas. A ideia parece elementar, mas costuma ser desrespeitada na fala pública. Com excessiva frequência, as pessoas escrevem como se cada resultado tivesse uma causa única e infalível: se foi demonstrado que A afeta B, isso prova que C não pode afetá-lo. Pessoas de sucesso passam dez mil horas ensaiando suas habilidades. Diz-se isso para demonstrar que a realização é uma questão de prática, não de talento. Os homens hoje choram com uma frequência duas vezes maior do que seus pais — isso mostra que a diferença no choro entre homens e mulheres é social, não biológica. A possibilidade de causas múltiplas — a natureza *e* a criação, o talento *e* a dedicação — é inconcebível.

Ainda mais impalpável é a ideia de causas que *interagem*: a possibilidade de que o efeito de uma causa possa depender de outra. Talvez todos se beneficiem da prática, mas os talentosos se beneficiam mais. Precisamos é de um vocabulário para falar e pensar sobre causas múltiplas. Essa é ainda mais uma área na qual alguns conceitos simples da estatística podem tornar todos mais inteligentes. Os conceitos reveladores são *efeito principal* e *interação*.

Vamos ilustrá-los com dados falsos. Suponhamos estar interessados no que torna macacos medrosos: a hereditariedade, ou seja, a espécie à qual pertencem (macacos-pregos ou saguis), ou o ambiente em que foram criados (sozinhos, junto com as mães, ou num grande recinto com boa quantidade de outras famílias de macacos). Suponhamos que temos uma forma de medir o medo — até que distância o animal se aproxima de uma cobra de borracha. Com duas causas possíveis e um efeito, seis resultados diferentes podem ocorrer. Isso parece complicado, mas as possibilidades saltam aos olhos assim que as inserimos em gráficos. Comecemos com as três mais simples.

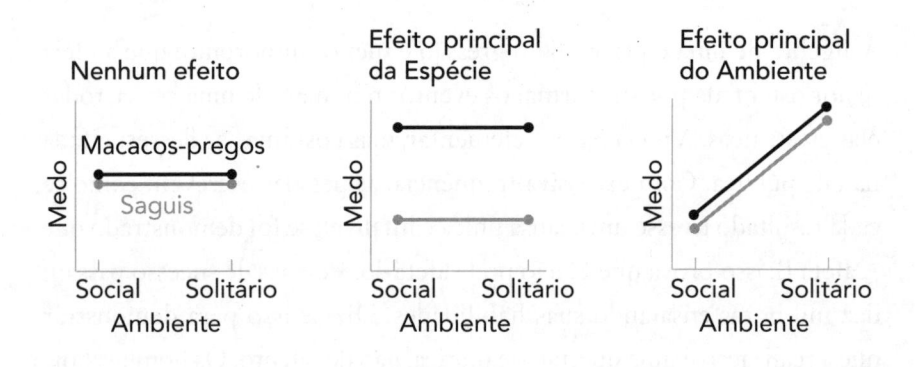

Nenhum efeito

Medo (Macacos-pregos / Saguis)
Ambiente: Social / Solitário

Efeito principal da Espécie

Medo
Ambiente: Social / Solitário

Efeito principal do Ambiente

Medo
Ambiente: Social / Solitário

O gráfico da esquerda mostra um grande nada: um macaco é um macaco. As espécies não têm importância (as linhas ficam uma em cima da outra); o ambiente também não importa (cada linha é plana). O gráfico central é o que veríamos se a Espécie tivesse importância (os macacos-pregos são mais assustadiços que os saguis, demonstrado por sua linha flutuando mais alto no gráfico) e o Ambiente não tivesse importância alguma (as duas espécies são igualmente medrosas, quer o animal tenha sido criado sozinho, quer com outros, indicado pelas duas linhas planas). No jargão, afirmamos que há um *efeito principal* da Espécie, querendo dizer que o efeito é visto em todas as circunstâncias, não importa qual seja o ambiente. O gráfico da direita mostra o resultado oposto, um efeito principal do Ambiente, mas nenhum da Espécie. Ser criado sozinho torna um macaco mais medroso (visto na inclinação das linhas), mas isso vale tanto para macacos-pregos quanto para saguis (visto nas linhas que caem uma por cima da outra).

Agora vamos ficar ainda mais inteligentes e dedicar nossa mente a causas múltiplas. Mais uma vez temos três possibilidades. Como seria se *tanto* a Espécie *quanto* o Ambiente tivessem importância: se os macacos-pregos tivessem mais medo inato do que os saguis, *e ainda* se o fato de ser criado sozinho tornasse um macaco mais medroso? O gráfico mais à esquerda mostra essa situação, ou seja, dois efeitos principais. Ele assume a forma das duas linhas com inclinações paralelas, uma pairando acima da outra.

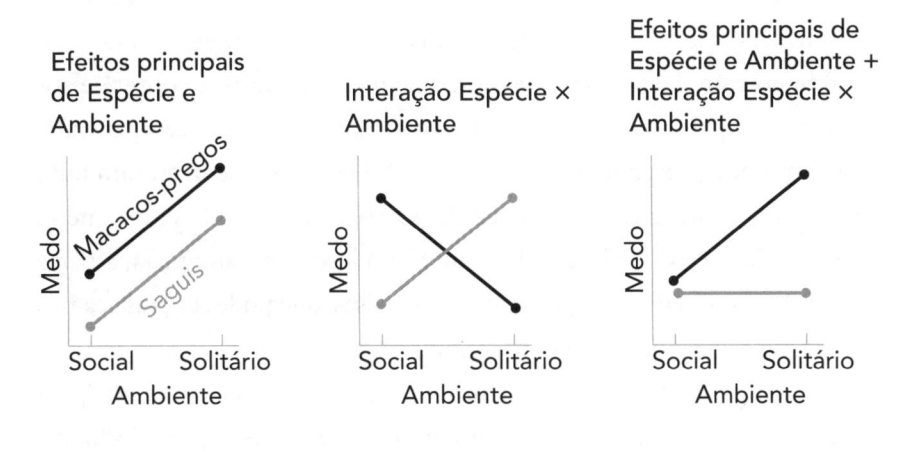

Efeitos principais de Espécie e Ambiente

Interação Espécie × Ambiente

Efeitos principais de Espécie e Ambiente + Interação Espécie × Ambiente

As coisas ficam realmente interessantes no gráfico do meio. Aqui, os dois fatores importam, mas cada um depende do outro. Se você é um macaco-prego, ser criado sozinho o deixa mais valente; se você é um sagui, ser criado sozinho o deixa mais manso. Vemos uma *interação* entre Espécie e Ambiente, que visualmente é representada pelas linhas não paralelas. Nesses dados, as linhas formam um X perfeito, o que significa que os efeitos principais se cancelam totalmente. No geral, a Espécie não importa: o ponto central da linha dos macacos-pregos está bem em cima do ponto central da linha dos saguis. O Ambiente também não importa no geral: a média para Social, correspondente ao ponto central entre as duas pontas mais à esquerda, está alinhada com a média para Solitário, correspondente ao ponto central entre as duas mais à direita. É óbvio que a Espécie e o Ambiente importam: o que acontece é que o *modo* como cada causa importa depende da outra.

Por fim, pode coexistir uma interação com um ou mais efeitos principais. No gráfico mais à direita, o fato de serem criados sozinhos torna os macacos-pregos mais medrosos, mas não tem efeito algum nos sempre tranquilos saguis. Como o efeito nos saguis não cancela totalmente o efeito nos macacos-pregos, nós chegamos a ver um efeito principal de Espécie (a linha dos macacos-pregos é mais alta) e um efeito principal de Ambiente (o ponto central dos dois cantos esquerdos é mais baixo que o ponto central dos dois direitos). Mas, sempre que interpretamos um fenômeno com duas ou mais causas, qualquer interação se sobrepõe aos efeitos principais: ela fornece mais *insight* quanto ao que está acontecendo. Uma interação geralmente implica que as duas causas se misturam num único elo na cadeia causal, em vez de ocorrer em elos diferentes que se somam. Com esses dados, o elo comum poderia ser a amígdala, a parte do cérebro que registra experiências temerosas, que pode ser plástica nos macacos-pregos, mas rígida nos saguis.

Com essas ferramentas cognitivas, agora estamos equipados para fazer sentido de causas múltiplas no mundo: podemos ir além de "natureza *versus* criação" e de tentar saber se os gênios "nascem assim ou são feitos". Vamos nos voltar para alguns dados reais.

O que causa a depressão grave: um evento estressante ou uma predisposição genética? O gráfico na página 295 mostra a verossimilhança de ocorrência de um episódio de depressão grave numa amostragem de mulheres com irmãs gêmeas.[33]

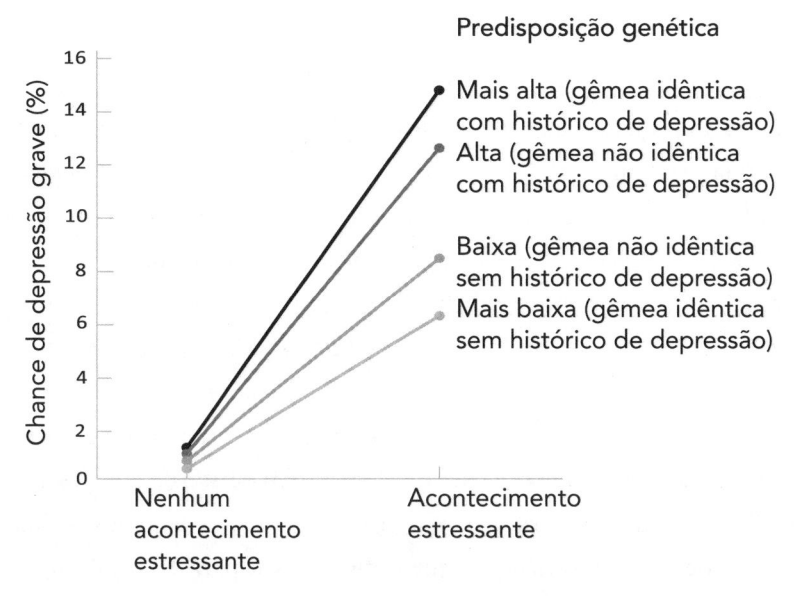

Predisposição genética

Chance de depressão grave (%) — eixo vertical 0 a 16

- Mais alta (gêmea idêntica com histórico de depressão)
- Alta (gêmea não idêntica com histórico de depressão)
- Baixa (gêmea não idêntica sem histórico de depressão)
- Mais baixa (gêmea idêntica sem histórico de depressão)

Eixo horizontal: Nenhum acontecimento estressante — Acontecimento estressante

[Adaptado de Kendler et al., 2010]

A amostra inclui mulheres que tinham passado por um grave fator estressante, como um divórcio, uma agressão ou a morte de um parente próximo (pontos à direita) e mulheres que não tinham passado por nada semelhante (pontos à esquerda). Examinando as linhas do alto para baixo, a primeira é para mulheres que podem ter uma alta predisposição a depressão, porque sua gêmea idêntica, com quem elas compartilham todos os seus genes, tem histórico de depressão. A linha seguinte, abaixo, é para mulheres que são só até certo ponto predispostas a depressão porque uma gêmea não idêntica, com quem elas compartilham *metade* dos seus genes, sofreu de depressão. Abaixo, temos uma linha para mulheres que não são especialmente predispostas a depressão por sua gêmea não idêntica não ter tido o transtorno. Na parte inferior, encontramos uma linha para mulheres que têm o menor risco porque sua gêmea idêntica não teve depressão.

O padrão revelado no gráfico nos mostra três coisas. A experiência importa: vemos um efeito principal de estresse na inclinação ascendente das linhas em leque, o que demonstra que passar por um acontecimento estressante aumenta a probabilidade de ficar deprimido. No todo, os genes importam: as quatro linhas flutuam a alturas diferentes, e com isso revelam que, quanto maior a predisposição genética, maior o risco de que se venha a ter um episódio depressivo. Mas a verdadeira lição é a *interação*: as linhas não são paralelas. (Outro jeito de dizer isso é que os pontos caem um em cima do outro na esquerda, mas estão espalhados na direita.) Se você não passar por um acontecimento estressante, seus genes praticamente não importam: qualquer que seja seu genoma, o risco de um episódio depressivo ocorrer é menor que 1%. Mas se passar por um acontecimento estressante, seus genes têm enorme importância: uma dose completa de genes associados a escapar da depressão mantém o risco de ficar deprimido em 6% (a linha mais para baixo); uma dose completa de genes associados a sofrer de depressão mais do que dobra o risco para 14% (a linha mais no alto). A interação nos diz não só que tanto os genes como o ambiente são importantes, mas também que eles parecem surtir seus efeitos no mesmo elo da cadeia causal. Os genes que essas gêmeas compartilham em diferentes graus não são em si genes para a depressão; são genes para a vulnerabilidade ou para a resiliência diante de experiências estressantes.

Voltemos a atenção para saber se astros nascem assim ou são feitos. O gráfico da página 297, também proveniente de um estudo real, mostra avaliações da competência no xadrez numa amostra de enxadristas que jogaram a vida toda, que diferem em sua capacidade cognitiva aferida e na quantidade de partidas que disputam por ano.[34] A prática aprimora, se não aperfeiçoa: vemos um efeito principal de partidas disputadas por ano, visível na linha ascendente geral. O talento determina: vemos um efeito principal de capacidade, visível na distância entre as duas linhas. Mas a moral da história é a *interação*: as linhas não são paralelas, demonstrando que jogadores mais inteligentes ganham mais a cada novo treino. Uma forma equivalente de dizer isso é que, sem o treino, a capacidade cognitiva quase não importa (as extremidades das linhas mais à esquerda quase se sobrepõem), mas, com a prática, os jogadores mais inteligentes ostentam seu talento (as extremidades da direita estão bem distantes entre si). Conhecer a diferença entre efeitos principais e interações não só nos protege de nos enganarmos com falsas dicotomias, como também nos oferece uma visão mais profunda que penetra na natureza das causas subjacentes.

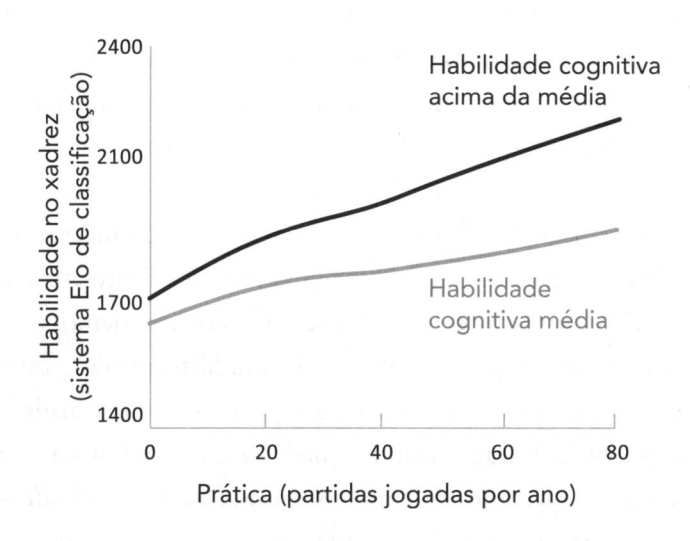

[Adaptado de Vaci et al., 2019]

Redes causais e seres humanos

Como forma de entender a riqueza causal do mundo, uma equação de regressão é bastante simplória: ela apenas soma uma porção de preditores ponderados. Interações também podem ser incorporadas, podendo ser representadas como preditores adicionais derivados da multiplicação conjunta dos que interagem. Uma equação de regressão nem de longe chega a ser tão complexa quanto as redes de aprendizado profundo que vimos no Capítulo 3, as quais aceitam milhões de variáveis e as combinam em longas e intricadas cadeias de fórmulas, em vez de simplesmente jogá-las numa caçamba e somá-las. Contudo, apesar de sua simplicidade, uma das espantosas descobertas da psicologia do século XX é que uma equação de regressão pouco sofisticada costuma superar um especialista humano. A descoberta, observada pela primeira vez pelo psicólogo Paul Meehl, foi denominada "opinião clínica *versus* atuarial".[35]

Suponhamos que você queira prever algum resultado quantificável — quanto tempo um paciente de câncer sobreviverá, se um paciente psiquiátrico acabará recebendo o diagnóstico de uma neurose leve ou de uma psicose grave; se um acusado de um crime descumprirá as condições da fiança ou da liberdade condicional, ou voltará a cometer um crime; quanto um universitário se sairá bem na pós-graduação; se uma empresa terá sucesso ou se irá para o brejo; qual será o retorno do investimento num fundo de ações. Você dispõe de um conjunto de preditores: uma lista de verificação de sintomas, um conjunto de características demográficas, um levantamento do comportamento prévio, um histórico das notas na faculdade ou em provas — qualquer coisa que possa estar relacionada com o desafio da previsão. Então, mostra os dados a um especialista — um psiquiatra, um juiz, um analista de investimentos e assim por diante — e ao mesmo tempo insere esses dados numa análise de regressão-padrão para obter a equação da previsão. Qual será o prognóstico mais exato, o do especialista ou o da equação?

Quase todas as vezes quem sai ganhando é a equação. Na realidade, o especialista a quem é dada a equação e a permissão de usá-la para suplementar sua opinião com frequência se sai pior do que a equação sozinha. A razão disso é que especialistas veem com excessiva rapidez circunstâncias atenuantes que, a seu ver, tornam a fórmula inaplicável. Às vezes essa atitude é chamada de problema da perna quebrada, a partir da ideia de que um especialista humano, mas não um algoritmo, tem a noção de saber que uma pessoa que acabou de quebrar a perna não vai sair para dançar naquela noite, mesmo que uma fórmula diga que ele faz isso todas as semanas. A questão é que a equação *já* leva em conta a verossimilhança de que circunstâncias atenuantes mudarão o resultado e as inclui no conjunto com todas as outras influências, enquanto o especialista humano fica impressionado com os detalhes que atraem sua atenção e se desfaz das taxas-base muito rápido. De fato, alguns dos preditores nos quais os especialistas humanos mais confiam, como entrevistas presenciais, têm sua total inutilidade revelada por análises de regressão.

Não que os humanos possam ser descartados. Uma pessoa ainda é indispensável para o fornecimento de preditores que exijam compreensão real, como entender linguagem e categorizar comportamentos. Acontece que um ser humano é ineficiente na tarefa de *combiná-los*, enquanto essa tarefa é a especialidade de um algoritmo de regressão. Como Meehl ressalta, na saída do supermercado você não diria para a pessoa no caixa: "Me parece que o total deu 76 dólares, certo?" No entanto, é isso o que fazemos quando combinamos intuitivamente um conjunto de causas probabilísticas.

Apesar de todo o poder de uma equação de regressão, a descoberta mais esmagadora acerca da previsão do comportamento humano é como ele é imprevisível. É fácil dizer que o comportamento é causado por uma combinação de hereditariedade e ambiente. No entanto, quando examinamos um preditor que tem de ser mais poderoso do que a melhor equação de regressão — a gêmea idêntica de uma pessoa, com quem ela compartilha genoma, família, vizinhança, escolaridade e cultura —, vemos que a correlação entre os traços das duas gêmeas, embora muito mais alta do que o acaso, é muito mais baixa do que 1, tipicamente em torno de 0,6.[36] Isso deixa misteriosamente sem explicação um *monte* de diferenças humanas: apesar de causas quase idênticas, os efeitos nem chegam perto de ser idênticos. Uma gêmea pode ser homossexual e a outra, hétero; uma ser esquizofrênica e a outra não. No gráfico da depressão, vimos que o risco de uma mulher vir a sofrer de depressão caso seja atingida por um acontecimento estressante *e* tenha uma comprovada disposição genética para a depressão não é de 100%, mas de apenas 14%.

Um recente e extraordinário estudo reforça a maldita imprevisibilidade da espécie humana.[37] Cento e sessenta equipes de pesquisadores receberam um enorme conjunto de dados sobre milhares de famílias fragilizadas, que incluía renda, escolaridade, histórico de saúde, bem como os resultados de múltiplas entrevistas e avaliações nas moradias. As equipes foram desafiadas a prever os resultados de cada família, como as notas das crianças, a verossimilhança de os pais serem despejados, terem emprego ou terem se matriculado para aperfeiçoamento profissional. Foi permitido aos competidores aplicar ao problema qualquer algoritmo que quisessem: regressão, aprendizado profundo ou qualquer outra novidade ou moda na inteligência artificial. Os resultados? Nas palavras suavizadas do resumo do trabalho: "As melhores previsões não foram muito precisas." Traços idiossincráticos de cada família sufocaram os preditores genéricos, por mais que eles tivessem sido associados com habilidade. É uma tranquilidade para as pessoas que se preocupam com a possibilidade de a inteligência artificial em breve prever cada movimento nosso. Mas também é uma punição humilhante para nossas pretensões de entender totalmente a rede causal na qual nos encontramos.

E, por falar em humildade, chegamos ao final de sete capítulos projetados para equipar o leitor com o que creio serem as mais importantes ferramentas da racionalidade. Se atingi meu intento, você vai apreciar esta palavra final do *XKCD*:

[xkcd.com]

10
O QUE ESTÁ ERRADO COM AS PESSOAS?

> Diga às pessoas que há no céu um homem invisível que criou o Universo, e a maioria acreditará. Diga-lhes que a tinta está fresca, e elas precisam tocar para ter certeza.
>
> — GEORGE CARLIN

Este é o capítulo pelo qual a maioria de vocês está esperando. Sei disso por conversas e correspondência. Assim que menciono o tópico da racionalidade, as pessoas me perguntam por que parece que a humanidade está perdendo a razão.

No momento em que escrevo, um glorioso marco na história da racionalidade está ocorrendo: vacinas capazes de dar um fim a uma peste mortal estão sendo aplicadas menos de um ano após a doença ter surgido. No entanto, nesse mesmo ano, a pandemia de covid-19 desencadeou um monte de teorias da conspiração ridículas: de que a doença era uma arma biológica desenvolvida num laboratório chinês, uma notícia falsa espalhada pelo Partido Democrata para sabotar as chances de reeleição de Donald Trump, um subterfúgio criado por Bill Gates para implantar microchips rastreáveis no corpo das pessoas, uma trama de um conluio das elites globais para controlar a economia mundial, um sintoma do lançamento das redes de dados móveis 5G e um meio para Anthony Fauci (diretor do Instituto Nacional de Alergia e Doenças Infecciosas dos Estados

Unidos) auferir lucros inesperados a partir de uma vacina.[1] Pouco antes de as vacinas serem divulgadas, um terço dos norte-americanos dizia que as rejeitaria, parte de um movimento contrário à vacinação que se opõe à invenção mais benévola da história de nossa espécie.[2] O charlatanismo relacionado à covid foi endossado por celebridades, políticos e, de modo preocupante, pela pessoa mais poderosa do mundo na época da pandemia, o presidente dos Estados Unidos, Donald Trump.

O próprio Trump, que recebeu o apoio constante de cerca de 40% do público norte-americano, levantou ao longo de seu mandato mais dúvidas quanto a nossa capacidade racional coletiva. Em fevereiro de 2020, ele previu que a covid-19 iria desaparecer "como um milagre" e defendeu curas falsas como medicamentos contra a malária, injeções de água sanitária e aplicações de luz. Desdenhou de medidas básicas de saúde pública, como máscaras e distanciamento social, mesmo depois que ele próprio foi contaminado, inspirando milhões de norte-americanos a não seguir as medidas e ampliando a carga de mortes e dificuldades financeiras.[3] Tudo parte de uma rejeição maior das normas da razão e da ciência. Trump contou cerca de trinta mil mentiras durante seu mandato, teve um porta-voz oficial que alardeou "fatos alternativos", afirmou que a mudança climática era um blefe da China e reprimiu a divulgação do conhecimento por parte de cientistas em órgãos federais de supervisão da saúde pública e da proteção ambiental.[4] Repetidamente deu publicidade à QAnon, a seita adepta da teoria conspiratória que conta com milhões de integrantes que lhe credita o combate a um círculo de pedófilos adoradores de Satanás, enraizado no "estado profundo" norte-americano. E se recusou a reconhecer sua derrota na eleição de 2020, iniciando batalhas jurídicas birutas para inverter os resultados, conduzidas por advogados que mencionavam mais uma conspiração, dessa vez com o envolvimento de Cuba, Venezuela, alguns governadores e autoridades do partido a que ele pertence.

O charlatanismo diante da covid, a negação das mudanças climáticas e teorias conspiratórias são sintomas do que algumas pessoas estão chamando de "crise epistemológica" e de "era da pós-verdade".[5] Outro sintoma são as *fake news*. Na segunda década do século XXI, as mídias sociais se tornaram canais de escoamento para histórias absurdas, como as seguintes:[6]

PAPA FRANCISCO CHOCA O MUNDO AO APOIAR
DONALD TRUMP PARA PRESIDENTE

YOKO ONO: "TIVE UM CASO COM
HILLARY CLINTON NA DÉCADA DE 1970"

DEMOCRATAS VOTAM AGORA AUMENTO DO ATENDIMENTO MÉDICO PARA
IMIGRANTES ILEGAIS, REJEITAM VOTO POR VETERANOS QUE HÁ 10 ANOS
ESPERAM PELO MESMO SERVIÇO

TRUMP PROIBIRÁ TODOS OS PROGRAMAS DE TV
QUE PROMOVEREM A HOMOSSEXUALIDADE

MULHER PROCESSA SAMSUNG POR 1,8 MILHÃO DE DÓLARES APÓS CELULAR
FICAR PRESO EM SUA VAGINA

GANHADOR DA LOTERIA PRESO POR DESPEJAR 200 MIL DÓLARES EM
ESTERCO NO GRAMADO DO EX-CHEFE

Também muito difundidas são as crenças em espíritos maléficos, na bruxaria e em outras superstições. Como mencionei no Capítulo 1, três quartos dos norte-americanos nutrem pelo menos uma crença paranormal. Eis alguns números da primeira década de nosso século:[7]

Possessão demoníaca: 42%
Percepção extrassensorial: 41%
Fantasmas e espíritos: 32%
Astrologia: 25%

Bruxas: 21%
Comunicação com os mortos: 29%
Reencarnação: 24%
Energia espiritual em montanhas, árvores e cristais: 26%
Mau-olhado, maldições e feitiços: 16%
Consultas a adivinhos ou videntes: 15%

De modo igualmente preocupante para alguém como eu que gosta de mapear o progresso humano, essas crenças mostram poucos sinais de redução ao longo das décadas, e as gerações mais novas não são mais céticas do que os mais velhos (com a astrologia, elas são mais crédulas).[8]

Também tem popularidade uma miscelânea de balelas que o historiador da ciência Michael Shermer chama de "crenças esquisitas".[9] Muita gente endossa teorias da conspiração como a negação do Holocausto, tramas para o assassinato de Kennedy e a teoria "da verdade verdadeira" sobre o 11 de Setembro, de que as Torres Gêmeas foram derrubadas por uma demolição controlada para justificar a invasão norte-americana do Iraque. Diversos videntes, seitas e ideologias convenceram seus seguidores de que o fim do mundo está próximo. Eles discordam a respeito de quando, mas rapidamente postergam a data prevista quando têm a desagradável surpresa de se descobrirem vivos mais um dia. E de um quarto a um terço dos norte-americanos acredita que já fomos visitados por extraterrestres, sejam eles os contemporâneos que mutilam gado e fecundam mulheres para gerar híbridos de humanos com alienígenas, sejam os antigos que construíram as pirâmides e as estátuas da ilha de Páscoa.

COMO PODEMOS EXPLICAR essa pandemia de conversa fiada? Como aconteceu com Charlie Brown na tirinha *Peanuts*, tudo isso dá dor no estômago, especialmente quando Lucy parece representar uma grande porção dos norte-americanos.

[PEANUTS © 1955 Peanuts Worldwide LLC. Dist. por ANDREWS MCMEEL SYNDICATION. Reproduzido com permissão. Todos os direitos reservados.]

Comecemos isolando três explicações comuns, não porque estejam erradas, mas porque são fáceis demais para serem satisfatórias. A primeira delas, devo admitir, é o estoque de falácias lógicas e estatísticas explicadas nos capítulos precedentes. Sem dúvida, muitas superstições têm origem numa excessiva interpretação de coincidências, em não calibrar as evidências em comparação com *priores*, na hipergeneralização de casos isolados e nos saltos da correlação para a causalidade. Um ótimo exemplo é o equívoco de que as vacinas causam o autismo, reforçado pela observação de que os sintomas do autismo aparecem, por coincidência, em torno da idade em que as crianças são vacinadas pela primeira vez. Todas as superstições representam falhas do pensamento crítico e do embasamento da crença em evidências. É isso o que nos permite dizer que elas são falsas, logo de imediato. No entanto, nada com origem nos laboratórios da psicologia cognitiva poderia ter previsto a QAnon, nem é provável que seus adeptos tenham suas ilusões corrigidas por aulas de lógica e probabilidade.

Uma segunda pista nada promissora está em culpar a irracionalidade do presente em nosso atual bode expiatório para tudo: as mídias sociais. As teorias de conspiração e falsidades disseminadas talvez sejam tão antigas quanto a fala.[10] O que são, afinal, os relatos de milagres nas Escrituras a não ser notícias falsas sobre fenômenos paranormais? Há séculos os judeus são acusados de conspirar para envenenar poços, sacrificar crianças cristãs, controlar a economia mundial e fomentar levantes comunistas. Em muitas épocas na história, tramas odiosas foram atribuídas a outras raças, minorias e associações, o que as tornou alvo de violência.[11] Os cientistas políticos Joseph Uscinski e Joseph Parent acompanharam a popularidade de teorias conspiratórias em cartas ao editor de grandes jornais norte-americanos de 1890 a 2010 e não encontraram mudança alguma durante esse período; nem os números cresceram na década subsequente.[12] Quanto às *fake news*, antes que fossem disseminadas no Twitter e no Facebook, episódios bizarros que aconteciam com um amigo de um amigo circulavam como lendas urbanas (a Babá Hippie, o rato frito na embalagem do KFC, os sádicos do Halloween) ou eram proclamados na primeira página de tabloides vendidos em supermercados (BEBÊ NASCE FALANDO: DESCREVE O PARAÍSO; DICK CHENEY É UM ROBÔ; CIRURGIÕES TRANSPLANTAM CABEÇA DE MENINO PARA CORPO DE SUA IRMÃ).[13] As mídias sociais podem de fato acelerar a disseminação, mas o apetite por fantasias espalhafatosas está no fundo da natureza humana: pessoas, não algoritmos, compõem essas histórias, e é sobre pessoas que elas exercem atração. E, apesar de todo o pânico que as *fake news* semeiam, seu impacto político é pequeno: elas excitam uma facção de fanáticos mais do que influenciam uma grande massa de indecisos.[14]

Por fim, precisamos superar desculpas improvisadas que apenas atribuem uma irracionalidade a outra. Nunca é uma boa explicação dizer que as pessoas abraçam alguma crença falsa porque ela as conforta ou as ajuda a ver sentido no mundo, porque isso só levanta a questão do *motivo pelo qual* as pessoas deveriam obter conforto e aceitação de crenças que não poderiam de modo algum lhes fazer bem. A realidade é uma poderosa pressão de seleção. Um hominídeo que se acalmasse acreditando que um leão fosse uma tartaruga ou que comer areia nutriria seu corpo seria excluído da cadeia reprodutiva por seus rivais que se baseassem na realidade.

Também de nada adianta descartar os seres humanos como irremediavelmente irracionais. Exatamente como nossos ancestrais que procuravam alimentos sobreviviam graças ao desenvolvimento da inteligência em ecossistemas implacáveis, nossos contemporâneos que acreditam em milagres e em teorias da conspiração passam nos testes rigorosos de seus mundos. Eles garantem seus empregos, criam filhos, mantêm um teto e a geladeira abastecida. Por sinal, uma réplica favorita dos defensores de Trump diante da acusação de que ele tinha um déficit cognitivo era: "Se ele é tão burro, como chegou a ser presidente?" E, a menos que você acredite que cientistas e filósofos são uma subespécie superior entre os humanos, terá de reconhecer que a maioria dos membros de nossa espécie tem a capacidade de descobrir e aceitar os cânones da racionalidade. Para entender as ilusões populares e a loucura das multidões, precisamos examinar faculdades cognitivas que funcionam bem em alguns ambientes e para algumas finalidades, mas fracassam quando são aplicadas em escala, em circunstâncias desconhecidas ou a serviço de outros objetivos.

Raciocínio motivado

A racionalidade é desinteressada. Ela é a mesma para todos em todos os lugares, com uma direção e *momentum* próprios. Por esse motivo, pode ser uma amolação, um estorvo, uma afronta. No romance *36 argumentos para a existência de Deus*, de Rebecca Newberger Goldstein, um acadêmico eminente explica a um aluno da pós-graduação por que ele detesta o raciocínio dedutivo.[15]

> É uma forma de tortura para os que têm talento imaginativo, o próprio totalitarismo do pensamento, com uma linha sendo forçada a marchar estritamente no compasso atrás da outra, todas conduzindo inexoravelmente a uma única conclusão invariável. Uma prova extraída de Euclides só traz à minha mente a imagem das tropas marchando a passo de ganso diante do Ditador Supremo. Sempre tive prazer em minha mente se recusar a seguir uma única linha de qualquer explicação matemática que me fosse oferecida. Por que essas exigentes ciências exatas deveriam exigir

qualquer coisa de mim? Ou, como no argumento perspicaz do "homem do subsolo" de Dostoiévski, "Meu Deus, de que me importam as leis da natureza e da aritmética se, por um motivo ou outro, não gosto dessas leis, inclusive daquela que diz 'dois vezes dois são quatro'?" Dostoiévski rejeitava a lógica "hegemaníaca", e eu não posso deixar por menos.

A razão óbvia para as pessoas evitarem embarcar numa linha de raciocínio está em seu desagrado quanto a onde essa linha as levará. Ela pode ter seu ponto final numa conclusão que não é de seu interesse, como uma alocação de fundos, poder ou prestígio que é justa em termos objetivos, mas que beneficia outra pessoa. Como Upton Sinclair ressaltou: "É difícil fazer um homem entender alguma coisa quando seu salário depende de ele não entendê-la."[16]

O método consagrado de interceptar uma linha de raciocínio antes que ela chegue a um destino indesejado consiste em fazer descarrilar o pensador pela força bruta. Mas existem métodos menos toscos que exploram as inevitáveis incertezas em torno de qualquer questão e conduzem o argumento numa direção preferida, por meio de sofismas, consultoria de imagem e outras artes da persuasão. Ambos os membros de um casal à procura de um apartamento podem, por exemplo, ressaltar os motivos pelos quais o apartamento, que por acaso só fica mais perto de onde ele ou ela trabalha, é objetivamente melhor para os dois, como por ser espaçoso ou estar dentro do orçamento. Esse é o tema de discussões corriqueiras.

A aplicação de recursos retóricos para conduzir uma discussão a uma conclusão preferida é chamada de raciocínio motivado.[17] A motivação pode ser a de terminar com uma conclusão agradável, mas ela também pode ser a de ostentar sabedoria, conhecimento ou virtude do debatedor. Todos conhecemos o fanfarrão de botequim, o campeão de debates, o advogado que é uma águia, o homem que explica a mulheres o que elas já sabem, o que participa de competições de urinar a distância, o pugilista intelectual que prefere *estar* certo a *entender* certo.[18]

Muitos dos vieses que compõem as listas de enfermidades cognitivas são táticas de raciocínio motivado. No Capítulo 1, vimos o viés de confirmação, como a tarefa de seleção, em que pessoas às quais é pedido que virem as cartas que provem uma regra de "Se P, então Q" escolhem a carta P, que pode confirmá-la, mas não a carta não Q, que provaria sua falsidade.[19] Elas se revelam mais lógicas quando *querem* que a regra seja falsa. Quando a regra diz que, se alguém tiver seu perfil emocional, essa pessoa corre o risco de morrer jovem, elas testam a regra de modo correto (e ao mesmo tempo se tranquilizam) concentrando sua atenção nas pessoas que têm seu perfil e nas pessoas que viveram até uma idade avançada.[20]

Também nos motivamos para regular nossa dieta de informações. Na assimilação enviesada (ou exposição seletiva), as pessoas procuram argumentos que confirmem suas crenças e se blindam contra aqueles que poderiam contestá-las.[21] (Quem entre nós não sente prazer em ler editoriais que são politicamente simpáticos e não se irrita com os do outro lado?) Nossa autoproteção continua com os argumentos que realmente chegam a nós. Na avaliação enviesada, demonstramos nossa engenhosidade ao apoiar os argumentos que dão sustentação à nossa posição e ao ficar procurando defeitos nos que a refutam. E ainda há as clássicas falácias informais que vimos no Capítulo 3: *ad hominem*, da autoridade, do grupo, da origem, da afetividade, do espantalho e assim por diante. Temos vieses até mesmo sobre nossos vieses. A psicóloga Emily Pronin descobriu que, como na cidadezinha mítica em que todas as crianças eram acima da média, uma grande maioria dos norte-americanos se considera menos suscetível a vieses cognitivos do que o norte-americano médio, e praticamente nenhum se considera mais suscetível.[22]

Tamanha proporção do nosso raciocínio parece ser feita sob medida para vencer discussões que alguns cientistas cognitivos, como Hugo Mercier e Dan Sperber, acreditam ser a função adaptativa do raciocínio.[23] Não evoluímos como cientistas intuitivos, mas como advogados intuitivos. Embora as pessoas costumem tentar se sair impunes com argumentos pouco convincentes em defesa das próprias posições, elas são rápidas em detectar falácias nos argumentos dos outros. Felizmente, essa hipocrisia pode ser mobilizada para nos tornar mais racionais em termos coletivos do que qualquer um de nós é individualmente. A piada que circula entre participantes veteranos de comitês de que o QI de um grupo é igual ao mais baixo QI de qualquer membro do grupo dividido pelo tamanho do grupo revela-se errada.[24] Quando as pessoas avaliam uma ideia em grupos pequenos com a química certa — que está no fato de elas não concordarem a respeito de tudo, mas terem um interesse comum em descobrir a verdade —, captam as falácias e os pontos cegos umas das outras, e geralmente a verdade sai ganhando. Quando se aplica a tarefa de seleção de Wason a indivíduos, por exemplo, somente um em dez escolhe as cartas certas; mas, quando eles são agrupados, cerca de sete em dez acertam a escolha. Tudo o que é preciso é que um membro enxergue a resposta correta, e quase sempre essa pessoa convence as outras.

O viés do-meu-lado

O desejo das pessoas de conseguir o que querem ou de agir como sabichonas pode explicar apenas uma parte de nossa irracionalidade pública. Você pode observar outra parte ao examinar esse problema em políticas baseadas em evidências. Será que medidas de controle de armas reduzem a criminalidade, porque menos criminosos podem obtê-las, ou a aumentam, porque cidadãos cumpridores da lei já não têm como se proteger?

Seguem-se dados de um estudo hipotético que dividiu cidades que adotaram uma proibição de armas ocultas (primeira linha) e as que não o fizeram (segunda linha).[25] Dispostos em cada coluna estão os números das cidades que viram seus índices de criminalidade melhorar (coluna da esquerda) ou se agravar (coluna da direita). A partir desses dados, você concluiria que o controle de armas é eficaz na redução da criminalidade?

	Redução da criminalidade	Aumento da criminalidade
Controle de armas	223	75
Sem controle de armas	107	21

Na realidade, os dados (que são fictícios) sugerem que o controle de armas *aumenta* os crimes. É fácil entender errado, porque o grande número de cidades com controle de armas em que a criminalidade baixou, 223, salta aos olhos. Mas isso poderia simplesmente significar que a criminalidade baixou no país inteiro, com a política ou sem ela, e que um número maior de cidades tentou o controle de armas do que as que não tentaram, uma tendência do modismo político. Precisamos olhar para as *razões*. Em cidades com controle de armas, fica em torno de três para um (223 *versus* 75); em cidades sem o controle fica em torno de *cinco* para um (107 *versus* 21). Na média, os dados dizem que uma cidade se deu melhor sem controle de armas do que com ele.

Como no Teste de Reflexão Cognitiva (Capítulo 1), chegar à resposta exige um pouco de conhecimento numérico: a capacidade de deixar de lado primeiras impressões e fazer os cálculos. Quem tem uma habilidade numérica mediana costuma ser distraído pelo número maior e conclui que o controle de armas funciona. Mas o verdadeiro sentido desse exemplo, projetado pelo jurista Dan Kahan e seus colaboradores, está no que aconteceu com os participantes com habilidade numérica. Os republicanos com habilidade numérica acertavam a resposta, já os democratas com a mesma habilidade erravam. A razão é que os democratas *de saída* acreditam que o controle de armas é eficaz, e com excessiva velocidade aceitam os dados que mostram que eles estavam certos o tempo todo. Já os republicanos não conseguem tolerar a ideia e examinam detidamente os dados com olhar penetrante, que, se hábil com números, detecta o verdadeiro padrão.

Os republicanos poderiam atribuir seu sucesso ao fato de serem mais objetivos que os liberais, excessivamente emotivos, mas é claro que os pesquisadores apresentaram uma condição em que o reflexo da resposta errada era mais compatível com os republicanos. Eles trocaram os títulos das colunas, de tal modo que os dados então sugerissem que o controle de armas funcionava: isso estancou um aumento de cinco vezes na criminalidade, o que manteve um aumento de apenas três vezes. Dessa vez, os republicanos hábeis com números ganharam as "orelhas de burro", enquanto os democratas foram os inteligentes. Numa condição de controle, a equipe escolheu uma questão que fosse neutra tanto para democratas quanto para republicanos: saber se um creme para a pele era eficaz no tratamento de brotoeja. Como nenhuma das duas facções tinha interesse no resultado, tanto os republicanos hábeis com números quanto os democratas hábeis com números apresentaram o mesmo desempenho. Uma recente meta-análise de cinquenta estudos realizada pelo psicólogo Peter Ditto e colaboradores confirma o padrão. Num estudo atrás do outro, liberais e conservadores aceitam ou rejeitam a mesma conclusão científica, dependendo de ela sustentar ou não seus tópicos de interesse; e eles endossam a mesma política ou se opõem a ela, dependendo de ela ter sido proposta por um político democrata ou republicano.[26]

A habilidade com números politicamente motivada e outras formas de avaliação enviesada mostram que as pessoas usam a razão para chegar a uma conclusão ou escapar dela, mesmo quando ela não lhes oferece vantagem pessoal alguma. Basta que a conclusão ressalte a correção ou nobreza de sua tribo política, religiosa, étnica ou cultural. De modo bastante óbvio, chama-se a isso viés "do-meu-lado", e ele domina todos os tipos de raciocínio, até mesmo a lógica.[27] Lembre-se de que a validade de um silogismo depende de sua forma, não de seu conteúdo, mas que as pessoas permitem que seu conhecimento se infiltre ali e consideram que um argumento é válido se ele levar a uma conclusão que elas sabem ser ou que querem que seja verdadeira. O mesmo acontece quando a conclusão é politicamente simpática.

Se as admissões às faculdades são justas, leis de ação afirmativa já não são necessárias.
As admissões às faculdades não são justas.
Logo, as leis de ação afirmativa são necessárias.

Se penas menos severas impedem as pessoas de cometer crimes, a pena capital não deveria ser usada.
Penas menos severas não impedem as pessoas de cometer crimes.
Logo, a pena capital deveria ser usada.

Quando se pede a pessoas que confirmem a lógica desses argumentos, sendo que ambos cometem a falácia formal de negar o antecedente, os liberais equivocadamente ratificam a primeira e negam corretamente a segunda; os conservadores fazem o oposto.[28]

Em *O diabo a quatro*, Chico Marx fez a famosa pergunta: "Em quem você vai acreditar, em mim ou nos seus olhos?" Quando as pessoas estão nas garras do viés do-meu-lado, a resposta pode não estar nos próprios olhos. Numa atualização de um estudo clássico que mostrava que torcedores de futebol sempre veem mais infrações por parte do time adversário, Kahan e outros pesquisadores apresentaram um vídeo de um protesto diante de um prédio.[29] Quando a legenda o identificava como um protesto contra o aborto numa clínica de saúde, conservadores viam uma manifestação pacífica, enquanto liberais viam que os manifestantes bloqueavam a entrada e intimidavam quem entrava. Quando ele era identificado como um protesto contra a exclusão de homossexuais num centro de recrutamento militar, eram os conservadores que viam uma turba agressiva, e os liberais viam Mahatma Gandhi.

Uma revista publicou uma matéria sobre o estudo do controle de armas com a manchete A MAIS DEPRIMENTE DESCOBERTA DE TODOS OS TEMPOS SOBRE O CÉREBRO. Decerto há motivos para a depressão. Um é que opiniões contrárias ao consenso científico, como o criacionismo e a negação das mudanças climáticas pela ação humana, podem não ser sintomas de falta de habilidade com números ou de analfabetismo científico. Kahan descobriu que a maioria dos que acreditam e dos que negam não tem a menor noção dos fatos científicos (muitos que acreditam na mudança climática, por exemplo, acham que ela está relacionada de algum modo a depósitos de lixo tóxico e ao buraco na camada de ozônio). O que prevê sua crença é sua escolha política: quanto mais para a direita, maior a negação.[30]

Outro motivo para desalento é que, apesar de toda a conversa sobre a crise de replicabilidade, o viés do-meu-lado é, infelizmente, replicável demais. Em *The Bias that Divides Us* [O viés que nos separa, em tradução livre], o psicólogo Keith Stanovich o encontra em cada raça, gênero, estilo cognitivo, nível de instrução e quantil de QI, mesmo entre pessoas que são inteligentes demais para cair em outros vieses cognitivos como a negligência da taxa-base e a falácia do apostador.[31] O viés do-meu-lado não é uma característica geral da personalidade, mas aciona qualquer gatilho ou botão vermelho que esteja associado à identidade de quem está argumentando. Stanovich o relaciona a nosso momento político. Ele sugere que não estamos vivendo numa sociedade da "pós-verdade". O problema é que estamos vivendo numa sociedade do-meu-lado. Os lados são a esquerda e a direita, e os dois lados acreditam na verdade, mas têm ideias incomensuráveis do que a verdade é. O viés invadiu cada vez mais nossas deliberações. O espetáculo de máscaras faciais durante uma pandemia respiratória terem se transformado em símbolos políticos é apenas o sintoma mais recente da polarização.

Há MUITO TEMPO sabemos que os humanos gostam de se dividir em equipes concorrentes, mas não sabemos por que o motivo da atual divisão entre direita e esquerda está arrastando a racionalidade de cada lado em direções diferentes em lugar das costumeiras linhas de falha de religião, raça e classe. O eixo direita-esquerda se alinha com algumas dimensões morais e ideológicas: hierárquica *versus* igualitária, libertária *versus* comunitária, trono-e-altar *versus* Iluminismo, tribal *versus* cosmopolita, visões trágicas *versus* utópicas, culturas da honra *versus* culturas da dignidade, moralidade vinculante *versus* moralidade individualizante.[32] Mas mudanças recentes em qual lado apoia qual causa, como a imigração, o comércio e a simpatia pela Rússia, sugerem que os lados políticos se tornaram tribos socioculturais mais do que ideologias coerentes.

Em diagnóstico recente, uma equipe de cientistas sociais concluiu que os lados são menos como tribos ao pé da letra, que se mantêm unidas pelo parentesco, do que como seitas religiosas, que se mantêm unidas pela fé em sua superioridade moral e desdém por seitas rivais.[33] A culpa pela ascensão do sectarismo político nos Estados Unidos é geralmente atribuída (como tudo o mais) às mídias sociais, mas suas raízes são mais profundas. Elas incluem a fragmentação e a polarização da radiodifusão e da teledifusão, com estações de rádio e canais de notícias a cabo com discursos sectários ocupando o lugar de redes nacionais; as divisões arbitrárias de zonas eleitorais e outras distorções geográficas da representação política, que incentivam os políticos a atender a panelinhas em vez de a coalizões; o fato de políticos e empresas de consultoria dependerem de doações ideologicamente comprometidas; a autossegregação de profissionais liberais instruídos em enclaves urbanos; e o declínio de organizações da sociedade civil que ultrapassavam as fronteiras de classes, como igrejas, clubes de serviços e grupos de voluntários.[34]

Será que o viés do-meu-lado poderia ser racional? Há um argumento bayesiano de que se *deveriam* avaliar novas evidências, comparando-as com a totalidade das crenças anteriores, em vez de aceitar cada novo estudo com base na primeira impressão. Se o liberalismo já se provou correto, um estudo que parece apoiar uma posição conservadora não deveria poder inverter nossas crenças. De modo não surpreendente, foi essa a resposta de alguns acadêmicos liberais à sugestão da meta-análise feita por Ditto de que o viés político é bipartidário.[35] Nada garante que os posicionamentos preferidos da esquerda e da direita em qualquer momento histórico estejam alinhados com a verdade na proporção de 50-50. Mesmo que os dois lados interpretem a realidade através das próprias crenças, o lado cujas crenças são justificadas estará agindo racionalmente. Talvez, continuam eles, a bem documentada tendência do mundo acadêmico para a esquerda não seja um viés irracional, mas uma calibragem precisa de seus *priores* bayesianos para o fato de que a esquerda está sempre certa.

A resposta dos conservadores é (citando Hamlet): "Não aplique[m] à alma esse bálsamo lisonjeiro."[36] Embora possa ser verdade que posicionamentos de esquerda são justificados com mais frequência do que os de direita (especialmente se, por qualquer razão que seja, a esquerda tiver mais afinidade com a ciência do que a direita), na ausência de marcos de referência desinteressados, nenhum dos dois lados tem condições de argumentar. Sem dúvida, não faltam à história exemplos de erros dos dois lados, entre eles alguns realmente impressionantes.[37] Stanovich ressalta que o problema em justificar o raciocínio motivado com *priores* bayesianos é que o *prior* muitas vezes reflete o que o pensador *quer* que seja verdade em vez daquilo para o qual ele tem *embasamento para acreditar* ser verdade.

Há uma racionalidade diferente e mais perversa no viés do-meu--lado, que não vem da regra de Bayes, mas da teoria dos jogos. Kahan a chama de racionalidade expressiva: um raciocínio que é motivado pelo propósito de ser valorizado pelo grupo de pares, em lugar do de alcançar o entendimento mais preciso do mundo. As pessoas expressam opiniões que demonstram o que o coração de cada um apoia. No que diz respeito ao destino de quem se expressa num meio social, ostentar esses símbolos de lealdade é tudo menos irracional. Dar voz a uma heresia local, como rejeitar o controle de armas num círculo social de democratas ou defendê-lo num círculo republicano, pode caracterizar a pessoa como traidora, "vendida", alguém que "não tem noção", condenando-a à morte social. Na realidade, as melhores crenças para designar identidades costumam ser as mais bizarras. Qualquer amigo das boas horas pode dizer que a Terra é redonda, mas somente um verdadeiro irmão de sangue diria que a Terra é plana, dispondo-se a incorrer em ridicularização por parte de terceiros.[38]

Infelizmente, o que é racional para cada um de nós que busca aceitação numa panelinha não é tão racional para todos nós numa democracia, em busca do melhor entendimento do mundo. Nosso problema é que estamos presos numa Tragédia dos Comuns da racionalidade.[39]

Dois tipos de crença: realidade e mitologia

O humor na tirinha de *Peanuts* em que Lucy fica enterrada na neve enquanto insiste em que ela sobe do chão expõe uma limitação a qualquer explicação da irracionalidade humana que invoque os motivos ocultos no raciocínio motivado. Por mais que uma crença falsa alardeie com eficácia a capacidade mental de quem crê ou sua lealdade à tribo, ela ainda é falsa e deveria ser punida com os fatos frios e difíceis do mundo. Como escreveu o romancista Philip K. Dick, a realidade é aquilo que não desaparece quando se para de acreditar nela. Por que a realidade não reage e impede as pessoas de acreditar em absurdos ou de recompensar aqueles que os afirmam e os compartilham?

A resposta é que depende do que se quer dizer com "acreditar". Mercier salienta que os que nutrem crenças esquisitas costumam não ter a coragem de suas convicções.[40] Embora milhões de pessoas endossassem o rumor de que Hillary Clinton comandava uma quadrilha dedicada ao tráfico sexual de crianças a partir do porão da pizzaria Comet Ping Pong, em Washington (a teoria da conspiração chamada de Pizzagate, predecessora da QAnon), praticamente ninguém tomou medidas cabíveis quanto a essa atrocidade, como chamar a polícia. A resposta virtuosa de uma dessas pessoas foi deixar no Google uma avaliação de uma estrela. ("A pizza estava incrivelmente crua. Homens bem trajados, com aparência suspeita na área do bar, que pareciam frequentadores do local, não paravam de olhar para meu filho e outras crianças no estabelecimento.") Essa dificilmente seria a reação que a maioria de nós teria se de fato achássemos que crianças estavam sendo estupradas no porão. Pelo menos Edgar

Welch, o homem que invadiu a pizzaria com a arma pronta para atirar, numa tentativa heroica de salvar as crianças, levou a sério suas crenças. Os milhões de outros devem ter acreditado no boato num sentido muito diferente de "acreditar".

Mercier também ressalta que os que têm uma crença apaixonada em grandes conspirações odiosas, como os adeptos da "verdade verdadeira" sobre o 11 de Setembro e os teóricos dos "rastros químicos" (os quais sustentam que os rastros de condensação de vapor de água deixados por aviões a jato contêm produtos químicos disponibilizados por um programa secreto do governo para drogar a população), publicam seus manifestos e realizam reuniões abertamente, apesar de acreditarem numa trama brutal e eficaz por parte de um regime onipotente decidido a suprimir corajosos defensores da verdade como eles. Essa não é a estratégia que se vê em dissidentes em regimes inegavelmente repressores como o da Coreia do Norte e da Arábia Saudita. Mercier, invocando uma distinção feita por Sperber, propõe que as teorias da conspiração e outras crenças estranhas são *reflexivas*, resultado de teorização e cogitação conscientes, em vez de *intuitivas*, convicções que sentimos nas entranhas.[41] É uma distinção vigorosa, embora eu a faça de modo um pouco diferente, mais para o contraste que o psicólogo social Robert Abelson (e o comediante George Carlin) traçou entre crenças *distais* e *testáveis*.[42]

As pessoas dividem seu mundo em duas zonas. Uma é composta dos objetos físicos ao redor delas, das pessoas com quem lidam de forma direta, da lembrança de suas interações e das regras e normas que regem a vida de todos. As crenças sobre essa zona são em sua maior parte precisas, e elas pensam racionalmente no interior dela. Dentro dessa zona, elas acreditam que existe um mundo real e que crenças a respeito dele são verdadeiras ou falsas. Elas não têm escolha: essa é a única maneira de manter o carro abastecido, dinheiro no banco e as crianças alimentadas e vestidas. Vamos chamá-la de mentalidade da realidade.

A outra zona é o mundo para além da experiência imediata: o passado longínquo, o futuro incognoscível, povos e lugares distantes, remotos corredores do poder, o microscópico, o cósmico, o contrafactual, o metafísico. As pessoas podem ter noções sobre o que acontece nessas zonas, mas não têm como de fato descobrir — e isso não faz uma diferença discernível em nossa vida. Nessa zona, as crenças são narrativas, que podem ser divertidas, inspiradoras ou moralmente edificantes. Querer saber se elas são literalmente "verdadeiras" ou "falsas" é a pergunta errada. A função dessas crenças é construir uma realidade social que une a tribo — ou seita — e lhe dá um propósito moral. Vamos chamá-la de mentalidade da mitologia.

É de Bertrand Russell a famosa declaração: "É indesejável acreditar numa proposição quando não se tem absolutamente nenhuma base para supor que ela seja verdadeira." O segredo para compreender a irracionalidade disseminada está em reconhecer que a frase de Russell não é um truísmo, mas um manifesto revolucionário. Durante a maior parte da pré-história e da história humana, *não havia* base alguma para supor que proposições sobre mundos remotos fossem verdadeiras. Mas as crenças a respeito delas podiam ser inspiradoras ou fortalecedoras, e isso as tornava suficientemente desejáveis.

A máxima de Russell é o luxo de uma sociedade avançada sob o aspecto tecnológico, com a ciência, a história, o jornalismo e sua infraestrutura de busca da verdade, que inclui registros de arquivos mortos, bancos de dados digitais, instrumentos de alta tecnologia e comunidades de editoração, verificação de fatos e revisão por pares. Nós, filhos do Iluminismo, abraçamos o credo radical do realismo universal: consideramos que *todas* as nossas crenças deveriam se situar dentro da mentalidade da realidade. Nós nos importamos em saber se nossa história da criação, nossas lendas fundamentais, nossas teorias sobre nutrientes, germes e forças invisíveis, nossas concepções dos poderosos, nossas suspeitas quanto a nossos inimigos, são verdadeiras ou falsas. Isso porque temos as ferramentas para obter respostas para tais perguntas, ou pelo menos para lhes atribuir graus justificáveis de credibilidade. E temos um estado tecnocrático que deveria, em tese, pô-las em prática.

No entanto, por mais desejável que essa crença seja, ela não é o jeito natural de acreditar do ser humano. Ao conceder um mandado imperialista à mentalidade realista para conquistar o universo da crença e expulsar a mitologia para as margens, *nós* somos os esquisitos — ou, como cientistas sociais evolutivos gostam de dizer, os WEIRD (sigla baseada nas palavras em inglês: "western", "educated", "industrialized", "rich" e "democratic"):* ocidentais, instruídos, industrializados, ricos, democráticos.[43] Pelo menos, os mais instruídos entre nós são, em nossos melhores momentos. A mente humana é adaptada para entender esferas remotas da existência através de uma mentalidade da mitologia. Não é porque descendemos especificamente de caçadores-coletores do Plistoceno, mas porque descendemos de pessoas que não podiam endossar ou não endossaram o ideal do Iluminismo do realismo universal. Submeter todas as nossas crenças às provas da razão e das evidências é um talento antinatural, como a alfabetização e a habilidade para lidar com números, e precisa ser instilado e cultivado.

E, apesar de todas as conquistas da mentalidade realista, a mentalidade da mitologia ainda ocupa vastas faixas de território na paisagem da crença geral. O exemplo óbvio é a religião. Mais de dois bilhões de pessoas acreditam que quem não aceitar Jesus como seu salvador será condenado ao tormento eterno no inferno. Felizmente eles não dão o próximo passo lógico e tentam converter outros ao cristianismo por meio da espada para o próprio bem da pessoa, nem torturam hereges que poderiam atrair outros para a condenação eterna. Contudo, em séculos passados, quando a crença cristã se encaixava na zona da realidade, muitos cruzados, inquisidores, conquistadores e soldados em guerras religiosas fizeram exatamente isso. Como o salvador da pizzaria Comet Ping Pong, eles trataram suas crenças como algo literalmente verdadeiro. Por sinal, embora muitos digam acreditar numa vida após a morte, grande parte não parece estar apressada para deixar este vale de lágrimas e desfrutar a felicidade eterna no paraíso.

---

* WEIRD [**W**estern, **E**ducated, **I**ndustrialized, **R**ich, **D**emocratic], em inglês, significa estranho, esquisito.

Ainda bem que a crença religiosa ocidental se encontra estacionada em segurança na zona mitológica, na qual muitos protegem sua soberania. Em meados da primeira década deste século, os "novos ateístas", Sam Harris, Daniel Dennett, Christopher Hitchens e Richard Dawkins, tornaram-se alvo de insultos não apenas da parte de defensores radicais da Bíblia, mas também de intelectuais convencionais. Esses "fé-ateístas" (como o biólogo Jerry Coyne os chamou), ou crentes na crença (expressão usada por Dennett), não replicaram dizendo que Deus de fato existe.[44] Eles insinuaram que considerar a existência de Deus uma questão de verdade ou falsidade é inadequado, tosco ou simplesmente algo que não se deve fazer. A crença em Deus é uma ideia que não pertence à esfera da realidade testável.

Outra zona da irrealidade convencional é o mito nacional. A maioria dos países cultua uma narrativa fundamental como parte de sua consciência coletiva. Em certa época, essas eram as epopeias de heróis e deuses, como a *Ilíada*, a *Eneida*, as lendas do rei Artur e as óperas de Wagner. Mais recentemente, elas vêm sendo guerras de independência ou lutas anticolonialistas. Temas comuns incluem a essência antiga de uma nação, definida por um idioma, uma cultura e uma terra natal; um sono prolongado e um despertar glorioso; uma longa história de vitimização e opressão; e uma geração de libertadores e fundadores sobre-humanos. Guardiães do patrimônio mítico não sentem necessidade de ir ao fundo do que, na realidade, ocorreu e podem se melindrar com historiadores que situam o tema na zona da realidade e desenterram sua história superficial, sua identidade construída, suas provocações recíprocas com os vizinhos e seus pés de barro dos fundadores de uma nação.

Ainda mais uma zona de crenças não realmente verdadeiras e não realmente falsas é a da ficção histórica ou da história "ficcionalizada". Parece pedante ressaltar que Henrique V não pronunciou no dia de São Crispim as palavras estimulantes que Shakespeare lhe atribuiu. No entanto, a peça pretende ser um relato de eventos verdadeiros mais do que uma invenção da imaginação do dramaturgo, e nós não a apreciaríamos da mesma forma se não fosse assim. A mesma constatação vale para histórias "ficcionalizadas" de guerras e lutas mais recentes, que são de fato *fake news* situadas no passado próximo. Quando os acontecimentos chegam perto demais do presente, ou a "ficcionalização" reescreve fatos importantes, historiadores podem fazer soar um alarme, como, por exemplo, Oliver Stone ao dar vida a uma teoria da conspiração de assassinato no filme *JFK*, de 1991. Em 2020, o colunista Simon Jenkins fez objeções à série de televisão *The Crown*, uma história dramatizada da rainha Elizabeth e sua família, que tomou liberdades com muitos dos acontecimentos descritos: "Quando você ligar a televisão hoje à noite, imagine ver as notícias representadas por atores em vez de lidas [...]. Depois a BBC mostra de relance uma declaração de que tudo isso foi 'baseado em fatos reais', e que espera tenhamos apreciado."[45] Só que a dele foi uma voz clamando no deserto. A maioria dos críticos e dos espectadores não teve problema algum com as falsidades filmadas em estilo suntuoso, e a Netflix se recusou a postar um aviso de que algumas das cenas eram fictícias (embora realmente fizessem uma advertência sobre a bulimia).[46]

A fronteira entre as zonas da realidade e da mitologia pode variar com os tempos e com a cultura. Desde o Iluminismo, as marés no Ocidente moderno vêm erodindo a zona da mitologia, uma mudança histórica que o sociólogo Max Weber chamou de "desencantamento do mundo". Mas sempre houve escaramuças nas fronteiras. As mentiras e conspirações descaradas da pós-verdade de Trump podem ser vistas como uma tentativa de reivindicar o discurso político para a terra da mitologia em vez da terra da realidade. Como os enredos de lendas, de escrituras e do drama, elas são uma espécie de teatro. Se é possível provar sua veracidade ou falsidade não vem ao caso.

A psicologia dos textos digitais apócrifos

Uma vez que tomemos consciência de que os humanos podem ter crenças que não tratam como verdadeiras em termos concretos, podemos começar a entender o paradoxo da racionalidade — como um animal racional consegue admitir tantos disparates. Não que os adeptos de teorias da conspiração, os compartilhadores de *fake news* e os consumidores de pseudociência *sempre* interpretem seus mitos como mitológicos. Às vezes, eles atravessam a fronteira com a realidade, gerando resultados trágicos, como o Pizzagate, os antivacinas e a seita do Portal do Paraíso, cujos 39 devotos cometeram suicídio em 1997 como preparação para que suas almas fossem levadas por uma espaçonave que acompanhava o cometa Hale-Bopp. Mas predisposições na natureza humana podem se associar a verdades mitológicas para fazer com que seja mais fácil engolir crenças estranhas. Vamos dar uma olhada em três gêneros.

A pseudociência, os assombros paranormais e a charlatanice médica acionam parte de nossas intuições cognitivas mais profundas.[47] Somos dualistas intuitivos, com nossa percepção de que a mente pode existir separada do corpo.[48] Isso nos ocorre naturalmente e não só porque não podemos ver as redes neurais subjacentes às crenças e aos desejos de nós mesmos e de outrem. Muitas das nossas experiências realmente sugerem que a mente não está atrelada ao corpo, entre elas: sonhos, transes, experiências fora do corpo e a morte. Não é um grande salto para as pessoas concluírem que mentes podem se comunicar com a realidade e umas com as outras sem precisar de um meio físico. E assim temos a telepatia, a clarividência, almas, espíritos, reencarnação e mensagens do além.

Somos também essencialistas intuitivos, com nossa percepção de que seres vivos contêm substâncias invisíveis que lhes dão forma e poderes.[49] Essas intuições inspiram as pessoas a sondar seres vivos em busca de suas sementes, drogas e venenos. Mas a mentalidade também faz com que elas acreditem na homeopatia, na fitoterapia, em purgantes e sangrias e rejeitem adulterantes estranhos, como as vacinas e os alimentos geneticamente modificados.

E ainda somos teólogos intuitivos.[50] Exatamente como nossos planos e artefatos são projetados com uma finalidade, somos dados a pensar que o mesmo se aplica ao mundo vivo e não vivo. Desse modo, somos receptivos ao criacionismo, à astrologia, à sincronicidade e à crença mística de que tudo acontece por um motivo.

Supostamente, uma formação científica deveria sufocar essas intuições primitivas, mas por várias razões seu alcance é limitado. Uma é que não se renuncia facilmente a crenças que são sagradas para uma facção religiosa ou cultural, como o criacionismo, a alma e um propósito divino; e elas podem estar bem protegidas no interior da zona mitológica das pessoas. Outra é que, mesmo entre os muito instruídos, o entendimento científico é raso. Poucas pessoas sabem explicar por que o céu é azul, ou por que as estações do ano mudam, muito menos o que é a genética populacional ou a imunologia viral. Em vez disso, quem é instruído confia no estabelecimento científico sediado em universidades: seu consenso é suficientemente bom para elas.[51]

Infelizmente para muitos, a fronteira entre o mundo científico e a periferia pseudocientífica é obscura. O mais próximo que as pessoas chegam da ciência na própria vida é de seu médico, e muitos médicos são mais curandeiros do que especialistas em ensaios clínicos randomizados. Na verdade, alguns dos médicos famosos que aparecem em programas de entrevistas no horário diurno são charlatães que promovem com exuberância bobagens da nova era. Documentários da televisão convencional e noticiários podem também esmaecer as linhas de contorno e dramatizar com credulidade alegações como a de astronautas de tempos antigos e videntes que combatem o crime.[52]

Por sinal, comunicadores de boa-fé que divulgam a ciência deveriam arcar com parte da culpa por não equiparem as pessoas com um entendimento profundo, que tornaria a pseudociência inacreditável em comparação. A ciência costuma ser apresentada em escolas e museus como só mais uma forma de magia oculta, com criaturas exóticas, produtos químicos coloridos e ilusões espantosas. Princípios fundamentais — como o de que o universo não tem objetivo algum relacionado a interesses humanos, que todas as interações físicas são regidas por algumas forças básicas, que corpos vivos são máquinas moleculares complexas e que a mente é a atividade de processamento de informações do cérebro — nunca são pronunciados, talvez porque pareçam insultar sensibilidades religiosas e morais. Não deveríamos nos surpreender com o fato de que a lição que as pessoas aprendem no ensino de ciências seja uma mixórdia sincrética, na qual a gravidade e o eletromagnetismo coexistem com fenômenos paranormais, qi, carma e cura por cristais.

PARA ENTENDER AS imposturas virais, como as lendas urbanas, manchetes de tabloides e *fake news*, precisamos nos lembrar de que tudo isso proporciona um entretenimento fantástico. São exibidos temas de sexo, violência, vingança, perigo, fama, magia e tabu que sempre agradaram aos interessados nas artes, de alto ou baixo nível. Uma manchete falsa como AGENTE DO FBI SUSPEITO NO VAZAMENTO DE E-MAILS DE HILLARY ENCONTRADO MORTO EM APARENTE ASSASSINATO-SUICÍDIO seria um tema excelente para o roteiro de filme de suspense. Uma recente análise quantitativa do conteúdo de *fake news* concluiu que "as mesmas características que tornam culturalmente atraentes as lendas urbanas, a ficção e, na realidade, qualquer narrativa também atuam na informação falsa on-line".[53]

Com frequência, a diversão transborda para gêneros da comédia, entre eles: o pastelão, a sátira e a farsa — FUNCIONÁRIO DE NECROTÉRIO CREMADO POR ENGANO ENQUANTO COCHILAVA; DONALD TRUMP ACABA COM TIROTEIOS EM ESCOLAS PROIBINDO ESCOLAS; PÉ-GRANDE MANTÉM LENHADOR COMO ESCRAVO SEXUAL. A QAnon se encaixa em outro gênero de divertimento, o jogo multiplataforma de realidade alternativa.[54] Os adeptos analisam dicas enigmáticas periodicamente deixadas por Q (o hipotético informante do governo), buscam contribuições coletivas de hipóteses e conquistam fama na internet ao compartilhar suas descobertas.

Não é surpresa que as pessoas procurem entretenimento. O que nos espanta é que cada uma dessas obras alegue ser concreta. Contudo, nossa náusea diante da falta de distinção entre fato e ficção não é uma reação humana universal, especialmente quando se trata de zonas que são remotas em relação à experiência imediata, como lugares longínquos e a vida dos ricos e poderosos. Exatamente como os mitos religiosos e nacionais ficam entrincheirados na corrente dominante quando causam a impressão de fornecer um enaltecimento moral, as *fake news* podem viralizar quando seus disseminadores acreditam que um valor maior está em jogo, como o reforço da solidariedade do seu lado e o lembrete aos companheiros sobre a tendência à traição do outro lado. Às vezes, a moral nem mesmo chega a ser uma estratégia política coerente, e sim uma sensação de superioridade moral: a impressão de que classes sociais rivais e instituições poderosas, das quais os compartilhadores se sentem alienados, são decadentes e corruptas.

JÁ AS TEORIAS da conspiração prosperam porque as pessoas sempre foram vulneráveis a conspirações de verdade.[55] Todo cuidado é pouco para os povos que caçam e coletam alimentos. A forma mais letal de combate entre povos tribais não se dá em batalhas campais, mas na emboscada furtiva e no ataque antes de clarear o dia.[56] O antropólogo Napoleon Chagnon relata que os ianomâmis da Amazônia têm a palavra *nomohori*, "ardil covarde", para designar atos de traição, como convidar vizinhos para um banquete e depois massacrá-los em determinado momento. Tramas por coalizões inimigas são diferentes de outros perigos, como predadores e relâmpagos, porque elas recorrem à engenhosidade para penetrar nas defesas da tribo-alvo e encobrir os próprios rastros. A única salvaguarda contra esse subterfúgio de capa e espada consiste em tentar adivinhar antecipadamente o pensamento do inimigo, o que pode levar a linhas de conjecturas complexas e a uma recusa em aceitar fatos óbvios como se apresentam. Em termos de detecção de sinais, o custo de deixar de perceber uma conspiração verdadeira é maior do que o de soar um alarme falso para uma suspeita de conspiração. Isso exige que ajustemos nosso viés mais para o "rápido no gatilho" do que para a extremidade "cautelosa" da escala, adaptando-nos a tentar saber sobre rumores de possíveis conspirações, mesmo com evidências frágeis.[57]

Mesmo nos nossos dias, conspirações pequenas e grandes de fato existem. Um grupo de empregados pode se reunir pelas costas de um colega malquisto e recomendar que ele seja demitido; um governo ou uma insurreição pode planejar um golpe clandestino, uma invasão ou sabotagem. Teorias conspiratórias, como as lendas urbanas e as *fake news*, acabam se transformando em rumores, e os rumores são a matéria-prima da conversa. Estudos de rumores mostram que eles costumam transmitir ameaças e perigos, os quais conferem uma aura de conhecimento à pessoa que os dissemina. E, talvez em termos surpreendentes, quando circulam entre pessoas com real interesse em seu conteúdo, como em ambientes de trabalho, eles geralmente estão certos.[58]

Na vida cotidiana, portanto, há incentivos para ser um sentinela que avisa as pessoas sobre ameaças ocultas ou para ser um intermediário que dissemina esses avisos. O problema é que as mídias sociais e as de massa permitem que rumores se espalhem por redes de pessoas que não têm nenhum interesse em sua veracidade. Elas consomem os rumores por entretenimento e afirmação mais do que para autoproteção, e não têm compromisso com seu acompanhamento nem meios para fazê-lo. Pelos mesmos motivos, a reputação de originadores e disseminadores não sofrem dano algum por estarem errados. Sem essas verificações de veracidade, os rumores nas mídias sociais, diferentemente dos rumores no local de trabalho, são, na maioria das vezes, mais *incorretos* do que corretos. Mercier sugere que a melhor forma de inibir a divulgação de notícias duvidosas é pressionar os disseminadores a fazer alguma coisa a respeito: chamar a polícia e não deixar uma avaliação de sequer uma estrela.

O segredo que resta para o entendimento da atração das crenças estranhas é observar ao microscópio as crenças em si. A evolução funciona não apenas em corpos e cérebros, mas em ideias. Um meme, segundo a definição original de Richard Dawkins, não é uma fotografia legendada que circula na internet, mas uma ideia que vem sendo moldada por gerações de compartilhamentos para se tornar altamente compartilhável.[59] Entre os exemplos estão músicas-chiclete, que as pessoas não conseguem parar de cantarolar, ou histórias que se sentem forçadas a passar adiante. Exatamente como os organismos desenvolvem adaptações que os protegem de serem devorados, as ideias podem desenvolver adaptações que as protegem de ser refutadas. O ecossistema intelectual está cheio dessas ideias invasoras.[60] "Deus escreve certo por linhas tortas." "A negação é um mecanismo de defesa do ego." "Os poderes paranormais são inibidos pela sondagem cética." "Se não denunciar essa pessoa por ser racista, isso mostra que você é racista." "Todos sempre são egoístas, porque ajudar os outros dá uma boa sensação." E naturalmente: "A falta de provas para essa conspiração mostra como essa conspiração é diabólica." Teorias conspiratórias, por natureza própria, estão adaptadas para serem disseminadas.

Reafirmando a racionalidade

Entender não significa perdoar. Podemos ver por que os seres humanos desviam seu raciocínio na direção de conclusões que serão vantajosas para eles ou para suas facções, e por que distinguem uma realidade na qual ideias são verdadeiras ou falsas de uma mitologia na qual ideias são interessantes ou inspiradoras, sem admitir que sejam boas. Elas não são boas. A realidade é aquilo que não desaparece quando se aplica a ela o raciocínio motivado, do-meu-lado ou mitológico. Crenças falsas sobre vacinas, medidas de saúde pública e mudança climática ameaçam o bem-estar de bilhões. Teorias conspiratórias incitam o terrorismo, *pogroms*, guerras e genocídio. Uma corrosão dos padrões da verdade solapa a democracia e prepara o terreno para a tirania.

No entanto, apesar de todas as vulnerabilidades da razão humana, nossa imagem do futuro não precisa ser a de um robô tuitando *fake news* para sempre. O arco do conhecimento é longo, e ele se curva na direção da racionalidade. Não deveríamos perder de vista quanta racionalidade existe no mundo. Poucas pessoas em países desenvolvidos acreditam hoje em lobisomens, sacrifício de animais, sangrias, miasmas, no direito divino dos líderes ou em presságios em eclipses e cometas, embora todas essas crenças fossem dominantes em séculos passados. Nenhuma das trinta mil mentiras de Trump envolveu forças ocultas ou paranormais, e cada uma dessas forças é rejeitada por uma maioria dos norte-americanos.[61] Embora algumas questões científicas se tornem bandeiras revolucionárias em termos religiosos ou políticos, isso não ocorre com a maioria: existem facções que desconfiam de vacinas, mas não de antibióticos; da mudança climática, mas não da erosão costeira.[62] A despeito de seus vieses sectários, a maioria das pessoas é bem capaz de avaliar a veracidade de manchetes; e, quando lhe são apresentadas correções óbvias e confiáveis de uma alegação falsa, elas mudam de ideia, quer isso lhes seja politicamente agradável, quer não.[63]

Nós também temos um posto avançado da racionalidade no estilo cognitivo chamado receptividade ativa, em especial o subtipo chamado abertura para evidências.[64] Esse é o lema de Russell de que as crenças deveriam ter bons alicerces. É uma rejeição do raciocínio motivado; um compromisso com a colocação de todas as crenças dentro da zona da realidade; um endosso da fala atribuída a John Maynard Keynes: "Quando os fatos mudam, eu mudo de ideia. E o senhor, o que faz?"[65] O psicólogo Gordon Pennycook e outros aferiram a atitude fazendo com que pessoas preenchessem um questionário com itens como os listados a seguir, em que a resposta entre parênteses aumenta o escore de receptividade:[66]

> As pessoas sempre deveriam levar em consideração evidências que são contrárias a suas crenças. (CONCORDO)
> Certas crenças são importantes demais para serem alteradas mesmo que existam bons argumentos contra elas. (DISCORDO)
> Crenças devem sempre ser revisadas em resposta a novas informações ou evidências. (CONCORDO)
> Se eu sei que algo é certo, ninguém pode me convencer do contrário. (DISCORDO)

> Eu acredito que manter seus ideais e princípios é mais
> importante que ter a mente aberta. (DISCORDO)

Em amostragem de usuários de internet norte-americanos, cerca de um quinto dos participantes disse ser imune a evidências, mas uma maioria pelo menos aspira a ser aberta a elas. As pessoas que se abrem para evidências são resistentes a crenças esquisitas. Elas rejeitam teorias conspiratórias, bruxaria, astrologia, telepatia, presságios e o monstro do lago Ness, junto com um Deus pessoal, o criacionismo, uma terra jovem, uma ligação entre vacinas e o autismo e uma negação de mudanças climáticas antropogênicas.[67] Elas confiam mais no governo e na ciência. E costumam apoiar posições políticas mais liberais, como acerca do aborto, do casamento entre pessoas do mesmo sexo, da pena capital e da aversão a guerras, geralmente nas mesmas direções pelas quais o mundo como um todo vem demonstrando preferência.[68] (Os autores fazem a ressalva, porém, de que as correlações com o conservadorismo são complicadas.)

A receptividade a evidências mostra correlação com a reflexão cognitiva (a capacidade de pensar duas vezes e não cair em perguntas capciosas, que vimos no Capítulo 1) e com uma resistência a muitas das ilusões cognitivas, vieses e falácias que vimos do Capítulo 3 ao 9.[69] Esse agrupamento de bons hábitos cognitivos, que Stanovich chama de "quociente de racionalidade" (uma alusão ao quociente de inteligência, ou QI), é correlacionado com a inteligência bruta, embora de modo imperfeito: pessoas inteligentes podem ter a mentalidade estreita e ser impulsivas, enquanto pessoas menos brilhantes podem ser abertas e ponderadas. Lado a lado com a resistência a crenças esquisitas, as pessoas ponderadas são melhores na detecção de *fake news* e na rejeição de tolices pseudoprofundas como "O significado oculto torna a beleza abstrata incomparável".[70]

Se pudéssemos pôr alguma coisa na água potável que tornasse todo o mundo mais receptivo e mais ponderado, a crise da irracionalidade se dissiparia. Na falta desse recurso, vamos considerar um amplo leque de políticas e normas que possam fortalecer o sistema imune cognitivo em nós mesmos e em nossa cultura.⁷¹

A mais abrangente de todas seria uma valorização da norma da racionalidade em si. Não podemos impor valores do alto para baixo da mesma forma que não podemos ditar nenhuma mudança cultural que dependa de milhões de escolhas individuais, como a tatuagem ou a gíria. Mas as normas podem mudar com o tempo, como o declínio do uso de insultos étnicos, do lixo jogado em qualquer lugar e das piadas sobre mulheres, quando reflexos da aprovação ou da reprovação tácitas proliferam por todas as redes sociais. E assim podemos cada um fazer nossa parte sorrindo ou fazendo cara feia para hábitos racionais e irracionais. Seria legal ver as pessoas ganhar pontos por admitir incerteza em suas crenças, por questionar os pressupostos de seu grupo político e por mudar de ideia quando os fatos mudam, em vez de serem defensoras inabaláveis dos dogmas de sua panelinha. De outro modo, seria uma gafe mortificante se exceder na interpretação de casos isolados, confundir correlação com causalidade ou cometer uma falácia informal como a da culpa por associação ou do argumento a partir da autoridade. A "Comunidade da Racionalidade" se autoidentifica por essas normas, mas elas deveriam ser, mais do que o *hobby* de um clube de entusiastas, os costumes de toda sociedade.⁷²

Embora seja difícil pilotar o porta-aviões que constitui a sociedade inteira, instituições específicas podem ter pontos suscetíveis a pressão que ativistas e líderes experientes poderiam cutucar. O Legislativo é em grande parte ocupado por advogados, cujo objetivo profissional é a vitória, mais do que a verdade. Recentemente alguns cientistas começaram a se infiltrar nas Câmaras, e eles poderiam tentar divulgar o valor da solução de problemas com base em evidências entre seus colegas. Seria recomendável que defensores de qualquer política não a marcassem com um simbolismo sectário. Alguns especialistas do clima, por exemplo, lamentaram o fato de Al Gore ter se tornado o rosto do ativismo das mudanças climáticas no início do século XXI, porque isso caracterizou esse ativismo como uma causa da esquerda, dando à direita um pretexto para se opor a ela.

Entre os políticos, ambos os partidos norte-americanos se permitem o viés do-meu-lado em grau exacerbado, mas a culpa não é simétrica. Mesmo antes de Trump se apoderar do partido, pensadores republicanos intransigentes tinham desfeito da própria organização chamando-a de "partido dos burros" por seu anti-intelectualismo e sua hostilidade à ciência.[73] Desde então, muitos outros ficaram horrorizados com a aquiescência do partido aos hábitos maníacos de Trump de mentir e agir como um *troll*: seu plano de jogo, nas palavras de admiração do ex-estrategista Steve Bannon, de "inundar a área com merda".[74] Com a derrota de Trump, cabeças racionais da direita deveriam procurar restaurar a política norte-americana a um sistema com dois partidos que divergem quanto a políticas, em vez de quanto à existência de fatos e verdades.

Não estamos indefesos contra a investida de desinformação da "pós-verdade". Embora a mentira seja tão antiga quanto a linguagem, o mesmo se aplica às defesas contra ser alvo de mentiras. Como Mercier ressalta, sem essas defesas a linguagem jamais poderia ter se desenvolvido.[75] Também as sociedades se protegem contra serem inundadas com merda: mentirosos descarados são responsabilizados por meio de punições legais e que atingem sua reputação. Essas salvaguardas estão sendo acionadas com atraso. Numa única semana no início de 2021, as empresas que fabricaram as máquinas e o programa de votação citados na teoria da conspiração denunciada por Trump processaram membros de sua equipe de assessoria jurídica por difamação. Trump foi banido do Twitter por transgredir as normas da plataforma contrárias à incitação à violência. Um senador embusteiro que promoveu no Congresso a teoria conspiratória da eleição roubada perdeu um contrato importante para escrever um livro. E o editor da revista *Forbes* anunciou: "Aviso ao mundo dos negócios: contratem qualquer um dos fabulistas companheiros de Trump, e a *Forbes* partirá do pressuposto de que tudo que sua empresa ou firma disser é mentira."[76]

Como ninguém tem como saber tudo, e a maioria das pessoas não sabe quase nada, a racionalidade consiste em terceirizar o conhecimento a instituições que se especializem em criá-lo e compartilhá-lo, primordialmente o mundo acadêmico, unidades de pesquisa públicas e particulares, e a imprensa.[77] Essa confiança é um recurso precioso que não deveria ser desperdiçado. Embora a confiança na ciência tenha permanecido estável há décadas, a confiança nas universidades vem afundando.[78] Uma importante razão para a desconfiança está na sufocante monocultura das universidades, com suas punições a estudantes e professores que questionam dogmas sobre gênero, raça, cultura, genética, colonialismo, identidade e orientação sexuais. Certas universidades se tornaram alvo de chacota por suas agressões ao senso comum (por exemplo, quando um professor foi suspenso recentemente por ter mencionado o termo de pausa em chinês *ne ga*, porque este lembrou a alguns alunos o insulto racial).[79] Em algumas ocasiões, correspondentes me perguntaram por que deveriam confiar no consenso científico sobre a mudança climática, já que ele tem origem em instituições que não toleram discordância. É por isso que as universidades têm a responsabilidade de garantir a credibilidade da ciência e da erudição, comprometendo-se a adotar a diversidade de pontos de vista, a liberdade de pesquisa, o pensamento crítico e a receptividade ativa.[80]

A imprensa, num empate permanente com o Congresso como a instituição norte-americana menos confiável, também tem um papel especial a desempenhar na infraestrutura da racionalidade.[81] Como as universidades, os sites de notícias e de opinião deveriam ser modelos de diversidade de pontos de vista e de pensamento crítico. E, como sustentei no Capítulo 4, também deveriam se tornar mais capazes para lidar com números e dados, ter consciência das ilusões estatísticas instiladas pela busca de relatos sensacionalistas. Honra seja feita, os jornalistas vêm se tornando mais conscientes de como podem ser manipulados por políticos calculistas e contribuir para miasmas da pós-verdade, e começaram a adotar medidas defensivas como a verificação de fatos, a identificação de alegações falsas sem repeti-las, o relato de fatos em termos afirmativos e não negativos, a correção franca e rápida de erros e a atitude de evitar um falso equilíbrio entre especialistas e impostores.[82]

Instituições educacionais, desde escolas de ensino fundamental a universidades, poderiam dar ao pensamento estatístico e crítico uma presença maior em seu conteúdo. Exatamente como saber ler e saber lidar com números recebem prioridade na educação porque são um pré-requisito para tudo o mais, as ferramentas da lógica, da probabilidade e da inferência causal perpassam todos os tipos de conhecimento humano. A racionalidade deveria ser a quarta habilidade ensinada, junto com a leitura, a escrita e a aritmética. É verdade que a mera instrução sobre probabilidade não proporciona uma imunidade perene a falácias estatísticas. Os universitários esquecem o que aprenderam assim que a prova termina e eles vendem os livros didáticos; e, mesmo quando se lembram da matéria, quase nenhum deles dá o salto de princípios abstratos para armadilhas do dia a dia.[83] Mas cursos e videogames bem projetados — que selecionassem vieses cognitivos (a falácia do apostador, custos perdidos, viés da confirmação e assim por diante), desafiassem os alunos a detectá-los em cenários semelhantes à vida real, reformulassem problemas em formatos de fácil entendimento e lhes fornecessem um *feedback* imediato de seus erros — podem realmente ensinar os alunos a evitar as falácias fora da sala de aula.[84]

A RACIONALIDADE É um bem público, e um bem público prepara o terreno para uma Tragédia dos Comuns. Na Tragédia dos Comuns da racionalidade, o raciocínio motivado em benefício próprio e do viés do-nosso-lado gera uma oportunidade para pegar carona em nosso entendimento coletivo.[85] Cada um de nós tem um motivo para preferir *nossa* verdade, mas juntos nós nos saímos melhor com *a* verdade.

Tragédias dos Comuns podem ser mitigadas com normas informais em que membros de uma comunidade policiam as pastagens ou as áreas de pesca reconhecendo bons cidadãos e estigmatizando exploradores.[86] As sugestões que fiz até agora podem, na melhor das hipóteses, fortalecer pensadores individuais e inculcar a norma de que o raciocínio sólido é uma virtude. Mas as Tragédia dos Comuns também devem ser protegidas com incentivos: pagamentos que façam ser do interesse de cada pensador endossar as ideias que mais os justifiquem. É óbvio que não podemos impor um imposto sobre falácias, mas bens comuns específicos podem concordar quanto a regras que ajustem os incentivos na direção da verdade.

Já mencionei que instituições bem-sucedidas de racionalidade nunca dependem do brilho de um indivíduo, já que nem mesmo os mais racionais entre nós são imunes a vieses. Em vez disso, elas dispõem de canais de *feedback* e agregação de conhecimento que tornam o todo mais inteligente do que qualquer uma de suas partes.[87] Entre elas, estão a revisão por pares no meio acadêmico, a possibilidade de testagem na ciência, a verificação de fatos e a edição no jornalismo, a separação dos poderes no governo e o contraditório no sistema judiciário.

A nova mídia de cada era abre um faroeste de textos apócrifos e de roubo de propriedade intelectual até que sejam tomadas contramedidas a serviço da verdade.[88] Foi o que aconteceu com livros e depois com jornais no passado, e está acontecendo com a mídia digital hoje. A mídia pode se tornar ou bem cadinhos de conhecimento ou bem fossas de tolices, dependendo da estrutura de incentivos. O sonho da aurora da era da internet de que dar a cada um uma plataforma faria nascer um novo Iluminismo parece constrangedor hoje que estamos convivendo com *bots*, *trolls*, guerras incendiárias [*flame wars*], *fake news*, turbas dedicadas a humilhar outros no Twitter e assédio on-line. Enquanto a moeda corrente numa plataforma for composta de curtidas, compartilhamentos, cliques e visualizações, não há motivo para pensar que ela vá cultivar a racionalidade ou a verdade. Já a Wikipédia, em comparação, embora não seja infalível, tornou-se um recurso espantosamente preciso, apesar de ser livre e descentralizado. Isso porque ela executa forte controle de qualidade e correção de erros, sustentados por "pilares" projetados para rejeitar vieses do-meu-lado.[89] Eles incluem a verificabilidade, um ponto de vista neutro, respeito e civilidade, e uma missão de fornecer conhecimento objetivo. Como o site proclama: "A Wikipédia não é uma tribuna, uma plataforma de publicidade, uma editora para atender à vaidade de autores [ou] um experimento em anarquia ou democracia."[90]

No momento em que escrevo, experimentos gigantescos em anarquia e democracia, as plataformas de mídias sociais, começaram a acordar para a Tragédia dos Comuns da racionalidade, tendo sido despertadas por dois alarmes que soaram em 2020: informações incorretas sobre a pandemia de covid e ameaças à integridade da eleição presidencial norte-americana. As plataformas afinaram seus algoritmos para parar de recompensar falsidades perigosas, inseriram notas de advertência e links para verificação de fatos, além de abafar a dinâmica desenfreada que pode viralizar conteúdo tóxico e fazer pessoas caírem em "roubadas" extremistas. É muito cedo para dizer quais medidas funcionarão e quais não.[91] É evidente que esses esforços deveriam ser intensificados com a atenção voltada para a reformulação da perversa estrutura de incentivos que premia a fama em si enquanto não oferece nenhuma recompensa pela verdade.

No entanto, da mesma forma que é provável que as mídias sociais recebam uma parcela excessiva da culpa pela irracionalidade de fanáticos, seus ajustes algorítmicos não serão suficientes para consertá-las. Deveríamos ser criativos na mudança de normas em outros setores para que a verdade desinteressada tenha alguma vantagem sobre o viés do-meu-lado. No jornalismo de opinião, especialistas poderiam ser avaliados pela precisão de suas previsões mais do que por sua habilidade para semear o medo e o ódio ou para encolerizar uma facção.[92] No desenvolvimento de políticas, na medicina, no policiamento e em outras especialidades, a avaliação com base em evidências deveria ser uma prática dominante, não de apenas um nicho.[93] E no governo, eleições, que podem exibir o que há de pior em raciocínio, poderiam ser suplementadas com uma democracia deliberativa, como com bancas de cidadãos que tenham a tarefa de recomendar alguma política.[94] Esse mecanismo põe em prática a descoberta de que em grupos de pensadores que são intelectualmente diversos, mas que cooperam, a verdade em geral sai ganhando.[95]

O raciocínio humano tem suas falácias, seus vieses e sua tolerância para com a mitologia. Mas em última análise a explicação para o paradoxo de como nossa espécie poderia ser ao mesmo tempo tão racional e tão irracional não é algum problema em nosso software cognitivo. Ela está na dualidade do eu e do outro: nossos poderes de raciocínio são guiados por nossos motivos e limitados por nossos pontos de vista. Vimos no Capítulo 2 que o cerne da moralidade é a imparcialidade: a conciliação de nossos interesses egoístas com os de outros. Do mesmo modo, a imparcialidade é o cerne da racionalidade: a conciliação de nossas noções incompletas e enviesadas para formar um entendimento da realidade que transcenda qualquer um de nós. A racionalidade, portanto, não é simplesmente uma virtude cognitiva, mas uma virtude moral.

11
POR QUE A RACIONALIDADE IMPORTA

> Começar a raciocinar é como pisar numa escada rolante que sobe para um lugar fora de nosso alcance visual. Uma vez dado o primeiro passo, a distância a ser percorrida independe de nossa vontade, e não podemos saber com antecipação onde iremos parar.
>
> — Peter Singer[1]

Apresentar razões pelas quais a racionalidade importa é um pouco como enxugar gelo e puxar os cadarços dos sapatos para tentar se levantar: não pode funcionar, a menos que você antes aceite a regra básica de que a racionalidade é o caminho para decidir o que importa. Felizmente, como vimos no Capítulo 2, todos aceitamos, sim, a primazia da razão, pelo menos em termos tácitos, assim que debatemos essa questão, ou qualquer questão, em vez de obtermos a anuência do outro, coagindo-o pela força. Chegou a hora de aprofundar nosso envolvimento e perguntar se a aplicação consciente da razão de fato beneficia nossa vida e torna o mundo um lugar melhor. Deveria ser assim, considerando-se que a realidade é governada pela lógica e pelas leis físicas, não pela magia nem pela bruxaria. Mas será que as pessoas realmente são prejudicadas por suas falácias, e será que sua vida melhoraria se admitissem isso e conseguissem pensar num jeito de se livrar delas? Ou será que a intuição é um guia melhor para tomar decisões na vida do que a reflexão, com seu risco de excesso de pensamentos e racionalização?

Pode-se fazer a mesma pergunta acerca do bem-estar do mundo. É o progresso uma história de solução de problemas, conduzida por filósofos que diagnosticam males e cientistas e detentores do poder decisório que encontram remédios para eles? Ou é o progresso uma história de luta, com os oprimidos se insurgindo e derrubando seus opressores?[2] Em capítulos anteriores, aprendemos a desconfiar de falsas dicotomias e de explicações de causa única, de modo que as respostas para essas perguntas não serão simplesmente nem uma nem outra. Mesmo assim, tentarei explicar por que acredito que o exercício de nossa razão sublime, em vez de permitir que ela seja "sufocada em nós, sem uso", pode levar a uma vida melhor e a um mundo melhor.

Racionalidade em nossa vida

Serão as falácias e ilusões exemplificadas nos capítulos precedentes apenas respostas erradas para difíceis problemas de matemática? Serão elas quebra-cabeças, "pegadinhas", perguntas capciosas, curiosidades de laboratório? Ou pode o raciocínio fraco levar a um mal verdadeiro, com a implicação de que o pensamento crítico poderia proteger as pessoas de seus piores instintos cognitivos?

Decerto, muitos dos vieses que examinamos pareceriam ser punidos pela realidade, com toda a sua indiferença por nossas crenças irracionais.[3] Nós descartamos o futuro como míopes, mas ele sempre chega, sem as grandes recompensas que sacrificamos em troca de um benefício rápido. Tentamos reaver custos perdidos e demoramos demais a largar investimentos ruins, filmes ruins e relacionamentos ruins. Avaliamos o perigo pela disponibilidade, e assim evitamos aviões seguros e damos preferência a automóveis perigosos, que conduzimos enquanto enviamos mensagens de texto. Não entendemos direito a regressão à média e perseguimos explicações ilusórias para sucessos e fracassos.

Quando lidamos com dinheiro, nosso ponto cego para o crescimento exponencial faz com que poupemos muito pouco para a aposentadoria e nos endividemos demais ao utilizarmos cartões de crédito. O fato de não descontarmos os falsos acertos gerados pela adequação de perguntas a respostas já obtidas e nossa confiança depositada indevidamente em especialistas, em vez de em fórmulas atuariais, nos levam a investir em fundos com altas taxas de administração cujo desempenho é inferior a índices simples. Nossa dificuldade com a utilidade esperada nos tenta com seguros e apostas que nos deixam em pior situação a longo prazo.

Quando lidamos com nossa saúde, nossa dificuldade com o pensamento bayesiano pode nos aterrorizar, levando-nos a uma interpretação exagerada de um exame positivo para uma doença rara. Podemos ser convencidos a nos submeter a uma cirurgia ou dissuadidos disso, dependendo da escolha de palavras com que os riscos são apresentados, mais do que da comparação entre riscos e benefícios. Nossas intuições sobre essências nos levam a rejeitar vacinas que salvam vidas e a acolher charlatanices perigosas. Correlações ilusórias e uma confusão de correlação com causalidade nos levam a aceitar diagnósticos e tratamentos inúteis por parte de médicos e psicoterapeutas. Deixar de avaliar riscos e recompensas nos tranquiliza, levando-nos a expor a riscos tolos nossa segurança e felicidade.

No campo jurídico, a cegueira para as probabilidades pode seduzir juízes e júris a cometer injustiça por meio de conjecturas eloquentes e probabilidades calculadas após o fato. Deixar de observar o "toma lá dá cá" entre acertos e alarmes falsos os leva a punir muitos inocentes só para condenar mais alguns culpados.

Em muitos desses casos, os profissionais são tão vulneráveis à insensatez quanto seus pacientes e clientes, o que demonstra que a inteligência e a proficiência não proporcionam imunidade a infecções cognitivas. As ilusões clássicas já foram exibidas em médicos, advogados, investidores, corretores, repórteres esportivos, economistas e meteorologistas, todos lidando com números em suas especialidades.[4]

Essas são algumas das razões para se acreditar que falhas da racionalidade têm consequências no mundo. Será que se pode quantificar o dano? O ativista do pensamento crítico Tim Farley tentou fazer isso em seu site e no feed do Twitter cujo nome é a pergunta feita com grande frequência: "What's the Harm?" [Que mal há nisso?, em tradução livre.][5] Farley não tinha como responder a essa pergunta, é claro, mas tentou abrir os olhos das pessoas para a enormidade de danos causados por falhas no pensamento crítico, listando todos os casos autenticados que conseguiu encontrar. De 1970 até 2009, mas principalmente na última década dessa faixa, ele documentou 368.379 pessoas mortas, mais de trezentas mil feridas e 2,8 bilhões de dólares em indenizações econômicas decorrentes de erros do pensamento crítico. Entre elas, pessoas que se mataram ou mataram os próprios filhos ao rejeitar tratamento médico convencional ou ao usar curas fitoterápicas, homeopáticas, holísticas e outras curandeirices; suicídios em massa por integrantes de seitas apocalípticas; assassinatos de bruxas, feiticeiros e das pessoas que eles amaldiçoaram; vítimas ingênuas que perderam toda a poupança por trapaças de videntes, astrólogos e outros charlatães; transgressores da lei e justiceiros presos por agirem com base em ilusões conspiratórias; e pânicos na economia causados por superstições e boatos falsos. Seguem-se alguns tuítes de 2018-2019:

> Que mal há em teorias da conspiração? O FBI identifica "extremistas nacionais motivados por teorias da conspiração" como uma nova ameaça terrorista interna.
>
> Que mal há em receber aconselhamento de saúde de um #fitoterapeuta? Um menino de 13 anos morreu depois de lhe ser recomendado que não tomasse insulina. Agora o destino do fitoterapeuta é a cadeia.

Que mal há numa igreja que pratica #curas pela fé? Ginnifer lutou pela vida por quatro horas. Travis Mitchell, seu pai, "fez imposição de mãos", e a família se revezou em orações enquanto ela se esforçava para respirar e mudava de cor. "Eu soube que ela estava morta quando parou de gritar", disse Mitchell.

Que mal há em acreditar em seres sobrenaturais? Aldeões de Sumatra mataram um tigre em risco de extinção porque acharam que ele era um espírito que assumia aparências diferentes.

Que mal há em consultar um #vidente? "Vidente" de Maryland condenado por fraudar clientes em 340 mil dólares.

Como Farley seria o primeiro a ressaltar, nem mesmo milhares de relatos podem provar que ceder a vieses irracionais gera mais males do que superá-los. No mínimo, precisamos de um grupo de comparação, ou seja, os efeitos de instituições caracterizadas pela razão, como a medicina, a ciência e o governo democrático. Esse é o tópico da próxima seção.

De fato, temos um estudo dos efeitos da tomada racional de decisões sobre os resultados na vida. Os psicólogos Wändi Bruine de Bruin, Andrew Parker e Baruch Fischhoff desenvolveram uma medida de competência no raciocínio e na tomada de decisões (como o quociente de racionalidade de Keith Stanovich) por meio de uma compilação de testes para algumas das falácias e dos vieses vistos nos capítulos precedentes.[6] Estes incluíam excesso de confiança, custos perdidos, incoerências na estimativa de riscos e efeitos de apresentação (ser afetado por um resultado é descrito como ganho ou perda). Não surpreende que a habilidade das pessoas para evitar falácias fosse correlacionada com sua inteligência, embora apenas de modo parcial. Ela também estava correlacionada com seu estilo de tomada de decisões — em que grau diziam que abordavam problemas de modo construtivo e ponderado, em vez de impulsivo e fatalista.

Para medir os resultados da vida, o trio desenvolveu uma espécie de escala do "azarado", uma medida da suscetibilidade das pessoas a reveses grandes e pequenos. Foi perguntado aos participantes, por exemplo, se na última década eles tinham estragado roupas ao não seguir as instruções de lavagem na etiqueta, se tinham trancado o carro com a chave dentro, tinham pegado o trem ou o ônibus errado, fraturado um osso, batido com o carro, dirigido alcoolizado, perdido dinheiro em ações, se envolvido numa briga, sido suspensos da escola, largado um emprego depois de uma semana, ou se por acaso tinham engravidado ou engravidado alguém. A conclusão foi a de que as habilidades de raciocínio das pessoas de fato previam os resultados na vida: quanto menos falácias no raciocínio, menor a quantidade de desastres na vida.

É claro que correlação não é causalidade. A competência no raciocínio está correlacionada com a inteligência bruta, e sabemos que uma inteligência superior protege as pessoas de maus resultados na vida, como enfermidades, acidentes e fracasso no trabalho, desde que o status socioeconômico permaneça constante.[7] Mas inteligência não é o mesmo que racionalidade, já que ser bom em computação não garante que essa pessoa vá tentar computar as coisas certas. A racionalidade também exige ponderação, receptividade e domínio de ferramentas cognitivas como a lógica formal e a probabilidade matemática. Bruine de Bruin e seus colaboradores fizeram as análises de regressão múltipla (o método explicado no Capítulo 9) e concluíram que, mesmo quando mantinham constante a inteligência, os pensadores com melhor raciocínio sofriam menos ocorrências ruins.[8]

O status socioeconômico também confunde nossa sorte na vida. A pobreza é uma corrida de obstáculos, que faz as pessoas enfrentarem os riscos do desemprego, do abuso de substâncias psicoativas e outras dificuldades. Mas as análises de regressão mostraram que os que raciocinavam melhor tinham melhores resultados na vida, desde que mantido constante o status socioeconômico. Tudo isso ainda não consegue chegar a provar causalidade. Mas temos de fato alguns dos elos necessários: uma plausibilidade com um *prior* alto, dois importantes confundimentos estatisticamente controlados e a falta de verossimilhança de uma causalidade reversa (envolver-se num acidente automobilístico não deveria levar alguém a cometer falácias cognitivas). Isso nos capacita a conferir alguma credibilidade à conclusão causal de que a competência no raciocínio pode proteger uma pessoa de infortúnios na vida.

Racionalidade e progresso material

Embora o viés da disponibilidade o esconda de nós, o progresso humano é um fato empírico. Quando olhamos para além das manchetes, para as tendências, descobrimos que a humanidade em geral está mais saudável, mais próspera, com mais anos de vida, mais bem alimentada, com mais instrução, mais livre de guerras, assassinatos e acidentes do que em séculos anteriores.[9]

Como documentei essas mudanças em dois livros, costumam me perguntar se eu "acredito no progresso". A resposta é não. Como a humorista Fran Lebowitz, não acredito em nada que se tenha de acreditar. Embora muitas medições do bem-estar humano, quando mapeadas ao longo do tempo, demonstrem um aumento gratificante (embora nem sempre nem em todos os lugares), isso não ocorre por causa de alguma força ou lei dialética ou evolutiva que sempre nos leva adiante. Pelo contrário, a natureza não dá a mínima para o nosso bem-estar e, com frequência, como com pandemias e desastres naturais, dá a impressão de estar tentando nos pulverizar. "Progresso" é um jeito taquigráfico de indicar um conjunto de rejeições e vitórias extraídas à força de um universo implacável, e é um fenômeno que precisa ser explicado.

A explicação é a racionalidade. Quando os humanos se propõem o objetivo de aumentar o bem-estar do próximo (em oposição a outros intentos dúbios, como a glória ou a redenção) e aplicam sua engenhosidade a instituições que a associam à de outros, eles eventualmente têm sucesso.

Quando retêm os sucessos e tomam nota dos fracassos, os benefícios podem se acumular — e nós chamamos essa impressão geral de progresso.

Podemos começar com o bem mais precioso de todos: a vida. A partir da segunda metade do século XIX, a expectativa de vida no momento do nascimento se elevou de seu histórico ponto estacionário nos trinta anos de idade e hoje está em 72,4 anos no mundo inteiro e 83 anos nos países mais prósperos.[10] Essa dádiva de vida não caiu simplesmente em nosso colo. Ela foi o dividendo conquistado com esforço de avanços em saúde pública (lema: "Salvando vidas, milhões de cada vez"), especialmente depois que a teoria da doença causada por germes substituiu outras teorias causais como os miasmas, espíritos, conspirações e castigo divino. Medidas preventivas incluíram a cloração e outros meios de garantir a segurança da água potável, os despretensiosos vasos sanitários e redes de esgoto, o controle de vetores de enfermidades como mosquitos e pulgas, programas de vacinação em larga escala, o incentivo à lavagem das mãos e cuidados básicos pré-natais e perinatais, como a amamentação e o contato corporal. Quando doenças e ferimentos de fato ocorrem, avanços na medicina os impedem de matar tantas pessoas quanto matavam na época dos curandeiros e cirurgiões-barbeiros. Entre esses avanços estão antibióticos, antissepsia, anestesia, transfusões, medicamentos e a terapia de reidratação oral (uma solução de sal e açúcar que impede uma diarreia de se tornar fatal).

A humanidade sempre lutou para cultivar quantidades suficientes de calorias e proteínas para se alimentar, com a fome a apenas a distância de uma colheita ruim. Mas a fome hoje foi eliminada na maior parte do mundo: a subnutrição e os danos ao desenvolvimento causados pela desnutrição estão em declínio, e as fomes coletivas agora afligem somente as regiões mais remotas e devastadas pela guerra, um problema decorrente não só de insuficiência de alimentos, mas também de barreiras que devem ser transpostas a fim de fazer chegar os víveres aos famintos.[11] As calorias não chegaram como um maná celestial nem transbordaram de uma cornucópia segurada por Abundância, a deusa romana da fartura, mas decorreram de avanços na agronomia. Entre eles, a rotação de culturas para recompor solos degradados; tecnologias para plantio e colheita de alta produtividade, como semeadeiras, arados, tratores e colheitadeiras; fertilizantes sintéticos (que recebem crédito por salvar 2,7 bilhões de vidas); uma rede de transporte e armazenagem para levar os alimentos do campo à mesa, incluídos ferrovias, canais, caminhões, silos e refrigeração; mercados nacionais e internacionais que permitem que o excedente de uma área compense a escassez em outra; e a Revolução Verde da década de 1960, que espalhou culturas híbridas produtivas e vigorosas.

A pobreza não requer explicação; ela é o estado natural da humanidade. O que precisa de explicação é a prosperidade. Durante a maior parte da história humana, cerca de 90% da humanidade viveu no que hoje chamamos de pobreza extrema. Em 2020, era menos de 9%; ainda um número muito alto, mas previsto para ser zerado na próxima década.[12] O enorme enriquecimento material da humanidade começou com a Revolução Industrial do século XIX. Ela foi literalmente possibilitada pela captura da energia do carvão, do petróleo, do vento e de quedas-d'água, e mais tarde do sol, da terra e da fissão nuclear. A energia alimentou máquinas que transformam calor em trabalho, fábricas com produção em massa e meios de transporte como ferrovias, canais, rodovias e navios para transporte de contêineres. Tecnologias materiais dependiam de tecnologias financeiras, em particular a atividade bancária, as finanças e os seguros. E nenhuma delas poderia ter tido sucesso em gerar prosperidade generalizada sem governos que fizessem vigorar contratos, minimizassem a violência e a fraude, amenizassem tropeços financeiros por meio de bancos centrais e de moeda confiável e investissem em bens públicos geradores de riqueza como a infraestrutura, a pesquisa básica e a educação universal.

O mundo ainda não deu um fim à guerra, como sonhavam os cantores populares da década de 1960, mas reduziu seu número e sua letalidade em termos impressionantes, de 21,9 mortes em combate por cem mil pessoas em 1950 para apenas 0,7 em 2019.[13] Peter, Paul & Mary* mere-

---

*   Trio de música folk norte-americano da década de 1960. (N. do E.)

cem só parte do crédito. Uma parte maior vai para instituições que foram projetadas com o propósito de reduzir os incentivos às nações para entrar em guerra, começando pelo plano de Immanuel Kant para a "paz perpétua" em 1795. Uma delas é a democracia, que, como vimos no capítulo sobre correlação e causalidade, de fato reduz o risco de guerra, presumivelmente porque sua bucha para canhão tem menos interesse nesse passatempo do que seus reis e generais. Outra consiste em investimento e comércio internacionais, que tornam mais barato comprar coisas do que roubá-las, e fazem com que seja imprudente que países matem seus fregueses e devedores. (A União Europeia, agraciada com o prêmio Nobel da Paz em 2012, surgiu a partir de uma organização de comércio, a Comunidade Europeia do Carvão e do Aço.) Ainda outra instituição é uma rede de organizações internacionais, em particular as Nações Unidas, que compõe uma comunidade com uma malha de países, mobiliza forças de manutenção da paz, imortaliza Estados, protege fronteiras e condena e estigmatiza a guerra, enquanto oferece meios alternativos para a resolução de disputas.

Frutos da inventividade humana também endossaram outros aprimoramentos históricos no bem-estar, como a segurança, o lazer, as viagens e o acesso à arte e ao entretenimento. Embora muitos dos dispositivos e das burocracias tenham surgido organicamente e sido aperfeiçoados por meio de tentativa e erro, nenhum foi um acidente. As pessoas de cada época os defendiam com argumentos impulsionados pela lógica e pelas evidências, custos e benefícios, causa e efeito, bem como por soluções de compromisso entre vantagem individual e o bem comum. Nossa engenhosidade precisará ser redobrada para lidar com as provações que enfrentamos hoje, em especial a tragédia do bem comum do carbono (Capítulo 8). Nossa capacidade cerebral terá de ser aplicada a tecnologias que produzam energia limpa e barata, estruturas de preços que encareçam a energia suja, políticas que impeçam facções de se tornarem saqueadoras e tratados para tornar os sacrifícios globais e imparciais.[14]

Racionalidade e progresso moral

O progresso consiste em mais do que conquistas em segurança e bem-estar material. Ele também consiste em avanços em como tratamos uns aos outros: em igualdade, benevolência e direitos. Muitas práticas cruéis e injustas diminuíram ao longo da história. Entre elas, o sacrifício humano, a escravidão, o despotismo, esportes sangrentos, a castração para criar eunucos, os haréns, o enfaixamento de pés, penas corporais e capitais sádicas, a perseguição de hereges e dissidentes, bem como a opressão de mulheres e de minorias religiosas, raciais, étnicas e sexuais.[15] Nenhuma dessas práticas foi totalmente extirpada por completo, mas, quando mapeamos mudanças históricas, em cada caso vemos decréscimos e, em alguns casos, quedas vertiginosas.

Como chegamos a vivenciar esse progresso? Theodore Parker e, um século depois, Martin Luther King Jr., previram um arco moral que se curvava na direção da justiça. Mas a natureza do arco e seu poder para acionar as alavancas do comportamento humano são misteriosos. Podem-se imaginar caminhos mais prosaicos: mudanças na moda; campanhas de constrangimento; apelos ao coração; movimentos populares de protesto; cruzadas religiosas e moralistas. Uma opinião popular é a de que o progresso moral é promovido através da luta: os poderosos nunca cedem seus privilégios, que precisam ser arrancados deles pela força do povo agindo em solidariedade.[16]

Minha maior surpresa ao procurar um sentido para o progresso moral está na quantidade de vezes na história em que o primeiro dominó de uma reação em cadeia foi uma argumentação ponderada.[17] Um filósofo escreveu uma súmula que expunha argumentos sobre os motivos pelos quais alguma prática era indefensável, irracional ou não condizente com valores que todos alegavam sustentar. O panfleto ou manifesto viralizou, foi traduzido para outros idiomas, foi debatido em bares, salões e cafés, e então influenciou líderes, legisladores e a opinião pública. Com o tempo, a conclusão acabou sendo incorporada à sabedoria convencional e à noção de bons costumes de uma sociedade, apagando os rastros dos argumentos que a levaram até esse ponto. Poucas pessoas hoje sentem a necessidade, ou poderiam invocar a capacidade, de formular uma argumentação coerente sobre os motivos pelos quais é errada a escravidão, a estripação pública ou as surras em crianças; é simplesmente óbvio. No entanto, exatamente esses debates ocorreram séculos atrás.

E os argumentos que prevaleceram, quando são trazidos a nossa atenção hoje, continuam a parecer verdadeiros. Eles apelam a um senso de razão que transcende os séculos, porque estão em conformidade com princípios de coerência conceitual que são parte da própria realidade. Como vimos no Capítulo 2, nenhum argumento lógico pode estabelecer uma reivindicação moral. Mas um argumento *pode* estabelecer que uma reivindicação em debate é incompatível com outra reivindicação que uma pessoa valoriza, ou com valores como a vida e a felicidade que a maioria reivindica para si mesma e concordaria que são desejos legítimos de todos os outros. Como vimos no Capítulo 3, a incoerência é fatal para o raciocínio: um conjunto de crenças que inclui uma contradição pode ser usado para deduzir qualquer coisa e é perfeitamente inútil.

Cauteloso como preciso ser para não inferir causalidade de correlação, e de isolar apenas uma causa num emaranhado histórico, não posso alegar que bons argumentos sejam a causa do progresso moral. Não podemos realizar um ensaio randomizado controlado na história, com metade de uma amostra de sociedades exposta a um tratado moral compulsório e a outra metade a um placebo repleto de um falatório de altos princípios. Também não dispomos de um conjunto de dados de triunfos morais grande o suficiente para extrair uma conclusão causal da rede de correlações. (O mais próximo que consigo pensar é em estudos transnacionais os quais demonstram que a educação e o acesso à informação numa era, que são indicadores de uma disposição à troca de ideias, prognosticam democracia e valores liberais em época posterior, desde que confundimentos socioeconômicos sejam mantidos constantes.)[18] Por ora, posso apenas dar exemplos de argumentos precoces que historiadores nos dizem terem sido influentes em uma época e permanecem incontestáveis na nossa.

Comecemos com as perseguições religiosas. Será que as pessoas precisavam mesmo de um argumento intelectual para entender que algo podia estar só um pouquinho errado ao queimar hereges na fogueira? Na verdade, precisavam. Em 1553, o teólogo francês Sebastian Castellio (1515-1563) compôs uma argumentação contra a intolerância religiosa, ressaltando a ausência de raciocínio por trás das ortodoxias de João Calvino e do "resultado lógico" de suas práticas:

> Calvino diz que tem certeza, e [outras seitas] dizem que elas têm certeza; Calvino diz que elas estão erradas e deseja julgá-las, e elas dizem o mesmo. Quem há de ser o juiz? Quem tornou Calvino o árbitro de todas as seitas, para que somente ele possa matar? Ele tem a Palavra de Deus, e elas também têm. Se a questão é a certeza, para quem deve ser assim? Para Calvino? Mas, nesse caso, por que ele escreve tantos livros sobre a verdade manifesta? [...] Tendo em vista a incerteza, devemos definir o herege simplesmente como alguém de quem discordamos. E se então formos matar hereges, o resultado lógico será uma guerra de extermínio, já que cada um tem certeza de si. Calvino teria de invadir a França e todas as outras nações, arrasar cidades, passar todos os moradores pela espada, sem poupar mulheres nem idosos, nem mesmo bebês e animais.[19]

O século XVI viu mais um argumento precoce contra uma prática bárbara. Hoje parece óbvio que a guerra não é saudável para crianças e outros seres vivos. Mas, durante a maior parte da história, a guerra era considerada nobre, sagrada, emocionante, viril, gloriosa.[20] Embora tenha sido apenas depois dos cataclismos do século XX que ela deixou de ser venerada, as sementes do pacifismo tinham sido plantadas por um dos "pais da modernidade", o filósofo Desidério Erasmo (1466-1536), em seu ensaio de 1517 "O apelo da razão, da religião e da humanidade contra a guerra". Após oferecer um relato contundente das bênçãos da paz e dos horrores da guerra, Erasmo se voltou para uma análise de escolha racional da guerra, explicando seus resultados de soma zero e sua utilidade esperada negativa:

> A essas considerações acrescente-se que as vantagens derivadas da paz se difundem por toda parte e atingem um *enorme número de pessoas*; na *guerra*, se alguma coisa der certo [...] a vantagem reverte para apenas *alguns*, indignos desse proveito. A segurança de um homem é devida à destruição de outro; o lucro de um vem da pilhagem contra outro. O motivo de celebração de um lado é, para o outro, motivo de luto. Qualquer que seja o infortúnio na guerra é de fato grave; e, pelo contrário, qualquer coisa que seja chamada de boa sorte é uma boa sorte selvagem e cruel, uma felicidade não generosa, que deriva sua existência da desgraça alheia. Na realidade, quando ela termina, costuma acontecer de os dois lados, o vitorioso e o derrotado, terem motivos a lamentar. Desconheço se alguma guerra um dia teve um desfecho tão afortunado em todos os seus acontecimentos que o conquistador, se tivesse coração para sentir ou entendimento para avaliar, como deveria fazer, não se arrependesse de ter chegado a empreendê-la [...].
>
> Se quiséssemos calcular a questão com imparcialidade e formar um justo cômputo do custo que acompanha uma guerra e do que resulta de buscar a paz, deveríamos concluir que a paz pode ser adquirida por um décimo das

preocupações, dos trabalhos, dos problemas, dos perigos, das despesas e do sangue incorridos numa guerra [...]. No entanto, o objetivo é causar o maior dano possível a um inimigo. Um objetivo extremamente desumano [...]. E reflita se você pode feri-lo em sua essência, sem ferir, ao mesmo tempo e pelos mesmos meios, seu próprio povo. É sem dúvida um ato insano assumir uma porção tão grande de males indiscutíveis quando nunca se sabe ao certo quais serão os dados da guerra.[21]

O Iluminismo do século XVIII foi uma fonte de argumentos contra outros tipos de crueldade e opressão. Tal como em relação às perseguições religiosas, ficamos quase sem palavras quando nos perguntam o que há de errado com o uso da tortura sádica como punição ao crime, com a estripação e o esquartejamento, o suplício na roda, a morte na fogueira ou com alguém ser serrado ao meio a partir da virilha. Contudo, num panfleto de 1764, o economista e filósofo utilitarista Cesare Beccaria (1738-1794) expôs argumentos contra essas barbaridades, identificando os custos e benefícios das punições ao crime. O propósito legítimo das punições, argumentou Beccaria, consiste em incentivar as pessoas a não explorarem outras, e a utilidade esperada dos malfeitos deveria ser a métrica pela qual avaliamos as práticas punitivas.

À medida que as punições se tornam mais cruéis, a mente dos homens, que, como fluidos, sempre se ajusta ao nível de seu entorno, vai se calejando, e o poder sempre cheio de vida das emoções resulta em que, após cem anos de torturas cruéis, o suplício na roda não cause mais medo do que a prisão causava anteriormente. Para que uma punição cumpra sua finalidade, é apenas necessário que o mal que ela inflija supere o benefício que o criminoso pudesse obter do crime; e, no cálculo desse equilíbrio, devemos acrescentar a certeza da punição e a perda da vantagem produzida pelo crime. Qualquer coisa acima disso é supérflua e, portanto, tirânica.[22]

O argumento de Beccaria, e os dos filósofos seus colegas, Voltaire e Montesquieu, influenciaram a proibição de "punições cruéis e extraordinárias" pela Oitava Emenda da Constituição dos Estados Unidos. Em anos recentes, a emenda continua a ser invocada para reduzir aos poucos a faixa de execuções nesse mesmo país — e muitos observadores jurídicos acreditam ser apenas uma questão de tempo para que a prática como um todo seja decretada inconstitucional.[23]

Durante o Iluminismo, outras formas de barbárie também foram alvo de argumentos que mantêm seu impacto até hoje. Outro famoso utilitarista do século XVIII, Jeremy Bentham (1748-1832), compôs a primeira argumentação sistemática contra a criminalização do homossexualismo:

> Quanto a qualquer desvio primário, é evidente que este não gera dor em ninguém. Pelo contrário, ele gera prazer [...]. Ambos os parceiros estão dispostos. Se um deles não estiver, o ato não será o que examinamos aqui. Será uma infração, totalmente diferente na natureza de seus efeitos. Será uma lesão pessoal; uma espécie de estupro [...]. Quanto a qualquer perigo que exclua a dor, o perigo, se houver, deve consistir na tendência do exemplo. Mas qual é a tendência deste exemplo? Predispor outros a se envolver nas mesmas práticas; mas essa prática, ao que tenha transparecido até agora, não gera dor de qualquer tipo em ninguém.[24]

Bentham também enunciou o argumento contrário à crueldade aos animais, de uma forma que ainda orienta o movimento de proteção que existem:

Talvez chegue o dia em que o restante da criação animal conquiste aqueles direitos que nunca lhe poderiam ter sido negados a não ser pelas mãos da tirania. Os franceses já descobriram que a cor negra da pele não é razão para um ser humano ser abandonado impiedosamente aos caprichos de um torturador. Pode um dia chegar a ser reconhecido que o número de pernas, a vilosidade [presença de pelos] da pele ou a terminação do *os sacrum* [osso sacro] são razões igualmente insuficientes para abandonar um ser sensitivo ao mesmo destino. O que mais deveria traçar essa linha intransponível? A faculdade da razão ou, talvez, a faculdade da fala? Mas um cavalo ou um cachorro adulto é incomparavelmente um animal mais racional, bem como um animal mais sociável, do que um bebê de um dia, uma semana ou mesmo um mês de idade. Mas suponhamos que o caso fosse o oposto, que diferença faria? A questão não é "Será que eles *raciocinam?*" nem "Será que eles *falam?*", mas "Será que eles *sofrem?*".[25]

A justaposição de Bentham das diferenças moralmente descabidas na cor da pele entre humanos com as diferenças em características físicas e cognitivas entre as espécies não é um mero símile. É uma incitação para questionarmos nossa resposta instintiva aos traços superficiais das entidades que estamos sendo solicitados a examinar (a reação do Sistema 1, por assim dizer) e a raciocinar abrindo caminho para crenças coerentes sobre quem merece direitos e proteções.

O incentivo à reflexão cognitiva por meio da analogia entre um grupo protegido e um vulnerável é um recurso comum pelo qual os que se dedicam a persuadir outros em termos morais vêm despertando pessoas para seus vieses e fanatismos. O filósofo Peter Singer, descendente intelectual de Bentham e o principal proponente atual dos direitos dos animais, chama o processo de "círculo em expansão".[26]

A escravidão foi um sistema de referência comum. O Iluminismo abrigou um vigoroso movimento abolicionista, iniciado por argumentos de Jean Bodin (1530-1596), John Locke (1632-1704) e Montesquieu (1689-1755).[27] Com os dois últimos, a argumentação também era subjacente a sua crítica à monarquia absoluta e a sua insistência em que o poder legítimo é conferido aos governos somente pelo consentimento dos governados. O ponto de partida era solapar o pressuposto de uma hierarquia natural: qualquer noção de precedência entre a aristocracia e a plebe, senhor e vassalo, proprietário e escravo. "Nascemos livres", escreveu Locke, "assim como nascemos racionais".[28] Os humanos são seres inerentemente pensantes, sencientes, volitivos, sem que nenhum tenha um direito natural de dominar qualquer outro. Em seu capítulo sobre a escravidão em *Dois tratados sobre o governo,* Locke desenvolve o tema:

> A liberdade dos homens sob um governo, para terem uma norma em vigor pela qual se nortear, é comum a todos os integrantes daquela sociedade e criada pelo poder legislativo existente nela; uma liberdade de seguir minha própria vontade em tudo em que a lei não se pronuncie; e a de não estar sujeito à vontade inconstante, incerta, desconhecida e arbitrária de outro homem: como a liberdade da natureza é a de não se sujeitar a qualquer outra restrição que não seja a lei da natureza.[29]

A ideia fundamental de que a igualdade é o relacionamento-padrão entre as pessoas foi admitida por Thomas Jefferson (1743-1826) como a justificativa para o governo democrático: "Consideramos estas verdades evidentes por si mesmas, que todos os homens são criados iguais, que são dotados pelo Criador de certos Direitos inalienáveis, que entre esses estão a Vida, a Liberdade e a busca da Felicidade. Que, para garantir esses direitos, Governos são instituídos entre os Homens, derivando seus justos poderes do consentimento dos governados."

Embora Locke talvez tenha previsto que seus escritos inspirariam uma das importantes evoluções na história humana, a ascensão da democracia, ele pode não ter previsto outro desdobramento. Em seu prefácio de 1730 a *Some Reflections upon Marriage* [Algumas reflexões sobre o casamento], a filósofa Mary Astell (1666-1730) escreveu:

> Se a Soberania absoluta não for necessária num Estado, por que ela haveria de ser numa Família? Ou, se numa Família, por que não num Estado? Já que nenhuma razão pode ser alegada a favor de uma hipótese que não se sustente com mais intensidade a favor da outra [...]. Se todos os Homens nascem livres, como acontece que todas as Mulheres nasçam escravas? Como devem mesmo nascer, se a sujeição à Vontade inconstante, incerta, desconhecida e arbitrária dos Homens é a perfeita Condição da Escravidão?[30]

Pareceu-lhe familiar? Astell, com sagacidade, se apropriou do argumento de Locke (incluída sua expressão "a perfeita condição da escravidão") para abalar a opressão sobre as mulheres, o que a tornou a primeira feminista inglesa. Muito antes de se tornar um movimento organizado, o feminismo começou como uma argumentação, levantada depois de Astell pela filósofa Mary Wollstonecraft (1759-1797). Em *A Vindication of the Rights of Woman* [Reivindicação dos direitos da mulher] (1792), Wollstonecraft não apenas ampliou o argumento de que era inconsistente em termos lógicos negar às mulheres os direitos concedidos aos homens, como sustentou que qualquer pressuposto de que as mulheres seriam inerentemente menos intelectuais ou menos informadas que os homens era espúrio por causa de uma confusão entre natureza e criação: as mulheres eram criadas sem a instrução nem as oportunidades oferecidas aos homens. Ela começou seu livro com uma carta aberta a Talleyrand, figura de destaque na Revolução Francesa, o qual tinha afirmado que as garotas não precisam de educação formal, essa tolice de *égalité*.

Considere, dirijo-me à pessoa do legislador, se, quando os homens lutam por sua liberdade e por terem permissão de discernir por si mesmos, respeitando a própria felicidade, não é incoerente e injusto subjugar as mulheres, muito embora vocês tenham a firme crença de estarem agindo da maneira mais bem calculada para promover a felicidade delas. Quem fez o homem o juiz exclusivo, se a mulher compartilha com ele o dom da razão?

É esse o estilo das alegações de tiranos de todas as espécies, desde o rei fraco até o fraco pai de família; todos determinados a esmagar a razão, embora sempre afirmem que lhe usurpam o trono apenas para serem úteis. O senhor não desempenha um papel semelhante quando, negando--lhes direitos políticos e civis, força todas as mulheres a permanecer emparedadas em suas famílias, tateando no escuro? Pois decerto o senhor não afirmará que um dever possa ser obrigatório sem que esteja fundamentado na razão? Se de fato for esse seu destino, podem-se extrair argumentos da razão; e assim, com uma sustentação venerável, quanto mais entendimento as mulheres adquirirem, mais elas estarão apegadas a seu dever, compreendendo-o, pois a menos que o compreendam, a menos que sua moral esteja fixada nos mesmos princípios imutáveis que os dos homens, nenhuma autoridade poderá fazê-las cumpri-lo de modo virtuoso. Elas podem ser escravas convenientes, mas a escravidão terá seu efeito constante, degradando o senhor e a dependente aviltada.[31]

E falando da escravidão em si, os argumentos verdadeiramente imperiosos contra a instituição abominável vieram do escritor, editor e estadista Frederick Douglass (1818-1895). Ele mesmo nascido na escravidão, Douglass era impressionante no modo de atrair a empatia de suas plateias para o sofrimento dos escravizados — e, como um dos maiores oradores da história, conseguia comovê-las com a música e a linguagem figurativa de seu discurso. No entanto, empregava esses dons a serviço de uma rigorosa argumentação moral. Em seu discurso mais famoso, "O que é para o escravo o Quatro de Julho?" (1852), Douglass, com o recurso da negação, rejeitou qualquer necessidade de fornecer argumentos contrários à escravidão, usando "as regras da lógica", disse ele, porque eram óbvias, antes de passar a fazer exatamente isso. Por exemplo:

> Há setenta e dois crimes no estado da Virgínia que se cometidos por um homem negro (por mais ignorante que ele seja) o sujeitarão à pena de morte; embora apenas dois dos mesmos crimes sujeitem um homem branco a pena semelhante. O que isso representa a não ser o reconhecimento de que o escravo é um ser moral, intelectual e responsável? Está concedida ao escravo sua natureza de homem. Ela está admitida no fato de que os registros de leis sulistas estão repletos de decretos que proíbem, sob pena de graves multas e punições, ensinar o escravo a ler ou a escrever. Quando se ressalta a inexistência de qualquer lei desse teor com referência aos animais do campo, posso consentir em defender a natureza humana do escravo.[32]

Douglass prosseguiu, "Em tempos como este, o que é necessário é a ironia contundente, não a argumentação convincente", e então confrontou sua plateia com uma longa relação de incoerências em seus sistemas de crenças:

> Vocês atiram suas condenações sobre as cabeças coroadas dos tiranos da Rússia e da Áustria, e se orgulham de suas instituições democráticas, enquanto vocês mesmos aceitam ser meros instrumentos e guarda-costas dos tiranos da

Virgínia e da Carolina. Vocês convidam a vir a seu litoral fugitivos da opressão de outros países, homenageiam-nos com banquetes, recebem-nos com aplausos, dão-lhes vivas, fazem brindes a eles, cumprimentam-nos, protegem-nos e derramam dinheiro sobre eles como se fosse água; mas para os fugitivos de sua própria terra vocês imprimem cartazes de busca, caçam-nos, prendem-nos, atiram e os matam [...].

Vocês podem enfrentar de peito aberto o assalto da artilharia britânica para derrubar um imposto de três *pence* sobre o chá, e, no entanto, extraem até o último vintém das mãos dos trabalhadores negros de seu país.

E, num prenúncio de Martin Luther King Jr. mais de um século depois, ele cobrou de toda a nação o cumprimento da Declaração de Independência:

Vocês declaram diante do mundo, e o mundo entende que vocês declaram, que consideram "essas verdades evidentes por si mesmas, que todos os homens são criados iguais, que são dotados pelo Criador de certos direitos inalienáveis e que, entre eles, estão a vida, a liberdade e a busca da felicidade"; entretanto, mantêm um sétimo dos habitantes de seu país presos a uma servidão que, de acordo com o próprio Thomas Jefferson, "é pior do que as condições contra as quais seus antepassados se rebelaram".

Que Douglass e King pudessem citar com aprovação Jefferson, ele mesmo um hipócrita e sob certos aspectos um homem desprezível, não afeta a racionalidade de seus argumentos, mas a reforça. Nós deveríamos nos importar com a virtude das pessoas quando as vemos como amigas, mas não quando consideramos as ideias que transmitem. As ideias são verdadeiras ou falsas, coerentes ou contraditórias, promotoras do bem-

-estar humano ou não, não importa quem as tenha tido. A igualdade de seres sencientes, baseada na impertinência lógica da distinção entre "mim" e "você", é uma ideia que as pessoas redescobrem pelos tempos afora, passam adiante e estendem a novos seres vivos, ampliando o círculo da compaixão como uma energia escura moral.

Argumentos sólidos, que façam vigorar uma compatibilidade de nossas práticas com nossos princípios e com o objetivo da prosperidade humana, não podem melhorar o mundo por si só. Mas eles orientaram, e deveriam orientar, movimentos por mudanças. Eles fazem a diferença entre a força moral e a força bruta, entre marchas pela justiça e turbas de linchadores, entre o progresso humano e o vandalismo. E será de argumentos sólidos, tanto para revelar males morais quanto para descobrir remédios viáveis, que precisaremos para garantir que o progresso moral continue, que as práticas abomináveis de hoje se tornem tão inacreditáveis para nossos descendentes quanto fogueiras para queimar hereges e leilões de escravos são para nós.

O poder da racionalidade para conduzir o progresso moral é parte integrante de seu poder para conduzir o progresso material e escolhas prudentes em nossa vida. Nossa capacidade para conquistar com esforço incrementos de bem-estar a partir de um cosmo impiedoso e para ser generosos com os outros apesar de nossa natureza falha depende da compreensão de princípios imparciais que transcendem nossa experiência restrita. Somos uma espécie equipada com uma faculdade elementar de raciocínio que descobriu fórmulas e instituições que amplificam seu alcance. Elas nos despertam para ideias e nos expõem a realidades que confundem nossas intuições, mas que mesmo assim são verdadeiras.

NOTAS

Capítulo 1: Animal racional, até que ponto?

1. Russell, 1950/2009.
2. Espinosa, 1677/2000, *Ethics*, III, prefácio.
3. Dados sobre o progresso humano: Pinker, 2018.
4. O povo Sã do Kalahari: Lee e Daly, 1999. O povo Sã, antes conhecido como os bosquímanos, inclui os povos Ju/ 'hoan (anteriormente !Kung), Tuu, Gana, Gwi e Khoi, nomes com diversas ortografias.
5. Caçadores-coletores: Marlowe, 2010.
6. Liebenberg trabalha com os povos !Xõ, /Gwi, Khomani e Ju/ 'hoan (anteriormente !Kung) dos Sã. Exemplos aqui citados são do povo !Xõ. As experiências de Liebenberg com o povo Sã, bem como sua teoria de que o pensamento científico se desenvolveu a partir do rastreamento de pegadas, estão apresentadas em *The Origin of Science* (2013/2021), *The Art of Tracking* (1990) e Liebenberg, //Ao et al., 2021. Outros exemplos foram coletados em Liebenberg, 2020. Para outras descrições da racionalidade de caçadores-coletores, ver Chagnon, 1997; Kingdon, 1993; Marlowe, 2010.
7. Um vídeo de uma caçada de perseguição, narrado por David Attenborough, pode ser visto aqui: https://youtu.be/826HMLoiE_o.

8   Liebenberg, 2013/2021, p. 57.
9   Comunicação pessoal de Louis Liebenberg, 11 de agosto de 2020.
10 Liebenberg, 2013/2021, p. 104.
11 Liebenberg, 2020 e comunicação pessoal, 27 de maio de 2020.
12 Moore, 2005. Ver também Pew Forum on Religion and Public Life, 2009 e Nota 8 do Capítulo 10, adiante.
13 Vosoughi, Roy e Aral, 2018.
14 Pinker, 2010; Tooby e DeVore, 1987.
15 Amos Tversky (1937-1996) e Daniel Kahneman (1934-) foram pioneiros no estudo das ilusões e vieses cognitivos; ver Tversky e Kahneman, 1974; Kahneman, Slovic e Tversky, 1982; Hastie e Dawes, 2010 e o *bestseller* de Kahneman *Thinking Fast and Slow* [*Rápido e devagar: duas formas de pensar*] (2011). A vida dos dois e a colaboração entre eles estão descritas em *The Undoing Project* [*O projeto desfazer*] de Michael Lewis (2016) e a declaração autobiográfica de Kahneman para seu prêmio Nobel de 2002 (Kahneman, 2002).
16 Frederick, 2005.
17 Os psicólogos Philip Maymin e Ellen Langer demonstraram que simplesmente pedir às pessoas que prestassem atenção ao seu ambiente visual reduzia erros de raciocínio em 19 dos 22 problemas clássicos da literatura de psicologia cognitiva.
18 Frederick, 2005.
19 Frederick, 2005, p. 28. Na realidade, "Uma banana e uma rosca custam 37 centavos. A banana custa 13 centavos a mais que a rosca. Quanto custa a rosca?"
20 Wagenaar e Sagaria, 1975; Wagenaar e Timmers, 1979.
21 Goda, Levy et al., 2015; Stango e Zinman, 2009.
22 Citações omitidas para poupar dois amigos de constrangimento.
23 Mortes nos EUA (média móvel de 7 dias): Roser, Ritchie et al., 2020, acessado em 23 de agosto de 2020. Riscos de letalidade para americanos: Ritchie, 2018, acessado em 23 de agosto de 2020; dados de 2017.
24 Wason, 1966; ver também Cosmides, 1989; Fiddick, Cosmides e Tooby, 2000; Mercier e Sperber, 2011; Nickerson, 1996; Sperber, Cara e Girotto, 1995.
25 Van Benthem, 2008, p.11.
26 Como, em termos lógicos, a escolha P poderia desmentir a regra com a mesma facilidade que a escolha não Q, a explicação segundo o viés da confirmação é um pouco mais sutil: os participantes recorrem ao raciocínio para justificar sua esco-

lha inicial, intuitiva, qualquer que ela tenha sido; ver Nickerson, 1998 e Mercier e Sperber, 2011. Argumentos convincentes: Dawson, Gilovich e Regan, 2002; Mercier e Sperber, 2011.
27   Citado em Grayling, 2007, p. 102.
28   Do *Novum Organum*, Bacon, 1620/2017.
29   Popper, 1983. Tarefa de Wason vs. testagem científica de hipóteses: Nickerson, 1996.
30   Peculiaridade da tarefa de seleção: Nickerson, 1996; Sperber, Cara e Girotto, 1995.
31   Cheng e Holyoak, 1985; Cosmides, 1989; Fiddick, Cosmides e Tooby, 2000; Stanovich e West, 1998. Uma perspectiva diferente: Sperber, Cara e Girotto, 1995.
32   Racionalidade ecológica: Gigerenzer, 1998; Tooby e Cosmides, 1993; ver Pinker, 1997/2009, pp. 302-6.
33   O problema foi criado pelo matemático recreativo Martin Gardner (1959), que o denominou o problema dos Três Prisioneiros; o nome de Monty Hall foi dado pelo estatístico Steven Selvin (1975).
34   Granberg e Brown, 1995; Saenen, Heyvaert et al., 2018.
35   Crockett, 2015; Granberg e Brown, 1995; Tierney, 1991; Vos Savant, 1990.
36   Crockett, 2015.
37   Vazsonyi, 1999. Meu número Erdös é 3, graças a Michel, Shen, Aiden, Veres, Gray, The Google Books Team, Pickett, Hoiberg, Clancy, Norvig, Orwant, Pinker, Nowak e Lieberman-Aiden, 2011. O cientista da computação Peter Norvig foi coautor de um trabalho com a colega cientista da computação (e coautora com Erdös) Maria Klawe.
38   Para ser justo, análises normativas do Dilema de Monty Hall inspiraram enorme quantidade de comentários e discordâncias; ver https://en.wikipedia.org/wiki/Monty_Hall_problem.
39   Experimento: Math Warehouse, "Monty Hall Simulation Online," https://www.mathwarehouse.com/monty-hall-simulation-online/.
40   Como o *Late Night with David Letterman*: https://www.youtube.com/watch?v=EsGc3jC9yas.
41   Vazsonyi, 1999.
42   Sugestão de Granberg e Brown, 1995.
43   Normas da conversa: Grice, 1975; Pinker, 2007, cap. 8.
44   História e conceitos da probabilidade: Gigerenzer, Swijtink et al., 1989.

45 Vos Savant, 1990.
46 Agradeço a Julian De Freitas ter aplicado e analisado o estudo. O projeto foi semelhante a um resumido informalmente em Tversky e Kahneman, 1983, pp. 307-8. Os itens aqui incluídos foram escolhidos a partir de um grupo maior testado anteriormente num estudo piloto. As diferenças foram encontradas em comparações das avaliações dadas pelos participantes à conjunção ou ao constituinte isolado, antes de terem visto o outro (ou seja, uma comparação entre participantes). Quando comparamos as avaliações dos dois itens pelo mesmo participante (uma comparação por participante isolado), a falácia da conjunção foi vista apenas com os itens da Rússia e da Venezuela. Mesmo assim, 86% dos participantes cometeram pelo menos um erro de conjunção; e, com todos os itens, uma maioria dos participantes avaliou a probabilidade da conjunção como maior do que a probabilidade do elemento constituinte ou igual a ela.
47 Donaldson, Doubleday et al., 2011; Tetlock e Gardner, 2015.
48 Kaplan, 1994.
49 Redução em guerras, crimes, pobreza e doença: Pinker, 2011; Pinker, 2018.
50 Tversky e Kahneman, 1983.
51 Gould, 1988.
52 Citado por Tversky e Kahneman, 1983, p. 308.
53 Tversky e Kahneman, 1983, p. 313.
54 Citado em Hertwig e Gigerenzer, 1999.
55 Hertwig e Gigerenzer, 1999.
56 Hertwig e Gigerenzer, 1999; Tversky e Kahneman, 1983.
57 Kahneman e Tversky, 1996.
58 Mellers, Hertwig e Kahneman, 2001.
59 Purves e Lotto, 2003.
60 Falhas da IA: Marcus e Davis, 2019.
61 Pinker, 1997/2009, caps. 1 e 4.
62 Pinker, 2015.
63 Federal Aviation Administration, 2016, cap. 17.

Capítulo 2: Racionalidade e irracionalidade

1. A crença verdadeira justificada e exemplos em contrário que demonstram ser ela necessária, mas não suficiente para o conhecimento: Gettier, 1963; Ichikawa e Steup, 2018.
2. James, 1890/1950.
3. Carroll, 1895.
4. Simplesmente faça: Fodor, 1968; Pinker, 1997/2009, cap. 2.
5. Nagel, 1997.
6. Myers, 2008.
7. Para muitos exemplos, ver a nota 79 do Capítulo 10.
8. Stoppard, 1972.
9. Hume, 1739/2000, tomo II, parte III, seção III, "Dos motivos que influenciam a vontade".
10. Cohon, 2018.
11. Embora não fosse o que ele acreditava literalmente, no que dissesse respeito ao gosto referente à arte e ao vinho, como expressou em "Dos padrões do gosto" (Gracyk, 2020). Aqui sua intenção era apenas mostrar que os objetivos são inerentemente subjetivos.
12. Bob Dylan, *Mr. Tambourine Man*.
13. Pinker, 1997/2009; Scott-Phillips, Dickins e West, 2011.
14. Ainslie, 2001; Schelling, 1984.
15. Mischel e Baker, 1975.
16. Ainslie, 2001; Laibson, 1997; Schelling, 1984. Ver também Pinker, 2011, cap. 9, "Autocontrole".
17. Frederick, 2005.
18. Jeszeck, Collins et al., 2015.
19. Dasgupta, 2007; Nordhaus, 2007; Varian, 2006; Venkataraman, 2019.
20. MacAskill, 2015; Todd, 2017.
21. Venkataraman, 2019.
22. Ainslie, 2001; Laibson, 1997.
23. McClure, Laibson et al., 2004.
24. Homero, 700 a.C./2018, tradução para o inglês de Emily Wilson.
25. Baumeister e Tierney, 2012.

26 "Toques" [*nudges*] e outros *insights* comportamentais: Hallsworth e Kirkman, 2020; Thaler e Sunstein, 2008. Céticos quanto aos "toques" [*nudges*]: Gigerenzer, 2015; Kahan, 2013.
27 Ignorância racional: Gigerenzer, 2004; Gigerenzer e Garcia-Retamero, 2017; Hertwig e Engel, 2016; Williams, 2020; ver também Pinker, 2007, pp. 422-25.
28 Schelling, 1960.
29 Covarde: J. Goldstein, 2010. O desafio apresentado no filme é um pouco diferente: os adolescentes fazem um racha na direção de um penhasco, cada um tentando ser o segundo a pular do carro.
30 A irascibilidade como uma tática paradoxal: Frank, 1988; ver também Pinker, 1997/2009, cap. 6.
31 Sagan e Suri, 2003.
32 O amor louco como uma tática paradoxal: Frank, 1988; Pinker, 1997/2009, cap. 6, "Loucos por amor".
33 Romance de Dashiell Hammett; roteiro de John Huston.
34 Tetlock, 2003; Tetlock, Kristel et al., 2000.
35 Satel, 2008.
36 Por exemplo, Block, 1976/2018.
37 Reformulando soluções de compromisso tabus: Tetlock, 2003; Tetlock, Kristel et al., 2000; Zelizer, 2005.
38 Hume, 1739/2000, Tomo II, Parte III, Seção III, "Dos motivos que influenciam a vontade." Filosofia moral de Hume: Cohon, 2018.
39 Rachels e Rachels, 2010.
40 Stoppard, 1972.
41 Gould, 1999.
42 Platão, 399-390 a.C./2002. A filosofia moral de Platão revisitada: R. Goldstein, 2013.
43 Deus ordena o assassinato de uma criança: Pinker, 2011, cap. 1.
44 "Contraria tão pouco a razão preferir até mesmo meu bem menor reconhecido a meu bem maior, e ter um carinho mais forte pelo primeiro do que pelo segundo."
45 Moralidade como imparcialidade: de Lazari-Radek e Singer, 2012; R. Goldstein, 2006; Greene, 2013; Nagel, 1970; Railton, 1986; Singer, 1981/2011.
46 Terry, 2008.

47   O interesse próprio, a sociabilidade e a racionalidade como condições suficientes para a moralidade: Pinker, 2018, pp. 412-15. A moralidade como estratégia em jogos de soma positiva: Pinker, 2011, pp. 689-92.
48   Chomsky, 1972/2006; Pinker, 1994/2007, cap. 4.

Capítulo 3: A lógica e o pensamento crítico

1   *Essays*, Eliot, 1883/2017, pp. 257-58.
2   Leibniz, 1679/1989.
3   Introduções acessíveis à lógica: McCawley, 1993; Priest, 2017; Warburton, 2007.
4   Baseado em Carroll, 1896/1977, tomo II, cap. III, §2, exemplo (4), p. 72.
5   Donaldson, Doubleday et al., 2011.
6   Termos lógicos na lógica, em contraste na conversa: Grice, 1975; Pinker, 2007, caps. 2, 8.
7   Emerson, 1841/1993.
8   Liberman, 2004.
9   McCawley, 1993.
10 Do site Yang 2020, obtido em 6 de fevereiro de 2020: Yang, 2020.
11 Curtis, 2020; Richardson, Smith et al., 2020; Warburton, 2007; ver também o artigo na *Wikipedia* "List of fallacies", https://en.wikipedia.org/wiki/List_of_fallacies.
12 Mercier e Sperber, 2011; ver Norman, 2016, para uma visão crítica.
13 Friedersdorf, 2018.
14 Shackel, 2014.
15 Russell, 1969.
16 Basterfield, Lilienfeld et al., 2020.
17 Um ditado comum livremente baseado num trecho da peça *Um inimigo do povo* de Henrik Ibsen: "A maioria nunca tem a razão do seu lado [...]. A maioria tem o poder do seu lado — infelizmente; mas a razão ela não tem."
18 Proctor, 2000.
19 Para exame de um exemplo, ver Paresky, Haidt et al., 2020.
20 Haidt, 2016.
21 A história encontra-se em muitos livros didáticos, geralmente atribuída a Francis Bacon em 1592, mas sua verdadeira fonte, mesmo como paródia, é obscura, com a data provável no início do século XX; ver Simanek, 1999.

22 Racionalidade ecológica: Gigerenzer, 1998; Pinker, 1997/2009, pp. 302-6; Tooby e Cosmides, 1993.
23 Cosmides, 1989; Fiddick, Cosmides e Tooby, 2000.
24 Weber, 1922/2019.
25 Cole, Gay et al., 1971, pp. 187-88; ver também Scribner e Cole, 1973.
26 Norenzayan, Smith et al., 2002.
27 Wittgenstein, 1953.
28 Nem todos os filósofos concordam: Bernard Suits (1978/2014) define um jogo como "a tentativa voluntária de superar obstáculos desnecessários". Ver também McGinn, 2012, cap. 2.
29 Pinker, 1997/2009, pp. 306-13; Pinker, 1999/2011, cap. 10; Pinker e Prince, 2013; Rosch, 1978.
30 Armstrong, Gleitman e Gleitman, 1983; Pinker, 1999/2011, cap. 10; Pinker e Prince, 2013.
31 Goodfellow, Bengio e Courville, 2016; Rumelhart, McClelland e PDP Research Group, 1986; Aggarwal, 2018. Para visões críticas, ver Marcus e Davis, 2019; Pearl e Mackenzie, 2018; Pinker, 1999/2011; Pinker e Mehler, 1988.
32 Rumelhart, Hinton e Williams, 1986; Aggarwal, 2018; Goodfellow, Bengio e Courville, 2016.
33 Lewis-Kraus, 2016.
34 O termo "algoritmo" era originalmente reservado para esse tipo de fórmula, que era contrastada com a "heurística" ou métodos empíricos. Mas atualmente na linguagem comum, o termo é usado para todos os sistemas de IA, aí incluídos os baseados em redes neurais.
35 Marcus e Davis, 2019.
36 Kissinger, 2018.
37 Lake, Ullman et al., 2017; Marcus, 2018; Marcus e Davis, 2019; Pearl e Mackenzie, 2018.
38 Ashby, Alfonso-Reese et al., 1998; Evans, 2012; Kahneman, 2011; Marcus, 2000; Pinker, 1999/2011; Pinker e Prince, 2013; Sloman, 1996.
39 Pinker, 1999/2011, cap. 10; Pinker e Prince, 2013.

Capítulo 4: Probabilidade e aleatoriedade

1 Carta à srta. Sophia Thrale, 24 de julho de 1783, em Johnson, 1963.

2   *Bartlett's Familiar Quotations*. A citação não indica uma fonte original, mas é provável que tenha sido uma carta a Max Born em 1926. Uma variante aparece numa carta a Cornelius Lanczos, citada em Einstein, 1981, e outras três podem ser encontradas no verbete Einstein da *Wikiquote*, https://en.wikiquote.org/wiki/Albert_Einstein.
3   Eagle, 2019; aleatoriedade como incompressibilidade, geralmente denominada complexidade de Kolmogorov, é examinada na Seção 2.2.1.
4   Millenson, 1965.
5   Pôster da lei da gravidade: http://www.mooneyart.com/gravity/historyof_01.html.
6   Gigerenzer, Hertwig et al., 2005.
7   Citado em Bell, 1947.
8   Interpretações da probabilidade: Gigerenzer, 2008a; Gigerenzer, Swijtink et al., 1989; Hájek, 2019; Savage, 1954.
9   Citado em Gigerenzer, 1991, p. 8.
10 Gigerenzer, 2008a.
11 Tversky e Kahneman, 1973.
12 Gigerenzer, 2008a.
13 Combs e Slovic, 1979; Ropeik, 2010; Slovic, 1987.
14 McCarthy, 2019.
15 Duffy, 2018; ver também Ropeik, 2010; Slovic, 1987.
16 Números de 2014-15, citados em referência em Pinker, 2018, Tabela 13-1, p. 192. Ver também Ritchie, 2018; Roth, Abate et al., 2018.
17 Savage, 2013, Tabela 2. O número cobre a aviação comercial nos Estados Unidos.
18 Gigerenzer, 2006.
19 "Mack the Knife," letra de Bertolt Brecht, de *The Threepenny Opera* [A ópera dos três vinténs].
20 Tubarões em Cape Cod: Sherman, 2019. Mortes no trânsito em Cape Cod: Nolan, Bremer et al., 2019.
21 Caldeira, Emanuel et al., 2013. Ver também Goldstein e Qvist, 2019; Goldstein, Qvist e Pinker, 2019.
22 Nuclear *vs.* carvão: Goldstein e Qvist, 2019; Goldstein, Qvist e Pinker, 2019. O carvão mata: Lockwood, Welker-Hood et al., 2009. Energia nuclear substituída pelo carvão: Jarvis, Deschenes e Jha, 2019. Mesmo que aceitássemos alegações recentes de que as autoridades encobriram milhares de mortes em Chernobyl, o

número de mortes decorrentes de sessenta anos de uso da energia nuclear ainda equivaleria a cerca de um mês de mortes associadas ao carvão.
23 Ropeik, 2010; Slovic, 1987.
24 Pinker, 2018, Tabela 13-1, p. 192; Mueller, 2006.
25 Walker, Petulla et al., 2019.
26 As médias são para o período de 2015-19. Número de mortes a tiros pela polícia: Tate, Jenkins et al., 2020. Número de homicídios: Federal Bureau of Investigation, 2019, e anos anteriores.
27 Schelling, 1960, p. 90; ver também Tooby, Cosmides e Price, 2006. Pearl Harbor e 11 de Setembro como afrontas públicas: Mueller, 2006.
28 Chwe, 2001; De Freitas, Thomas et al., 2019; Schelling, 1960.
29 Baumeister, Stillwell e Wotman, 1990.
30 Hostilidade a dados sobre afrontas públicas: Pearl Harbor e 11 de Setembro, Mueller, 2006; assassinato de George Floyd, Blackwell, 2020.
31 Tornado popular por Rahm Emanuel, Chefe de Gabinete de Obama, mas usado pela primeira vez pelo antropólogo Luther Gerlach. Agradecimentos a Fred Shapiro, editor do *The Yale Book of Quotations*.
32 Para uma extensa discussão dessa natureza sobre terrorismo, ver Mueller, 2006.
33 https://twitter.com/MaxCRoser/status/919921745464905728?s=20.
34 McCarthy, 2015.
35 Rosling, 2019.
36 A mídia mobilizada por crises e o cinismo político: Bornstein e Rosenberg, 2016.
37 Lankford e Madfis, 2018.
38 www.ourworldindata.org.
39 De Paulos, 1988.
40 Edwards, 1996.
41 Muitos livros explicam a probabilidade e seus perigos ocultos, entre eles Paulos, 1988; Hastie e Dawes, 2010; Mlodinow, 2009; Schneps e Colmez, 2013.
42 Batt, 2004; Schneps e Colmez, 2013.
43 *Texas* vs. *Pennsylvania* 2020. Moção: https://www.texasattorneygeneral.gov/sites/default/files/images/admin/2020/Press/SCOTUSFiling.pdf. Protocolo: https://www.supremecourt.gov/docket/docketfiles/html/public/22O155.html. Análise: Bump, 2020.
44 Gilovich, Vallone e Tversky, 1985.

45 Miller e Sanjurjo, 2018; Gigerenzer, 2018a.
46 Pinker, 2011, pp. 202-7.
47 https://xkcd.com/795/.
48 Krämer e Gigerenzer, 2005.
49 Krämer e Gigerenzer, 2005; Miller e Sanjurjo, 2018; Miller e Sanjurjo, 2019.
50 https://www.youtube.com/watch?v=DBSAeqdcZAM.
51 A crítica de Scarry está descrita em Rosen, 1996; ver também Good, 1996.
52 Krämer e Gigerenzer, 2005.
53 Krämer e Gigerenzer, 2005; Schneps e Colmez, 2013.
54 Estudo: Johnson, Tress et al., 2019. Crítica: Knox e Mummolo, 2020. Réplica: Johnson e Cesario, 2020. Retratação: Cesario e Johnson, 2020.
55 Edwards, 1996.
56 Mlodinow, 2009; Paulos, 1988.
57 Fabrikant, 2008; Mlodinow, 2009; Serwer, 2006.
58 Gardner, 1972.
59 Open Science Collaboration, 2015; Gigerenzer, 2018b; Ioannidis, 2005; Pashler e Wagenmakers, 2012.
60 Ioannidis, 2005; Simmons, Nelson e Simonsohn, 2011. "O jardim dos caminhos que se bifurcam" foi expressão cunhada pelo estatístico Andrew Gelman (Gelman e Loken, 2014).
61 O psicólogo cognitivo Michael Corballis.
62 Por exemplo, os registros OSF do Center for Open Science, https://osf.io/prereg/.
63 Feller, 1968; ver Pinker, 2011, pp. 202-7.
64 Kahneman e Tversky, 1972. Originalmente demonstrado por William Feller, (1968).
65 Gould, 1988.

Capítulo 5: Crenças e evidências (raciocínio bayesiano)

1 Comunidade da racionalidade: Caplan, 2017; Chivers, 2019; Raemon, 2017. Entre seus membros proeminentes estão Julia Galef, de *Rationally Speaking* (https://juliagalef.com/); Scott Alexander, de *Slate Star Codex* (https://slatestarcodex.com/); Scott Aaronson, de *Shtetl-Optimized* (https://www.scottaaronson.com/blog/); Robin Hanson, de *Overcoming Bias* (https://www.overcomingbias.com/); e Eliezer Yudkowsky, que iniciou *Less Wrong* (https://www.lesswrong.com/).

2   Arbital, 2020.
3   Gigerenzer, 2011.
4   Em termos mais precisos, prob(Dados | Hipótese) é *proporcional* à verossimilhança. O termo *"likelihood"* [verossimilhança] tem significados técnicos ligeiramente diferentes em diferentes subcomunidades estatísticas; esse é o significado usado geralmente em discussões do raciocínio bayesiano.
5   Kahneman e Tversky, 1972; Tversky e Kahneman, 1974.
6   "Em sua avaliação das evidências, o homem parece não ser um bayesiano conservador: ele não é bayesiano de modo algum." Kahneman e Tversky, 1972, p. 450.
7   Tversky e Kahneman, 1982.
8   Hastie e Dawes, 2010.
9   Tversky e Kahneman, 1974.
10 Informação ouvida; nenhuma versão impressa que eu consiga encontrar.
11 Hume, Bayes e milagres: Earman, 2002.
12 Hume, 1748/1999, seção X, "De milagres", parte I, 90.
13 Hume, 1748/1999, seção X, "De milagres", parte I, 91.
14 French, 2012.
15 Carroll, 2016. Ver também Stenger, 1990.
16 Open Science Collaboration, 2015; Pashler e Wagenmakers, 2012.
17 Ineficácia das indústrias da persuasão: Mercier, 2020.
18 Ziman, 1978, p. 40.
19 Tetlock e Gardner, 2015.
20 Tetlock, 2003; Tetlock, Kristel et al., 2000.
21 Redução do fanatismo: Pinker, 2018, pp. 215-9; Charlesworth e Banaji, 2019.
22 Política das taxas-base na ciência social: Tetlock, 1994.
23 Gigerenzer, 1991, 2018a; Gigerenzer, Swijtink et al., 1989; ver também Cosmides e Tooby, 1996.
24 Burns, 2010; Maines, 2007.
25 Bar-Hillel, 1980; Tversky e Kahneman, 1982; Gigerenzer, 1991.
26 Gigerenzer, 1991, 1996; Kahneman e Tversky, 1996.
27 Cosmides e Tooby, 1996; Gigerenzer, 1991; Hoffrage, Lindsey et al., 2000; Tversky e Kahneman, 1983. Kahneman e Tversky ressaltam que formatos de frequência reduzem, mas nem sempre eliminam, a negligência da taxa-base, como vimos no Cap. 1 com a colaboração adversária de Kahneman com o colaborador de Gige-

renzer, Ralph Hertwig, sobre a hipótese de formatos de frequência eliminarem a falácia da conjunção: Kahneman e Tversky, 1996; Mellers, Hertwig e Kahneman, 2001.

28   Gigerenzer, 2015; Kahan, 2013.

Capítulo 6: Risco e recompensa
(escolha racional e utilidade esperada)

1   O modelo do ser humano como um agente racional é explicado em qualquer livro didático de introdução à economia ou à ciência política. A teoria que associa a escolha racional à utilidade esperada foi desenvolvida por Von Neumann e Morgenstern, 1953/2007, e refinada por Savage, 1954. Usarei tanto "escolha racional" como "utilidade esperada" de modo intercambiável para designar a teoria que as equipara. Ver Luce e Raiffa, 1957; e Hastie e Dawes, 2010 para explicações acessíveis.

2   Cohn, Maréchal et al., 2019.

3   Glaeser, 2004.

4   Contestação dos axiomas da escolha racional: Arkes, Gigerenzer e Hertwig, 2016; Slovic e Tversky, 1974.

5   Hastie e Dawes, 2010; Savage, 1954.

6   Chamada mais correntemente de completude ou comparabilidade.

7   Também conhecido como distribuição de probabilidades entre alternativas, álgebra de combinação e redução de loterias compostas.

8   Entre as variantes do axioma da independência estão a condição de Chernoff, a propriedade de Sen, a independência de alternativas não pertinentes (IIA, sigla em inglês) de Arrow e o axioma da escolha de Luce.

9   Liberman, 2004.

10 De modo mais corrente, continuidade ou solucionabilidade.

11 Stevenson e Wolfers, 2008.

12 Richardson, 1960, p. 11; Slovic, 2007; Wan e Shammas, 2020.

13 Pinker, 2011, pp. 219-20.

14 Tetlock, 2003; Tetlock, Kristel et al., 2000.

15 "Puxa, 1 milhão de dólares... talvez." "Você dormiria comigo por 100 dólares?" "Que tipo de mulher você acha que eu sou?" "Isso nós já definimos; agora estamos só negociando o preço."

16 Simon, 1956.

17   Tversky, 1972.
18   Savage, 1954, citado em Tversky, 1972, pp. 283-84.
19   Tversky, 1969.
20   Arkes, Gigerenzer e Hertwig, 2016.
21   Tversky, 1972, p. 298; Hastie e Dawes, 2010, p. 251.
22   Chamadas inversões de preferências: Lichtenstein e Slovic, 1971.
23   Resultados arredondados numa diferença de 1 centavo ou 2, mas as diferenças se anulam nas apostas usadas no estudo e não afetam os resultados.
24   Nenhuma "fábrica de dinheiro" intransitiva: Arkes, Gigerenzer e Hertwig, 2016, p. 23. "Fábricas de dinheiro" com inversão de preferência: Hastie e Dawes, 2010, p. 76. Abrir os olhos: Arkes, Gigerenzer e Hertwig, 2016, pp. 23-4.
25   Allais, 1953.
26   Kahneman e Tversky, 1979, p. 267.
27   Kahneman e Tversky, 1979.
28   Breyer, 1993, p. 12.
29   Kahneman e Tversky, 1979.
30   McNeil, Pauker et al., 1982.
31   Tversky e Kahneman, 1981.
32   Hastie e Dawes, 2010, pp. 282-8.
33   Kahneman e Tversky, 1979.
34   O gráfico do peso decisório é diferente da Figura 4 em Kahneman e Tversky, 1979, e está, sim, baseado na Figura 12.2 em Hastie e Dawes, 2010, que a meu ver é uma melhor visualização da teoria.
35   Baseado em Kahneman e Tversky, 1979.
36   Essa assimetria difusa é chamada de viés da negatividade: Tierney e Baumeister, 2019.
37   Maurice Allais, Herbert Simon, Daniel Kahneman, Richard Thaler, George Akerlof.
38   Gigerenzer, 2008b, p. 20.
39   Abito e Salant, 2018; Braverman, 2018.
40   Sydnor, 2010.
41   Gigerenzer e Kolpatzik, 2017; ver também Gigerenzer, 2014, para uma argumentação semelhante acerca de exames preventivos para detectar o câncer de mama.

Capítulo 7: Acertos e alarmes falsos
(Teoria da detecção de sinais e da decisão estatística)

1. Twain, 1897/1989.
2. Teoria da Detecção de Sinais e teoria da utilidade esperada: Lynn, Wormwood et al., 2015.
3. Distribuições estatísticas são explicadas em qualquer introdução à estatística ou à psicologia. Teoria da Detecção de Sinais: Green e Swets, 1966; Lynn, Wormwood et al., 2015; Swets, Dawes e Monahan, 2000; Wolfe, Kluender et al., 2020, cap. 1. Para as histórias da Teoria da Detecção de Sinais, para a teoria da decisão estatística e suas ligações, ver Gigerenzer, Krauss e Vitouch, 2004; Gigerenzer, Swijtink et al., 1989.
4. Pinker, 2011, pp. 210-20.
5. Conhecido como Teorema do Limite Central.
6. "Verossimilhança" aqui está sendo usado no sentido estrito comum em discussões da regra de Bayes.
7. Lynn, Wormwood et al., 2015.
8. Lynn, Wormwood et al., 2015.
9. Lynn, Wormwood et al., 2015.
10. De modo confuso, "sensibilidade" é o termo usado em contextos médicos para indicar a taxa de acertos, ou seja, a verossimilhança de um resultado positivo dado que uma condição esteja presente. O termo é contrastado com "especificidade", a taxa de rejeições corretas, a verossimilhança de um resultado negativo dado que a condição esteja ausente.
11. Loftus, Doyle et al., 2019.
12. National Research Council [Conselho Nacional de Pesquisa], 2009; President's Council of Advisors on Science and Technology [Conselho Consultivo Presidencial sobre Ciência e Tecnologia], 2016.
13. Contestação do interrogatório avançado: Bankoff, 2014.
14. Ali, 2011.
15. Contestação de conduta sexual imprópria: Soave, 2014; Young, 2014a. Dois levantamentos de falsas acusações de estupro chegaram a encontrar taxas entre 5% e 10%: De Zutter, Horselenberg e Van Koppen, 2017; Rumney, 2006. Ver também Bazelon e Larimore, 2009; Young, 2014b.
16. Arkes e Mellers, 2002.

17 Arkes e Mellers citam um estudo de 1981 que relatava uma faixa de 0,6 a 0,9, e um conjunto de estudos falhos com *d*'s mais próximos de 2,7. Minha estimativa vem de uma meta-análise em National Research Council, 2003, p. 122, que informa uma mediana de 0,86 para uma medida de sensibilidade relacionada, área sob a curva ROC. Esse número pode ser convertido, com o pressuposto de distribuições normais de variância igual, para um *d*' de 1,53 pela multiplicação do *z*-score correspondente por $\sqrt{2}$.

18 Acusações falsas, condenações e execuções: National Research Council, 2009; President's Council of Advisors on Science and Technology, 2016. Para o estupro em especial: Bazelon e Larimore, 2009; De Zutter, Horselenberg e Van Koppen, 2017; Rumney, 2006; Young, 2014b. Para o terrorismo, Mueller, 2006.

19 A teoria da decisão estatística, em particular, o teste de significância da hipótese nula, está explicada em todos os manuais de estatística e de psicologia. Para sua história e sua relação com a Teoria da Detecção de Sinais, ver Gigerenzer, Krauss e Vitouch, 2004; Gigerenzer, Swijtink et al., 1989.

20 Gigerenzer, Krauss e Vitouch, 2004.

21 Na Nota 6, "verossimilhança" é usado no sentido estrito comum em discussões da regra de Bayes, ou seja, a probabilidade dos dados dada uma hipótese.

22 Gigerenzer, 2018b; Open Science Collaboration, 2015; Ioannidis, 2005; Pashler e Wagenmakers, 2012.

23 https://xkcd.com/882/.

24 Editores da *Nature*, 2020b. "Nada que não está ali e o nada que está", de "The Snow Man", de Wallace Stevens.

25 Henderson, 2020; Hume, 1748/1999.

Capítulo 8: O *self* e os outros
(Teoria dos jogos)

1 Hume, 1739/2000, 3.5.

2 Von Neumann e Morgenstern, 1953/2007. Introduções semitécnicas: Binmore, 1991; Luce e Raiffa, 1957. Principalmente não técnicas: Binmore, 2007; Rosenthal, 2011. Totalmente não técnica: Poundstone, 1992.

3 Cada jogo apresentado neste capítulo é examinado na maioria das fontes da Nota 2.

4 Clegg, 2012; Dennett, 2013, cap. 8.

5 Thomas, De Freitas et al., 2016.

6   Chwe, 2001; De Freitas, Thomas et al., 2019; Schelling, 1960; Thomas, DeScioli et al., 2014.
7   Pinker, 2007, cap. 8; Schelling, 1960.
8   Lewis, 1969. Ceticismo quanto a convenções exigirem conhecimento comum: Binmore, 1981.
9   O exemplo foi ajustado para acompanhar a inflação.
10 Schelling, 1960, pp. 67, 71.
11 J. Goldstein, 2010.
12 Frank, 1988; Schelling, 1960; ver também Pinker, 1997 (2009), cap. 6.
13 Leilão do dólar: Poundstone, 1992; Shubik, 1971.
14 Dawkins, 1976 (2016); Maynard Smith, 1982.
15 Pinker, 2011, pp. 217-20.
16 Shermer, 2008.
17 Dawkins, 1976 (2016); Maynard Smith, 1982.
18 Trivers, 1971.
19 Pinker, 1997 (2009), cap. 7; Pinker, 2002 (2016), cap. 14; Pinker, 2011, cap. 8; Trivers, 1971.
20 Ridley, 1997.
21 Ellickson, 1991; Ridley, 1997.
22 Hobbes, 1651/1957, cap. 14, p. 190.

Capítulo 9: Correlação e causalidade

1   Sowell, 1995.
2   Cohen, 1997.
3   BBC News, 2004.
4   Stevenson e Wolfers, 2008, adaptado com permissão dos autores.
5   Hamilton, 2018.
6   Chapman e Chapman, 1967, 1969.
7   Thompson e Adams, 1996.
8   *Correlações espúrias*, https://www.tylervigen.com/spurious-correlations.
9   Galton, 1886.
10 Tversky e Kahneman, 1974.
11 Tversky e Kahneman, 1974.
12 Tversky e Kahneman, 1971, 1974.

13 O autor, Jonah Lehrer (2010), citou cientistas que lhe explicaram o significado da regressão à média e de práticas questionáveis de pesquisa, e ele ainda assim sustentou que alguma coisa estava acontecendo, mas eles não sabiam o que era.
14 Pinker, 2007, pp. 208-33.
15 Hume, 1739 (2000).
16 Holland, 1986; King, Keohane e Verba, 1994, cap. 3.
17 Kaba, 2020. Para levantamentos acessíveis de estudos que demonstram um efeito causal do policiamento sobre o crime (usando métodos explicados neste capítulo), ver Yglesias, 2020a, 2020b.
18 Pearl, 2000.
19 Weissman, 2020.
20 VanderWeele, 2014.
21 Letra da canção gravada em 1941. Assim diz a Bíblia: Mateus 25:29. "Pois a cada um que tem se lhe dará, e ele terá em abundância; mas àquele que não tem será tirado até mesmo o que tem."
22 Social Progress Imperative, 2020; Welzel, 2013.
23 Deary, 2001; Temple, 2015; Ritchie, 2015.
24 Pearl e Mackenzie, 2018.
25 O psicólogo cognitivo Reid Hastie.
26 Baron, 2012; Bornstein, 2012; Hallsworth e Kirkman, 2020.
27 Levitt e Dubner, 2009; https://freakonomics.com/.
28 DellaVigna e Kaplan, 2007.
29 Martin e Yurukoglu, 2017.
30 Ver Pinker, 2011, pp. 278-84.
31 O exemplo aqui foi adaptado de Russett e Oneal, 2001, e analisado em Pinker, 2011, pp. 278-84.
32 Stuart, 2010.
33 Kendler, Kessler et al., 2010.
34 Vaci, Edelsbrunner et al., 2019.
35 Dawes, Faust e Meehl, 1989; Meehl, 1954 (2013). Ver também Tetlock, 2009, a respeito de previsões políticas e econômicas.
36 Polderman, Benyamin et al., 2015; ver Pinker, 2002 (2016), pp. 395-8, 450-1.
37 Salganik, Lundberg et al., 2020.

Capítulo 10: O que está errado com as pessoas?

1 Shermer, 2020a.
2 O'Keefe, 2020.
3 Wolfe e Dale, 2020.
4 Kessler, Rizzo e Kelly, 2020; editores da *Nature*, 2020a; Tollefson, 2020.
5 Rauch, 2021.
6 Gilbert, 2019; Pennycook e Rand, 2020a.
7 Os cinco primeiros números são de uma pesquisa Gallup, Moore, 2005; os cinco últimos são do Pew Forum on Religion and Public Life, 2009.
8 De acordo com repetidas pesquisas realizadas entre 1990 e 2005 ou 2009, houve uma leve tendência ao aumento para a crença em cura espiritual, casas mal-assombradas, fantasmas, comunicação com os mortos e bruxas; com uma leve tendência à redução para a crença em possessão demoníaca, percepção extrassensorial, telepatia e reencarnação. Consultas a videntes ou adivinhos, crença em alienígenas visitando a Terra e em incorporação permaneceram estáveis (Moore, 2005; Pew Forum on Religion and Public Life, 2009). Segundo relatórios da National Science Foundation, de 1979 a 2018, a porcentagem que acredita que a astrologia é "muito" ou "mais ou menos" científica baixou muito ligeiramente, da casa de quarenta e poucos para a de trinta e muitos; e em 2018 incluía 58% dos jovens entre 18 e 24 anos e 49% dos indivíduos entre 25 e 34 anos (National Science Board, 2014, 2020). Todas as crenças paranormais são mais populares em participantes mais jovens do que em mais velhos (Pew Forum on Religion and Public Life, 2009). Para a astrologia, o gradiente de idade permanece estável ao longo das décadas, sugerindo que a credulidade seja um efeito da própria juventude, que muitos superam com o amadurecimento, não do fato de pertencerem à geração Z, *millennials* ou a qualquer outra coorte.
9 Shermer, 1997, 2011, 2020b.
10 Mercier, 2020; Shermer, 2020c; Sunstein e Vermeule, 2008; Uscinski e Parent, 2014; Van Prooijen e Van Vugt, 2018.
11 Horowitz, 2001; Sunstein e Vermeule, 2008.
12 Statista Research Department, 2019; Uscinski e Parent, 2014.
13 Brunvand, 2014; as manchetes de tabloides são de minha coleção pessoal.
14 Nyhan, 2018.
15 R. Goldstein, 2010. A tradução aqui usada é literal, proposta pela tradutora.

16 https://quoteinvestigator.com/2017/11/30/salary/.
17 Kunda, 1990.
18 Agradeço à linguista Ann Farmer por seu credo "Não se trata de estar certo. Trata-se de entender certo."
19 Apesar disso, ver a nota 26 do Capítulo 1.
20 Dawson, Gilovich e Regan, 2002.
21 Kahan, Peters et al., 2017; Lord, Ross e Lepper, 1979; Taber e Lodge, 2006; Dawson, Gilovich e Regan, 2002.
22 Pronin, Lin e Ross, 2002.
23 Mercier e Sperber, 2011, 2017; Tetlock, 2002. Mas ver também Norman, 2016.
24 Mercier e Sperber, 2011, p. 63; Mercier, Trouche et al., 2015.
25 Kahan, Peters et al., 2017.
26 Ditto, Liu et al., 2019. Para réplicas, ver Baron e Jost, 2019; Ditto, Clark et al., 2019.
27 Stanovich, 2020, 2021.
28 Gampa, Wojcik et al., 2019.
29 Kahan, Hoffman et al., 2012.
30 Kahan et al., 2012.
31 Stanovich, 2020, 2021.
32 Hierárquica *vs.* igualitária e libertária *vs.* comunitária: Kahan, 2013, e outras referências na nota 39 adiante. Trono-e-altar *vs.* Iluminismo, tribal *vs.* cosmopolita: Pinker, 2018, caps. 21, 23. Trágica *vs.* utópica: Pinker, 2002/2016, cap. 16; Sowell, 1987. Honra *vs.* dignidade: Pinker, 2011, cap. 3; Campbell e Manning, 2018; Pinker, 2012. Cerceamento *vs.* individualização: Haidt, 2012.
33 Finkel, Bail et al., 2020.
34 Finkel, Bail et al., 2020; Wilkinson, 2019.
35 Baron e Jost, 2019.
36 A epígrafe de Sowell, 1995.
37 Ditto, Clark et al., 2019. Erros impressionantes de cada lado: Pinker, 2018, pp. 363-6.
38 Mercier, 2020, pp. 191-7.
39 Kahan, 2013; Kahan, Peters et al., 2017; Kahan, Wittlin et al., 2011.
40 Mercier, 2020, cap. 10. Mercier citou o comentário do Google numa aula como convidado, dada à minha turma de racionalidade, 5 mar. 2020.

41   Mercier, 2020; Sperber, 1997.
42   Abelson, 1986.
43   Henrich, Heine e Norenzayan, 2010.
44   Coyne, 2015; Dawkins, 2006; Dennett, 2006; Harris, 2005. Ver R. Goldstein, 2010, para um debate ficcional.
45   Jenkins, 2020.
46   BBC News, 2020.
47   Baumard e Boyer, 2013; Hood, 2009; Pinker, 1997 (2009), caps. 5, 8; Shermer, 1997, 2011.
48   Bloom, 2004.
49   Gelman, 2005; Hood, 2009.
50   Kelemen e Rosset, 2009.
51   Rauch, 2021; Shtulman, 2017; Sloman e Fernbach, 2017.
52   Ver as revistas *Skeptical Inquirer* (http://www.csicop.org/si) e *Skeptic* (http://www.skeptic.com/), bem como o Center for Inquiry (https://centerforinquiry.org/), para atualizações regulares sobre a pseudociência na mídia convencional.
53   Acerbi, 2019.
54   Thompson, 2020.
55   Mercier, 2020; Shermer, 2020c; Van Prooijen e Van Vugt, 2018.
56   Pinker, 2011, cap. 2; Chagnon, 1997.
57   Van Prooijen e Van Vugt, 2018.
58   Mercier, 2020, cap. 10.
59   Dawkins, 1976 (2016).
60   Friesen, Campbell e Kay, 2015.
61   Moore, 2005; Pew Forum on Religion and Public Life, 2009.
62   Kahan, 2015; Kahan, Wittlin et al., 2011.
63   Nyhan e Reifler, 2019; Pennycook e Rand, 2020a; Wood e Porter, 2019.
64   Baron, 2019; Pennycook, Cheyne et al., 2020; Sá, West e Stanovich, 1999; Tetlock e Gardner, 2015.
65   Como a maioria das citações vigorosas, esta é apócrifa. O crédito talvez devesse ser dado ao também economista Paul Samuelson: https://quoteinvestigator.com/2011/07/22/keynes-change-mind/.
66   Pennycook, Cheyne et al., 2020. Os três primeiros itens foram acrescentados ao teste de receptividade ativa por Sá, West e Stanovich, 1999.

67 Pennycook, Cheyne et al., 2020. Para conclusões semelhantes, ver Erceg, Galić e Bubić, 2019; Stanovich, 2012. Pennycook, Cheyne et al., 2020, Stanovich, West e Toplak, 2016, e Stanovich e Toplak, 2019, ressaltam que algumas dessas correlações podem ser infladas pelo termo "crença" no questionário de receptividade, que os participantes podem ter interpretado como "crença religiosa". Quando o termo "opinião" é usado, as correlações são mais baixas, mas ainda significativas.

68 Tendências globais em crenças políticas e sociais: Welzel, 2013; Pinker, 2018, cap. 15.

69 Pennycook, Cheyne et al., 2012; Stanovich, 2012; Stanovich, West e Toplak, 2016. Teste de reflexão cognitiva: Frederick, 2005. Ver também Maymin e Langer, 2021, em que está associada à mente alerta.

70 Pennycook, Cheyne et al., 2012; Pennycook e Rand, 2020b.

71 Sistema imune cognitivo: Norman, 2021.

72 Caplan, 2017; Chivers, 2019; Raemon, 2017.

73 "Partido de burros" foi atribuído ao ex-governador republicano da Louisiana Bobby Jindal, embora ele mesmo tenha dito "partido burro". Críticas originadas no movimento conservador, antes de Trump: M. K. Lewis, 2016; Mann e Ornstein, 2012 (2016); Sykes, 2017. Pós-Trump: Saldin e Teles, 2020; ver também The Lincoln Project, https://lincolnproject.us/.

74 Citado em Rauch, 2018.

75 Mercier, 2020.

76 Lane, 2021.

77 Rauch, 2018, 2021; Sloman e Fernbach, 2017.

78 Confiança estável na ciência: American Academy of Arts and Sciences, 2018. Confiança no mundo acadêmico afundando: Jones, 2018.

79 Flaherty, 2020. Para outros exemplos, ver Kors e Silverglate, 1998; Lukianoff, 2012; Lukianoff e Haidt, 2018; e a Heterodox Academy (https://heterodoxacademy.org/), a Foundation for Individual Rights in Education (https://www.thefire.org/) e a revista *Quillette* (https://quillette.com/).

80 Haidt, 2016.

81 American Academy of Arts and Sciences, 2018.

82 Nyhan, 2013; Nyhan e Reifler, 2012.

83 Willingham, 2007.

84 Bond, 2009; Hoffrage, Lindsey et al., 2000; Lilienfeld, Ammirati e Landfield, 2009; Mellers, Ungar et al., 2014; Morewedge, Yoon et al., 2015; Willingham, 2007.
85 Kahan, Wittlin et al., 2011; Stanovich, 2021.
86 Ellickson, 1991; Ridley, 1997.
87 Rauch, 2021; Sloman e Fernbach, 2017.
88 Eisenstein, 2012.
89 Kräenbring, Monzon Penza et al., 2014.
90 Ver "Wikipedia: List of policies and guidelines", https://en.wikipedia.org/wiki/Wikipedia:List_of_policies_and_guidelines, e "Wikipedia: Five Pillars", https://en.wikipedia.org/wiki/Wikipedia:Five_pillars.
91 Reforma das mídias sociais: Fox, 2020; Lyttleton, 2020. Algumas análises iniciais: Pennycook, Cannon e Rand, 2018; Pennycook e Rand, 2020a.
92 Joyner, 2011; Tetlock, 2015.
93 Pinker, 2018, pp. 380-1.
94 Elster, 1998; Fishkin, 2011.
95 Mercier e Sperber, 2011.

Capítulo 11: Por que a racionalidade importa

1 Singer, 1981 (2011), p. 88.
2 Para uma análise incisiva de "conflito *versus* erro" como promotores do progresso humano, ver Alexander, 2018.
3 Esses exemplos estão discutidos nos Capítulos de 4 a 9; ver também Stanovich, 2018; Stanovich, West e Toplak, 2016.
4 Stanovich, 2018.
5 http://whatstheharm.net/index.html. Muitos de seus exemplos são corroborados por relatos científicos, enumerados em http://whatstheharm.net/scientificstudies.html. Farley parou de manter o site por volta de 2009, mas esporadicamente inclui exemplos em seu feed no Twitter, @WhatsTheHarm, https://twitter.com/whatstheharm.
6 Bruine de Bruin, Parker e Fischhoff, 2007.
7 Ritchie, 2015.
8 Bruine de Bruin, Parker e Fischhoff, 2007. Ver também Parker, Bruine de Bruin et al., 2018, para um acompanhamento depois de onze anos; e Toplak, West e Stanovich, 2017, para resultados semelhantes. Em 2020, a economista Mattie Toma

e eu replicamos o resultado num levantamento de 157 estudantes de Harvard matriculados em minha aula de racionalidade (Toma, 2020).

9 Pinker, 2011; Pinker, 2018. Conclusões relacionadas: Kenny, 2011; Norberg, 2016; Ridley, 2010; e os sites *Our World in Data* (https://ourworldindata.org/) e *Human Progress* (https://www.humanprogress.org/).

10 Roser, Ortiz-Ospina e Ritchie, 2013, acessado em 8 dez. 2020; Pinker, 2018, caps. 5, 6.

11 Pinker, 2018, cap. 7.

12 Roser, 2016, acessado em 8 dez. 2020; Pinker, 2018, cap. 8.

13 Pinker, 2011, caps. 5, 6; Pinker, 2018, cap. 11. Conclusões relacionadas: R. Goldstein, 2011; Mueller, 2021; Payne, 2004.

14 Caminho das pedras para solucionar a crise do clima: Goldstein-Rose, 2020.

15 Pinker, 2011, caps. 4, 7; Pinker, 2018, cap. 15. Conclusões relacionadas: Appiah, 2010; Grayling, 2007; Hunt, 2007; Payne, 2004; Shermer, 2015; Singer, 1981 (2011).

16 Alexander, 2018.

17 Pinker, 2011, cap. 4; ver também Appiah, 2010; Grayling, 2007; Hunt, 2007; Payne, 2004.

18 Welzel, 2013, p. 122; ver Pinker, 2018, p. 228 e nota 45, e pp. 233-5 e nota 8.

19 *Concerning Heretics, Whether They Are to Be Persecuted*, citado em Grayling, 2007, pp. 53-4.

20 Mueller, 2021.

21 Erasmus, 1517 (2017).

22 Beccaria, 1764 (2010); minha combinação de duas traduções.

23 Pinker, 2018, pp. 211-3.

24 Bentham e Crompton, 1785 (1978).

25 Bentham, 1789, cap. 19.

26 Singer, 1981 (2011).

27 Davis, 1984.

28 Locke, 1689 (2015), Segundo tratado, cap. VI, seção 61.

29 Locke, 1689 (2015), Segundo tratado, cap. IV, seção 22.

30 Astell, 1730 (2010).

31 Wollstonecraft, 1792 (1995).

32 Douglass, 1852 (1999).

REFERÊNCIAS BIBLIOGRÁFICAS

Abelson, R. P. Beliefs are like possessions. *Journal for the Theory of Social Behaviour*, 16, pp. 223-50, 1986. https://doi.org/10.1111/j.1468-5914.1986.tb00078.x.

Abito, J. M.; Salant, Y. The effect of product misperception on economic outcomes: Evidence from the extended warranty market. *Review of Economic Studies*, 86, pp. 2285-2318, 2018. https://doi.org/10.1093/restud/rdy045.

Acerbi, A. Cognitive attraction and online misinformation. *Palgrave Communications*, 5, pp. 1-7, 2019. https://doi.org/10.1057/s41599-019-0224-y.

Aggarwal, C. C. *Neural networks and deep learning*. Nova York: Springer, 2018.

Ainslie, G. *Breakdown of will*. Nova York: Cambridge University Press, 2001.

Alexander, S. Conflict vs. mistake. *Slate Star Codex*, 2018. https://slatestarcodex.com/2018/01/24/conflict-vs-mistake/.

Ali, R. *Dear colleague letter* (policy guidance from the assistant secretary for civil rights). US Department of Education, 2011. https://www2.ed.gov/about/offices/list/ocr/letters/colleague-201104.html.

Allais, M. Le comportement de l'homme rationnel devant le risque: Critique des postulats et axiomes de l'école Americaine. *Econometrica*, 21, pp. 503-46, 1953. https://doi.org/10.2307/1907921.

American Academy of Arts and Sciences. *Perceptions of science in America*. Cambridge, MA: American Academy of Arts and Sciences, 2018. https://www.amacad.org/publication/perceptions-science-america.

Appiah, K. A. *The honor code: How moral revolutions happen*. Nova York: W. W. Norton, 2010.

Arbital. Bayes' rule, 2020. https://arbital.com/p/bayes_rule/?l=1zq.

Arkes, H. R.; Gigerenzer, G.; e Hertwig, R. How bad is incoherence? *Decision*, 3, pp. 20-39, 2016. https://doi.org/10.1037/dec0000043.

_____; Mellers, B. A. Do juries meet our expectations? *Law and Human Behavior*, 26, pp. 625-39, 2002. https://doi.org/10.1023/A:1020929517312.

Armstrong, S. L.; Gleitman, L. R.; Gleitman, H. What some concepts might not be. *Cognition*, 13, pp. 263-308, 1983. https://doi.org/10.1016/0010-0277(83)90012-4.

Ashby, F. G.; Alfonso-Reese, L. A.; Turken, A. U.; Waldron, E. M. A neuropsychological theory of multiple systems in category learning. *Psychological Review*, 105, pp. 442-81, 1998. https://doi.org/10.1037/0033-295X.105.3.442.

Astell, M. *Some reflections upon marriage. To which is added a preface, in answer to some objections*. Farmington Hills, MI: Gale ECCO, 1730 (2010).

Bacon, F. *Novum organum*. Seattle, WA: CreateSpace, 1620 (2017). [*Novo Órganon*. SP: Edipro, 2014.]

Bankoff, C. Dick Cheney simply does not care that the CIA tortured innocent people. *New York Magazine*, 14 dez. 2014. https://nymag.com/intelligencer/2014/12/cheney-alright-with-torture-of-innocent-people.html.

Bar-Hillel, M. The base-rate fallacy in probability judgments. *Acta Psychologica*, 44, pp. 211-33, 1980. https://doi.org/10.1016/0001-6918(80)90046-3.

Baron, J. Applying evidence to social programs. *The New York Times*, 29 nov. 2012. https://www.aisp.upenn.edu/ny-times-applying-evidence-to-social-programs/.

_____. Actively open-minded thinking in politics. *Cognition*, 188, p. 8-18, 2019. https://doi.org/10.1016/j.cognition.2018.10.004.

_____; Jost, J. T. False equivalence: Are liberals and conservatives in the United States equally biased? *Perspectives on Psychological Science*, 14, pp. 292-303, 2019. https://doi.org/10.1177/1745691618788876.

Basterfield, C.; Lilienfeld, S. O.; Bowes, S. M.; Costello, T. H. The Nobel disease: When intelligence fails to protect against irrationality. *Skeptical Inquirer*, maio

2020. https://skepticalinquirer.org/2020/05/the-nobel-disease-when-intelligence-fails-to-protect-against-irrationality/.

Batt, J. *Stolen innocence: A mother's fight for justice—the authorised story of Sally Clark*. Londres: Ebury Press, 2004.

Baumard, N.; Boyer, P. Religious beliefs as reflective elaborations on intuitions: A modified dual-process model. *Current Directions in Psychological Science*, 22, pp. 295-300, 2013. https://doi.org/10.1177/0963721413478610.

Baumeister, R. F.; Stillwell, A.; Wotman, S. R. Victim and perpetrator accounts of interpersonal conflict: Autobiographical narratives about anger. *Journal of Personality and Social Psychology*, 59, pp. 994-1005, 1990. https://doi.org/10.1037/0022-3514.59.5.994.

_____; Tierney, J. *Willpower: Rediscovering the greatest human strength*. Londres: Penguin, 2012.

Bazelon, E.; Larimore, R. How often do women falsely cry rape? *Slate*, 1 out. 2009. https://slate.com/news-and-politics/2009/10/why-it-s-so-hard-to-quantify-false-rape-charges.html.

BBC News. Avoid gold teeth, says Turkmen leader. 7 abr. 2004. http://news.bbc.co.uk/2/hi/asia-pacific/3607467.stm.

_____. The Crown: Netflix has "no plans" for a fiction warning. *BBC News*. 6 dez. 2020. https://www.bbc.com/news/entertainment-arts-55207871.

Beccaria, C. *On crimes and punishments and other writings* (R. Davies, trad.; R. Bellamy [org.]). Nova York: Cambridge University Press, 1764 (2010). [*Dos delitos e das penas*, em domínio público.]

Bell, E. T. *The development of mathematics* (2ª ed.). Nova York: McGraw-Hill, 1947.

Bentham, J. An introduction to the principles of morals and legislation, 1789. https://www.econlib.org/library/Bentham/bnthPML.html.

_____; Crompton, L. Offences against one's self: Paederasty (part I). *Journal of Homosexuality*, 3, pp. 389-405, 1785 (1978). https://doi.org/10.1300/J082v03n04_07.

Binmore, K. Do conventions need to be common knowledge? *Topoi*, 27, pp. 17-27, 2008. https://www.researchgate.net/publication/226675685_Do_Conventions_Need_to_Be_Common_Knowledge.

_____. *Fun and games: A text on game theory*. Boston: Houghton Mifflin, 1991.

_____. *Game theory: A very short introduction*. Nova York: Oxford University Press, 2007.

Blackwell, M. Black Lives Matter and the mechanics of conformity. *Quillette*, 17 set. 2020. https://quillette.com/2020/09/17/black-lives-matter-and-the-mechanics-of-conformity/.

Block, W. *Defending the undefendable*. Auburn, AL: Ludwig von Mises Institute, 1976 (2018).

Bloom, P. *Descartes' baby: How the science of child development explains what makes us human*. Nova York: Basic Books, 2003.

Bond, M. Risk school. *Nature*, 461, pp. 1.189-92, 28 out. 2009.

Bornstein, D. The dawn of the evidence-based budget. *The New York Times*, 30 maio 2012. https://opinionator.blogs.nytimes.com/2012/05/30/worthy-of-government-funding-prove-it/.

_____; Rosenberg, T. When reportage turns to cynicism. *The New York Times*, 14 nov. 2016. https://www.nytimes.com/2016/11/15/opinion/when-reportage-turns-to-cynicism.html.

Braverman, B. Why you should steer clear of extended warranties. *Consumer Reports*, 22 dez. 2018. https://www.consumerreports.org/extended-warranties/steer-clear-extended-warranties-a3095935951/.

Breyer, S. *Breaking the vicious circle: Toward effective risk regulation*. Cambridge, MA: Harvard University Press, 1993.

Bruine de Bruin, W.; Parker, A. M.; Fischhoff, B. Individual differences in adult decision-making competence. *Journal of Personality and Social Psychology*, 92, pp. 938-56, 2007. https://doi.org/10.1037/0022-3514.92.5.938.

Brunvand, J. H. *Too good to be true: The colossal book of urban legends* (ed. rev.). Nova York: W. W. Norton, 2014.

Bump, P. Trump's effort to steal the election comes down to some utterly ridiculous statistical claims. *The Washington Post*, 9 dez. 2020. https://www.washingtonpost.com/politics/2020/12/09/trumps-effort-steal-election-comes-down-some-utterly-ridiculous-statistical-claims/.

Burns, K. At veterinary colleges, male students are in the minority. *American Veterinary Medical Association*, 15 fev. 2010. https://www.avma.org/javma-news/2010-02-15/veterinary-colleges-male-students-are-minority.

Caldeira, K.; Emanuel, K.; Hansen, J.; e Wigley, T. Top climate change scientists' letter to policy influencers. *CNN*, 3 nov. 2013. https://www.cnn.com/2013/11/03/world/nuclear-energy-climate-change-scientists-letter/index.html.

Campbell, B.; Manning, J. *The rise of victimhood culture: Microaggressions, safe spaces, and the new culture wars*. Londres: Palgrave Macmillan, 2018.

Caplan, B. What's wrong with the rationality community. *EconLog*, 4 abr. 2017. https://www.econlib.org/archives/2017/04/whats_wrong_wit_22.html.

Carroll, L. What the tortoise said to Achilles. *Mind*, 4, pp. 178-80, 1895. [*O que a tartaruga falou para Aquiles*, em domínio público.]

_____. Symbolic logic. Em W. W. Bartley (org.), *Lewis Carroll's Symbolic Logic*. Nova York: Clarkson Potter, 1896 (1977).

Carroll, S. M. *The big picture: On the origins of life, meaning, and the universe itself*. Nova York: Penguin Random House, 2016.

Cesario, J.; Johnson, D. J. Statement on the retraction of "Officer characteristics and racial disparities in fatal officer-involved shootings". 2020. https://doi.org/10.31234/osf.io/dj57k.

Chagnon, N. A. *Yanomamö* (5ª ed.). Fort Worth, TX: Harcourt Brace, 1997.

Chapman, L. J.; Chapman, J. P. Genesis of popular but erroneous psychodiagnostic observations. *Journal of Abnormal Psychology*, 72, pp. 193-204, 1967. https://doi.org/10.1037/h0024670.

_____. Illusory correlation as an obstacle to the use of valid psychodiagnostic signs. *Journal of Abnormal Psychology*, 74, pp. 271-80, 1969. https://doi.org/10.1037/h0027592.

Charlesworth, T. E. S.; Banaji, M. R. Patterns of implicit and explicit attitudes: I. Long-term change and stability from 2007 to 2016. *Psychological Science*, 30, pp. 174-92, 2019. https://doi.org/10.1177/0956797618813087.

Cheng, P. W.; Holyoak, K. J. Pragmatic reasoning schemas. *Cognitive Psychology*, 17, pp. 391-416, 1985. https://doi.org/10.1016/0010-0285(85)90014-3.

Chivers, T. *The AI does not hate you: Superintelligence, rationality and the race to save the world*. Londres: Weidenfeld & Nicolson, 2019.

Chomsky, N. *Language and mind* (ed. ampl.). Nova York: Cambridge University Press, 1972 (2006).

Chwe, M. S.-Y. *Rational ritual: Culture, coordination, and common knowledge*. Princeton, NJ: Princeton University Press, 2001.

Clegg, L. F. Protean free will. Original inédito, California Institute of Technology, 2012. https://resolver.caltech.edu/CaltechAUTHORS:20120328-152031480.

Cohen, I. B. *Science and the Founding Fathers: Science in the political thought of Thomas Jefferson, Benjamin Franklin, John Adams, and James Madison*. Nova York: W. W. Norton, 1997.

Cohn, A.; Maréchal, M. A.; Tannenbaum, D.; Zünd, C. L. Civic honesty around the globe. *Science*, 365, pp. 70-3, 2019. https://doi.org/10.1126/science.aau8712.

Cohon, R. Hume's moral philosophy. Em E. N. Zalta (org.), *The Stanford Encyclopedia of Philosophy*, 2018. https://plato.stanford.edu/entries/hume-moral/.

Cole, M.; Gay, J.; Glick, J.; Sharp, D. W. *The cultural context of learning and thinking*. Nova York: Basic Books, 1971.

Combs, B.; Slovic, P. Newspaper coverage of causes of death. *Journalism Quarterly*, 56, pp. 837-43, 1979.

Cosmides, L. The logic of social exchange: Has natural selection shaped how humans reason? Studies with the Wason selection task. *Cognition*, 31, pp. 187-276, 1989. https://doi.org/10.1016/0010-0277(89)90023-1.

_____; Tooby, J. Are humans good intuitive statisticians after all? Rethinking some conclusions from the literature on judgment under uncertainty. *Cognition*, 58, pp. 1-73, 1996. https://doi.org/10.1016/0010-0277(95)00664-8.

Coyne, J. A. *Faith versus fact: Why science and religion are incompatible*. Nova York: Penguin, 2015.

Crockett, Z. The time everyone "corrected" the world's smartest woman. *Priceonomics*, 19 fev. 2015. https://priceonomics.com/the-time-everyone-corrected-the--worlds-smartest/.

Curtis, G. N. The *Fallacy Files* taxonomy of logical fallacies. 2020. https://www.fallacyfiles.org/taxonnew.htm.

Dasgupta, P. The Stern Review's economics of climate change. *National Institute Economic Review*, 199, pp. 4-7, 2007. https://doi.org/10.1177/0027950107077111.

Davis, D. B. *Slavery and human progress*. Nova York: Oxford University Press, 1984.

Dawes, R. M.; Faust, D.; Meehl, P. E. Clinical versus actuarial judgment. *Science*, 243, pp. 1.668-74. https://doi.org/10.1126/science.2648573.

Dawkins, R. *The God delusion*. Nova York: Houghton Mifflin, 2006. [*Deus, um delírio*. SP: Companhia das Letras, 2019.]

_____. *The selfish gene* (ed. 40º aniv.). Nova York: Oxford University Press, 1976 (2016). [*O gene egoísta*. SP: Companhia das Letras, 2017.]

Dawson, E.; Gilovich, T.; Regan, D. T. Motivated reasoning and performance on the Wason selection task. *Personality and Social Psychology Bulletin*, 28, pp. 1379-87, 2002. https://doi.org/10.1177/014616702236869.

De Freitas, J.; Thomas, K.; DeScioli, P.; Pinker, S. Common knowledge, coordination, and strategic mentalizing in human social life. *Proceedings of the National Academy of Sciences*, 116, pp. 13751-8, 2019. https://doi.org/10.1073/pnas.1905518116.

de Lazari-Radek, K.; Singer, P. The objectivity of ethics and the unity of practical reason. *Ethics*, 123, pp. 9-31, 2012. https://doi.org/10.1086/667837.

De Zutter, A.; Horselenberg, R.; van Koppen, P. J. The prevalence of false allegations of rape in the United States from 2006–2010. *Journal of Forensic Psychology*, 2, 2017. https://doi.org/10.4172/2475-319X.1000119.

Deary, I. J. *Intelligence: A very short introduction*. Nova York: Oxford University Press, 2001.

DellaVigna, S.; Kaplan, E. The Fox News effect: Media bias and voting. *Quarterly Journal of Economics*, 122, pp. 1187-234. https://doi.org/10.1162/qjec.122.3.1187.

Dennett, D. C. *Breaking the spell: Religion as a natural phenomenon*. Nova York: Penguin, 2006.

_____. *Intuition pumps and other tools for thinking*. Nova York: W. W. Norton, 2013.

Ditto, P. H.; Clark, C. J.; Liu, B. S.; Wojcik, S. P.; Chen, E. E. et al. Partisan bias and its discontents. *Perspectives on Psychological Science*, 14, pp. 304-16, 2019. https://doi.org/10.1177/1745691618817753.

_____; Liu, B. S.; Clark, C. J.; Wojcik, S. P.; Chen, E. E. et al. At least bias is bipartisan: A meta-analytic comparison of partisan bias in liberals and conservatives. *Perspectives on Psychological Science*, 14, pp. 273-91, 2019. https://doi.org/10.1177/1745691617746796.

Donaldson, H.; Doubleday, R.; Hefferman, S.; Klondar, E.; Tummarello, K. Are talking heads blowing hot air? An analysis of the accuracy of forecasts in the political

media. Hamilton College, 2011. https://www.hamilton.edu/documents/Analysis-
-of-Forcast-Accuracy-in-the-Political-Media.pdf.

Douglass, F. What to the slave is the Fourth of July? Em P. S. Foner (org.), *Frederick Douglass: Selected speeches and writings*. Chicago: Lawrence Hill, 1852 (1999).

Duffy, B. *The perils of perception: Why we're wrong about nearly everything*. Londres: Atlantic Books, 2018.

Eagle, A. Chance versus randomness. Em E. N. Zalta (org.), *The Stanford Encyclopedia of Philosophy*, 2019. https://plato.stanford.edu/entries/chance-randomness/.

Earman, J. Bayes, Hume, Price, and miracles. *Proceedings of the British Academy*, 113, pp. 91-109, 2002.

Edwards, A. W. F. Is the Pope an alien? *Nature*, 382, pp. 202, 1996. https://doi.org/10.1038/382202b0.

Einstein, A. *Albert Einstein: O lado humano – rápidas visões colhidas em seus arquivos* (H. Dukas e B. Hoffman [orgs.]). Brasília: Universidade de Brasília, 1979.

Eisenstein, E. L. *The printing revolution in early modern Europe* (2ª ed.). Nova York: Cambridge University Press, 2012.

Eliot, G. *Essays of George Eliot* (T. Pinney [org.]). Filadélfia: Routledge, 1883 (2017).

Ellickson, R. C. *Order without law: How neighbors settle disputes*. Cambridge, MA: Harvard University Press, 1991.

Elster, J. (org.). *Deliberative democracy*. Nova York: Cambridge University Press, 1998.

Emerson, R. W. *Self-reliance and other essays*. Nova York: Dover, 1841 (1993).

Erasmus, D. *The complaint of peace: To which is added, Antipolemus; Or, the plea of reason, religion, and humanity, against war*. Miami, FL: HardPress, 1517 (2017).

Erceg, N.; Galić, Z.; Bubić, A. "Dysrationalia" among university students: The role of cognitive abilities, different aspects of rational thought and self-control in explaining epistemically suspect beliefs. *Europe's Journal of Psychology*, 15, pp. 159-75, 2019. https://doi.org/10.5964/ejop.v15i1.1696.

Evans, J. S. B. T. Dual-process theories of deductive reasoning: Facts and fallacies. Em K. J. Holyoak e R. G. Morrison (orgs.), *The Oxford Handbook of Thinking and Reasoning*. Oxford: Oxford University Press, 2012.

Fabrikant, G. Humbler, after a streak of magic. *The New York Times*, 11 maio 2008. https://www.nytimes.com/2008/05/11/business/11bill.html.

Federal Aviation Administration. *Pilot's handbook of aeronautical knowledge*. Oklahoma City: US Department of Transportation. 2016. https://www.faa.gov/regulations_policies/handbooks_manuals/aviation/phak/media/pilot_handbook.pdf.

Federal Bureau of Investigation. Crime in the United States, expanded homicide data table 1. 2019. https://ucr.fbi.gov/crime-in-the-u.s/2019/crime-in-the-u.s.-2019/tables/expanded-homicide-data-table-1.xls.

Feller, W. *An introduction to probability theory and its applications*. Nova York: Wiley, 1968.

Fiddick, L.; Cosmides, L.; Tooby, J. No interpretation without representation: The role of domain-specific representations and inferences in the Wason selection task. *Cognition*, 77, pp. 1-79, 2000. https://doi.org/10.1016/S0010-0277(00)00085-8.

Finkel, E. J.; Bail, C. A.; Cikara, M.; Ditto, P. H.; Iyengar, S. et al. Political sectarianism in America. *Science*, 370, pp. 533-6, 2020. https://doi.org/10.1126/science.abe1715.

Fishkin, J. S. *When the people speak: Deliberative democracy and public consultation*. Nova York: Oxford University Press, 2011.

Flaherty, C. Failure to communicate: Professor suspended for saying a Chinese word that sounds like a racial slur in English. *Inside Higher Ed*. 2020. https://www.insidehighered.com/news/2020/09/08/professor-suspended-saying-chinese-word-sounds-english-slur.

Fodor, J. A. *Psychological explanation: An introduction to the philosophy of psychology*. Nova York: Random House, 1968.

Fox, C. Social media: How might it be regulated? *BBC News*, 12 nov. 2020. https://www.bbc.com/news/technology-54901083.

Frank, R. H. *Passions within reason: The strategic role of the emotions*. Nova York: W. W. Norton, 1988.

Frederick, S. Cognitive reflection and decision making. *Journal of Economic Perspectives*, 19, pp. 25-42, 2005. https://doi.org/10.1257/089533005775196732.

French, C. Precognition studies and the curse of the failed replications. *The Guardian*, 15 mar. 2012. http://www.theguardian.com/science/2012/mar/15/precognition-studies-curse-failed-replications.

Friedersdorf, C. Why can't people hear what Jordan Peterson is actually saying? *The Atlantic*, 22 jan. 2018. https://www.theatlantic.com/politics/archive/2018/01/putting-monsterpaint-onjordan-peterson/550859/.

Friesen, J. P.; Campbell, T. H.; Kay, A. C. The psychological advantage of unfalsifiability: The appeal of untestable religious and political ideologies. *Journal of Personality and Social Psychology*, 108, pp. 515-29, 2015. https://doi.org/10.1037/pspp0000018.

Galton, F. Regression toward mediocrity in hereditary stature. *Journal of the Anthropological Institute of Great Britain and Ireland*, 15, p. 246-63, 1886.

Gampa, A.; Wojcik, S. P.; Motyl, M.; Nosek, B. A.; Ditto, P. H. (Ideo)logical reasoning: Ideology impairs sound reasoning. *Social Psychological and Personality Science*, 10, pp. 1075-83, 2019. https://doi.org/10.1177/1948550619829059.

Gardner, M. Problems involving questions of probability and ambiguity. *Scientific American*, 201, p. 174-82, 1959.

_____. Why the long arm of coincidence is usually not as long as it seems. *Scientific American*, 227, 1972.

Gelman, A.; Loken, E. The statistical crisis in science. *American Scientist*, 102, p. 460-65, 2014.

Gelman, S. A. *The essential child: Origins of essentialism in everyday thought*. Nova York: Oxford University Press, 2005.

Gettier, E. L. Is justified true belief knowledge? *Analysis*, 23, pp. 121-3, 1963.

Gigerenzer, G. Breast cancer screening pamphlets mislead women. *BMJ*, 348, g2636, 2014. https://doi.org/10.1136/bmj.g2636.

_____. Ecological intelligence: An adaptation for frequencies. Em D. D. Cummins e C. Allen (orgs.), *The evolution of mind*. Nova York: Oxford University Press, 1998.

_____. Gigerenzer's Law of Indispensable Ignorance. *Edge*, 2004. https://www.edge.org/response-detail/10224.

_____. How to make cognitive illusions disappear: Beyond "heuristics and biases". *European Review of Social Psychology*, 2, pp. 83-115, 1991. https://doi.org/10.1080/14792779143000033.

_____. On narrow norms and vague heuristics: A reply to Kahneman and Tversky. *Psychological Review*, 103, pp. 592-6, 1996. https://doi.org/10.1037/0033-295X.103.3.592.

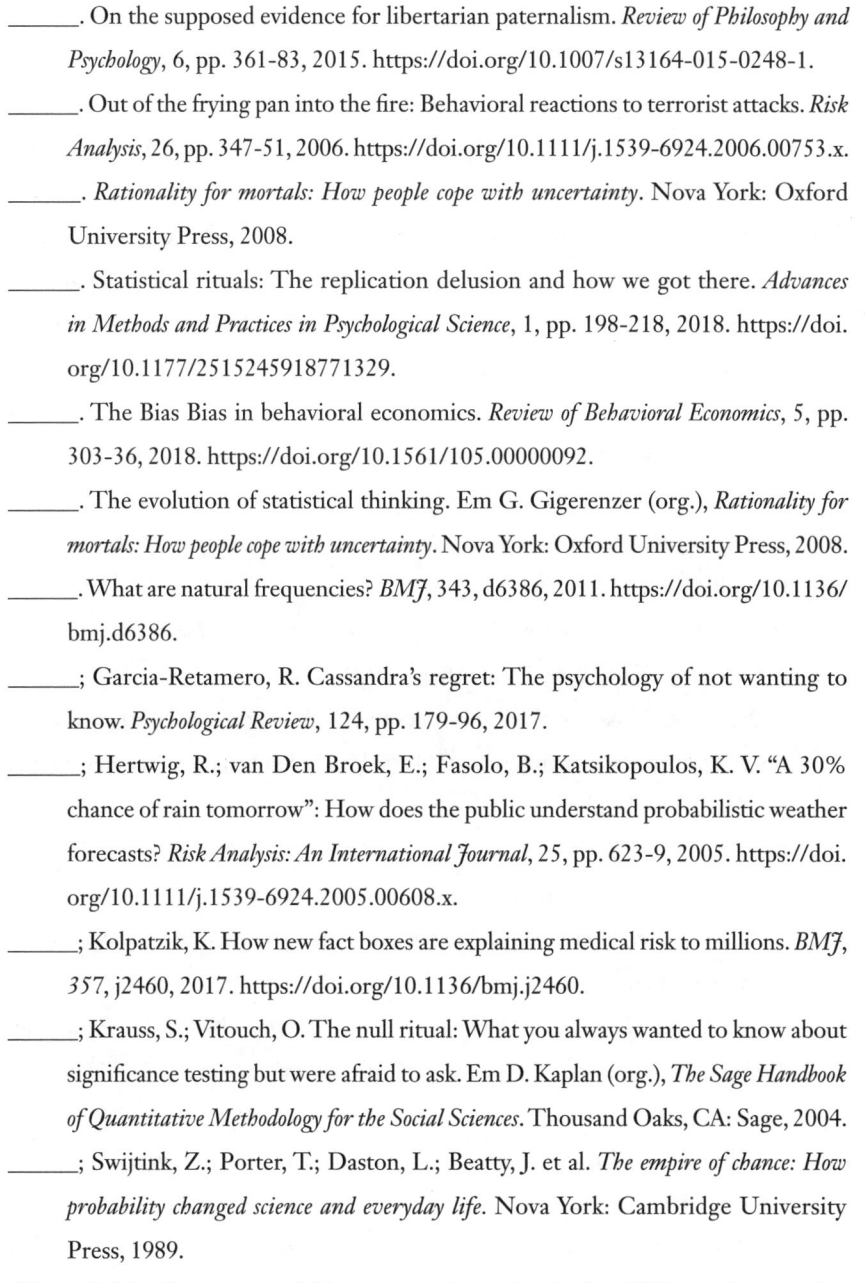

_____. On the supposed evidence for libertarian paternalism. *Review of Philosophy and Psychology*, 6, pp. 361-83, 2015. https://doi.org/10.1007/s13164-015-0248-1.

_____. Out of the frying pan into the fire: Behavioral reactions to terrorist attacks. *Risk Analysis*, 26, pp. 347-51, 2006. https://doi.org/10.1111/j.1539-6924.2006.00753.x.

_____. *Rationality for mortals: How people cope with uncertainty*. Nova York: Oxford University Press, 2008.

_____. Statistical rituals: The replication delusion and how we got there. *Advances in Methods and Practices in Psychological Science*, 1, pp. 198-218, 2018. https://doi.org/10.1177/2515245918771329.

_____. The Bias Bias in behavioral economics. *Review of Behavioral Economics*, 5, pp. 303-36, 2018. https://doi.org/10.1561/105.00000092.

_____. The evolution of statistical thinking. Em G. Gigerenzer (org.), *Rationality for mortals: How people cope with uncertainty*. Nova York: Oxford University Press, 2008.

_____. What are natural frequencies? *BMJ*, 343, d6386, 2011. https://doi.org/10.1136/bmj.d6386.

_____; Garcia-Retamero, R. Cassandra's regret: The psychology of not wanting to know. *Psychological Review*, 124, pp. 179-96, 2017.

_____; Hertwig, R.; van Den Broek, E.; Fasolo, B.; Katsikopoulos, K. V. "A 30% chance of rain tomorrow": How does the public understand probabilistic weather forecasts? *Risk Analysis: An International Journal*, 25, pp. 623-9, 2005. https://doi.org/10.1111/j.1539-6924.2005.00608.x.

_____; Kolpatzik, K. How new fact boxes are explaining medical risk to millions. *BMJ*, 357, j2460, 2017. https://doi.org/10.1136/bmj.j2460.

_____; Krauss, S.; Vitouch, O. The null ritual: What you always wanted to know about significance testing but were afraid to ask. Em D. Kaplan (org.), *The Sage Handbook of Quantitative Methodology for the Social Sciences*. Thousand Oaks, CA: Sage, 2004.

_____; Swijtink, Z.; Porter, T.; Daston, L.; Beatty, J. et al. *The empire of chance: How probability changed science and everyday life*. Nova York: Cambridge University Press, 1989.

Gilbert, B. The 10 most-viewed fake-news stories on Facebook in 2019 were just revealed in a new report. *Business Insider*, 6 nov. 2019. https://www.businessinsider.com/most-viewed-fake-news-stories-shared-on-facebook-2019-2019-11.

Gilovich, T.; Vallone, R.; Tversky, A. The hot hand in basketball: On the misperception of random sequences. *Cognitive Psychology*, 17, pp. 295-314, 1985. https://doi.org/10.1016/0010-0285(85)90010-6.

Glaeser, E. L. Psychology and the market. *American Economic Review*, 94, pp. 408-13, 2004. http://www.jstor.org/stable/3592919.

Goda, G. S.; Levy, M. R.; Manchester, C. F.; Sojourner, A.; Tasoff, J. The role of time preferences and exponential-growth bias in retirement savings. *National Bureau of Economic Research Working Paper Series*, n. 21.482, 2015. https://doi.org/10.3386/w21482.

Goldstein, J. S. Chicken dilemmas: Crossing the road to cooperation. Em I. W. Zartman e S. Touval (orgs.), *International cooperation: The extents and limits of multilateralism*. Nova York: Cambridge University Press, 2010.

_____. *Winning the war on war: The decline of armed conflict worldwide*. Nova York: Penguin, 2011.

_____; Qvist, S. A. *A bright future: How some countries have solved climate change and the rest can follow*. Nova York: PublicAffairs, 2019.

_____; Qvist, S. A.; Pinker, S. Nuclear power can save the world. *The New York Times*, 6 abr. 2019. https://www.nytimes.com/2019/04/06/opinion/sunday/climate-change-nuclear-power.html.

Goldstein, R. N. *36 arguments for the existence of God: A work of fiction*. Nova York. [*36 argumentos para a existência de Deus*. SP: Companhia das Letras, 2011.]

_____. *Betraying Spinoza: The renegade Jew who gave us modernity*. Nova York: Nextbook/Schocken, 2006.

_____. *Plato at the Googleplex: Why philosophy won't go away*. NovaYork: Pantheon, 2013. [*Platão no Googleplex: Por que a filosofia não vai desaparecer*. RJ: Civilização Brasileira, 2017.]

Goldstein-Rose, S. *The 100% solution: A plan for solving climate change*. Nova York: Melville House, 2020.

Good, I. When batterer becomes murderer. *Nature*, 381, p. 481, 1996. https://doi.org/10.1038/381481a0.

Goodfellow, I.; Bengio, Y.; Courville, A. *Deep learning*. Cambridge, MA: MIT Press, 2016.

Gould, S. J. The streak of streaks. *The New York Review of Books*, 1988. https://www.nybooks.com/articles/1988/08/18/the-streak-of-streaks/.

_____. *Rocks of ages: Science and religion in the fullness of life.* Nova York: Ballantine, 1999.

Gracyk, T. Hume's aesthetics. Em E. N. Zalta (org.), *Stanford Encyclopedia of Philosophy*, 2020. https://plato.stanford.edu/archives/sum2020/entries/hume-aesthetics/.

Granberg, D.; Brown, T. A. The Monty Hall dilemma. *Personality & Social Psychology Bulletin*, 21, pp. 711-23, 1995. https://doi.org/10.1177/0146167295217006.

Grayling, A. C. *Toward the light of liberty: The struggles for freedom and rights that made the modern Western world.* Nova York: Walker, 2007.

Green, D. M.; Swets, J. A. *Signal detection theory and psychophysics.* Nova York: Wiley, 1966.

Greene, J. *Moral tribes: Emotion, reason, and the gap between us and them.* Nova York: Penguin, 2013.

Grice, H. P. Logic and conversation. Em P. Cole e J. L. Morgan (orgs.), *Syntax and semantics, vol. 3, Speech acts.* Nova York: Academic Press, 1975.

Haidt, J. *The righteous mind: Why good people are divided by politics and religion.* Nova York: Pantheon, 2012.

_____. Why universities must choose one telos: truth or social justice. *Heterodox Academy*, 16 out. 2016. https://heterodoxacademy.org/blog/one-telos-truth-or-social-justice-2/.

Hájek, A. Interpretations of probability. Em E. N. Zalta (org.), *The Stanford Encyclopedia of Philosophy*, 2019. https://plato.stanford.edu/archives/fall2019/entries/probability-interpret/.

Hallsworth, M.; Kirkman, E. *Behavioral insights.* Cambridge, MA: MIT Press, 2020.

Hamilton, I. A. Jeff Bezos explains why his best decisions were based off intuition, not analysis. *Inc.*, 14 set. 2018. https://www.inc.com/business-insider/amazon-ceo-jeff-bezos-says-his-best-decision-were-made-when-he-followed-his-gut.html.

Harris, S. *The end of faith: Religion, terror, and the future of reason.* Nova York: W. W. Norton, 2005. [*A morte da fé*. SP: Companhia das Letras, 2009.]

Hastie, R.; Dawes, R. M. *Rational choice in an uncertain world: The psychology of judgment and decision making* (2ª ed.). Los Angeles: Sage, 2010.

Henderson, L. The problem of induction. Em E. N. Zalta (org.), *The Stanford Encyclopedia of Philosophy*, 2020. https://plato.stanford.edu/archives/spr2020/entries/induction-problem/.

Henrich, J.; Heine, S. J.; Norenzayan, A. The weirdest people in the world? *Behavioral and Brain Sciences*, 33, pp. 61-83, 2010. https://doi.org/10.1017/S0140 525X0999152X.

Hertwig, R.; Engel, C. Homo ignorans: Deliberately choosing not to know. *Perspectives on Psychological Science*, 11, pp. 359-72, 2016.

_____; Gigerenzer, G. The "conjunction fallacy" revisited: How intelligent inferences look like reasoning errors. *Journal of Behavioral Decision Making*, 12, pp. 275-305, 1999. https://doi.org/10.1002/(SICI)1099-0771(199912)12:4<275::AID-BDM323>3.0.CO;2-M.

Hobbes, T. *Leviathan*. Nova York: Oxford University Press, 1651 (1957). [*Leviatã*, em domínio público.]

Hoffrage, U.; Lindsey, S.; Hertwig, R.; Gigerenzer, G. Communicating statistical information. *Science*, 290, pp. 2261-2, 2000. https://doi.org/10.1126/science.290.5500.2261.

Holland, P. W. Statistics and causal inference. *Journal of the American Statistical Association*, 81, pp. 945-60, 1986. https://doi.org/10.2307/2289064.

Homero. The Odyssey (E. Wilson, trad.). Nova York: W. W. Norton, 700 a.C. (2018) [*Odisseia*, em domínio público.]

Hood, B. *Supersense: Why we believe in the unbelievable*. Nova York: HarperCollins, 2009.

Horowitz, D. L. *The deadly ethnic riot*. Berkeley: University of California Press, 2001.

Hume, D. *A treatise of human nature*. Nova York: Oxford University Press, 1739 (2000). [*Tratado da natureza humana*, em domínio público.]

_____. *An enquiry concerning human understanding*. Nova York: Oxford University Press, 1748 (1999). [*Investigação sobre o entendimento humano*, em domínio público.]

Hunt, L. *Inventing human rights: A history*. Nova York: W. W. Norton, 2007.

Ichikawa, J. J. e Steup, M. The analysis of knowledge. Em E. N. Zalta (org.), *The Stanford Encyclopedia of Philosophy*, 2018. https://plato.stanford.edu/entries/knowledge-analysis/.

Ioannidis, J. P. A. Why most published research findings are false. *PLoS Medicine*, 2, e124, 2005. https://doi.org/10.1371/journal.pmed.0020124.

James, W. *The principles of psychology*. Nova York: Dover, 1890 (1950).

Jarvis, S.; Deschenes, O.; Jha, A. *The private and external costs of Germany's nuclear phase-out*, 2019. https://haas.berkeley.edu/wp-content/uploads/WP304.pdf.

Jenkins, S. The Crown's fake history is as corrosive as fake news. *The Guardian*, 16 nov. 2020. http://www.theguardian.com/commentisfree/2020/nov/16/the-crown-fake-history-news-tv-series-royal-family-artistic-licence.

Jeszeck, C. A.; Collins, M. J.; Glickman, M.; Hoffrey, L.; Grover, S. Retirement security: Most households approaching retirement have low savings. *United States Government Accountability Office*, 2015. https://www.gao.gov/assets/680/670153.pdf.

Johnson, D. J.; Cesario, J. Reply to Knox and Mummolo and Schimmack and Carlsson: Controlling for crime and population rates. *Proceedings of the National Academy of Sciences*, 117, pp. 1264-5, 2020. https://doi.org/10.1073/pnas.1920184117.

_____; Tress, T.; Burkel, N.; Taylor, C.; Cesario, J. Officer characteristics and racial disparities in fatal officer-involved shootings. *Proceedings of the National Academy of Sciences*, 116, pp. 15877-2, 2019. https://doi.org/10.1073/pnas.1903856116.

Johnson, S. *The letters of Samuel Johnson with Mrs. Thrale's genuine letters to him* (R. W. Chapman [org.]). Nova York: Oxford University Press, 1963.

Jones, J. M. Confidence in higher education down since 2015. *Gallup Blog*, 9 out. 2018. https://news.gallup.com/opinion/gallup/242441/confidence-higher-education-down-2015.aspx.

Joyner, J. Ranking the pundits: A study shows that most national columnists and talking heads are about as accurate as a coin flip. *Outside the Beltway*, 3 maio 2011. https://www.outsidethebeltway.com/ranking-the-pundits/.

Kaba, M. Yes, we mean literally abolish the police. *The New York Times*, 12 jun. 2020. https://www.nytimes.com/2020/06/12/opinion/sunday/floyd-abolish-defund-police.html.

Kahan, D. M. Climate-science communication and the measurement problem. *Political Psychology*, 36, pp. 1-43, 2015. https://doi.org/10.1111/pops.12244.

_____. Ideology, motivated reasoning, and cognitive reflection. *Judgment and Decision Making*, 8, pp. 407-24, 2013. http://dx.doi.org/10.2139/ssrn.2182588.

_____; Hoffman, D. A.; Braman, D.; Evans, D.; Rachlinski, J. J. "They saw a protest": Cognitive illiberalism and the speech-conduct distinction. *Stanford Law Review*, 64, pp. 851-906, 2012.

_____; Peters, E.; Dawson, E. C.; Slovic, P. Motivated numeracy and enlightened self--government. *Behavioural Public Policy*, 1, pp. 54-86, 2017. https://doi.org/10.1017/bpp.2016.2.

_____; Peters, E.; Wittlin, M.; Slovic, P.; Ouellette, L. L. et al. The polarizing impact of science literacy and numeracy on perceived climate change risks. *Nature Climate Change*, 2, pp. 732-5, 2012. https://doi.org/10.1038/nclimate1547.

_____; Wittlin, M.; Peters, E.; Slovic, P.; Ouellette, L. L. et al. The tragedy of the risk-perception commons: Culture conflict, rationality conflict, and climate change. *Yale Law & Economics Research Paper*, 435, 2011. http://dx.doi.org/10.2139/ssrn.1871503.

Kahneman, D. Daniel Kahneman – facts. The Nobel Prize, 2002. https://www.nobelprize.org/prizes/economic-sciences/2002/kahneman/facts/.

_____. *Thinking, fast and slow*. Nova York: Farrar, Straus and Giroux, 2011. [*Rápido e devagar: duas formas de pensar*. RJ: Objetiva, 2012.]

_____; Slovic, P.; Tversky, A. *Judgment under uncertainty: Heuristics and biases*. Nova York: Cambridge University Press, 1982.

_____; Tversky, A. On the reality of cognitive illusions. *Psychological Review*, 103, pp. 582-91, 1996. https://doi.org/10.1037/0033-295X.103.3.582.

_____; Tversky, A. Prospect theory: An analysis of decisions under risk. *Econometrica*, 47, pp. 313-27, 1979. https://doi.org/10.1142/9789814417358_0006.

_____; Tversky, A. Subjective probability: A judgment of representativeness. *Cognitive Psychology*, 3, pp. 430-54, 1972. https://doi.org/10.1016/0010-0285(72)90016-3.

Kaplan, R. D. The coming anarchy. *The Atlantic*, 1994. https://www.theatlantic.com/magazine/archive/1994/02/the-coming-anarchy/304670/.

Kelemen, D.; Rosset, E. The human function compunction: Teleological explanation in adults. *Cognition*, 111, pp. 138-43, 2009. https://doi.org/10.1016/j.cognition.2009.01.001.

Kendler, K. S.; Kessler, R. C.; Walters, E. E.; MacLean, C.; Neale, M. C. et al. Stressful life events, genetic liability, and onset of an episode of major depression in women. *Focus*, 8, pp. 459-70, 2010. https://doi.org/10.1176/foc.8.3.foc459.

Kenny, C. *Getting better: Why global development is succeeding – and how we can improve the world even more*. Nova York: Basic Books, 2011.

Kessler, G.; Rizzo, S.; Kelly, M. Trump is averaging more than 50 false or misleading claims a day. *The Washington Post*, 22 out. 2020. https://www.washingtonpost.com/politics/2020/10/22/president-trump-is-averaging-more-than-50-false-or--misleading-claims-day/.

King, G.; Keohane, R. O.; Verba, S. *Designing social inquiry: Scientific inference in qualitative research*. Princeton, NJ: Princeton University Press, 1994.

Kingdon, J. *Self-made man: Human evolution from Eden to extinction?* Nova York: Wiley, 1993.

Kissinger, H. How the Enlightenment ends. *The Atlantic*, jun. 2018. https://www.theatlantic.com/magazine/archive/2018/06/henry-kissinger-ai-could-mean-the--end-of-human-history/559124/.

Knox, D.; Mummolo, J. Making inferences about racial disparities in police violence. *Proceedings of the National Academy of Sciences*, 117, pp. 1261-2, 2020. https://doi.org/10.1073/pnas.1919418117.

Kors, A. C.; Silverglate, H. A. *The shadow university: The betrayal of liberty on America's campuses*. Nova York: Free Press, 1998.

Kräenbring, J.; Monzon Penza, T.; Gutmann, J.; Muehlich, S.; Zolk, O. et al. Accuracy and completeness of drug information in Wikipedia: A comparison with standard textbooks of pharmacology. *PLoS ONE*, 9, e106930, 2014. https://doi.org/10.1371/journal.pone.0106930.

Krämer, W.; Gigerenzer, G. How to confuse with statistics, or: The use and misuse of conditional probabilities. *Statistical Science*, 20, pp. 223-30, 2005. https://projecteuclid.org/journals/statistical-science/volume-20/issue-3/How-to-Confuse-with-Statistics-or-The-Use-and/10.1214/088342305000000296.full.

Kunda, Z. The case for motivated reasoning. *Psychological Bulletin*, 108, pp. 480- 98, 1990. https://doi.org/10.1037/0033-2909.108.3.480.

Laibson, D. Golden eggs and hyperbolic discounting. *Quarterly Journal of Economics*, 112, pp. 443-77, 1997. https://doi.org/10.1162/003355397555253.

Lake, B. M.; Ullman, T. D.; Tenenbaum, J. B.; Gershman, S. J. Building machines that learn and think like people. *Behavioral and Brain Sciences*, 39, pp. 1-101, 2017. https://doi.org/10.1017/S0140525X16001837.

Lane, R. A truth reckoning: Why we're holding those who lied for Trump accountable. *Forbes*, 7 jan. 2021. https://www.forbes.com/sites/randalllane/2021/01/07/a--truth-reckoning-why-were-holding-those-who-lied-for-trump-accountable/?sh=5fedd2605710.

Lankford, A.; Madfis, E. Don't name them, don't show them, but report everything else: A pragmatic proposal for denying mass killers the attention they seek and deterring future offenders. *American Behavioral Scientist*, 62, p. 260-79. https://doi.org/10.1177/0002764217730854.

Lee, R. B.; Daly, R. (orgs.). *The Cambridge Encyclopedia of Hunters and Gatherers*. Cambridge, Reino Unido: Cambridge University Press, 1999.

Lehrer, J. The truth wears off. *The New Yorker*, 5 dez. 2010. https://www.newyorker.com/magazine/2010/12/13/the-truth-wears-off.

Leibniz, G. W. On universal synthesis and analysis, or the art of discovery and judgment. Em L. E. Loemker (org.), *Philosophical papers and letters*. Nova York: Springer, 1679 (1989).

Levitt, S. D.; Dubner, S. J. *Freakonomics: A rogue economist explores the hidden side of everything*. Nova York: William Morrow, 2009. [*Freakonomics: O lado oculto e inesperado de tudo que nos afeta*. RJ: Alta Cult, 2019.]

Lewis, D. K. *Convention: A philosophical study*. Cambridge, MA: Harvard University Press, 1969.

Lewis, M. *The undoing project: A friendship that changed our minds*. Nova York: W. W. Norton, 2016. [*O projeto desfazer: A amizade que mudou nossa forma de pensar*. RJ: Intrínseca, 2017.]

Lewis, M. K. *Too dumb to fail: How the GOP betrayed the Reagan revolution to win elections (and how it can reclaim its conservative roots)*. Nova York: Hachette, 2016.

Lewis-Kraus, G. The great A.I. awakening. *The New York Times Magazine*, 14 dez. 2016, p. 12. https://www.nytimes.com/2016/12/14/magazine/the-great-ai-awakening.html.

Liberman, M. Y. If P, so why not Q? *Language Log*, 5 ago. 2004. http://itre.cis.upenn.edu/~myl/languagelog/archives/001314.html.

Lichtenstein, S.; Slovic, P. Reversals of preference between bids and choices in gambling decisions. *Journal of Experimental Psychology*, 89, pp. 46-55, 1971. https://doi.org/10.1037/h0031207.

Liebenberg, L. *The art of tracking: The origin of science*. Cidade do Cabo: David Philip, 1990.

_____. *The origin of science: The evolutionary roots of scientific reasoning and its implications for tracking science* (2ª ed.). Cidade do Cabo: Cyber-Tracker, 2013 (2021). https://cybertracker.org/downloads/tracking/Liebenberg-2013-The-Origin-of-Science.pdf.

_____. Notes on tracking and trapping: Examples of hunter-gatherer ingenuity. Original inédito. 2020. https://stevenpinker.com/files/pinker/files/liebenberg.pdf.

_____; //Ao, /A.; Lombard, M.; Shermer, M.; Xhukwe, /U. et al. Tracking science: An alternative for those excluded by citizen science. *Citizen science: Theory and practice*. 6(1), p. 6, 2021. https://doi.org/10.5334/cstp.284.

Lilienfeld, S. O.; Ammirati, R.; Landfield, K. Giving debiasing away: Can psychological research on correcting cognitive errors promote human welfare? *Perspectives on Psychological Science*, 4, pp. 390-8, 2009. https://doi.org/10.1111/j.1745-6924.2009.01144.x.

Locke, J. *The second treatise of civil government*. Peterborough, Ont.: Broadview Press, 1689 (2015) [*Segundo tratado sobre o governo civil*, em domínio público.]

Lockwood, A. H.; Welker-Hood, K.; Rauch, M.; Gottlieb, B. *Coal's assault on human health: A report from Physicians for Social Responsibility*. 2009. https://www.psr.org/blog/resource/coals-assault-on-human-health/.

Loftus, E. F.; Doyle, J. M.; Dysart, J. E.; Newirth, K. A. *Eyewitness testimony: Civil and criminal* (6ª ed.). Dayton, OH: LexisNexis, 2019.

Lord, C. G.; Ross, L.; Lepper, M. R. Biased assimilation and attitude polarization: The effects of prior theories on subsequently considered evidence. *Journal of Personality and Social Psychology*, 37, pp. 2.098-109, 1979. https://doi.org/10.1037/0022-3514.37.11.2098.

Luce, R. D.; Raiffa, H. *Games and decisions: Introduction and critical survey*. Nova York: Dover, 1957.

Lukianoff, G. *Unlearning liberty: Campus censorship and the end of American debate*. Nova York: Encounter Books, 2012.

_____; Haidt, J. *The coddling of the American mind: How good intentions and bad ideas are setting up a generation for failure*. Nova York: Penguin, 2018.

Lynn, S. K.; Wormwood, J. B.; Barrett, L. F.; Quigley, K. S. Decision making from economic and signal detection perspectives: Development of an integrated framework. *Frontiers in Psychology*, 6, 2015. https://doi.org/10.3389/fpsyg.2015.00952.

Lyttleton, J. Social media is determined to slow the spread of conspiracy theories like QAnon. Can they?, *Millennial Source*, 28 out. 2020. https://themilsource.com/2020/10/28/social-media-determined-to-slow-spread-conspiracy-theories-like-qanon-can-they/.

MacAskill, W. *Doing good better: Effective altruism and how you can make a difference.* Nova York: Penguin, 2015.

Maines, R. Why are women crowding into schools of veterinary medicine but are not lining up to become engineers?, *Cornell Chronicle*, 12 jun. 2007. https://news.cornell.edu/stories/2007/06/why-women-become-veterinarians-not-engineers.

Mann, T. E.; Ornstein, N. J. *It's even worse than it looks: How the American Constitutional system collided with the new politics of extremism* (nova ed.). Nova York: Basic Books, 2012 (2016).

Marcus, G. F. The deepest problem with deep learning. *Medium*, 1 dez. 2018. https://medium.com/@GaryMarcus/the-deepest-problem-with-deep-learning-91c5991f5695.

_____. Two kinds of representation. Em E. Dietrich e A. B. Markman (orgs.), *Cognitive dynamics: Conceptual and representational change in humans and machines*. Mahwah, NJ: Erlbaum, 2000.

_____; Davis, E. *Rebooting AI: Building artificial intelligence we can trust.* Nova York: Penguin Random House, 2019.

Marlowe, F. *The Hadza: Hunter-gatherers of Tanzania.* Berkeley: University of California Press, 2010.

Martin, G. J.; Yurukoglu, A. Bias in cable news: Persuasion and polarization. *American Economic Review*, 107, pp. 2565-99, 2017. https://doi.org/10.1257/aer.20160812.

Maymin, P. Z.; Langer, E. J. Cognitive biases and mindfulness. *Humanities and Social Sciences Communications*, 8, pp. 40, 2021. https://doi.org/10.1057/s41599-021-00712-1.

Maynard Smith, J. *Evolution and the theory of games.* Nova York: Cambridge University Press, 1982.

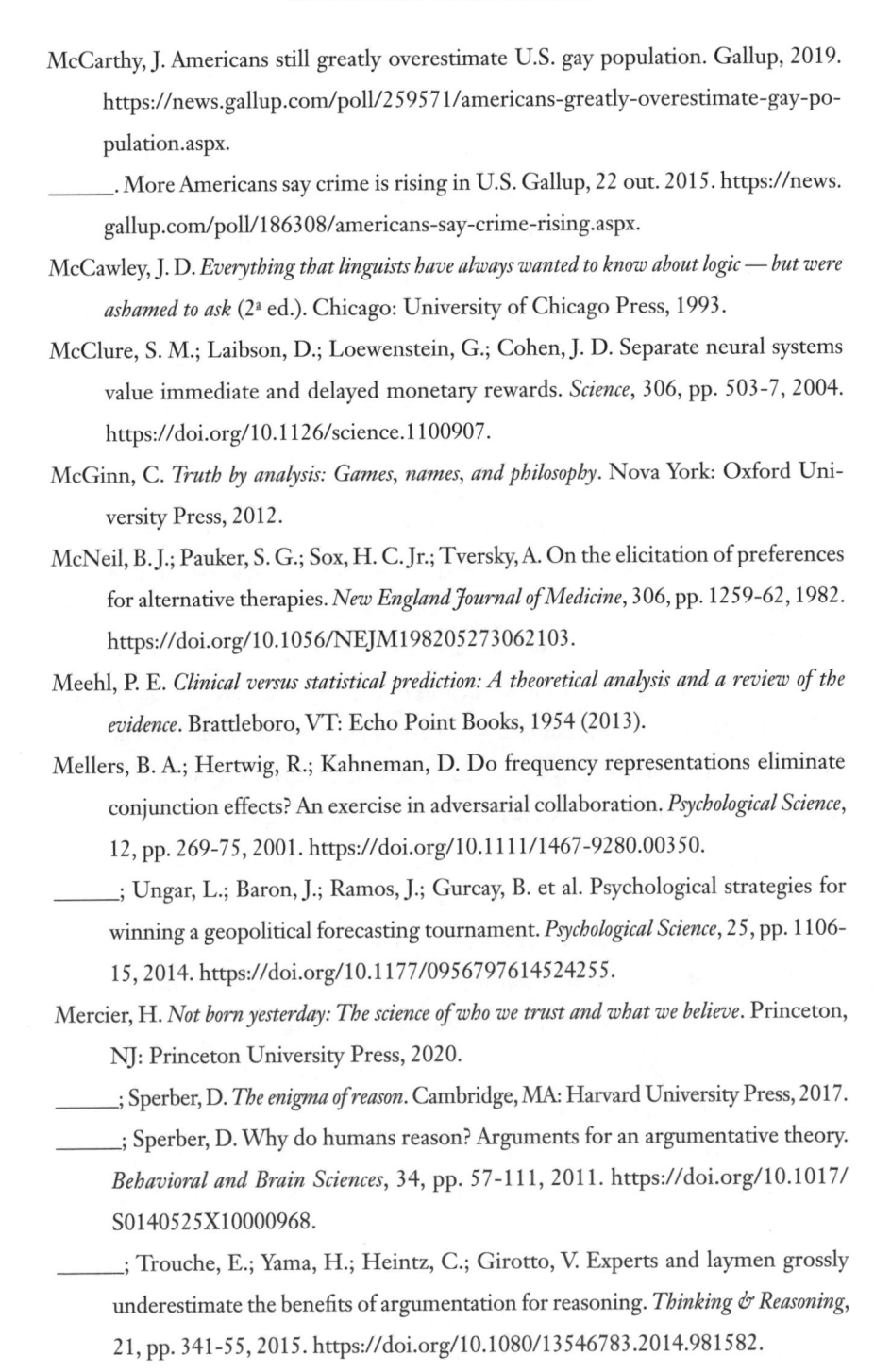

McCarthy, J. Americans still greatly overestimate U.S. gay population. Gallup, 2019. https://news.gallup.com/poll/259571/americans-greatly-overestimate-gay-population.aspx.

_____. More Americans say crime is rising in U.S. Gallup, 22 out. 2015. https://news.gallup.com/poll/186308/americans-say-crime-rising.aspx.

McCawley, J. D. *Everything that linguists have always wanted to know about logic — but were ashamed to ask* (2ª ed.). Chicago: University of Chicago Press, 1993.

McClure, S. M.; Laibson, D.; Loewenstein, G.; Cohen, J. D. Separate neural systems value immediate and delayed monetary rewards. *Science*, 306, pp. 503-7, 2004. https://doi.org/10.1126/science.1100907.

McGinn, C. *Truth by analysis: Games, names, and philosophy*. Nova York: Oxford University Press, 2012.

McNeil, B. J.; Pauker, S. G.; Sox, H. C. Jr.; Tversky, A. On the elicitation of preferences for alternative therapies. *New England Journal of Medicine*, 306, pp. 1259-62, 1982. https://doi.org/10.1056/NEJM198205273062103.

Meehl, P. E. *Clinical versus statistical prediction: A theoretical analysis and a review of the evidence*. Brattleboro, VT: Echo Point Books, 1954 (2013).

Mellers, B. A.; Hertwig, R.; Kahneman, D. Do frequency representations eliminate conjunction effects? An exercise in adversarial collaboration. *Psychological Science*, 12, pp. 269-75, 2001. https://doi.org/10.1111/1467-9280.00350.

_____; Ungar, L.; Baron, J.; Ramos, J.; Gurcay, B. et al. Psychological strategies for winning a geopolitical forecasting tournament. *Psychological Science*, 25, pp. 1106-15, 2014. https://doi.org/10.1177/0956797614524255.

Mercier, H. *Not born yesterday: The science of who we trust and what we believe*. Princeton, NJ: Princeton University Press, 2020.

_____; Sperber, D. *The enigma of reason*. Cambridge, MA: Harvard University Press, 2017.

_____; Sperber, D. Why do humans reason? Arguments for an argumentative theory. *Behavioral and Brain Sciences*, 34, pp. 57-111, 2011. https://doi.org/10.1017/S0140525X10000968.

_____; Trouche, E.; Yama, H.; Heintz, C.; Girotto, V. Experts and laymen grossly underestimate the benefits of argumentation for reasoning. *Thinking & Reasoning*, 21, pp. 341-55, 2015. https://doi.org/10.1080/13546783.2014.981582.

Michel, J.-B.; Shen, Y. K.; Aiden, A. P.; Veres, A.; Gray, M. K.; The Google Books Team; Pickett, J. P.; Hoiberg, D.; Clancy, D.; Norvig, P.; Orwant, J.; Pinker, S.; Nowak, M.; Lieberman-Aiden, E. Quantitative analysis of culture using millions of digitized books. *Science*, 331, pp. 176-82, 2011.

Millenson, J. R. An inexpensive Geiger gate for controlling probabilities of events. *Journal of the Experimental Analysis of Behavior*, 8, pp. 345-6, 1965.

Miller, J. B. e Sanjurjo, A. Surprised by the hot hand fallacy? A truth in the law of small numbers. *Econometrica*, 86, pp. 2019-47, 2018. https://doi.org/10.3982/ECTA14943.

_____; Sanjurjo, A. A bridge from Monty Hall to the hot hand: The principle of restricted choice. *Journal of Economic Perspectives*, 33, pp. 144-62, 2019. https://doi.org/10.1257/jep.33.3.144.

Mischel, W.; Baker, N. Cognitive appraisals and transformations in delay behavior. *Journal of Personality and Social Psychology*, 31, pp. 254-61, 1975. https://doi.org/10.1037/h0076272.

Mlodinow, L. *The drunkard's walk: How randomness rules our lives*. Nova York: Vintage, 2009. [*O andar do bêbado: Como o acaso determina nossas vidas*. RJ: Zahar, 2009.]

Moore, D. W. Three in four Americans believe in paranormal. Gallup, 16 jun. 2005. https://news.gallup.com/poll/16915/three-four-americans-believe-paranormal.aspx.

Morewedge, C. K.; Yoon, H.; Scopelliti, I.; Symborski, C. W.; Korris, J. H. et al. Debiasing decisions: Improved decision making with a single training intervention. *Policy Insights from the Behavioral and Brain Sciences*, 2, pp. 129-40, 2015. https://doi.org/10.1177/2372732215600886.

Mueller, J. *Overblown: How politicians and the terrorism industry inflate national security threats, and why we believe them*. Nova York: Free Press, 2006.

_____. *The stupidity of war: American foreign policy and the case for complacency*. Nova York: Cambridge University Press, 2021.

Myers, D. G. *A friendly letter to skeptics and atheists*. Nova York: Wiley, 2008.

Nagel, T. *The last word*. Nova York: Oxford University Press, 1997. [*A última palavra*. SP: Editora Unesp, 2001.]

_____. *The possibility of altruism*. Princeton, NJ: Princeton University Press, 1970.

National Research Council. *Strengthening forensic science in the United States: A path forward*. Washington, D.C.: National Academies Press, 2009.

_____. *The polygraph and lie detection.* Washington, D.C.: National Academies Press, 2003.

National Science Board. *Science and Engineering Indicators 2014.* Alexandria, VA: National Science Foundation, 2014. https://www.nsf.gov/statistics/seind14/index.cfm/home.

_____. *The State of U.S. Science and Engineering 2020.* Alexandria, VA: National Science Foundation, 2020. https://ncses.nsf.gov/pubs/nsb20201/.

Nature, editores da. A four-year timeline of Trump's impact on science. *Nature*, 5 out. 2020a. https://doi.org/10.1038/d41586-020-02814-3.

_____. In praise of replication studies and null results. *Nature*, 578, pp. 489-90, 2020b. https://doi.org/10.1038/d41586-020-00530-6.

Nickerson, R. S. Confirmation bias: A ubiquitous phenomenon in many guises. *Review of General Psychology*, 2, pp. 175-220, 1998. https://doi.org/10.1037/1089-2680.2.2.175.

_____. Hempel's paradox and Wason's selection task: Logical and psychological puzzles of confirmation. *Thinking & Reasoning*, 2, pp. 1-31, 1996. https://doi.org/10.1080/135467896394546.

Nolan, D.; Bremer, M.; Tupper, S.; Malakhoff, L.; Medeiros, C. *Barnstable County high crash locations:* Cape Cod Commission, 2019. https://www.capecodcommission.org/resource-library/file/?url=/dept/commission/team/tr/Reference/Safety-General/Top50CrashLocs_2018Final.pdf.

Norberg, J. *Progress: Ten reasons to look forward to the future.* Londres: Oneworld, 2016. [*Progresso: Dez razões para acreditar no futuro.* RJ: Record, 2017.]

Nordhaus, W. Critical assumptions in the Stern Review on climate change. *Science*, 317, pp. 201-2, 2007. https://doi.org/10.1126/science.1137316.

Norenzayan, A.; Smith, E. E.; Kim, B.; Nisbett, R. E. Cultural preferences for formal versus intuitive reasoning. *Cognitive Science*, 26, pp. 653-84, 2002.

Norman, A. *Mental immunity: Infectious ideas, mind parasites, and the search for a better way to think.* Nova York: HarperCollins, 2021.

_____. Why we reason: Intention-alignment and the genesis of human rationality. *Biology and Philosophy*, 31, pp. 685-704, 2016. https://doi.org/10.1007/s10539-016-9532-4.

Nyhan, B. Building a better correction: Three lessons from new research on how to counter misinformation. *Columbia Journalism Review*, 2013. http://archives.cjr.org/united_states_project/building_a_better_correction_nyhan_new_misperception_research.php.

_____. Fake news and bots may be worrisome, but their political power is overblown. *The New York Times*, 13 fev. 2018. https://www.nytimes.com/2018/02/13/upshot/fake--news-and-bots-may-be-worrisome-but-their-political-power-is-overblown.html.

_____; Reifler, J. *Misinformation and fact-checking: Research findings from social science*. Washington, D.C.: New America Foundation, 2012.

_____; Reifler, J. The roles of information deficits and identity threat in the prevalence of misperceptions. *Journal of Elections, Public Opinion and Parties*, 29, pp. 222-44, 2019. https://doi.org/10.1080/17457289.2018.1465061.

O'Keefe, S. M. One in three Americans would not get COVID-19 vaccine. Gallup, 7 ago. 2020. https://news.gallup.com/poll/317018/one-three-americans-not-covid-vaccine.aspx.

Open Science Collaboration. Estimating the reproducibility of psychological science. *Science*, 349, 2015. https://doi.org/10.1126/science.aac4716.

Paresky, P.; Haidt, J.; Strossen, N.; Pinker, S. *The New York Times* surrendered to an outrage mob. Journalism will suffer for it. *Politico*, 14 maio 2020. https://www.politico.com/news/magazine/2020/05/14/bret-stephens-new-york-times-outrage-backlash-256494.

Parker, A. M.; Bruine de Bruin, W.; Fischhoff, B.; Weller, J. Robustness of decision--making competence: Evidence from two measures and an 11-year longitudinal study. *Journal of Behavioral Decision Making*, 31, pp. 380-91, 2018. https://doi.org/10.1002/bdm.2059.

Pashler, H.; Wagenmakers, E. J. Editors' introduction to the special section on replicability in psychological science: A crisis of confidence? *Perspectives on Psychological Science*, 7, pp. 528-30, 2012. https://doi.org/10.1177/1745691612465253.

Paulos, J. A. *Innumeracy: Mathematical illiteracy and its consequences*. Nova York: Macmillan, 1988.

Payne, J. L. *A history of force: Exploring the worldwide movement against habits of coercion, bloodshed, and mayhem*. Sandpoint, ID: Lytton, 2004.

Pearl, J. *Causality: Models, reasoning, and inference*. Nova York: Cambridge University Press, 2000.

_____; Mackenzie, D. *The book of why: The new science of cause and effect*. Nova York: Basic Books, 2018.

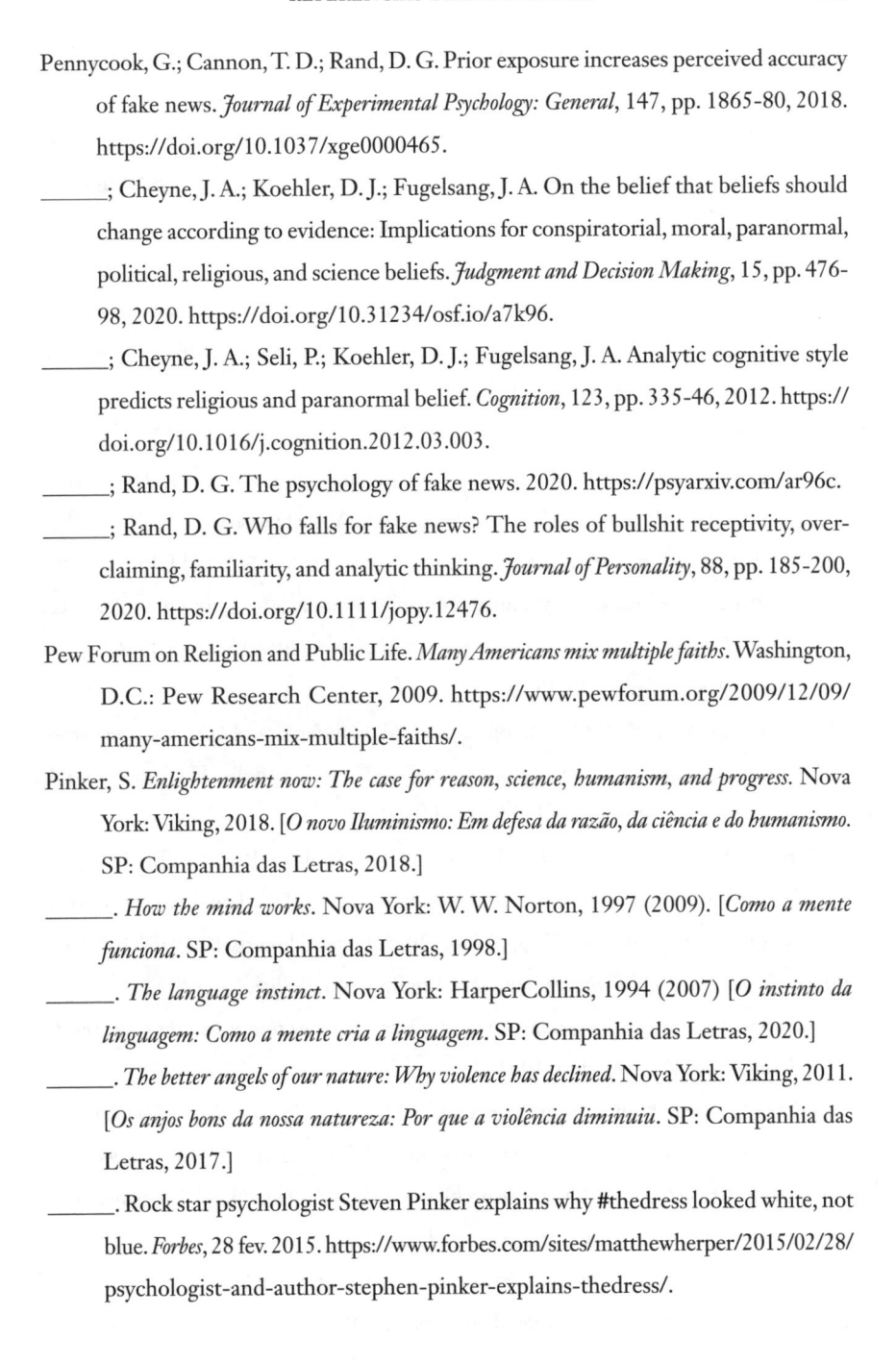

Pennycook, G.; Cannon, T. D.; Rand, D. G. Prior exposure increases perceived accuracy of fake news. *Journal of Experimental Psychology: General*, 147, pp. 1865-80, 2018. https://doi.org/10.1037/xge0000465.

_____; Cheyne, J. A.; Koehler, D. J.; Fugelsang, J. A. On the belief that beliefs should change according to evidence: Implications for conspiratorial, moral, paranormal, political, religious, and science beliefs. *Judgment and Decision Making*, 15, pp. 476-98, 2020. https://doi.org/10.31234/osf.io/a7k96.

_____; Cheyne, J. A.; Seli, P.; Koehler, D. J.; Fugelsang, J. A. Analytic cognitive style predicts religious and paranormal belief. *Cognition*, 123, pp. 335-46, 2012. https://doi.org/10.1016/j.cognition.2012.03.003.

_____; Rand, D. G. The psychology of fake news. 2020. https://psyarxiv.com/ar96c.

_____; Rand, D. G. Who falls for fake news? The roles of bullshit receptivity, overclaiming, familiarity, and analytic thinking. *Journal of Personality*, 88, pp. 185-200, 2020. https://doi.org/10.1111/jopy.12476.

Pew Forum on Religion and Public Life. *Many Americans mix multiple faiths*. Washington, D.C.: Pew Research Center, 2009. https://www.pewforum.org/2009/12/09/many-americans-mix-multiple-faiths/.

Pinker, S. *Enlightenment now: The case for reason, science, humanism, and progress*. Nova York: Viking, 2018. [*O novo Iluminismo: Em defesa da razão, da ciência e do humanismo*. SP: Companhia das Letras, 2018.]

_____. *How the mind works*. Nova York: W. W. Norton, 1997 (2009). [*Como a mente funciona*. SP: Companhia das Letras, 1998.]

_____. *The language instinct*. Nova York: HarperCollins, 1994 (2007) [*O instinto da linguagem: Como a mente cria a linguagem*. SP: Companhia das Letras, 2020.]

_____. *The better angels of our nature: Why violence has declined*. Nova York: Viking, 2011. [*Os anjos bons da nossa natureza: Por que a violência diminuiu*. SP: Companhia das Letras, 2017.]

_____. Rock star psychologist Steven Pinker explains why #thedress looked white, not blue. *Forbes*, 28 fev. 2015. https://www.forbes.com/sites/matthewherper/2015/02/28/psychologist-and-author-stephen-pinker-explains-thedress/.

_____. *The blank slate: The modern denial of human nature.* Nova York: Penguin, 2002 (2016). [*Tábula rasa: A negação contemporânea da natureza humana.* SP: Companhia das Letras, 2004.]

_____. The cognitive niche: Coevolution of intelligence, sociality, and language. *Proceedings of the National Academy of Sciences,* 107, pp. 8993-9, 2010. https://doi.org/10.1073/pnas.0914630107.

_____. *The stuff of thought: Language as a window into human nature.* Nova York: Viking, 2007. [*Do que é feito o pensamento: A língua como janela para a natureza humana.* SP: Companhia das Letras, 2008.]

_____. Why are states so red and blue?, *The New York Times,* 24 out. 2012. http://opinionator.blogs.nytimes.com/2012/10/24/why-are-states-so-red-and-blue/?_r=0.

_____. *Words and rules: The ingredients of language.* Nova York: HarperCollins, 1999 (2011).

_____; Mehler, J. (orgs.). *Connections and symbols.* Cambridge, MA: MIT Press, 1988.

_____; Prince, A. The nature of human concepts: Evidence from an unusual source. Em S. Pinker (org.), *Language, cognition, and human nature: Selected articles.* Nova York: Oxford University Press, 2013.

Platão. *Euthyphro* (G. M. A. Grube, trad.). Em J. M. Cooper, org., *Plato: Five dialogues— Euthyphro, Apology, Crito, Meno, Phaedo* (2ª ed.). Indianapolis: Hackett, 399-390 a.C. (2002). [*Eutífron,* em domínio público.]

Polderman, T. J. C.; Benyamin, B.; De Leeuw, C. A.; Sullivan, P. F.; Van Bochoven, A. et al. Meta-analysis of the heritability of human traits based on fifty years of twin studies. *Nature Genetics,* 47, pp. 702-9, 2015. https://doi.org/10.1038/ng.3285.

Popper, K. R. *Realism and the aim of science.* Londres: Routledge, 1983.

Poundstone, W. *Prisoner's dilemma: John von Neumann, game theory, and the puzzle of the bomb.* Nova York: Anchor, 1992.

President's Council of Advisors on Science and Technology. *Report to the President: Forensic science in criminal courts: ensuring scientific validity of feature-comparison methods,* 2016. https://obamawhitehouse.archives.gov/sites/default/files/microsites/ostp/PCAST/pcast_forensic_science_report_final.pdf.

Priest, G. *Logic: A very short introduction* (2ª ed.). Nova York: Oxford University Press, 2017.

Proctor, R. N. *The Nazi war on cancer.* Princeton, NJ: Princeton University Press, 2000.

Pronin, E.; Lin, D. Y.; Ross, L. The bias blind spot: Perceptions of bias in self versus others. *Personality and Social Psychology Bulletin*, 28, pp. 369-81, 2002. https://doi.org/10.1177/0146167202286008.

Purves, D.; Lotto, R. B. *Why we see what we do: An empirical theory of vision*. Sunderland, MA: Sinauer, 2003.

Rachels, J.; Rachels, S. *The elements of moral philosophy* (6ª ed.). Columbus, OH: McGraw-Hill, 2010. [*Os elementos da filosofia moral*. RS: AMGH, 2013.]

Raemon. What exactly is the "Rationality Community?", LessWrong, 9 abr. 2017. https://www.lesswrong.com/posts/s8yvtCbbZW2S4WnhE/what-exactly-is-the--rationality-community.

Railton, P. Moral realism. *Philosophical Review*, 95, pp. 163-207, 1986. https://doi.org/10.2307/2185589.

Rauch, J. The constitution of knowledge. *National Affairs*, outono de 2018. https://www.nationalaffairs.com/publications/detail/the-constitution-of-knowledge.

_____. *The constitution of knowledge: A defense of truth*. Washington, D.C.: Brookings Institution Press, 2021.

Richardson, J.; Smith, A.; Meaden, S.; Flip Creative. Thou shalt not commit logical fallacies, 2020. https://yourlogicalfallacyis.com/.

Richardson, L. F. *Statistics of deadly quarrels*. Pittsburgh: Boxwood Press, 1960.

Ridley, M. *The origins of virtue: Human instincts and the evolution of cooperation*. Nova York: Viking, 1997. [*As origens da virtude: Um estudo biológico da solidariedade*. RJ: Record, 2000.]

_____. *The rational optimist: How prosperity evolves*. Nova York: HarperCollins, 2010. [*O otimismo racional: Por que o mundo melhora*. RJ: Record, 2014.]

Ritchie, H. Causes of death. *Our World in Data*, 2018. https://ourworldindata.org/causes-of-death.

Ritchie, S. *Intelligence: All that matters*. Londres: Hodder & Stoughton, 2015.

Ropeik, D. *How risky is it, really? Why our fears don't always match the facts*. Nova York: McGraw-Hill, 2010.

Rosch, E. Principles of categorization. Em E. Rosch e B. B. Lloyd (orgs.), *Cognition and categorization*. Hillsdale, NJ: Erlbaum, 1978.

Rosen, J. The bloods and the crits. *New Republic*, 9 dez. 1996. https://newrepublic.com/article/74070/the-bloods-and-the-crits.

Rosenthal, E. C. *The complete idiot's guide to game theory*. Nova York: Penguin, 2011.

Roser, M. Economic growth. *Our World in Data*, 2016. https://ourworldindata.org/economic-growth.

_____; Ortiz-Ospina, E.; Ritchie, H. Life expectancy. *Our World in Data*, 2013. https://ourworldindata.org/life-expectancy.

_____; Ritchie, H.; Ortiz-Ospina, E.; Hasell, J. Coronavirus pandemic (COVID-19). *Our World in Data*, 2020. https://ourworldindata.org/coronavirus.

Rosling, H. *Factfulness: Ten reasons we're wrong about the world – and why things are better than you think*. Nova York: Flatiron, 2019.

Roth, G. A.; Abate, D.; Abate, K. H.; Abay, S. M.; Abbafati, C. et al. Global, regional, and national age-sex-specific mortality for 282 causes of death in 195 countries and territories, 1980–2017: A systematic analysis for the Global Burden of Disease Study 2017. *The Lancet*, 392, pp. 1736-88, 2018. https://doi.org/10.1016/S0140-6736(18)32203-7.

Rumelhart, D. E.; Hinton, G. E.; Williams, R. J. Learning representations by back-propagating errors. *Nature*, 323, pp. 533-6, 1986. https://doi.org/10.1038/323533a0.

_____; McClelland, J. L.; PDP Research Group. *Parallel distributed processing: Explorations in the microstructure of cognition, vol. 1, Foundations*. Cambridge, MA: MIT Press, 1986.

Rumney, P. N. S. False allegations of rape. *Cambridge Law Journal*, 65, pp. 128-58, 2006. https://doi.org/10.1017/S0008197306007069.

Russell, B. Letter to Mr. Major. Em B. Feinberg e R. Kasrils (orgs.), *Dear Bertrand Russell: A selection of his correspondence with the general public, 1950–1968*. Londres: Allen & Unwin, 1969.

_____. *Unpopular essays*. Filadélfia: Routledge, 1950 (2009).

Russett, B.; Oneal, J. R. *Triangulating peace: Democracy, interdependence, and international organizations*. Nova York: W. W. Norton, 2001.

Sá, W.; West, R. F.; Stanovich, K. E. The domain specificity and generality of belief bias: Searching for a generalizable critical thinking skill. *Journal of Educational Psychology*, 91, pp. 497-510, 1999. https://doi.org/10.1037/0022-0663.91.3.497.

Saenen, L.; Heyvaert, M.; Van Dooren, W.; Schaeken, W.; Onghena, P. Why humans fail in solving the Monty Hall dilemma: A systematic review. *Psychologica Belgica*, 58, pp. 128-58, 2018. https://doi.org/10.5334/pb.274.

Sagan, S. D.; Suri, J. The madman nuclear alert: Secrecy, signaling, and safety in October 1969. *International Security*, 27, pp. 150-83, 2003.

Saldin, R. P.; Teles, S. M. *Never Trump: The revolt of the conservative elites*. Nova York: Oxford University Press, 2020.

Salganik, M. J.; Lundberg, I.; Kindel, A. T.; Ahearn, C. E.; Al-Ghoneim, K. et al. Measuring the predictability of life outcomes with a scientific mass collaboration. *Proceedings of the National Academy of Sciences*, 117, pp. 8398-403, 2020. https://doi.org/10.1073/pnas.1915006117.

Satel, S. *When altruism isn't enough: The case for compensating kidney donors*. Washington, D.C.: AEI Press, 2008.

Savage, I. Comparing the fatality risks in United States transportation across modes and over time. *Research in Transportation Economics*, 43, pp. 9-22, 2013. https://doi.org/10.1016/j.retrec.2012.12.011.

Savage, L. J. *The foundations of statistics*. Nova York: Wiley, 1954.

Schelling, T. C. The intimate contest for self-command. Em T. C. Schelling (org.), *Choice and consequence: Perspectives of an errant economist*. Cambridge, MA: Harvard University Press, 1984.

_____. *The strategy of conflict*. Cambridge, MA: Harvard University Press, 1960.

Schneps, L.; Colmez, C. *Math on trial: How numbers get used and abused in the courtroom*. Nova York: Basic Books, 2013. [*A matemática nos tribunais: Uso e abuso dos números em julgamentos*. RJ: Zahar, 2014.]

Scott-Phillips, T. C.; Dickins, T. E.; West, S. A. Evolutionary theory and the ultimate–proximate distinction in the human behavioral sciences. *Perspectives on Psychological Science*, 6, pp. 38-47, 2011. https://doi.org/10.1177/1745691610393528.

Scribner, S.; Cole, M. Cognitive consequences of formal and informal education. *Science*, 182, pp. 553-9, 1973. https://doi.org/10.1126/science.182.4112.553.

Seebach, L. The fixation with the last 10 percent of risk. *Baltimore Sun*, 13 abr. 1994.

Selvin, S. A problem in probability. *American Statistician*, 29, p. 67, 1975. https://www.jstor.org/stable/2683689.

Serwer, A. The greatest money manager of our time. *CNN Money*, 15 nov. 2006. https://money.cnn.com/magazines/fortune/fortune_archive/2006/11/27/8394343/index.htm.

Shackel, N. Motte and Bailey doctrines, 2014. https://blog.practicalethics.ox.ac.uk/2014/09/motte-and-bailey-doctrines/.

Sherman, C. The shark attack that changed Cape Cod forever. *Boston Magazine*, 14 maio 2019. https://www.bostonmagazine.com/news/2019/05/14/cape-cod-sharks/.

Shermer, M. COVID-19 conspiracists and their discontents. *Quillette*, 7 maio 2020a. https://quillette.com/2020/05/07/covid-19-conspiracists-and-their-discontents/.

_____. *The believing brain: From ghosts and gods to politics and conspiracies*. Nova York: St. Martin's Press, 2012.

_____. The doping dilemma: Game theory helps to explain the pervasive abuse of drugs in cycling, baseball, and other sports. *Scientific American*, 298, pp. 82-9, 2008. https://jstor.org/stable/26000562?seq=1.

_____. *The moral arc: How science and reason lead humanity toward truth, justice, and freedom*. Nova York: Henry Holt, 2015.

_____. The top ten weirdest things countdown. *Skeptic*, 2020b. https://www.skeptic.com/reading_room/the-top-10-weirdest-things/.

_____. Why people believe conspiracy theories. *Skeptic*, 25, pp. 12-7, 2020c. [*Por que as pessoas acreditam em coisas estranhas: Pseudociência, superstição e outras confusões dos nossos tempos*. SP: JSN, 2011.]

Shtulman, A. *Scienceblind: Why our intuitive theories about the world are so often wrong*. Nova York: Basic Books, 2017.

Shubik, M. The dollar auction game: A paradox in noncooperative behavior and escalation. *Journal of Conflict Resolution*, 15, pp. 109-11, 1971. https://doi.org/10.1177/002200277101500111.

Simanek, D. Horse's teeth, 1999.

Simmons, J. P.; Nelson, L. D.; Simonsohn, U. False-positive psychology: Undisclosed flexibility in data collection and analysis allows presenting anything as significant. *Psychological Science*, 22, pp. 1359-66, 2011. https://doi.org/10.1177/0956797611417632.

Simon, H. A. Rational choice and the structure of the environment. *Psychological Review*, 63, pp. 129-38, 1956. https://doi.org/10.1037/h0042769.

Singer, P. *The expanding circle: Ethics and sociobiology*. Princeton, NJ: Princeton University Press, 1981 (2011).

Sloman, S. A. The empirical case for two systems of reasoning. *Psychological Bulletin*, 119, pp. 3-22, 1996. https://doi.org/10.1037/0033-2909.119.1.3.

_____; Fernbach, P. *The knowledge illusion: Why we never think alone*. Nova York: Penguin, 2017.

Slovic, P. Perception of risk. *Science*, 236, pp. 280-85, 1987. https://doi.org/10.1126/science.3563507.

_____. "If I look at the mass I will never act": Psychic numbing and genocide. *Judgment and Decision Making*, 2, pp. 79-95, 2007. https://doi.org/10.1007/978-90-481-8647-1_3.

_____; Tversky, A. Who accepts Savage's axiom?, *Behavioral Science*, 19, pp. 368-73, 1974. https://doi.org/10.1002/bs.3830190603.

Soave, R. Ezra Klein "completely supports" "terrible" Yes Means Yes law. *Reason*, 13 out. 2014. https://reason.com/2014/10/13/ezra-klein-completely-supports-terrible/.

Social Progress Imperative. Social Progress Index, 2020. https://www.socialprogress.org/.

Sowell, T. *A conflict of visions: Ideological origins of political struggles*. Nova York: Quill, 1987.

_____. *The vision of the anointed: Self-congratulation as a basis for social policy*. Nova York: Basic Books, 1995.

Sperber, D. Intuitive and reflective beliefs. *Mind & Language*, 12, pp. 67-83, 1997. https://doi.org/10.1111/j.1468-0017.1997.tb00062.x.

_____; Cara, F.; Girotto, V. Relevance theory explains the selection task. *Cognition*, 57, pp. 31-95, 1995. https://doi.org/10.1016/0010-0277(95)00666-M.

Spinoza, B. *Ethics* (G. H. R. Parkinson, trad.). Nova York: Oxford University Press, 1677 (2000). [*Ética*, em domínio público.]

Stango, V.; Zinman, J. Exponential growth bias and household finance. *Journal of Finance*, 64, pp. 2807-49, 2009. https://doi.org/10.1111/j.1540-6261.2009.01518.x.

Stanovich, K. E. How to think rationally about world problems. *Journal of Intelligence*, 6(2), 2018. https://www.mdpi.com/2079-3200/6/2/25.

_____. On the distinction between rationality and intelligence: Implications for understanding individual differences in reasoning. Em K. J. Holyoak e R. G.

Morrison (orgs.), *The Oxford Handbook of Thinking and Reasoning*. Nova York: Oxford University Press, 2012.

_____. The bias that divides us. *Quillette*, 26 set. 2020. https://quillette.com/2020/09/26/the-bias-that-divides-us/.

_____. *The bias that divides us: The science and politics of myside thinking*. Cambridge, MA: MIT Press, 2021.

_____; Toplak, M. E. The need for intellectual diversity in psychological science: Our own studies of actively open-minded thinking as a case study. *Cognition*, 187, pp. 156-66, 2019. https://doi.org/10.1016/j.cognition.2019.03.006.

_____. e West, R. F. Cognitive ability and variation in selection task performance. *Thinking and Reasoning*, 4, pp. 193-230, 1998.

_____; West, R. F.; Toplak, M. E. *The rationality quotient: Toward a test of rational thinking*. Cambridge, MA: MIT Press, 2016.

Statista Research Department. Beliefs and conspiracy theories in the U.S.—Statistics & Facts. 13 ago. 2019. https://www.statista.com/topics/5103/beliefs-and-superstition-in-the-us/#dossierSummary__chapter5.

Stenger, V. J. *Physics and psychics: The search for a world beyond the senses*. Buffalo, NY: Prometheus, 1990.

Stevenson, B.; Wolfers, J. Economic growth and subjective well-being: Reassessing the Easterlin Paradox. *Brookings Papers on Economic Activity*, pp. 1-87, 2008. https://doi.org/10.3386/w14282.

Stoppard, T. *Jumpers: A play*. Nova York: Grove Press, 1972.

Stuart, E. A. Matching methods for causal inference: A review and a look forward. *Statistical Science*, 25, pp. 1-21, 2010. https://doi.org/10.1214/09-STS313.

Suits, B. *The grasshopper: Games, life, and utopia* (3ª ed.). Peterborough, Ont.: Broadview Press, 1978 (2014).

Sunstein, C. R.; Vermeule, A. Conspiracy theories. *John M. Olin Program in Law and Economics Working Papers*, 387, 2008. https://dx.doi.org/10.2139/ssrn.1084585.

Swets, J. A.; Dawes, R. M.; Monahan, J. Better decisions through science. *Scientific American*, 283, pp. 82-7, 2000.

Sydnor, J. (Over)insuring modest risks. *American Economic Journal: Applied Economics*, 2, pp. 177-99, 2010. https://doi.org/10.1257/app.2.4.177.

Sykes, C. J. *How the right lost its mind*. Nova York: St. Martin's Press, 2017.

Taber, C. S.; Lodge, M. Motivated skepticism in the evaluation of political beliefs. *American Journal of Political Science*, 50, pp. 755-69, 2006. https://doi.org/10.1111/j.1540-5907.2006.00214.x.

Talwalkar, P. The taxi-cab problem. *Mind Your Decisions*, 5 set. 2013. https://mindyourdecisions.com/blog/2013/09/05/the-taxi-cab-problem/.

Tate, J.; Jenkins, J.; Rich, S.; Muyskens, J.; Fox, J. et al. Fatal force, 2020. https://www.washingtonpost.com/graphics/investigations/police-shootings-database/, obtido em 14 out. 2020.

Temple, N. The possible importance of income and education as covariates in cohort studies that investigate the relationship between diet and disease. *F1000Research*, 4, p. 690, 2015. https://doi.org/10.12688/f1000research.6929.2.

Terry, Q. C. *Golden Rules and Silver Rules of humanity: Universal wisdom of civilization*. Berkeley, CA: AuthorHouse, 2008.

Tetlock, P. E. All it takes to improve forecasting is keep score. Trabalho apresentado em Seminars About Long-Term Thinking, São Francisco, 23 nov. 2015.

_____. *Expert political judgment: How good is it? How can we know?* Princeton, NJ: Princeton University Press, 2009.

_____. Political psychology or politicized psychology: Is the road to scientific hell paved with good moral intentions?, *Political Psychology*, 15, pp. 509-29, 1994. https://doi.org/10.2307/3791569.

_____. Social functionalist frameworks for judgment and choice: Intuitive politicians, theologians, and prosecutors. *Psychological Review*, 109, pp. 451-71, 2002. https://doi.org/10.1037/0033-295X.109.3.451.

_____. Thinking the unthinkable: Sacred values and taboo cognitions. *Trends in Cognitive Sciences*, 7, pp. 320-4, 2003. https://doi.org/10.1016/S1364-6613(03)00135-9.

_____; Gardner, D. *Superforecasting: The art and science of prediction*. Nova York: Crown, 2015. [*Supervisões: A arte e a ciência de antecipar o futuro*. RJ: Objetiva, 2016.]

_____; Kristel, O. V.; Elson, S. B.; Green, M. C.; Lerner, J. S. The psychology of the unthinkable: Taboo trade-offs, forbidden base rates, and heretical counterfactuals. *Journal of Personality and Social Psychology*, 78, pp. 853-70, 2000. https://doi.org/10.1037/0022-3514.78.5.853.

Thaler, R. H.; Sunstein, C. R. *Nudge: Improving decisions about health, wealth, and happiness.* New Haven: Yale University Press, 2008. [*Como tomar melhores decisões sobre saúde, dinheiro e felicidade.* RJ: Objetiva, 2019.]

Thomas, K. A.; De Freitas, J.; DeScioli, P.; Pinker, S. Recursive mentalizing and common knowledge in the bystander effect. *Journal of Experimental Psychology: General*, 145, pp. 621-9, 2016. https://doi.org/10.1037/xge0000153.

_____; DeScioli, P.; Haque, O. S.; Pinker, S. The psychology of coordination and common knowledge. *Journal of Personality and Social Psychology*, 107, pp. 657-76, 2014. https://doi.org/10.1037/a0037037.

Thompson, C. QAnon is like a game—a most dangerous game. *WIRED Magazine*, 22 set. 2020. https://www.wired.com/story/qanon-most-dangerous-multiplatform-game/.

Thompson, D. A.; Adams, S. L. The full moon and ED patient volumes: Unearthing a myth. *American Journal of Emergency Medicine*, 14, pp. 161-4, 1996. https://doi.org/10.1016/S0735-6757(96)90124-2.

Tierney, J. Behind Monty Hall's doors: Puzzle, debate, and answer. *The New York Times*, 21 jul. 1991. https://www.nytimes.com/1991/07/21/us/behind-monty-hall-s-doors--puzzle-debate-and-answer.html.

_____; Baumeister, R. F. *The power of bad: How the negativity effect rules us and how we can rule it.* Nova York: Penguin, 2019.

Todd, B. Introducing longtermism, 2017. https://80000hours.org/articles/future--generations/.

Tollefson, J. How Trump damaged science—and why it could take decades to recover. *Nature*, 586, pp. 190-4, 5 out. 2020. https://www.nature.com/articles/d41586-020-02800-9.

Toma, M. Gen Ed 1066 decision-making competence survey. Harvard University, 2020.

Tooby, J.; Cosmides, L. Ecological rationality and the multimodular mind: Grounding normative theories in adaptive problems. Em K. I. Manktelow e D. E. Over (orgs.), *Rationality: Psychological and philosophical perspectives.* Londres: Routledge, 1993.

_____; Cosmides, L.; Price, M. E. Cognitive adaptations for n-person exchange: The evolutionary roots of organizational behavior. *Managerial and Decision Economics*, 27, pp. 103-29, 2006. https://doi.org/10.1002/mde.1287.

_____; DeVore, I. The reconstruction of hominid behavioral evolution through strategic modeling. Em W. G. Kinzey (org.), *The evolution of human behavior: Primate models*. Albany, NY: SUNY Press, 1987.

Toplak, M. E.; West, R. F.; Stanovich, K. E. Real-world correlates of performance on heuristics and biases tasks in a community sample. *Journal of Behavioral Decision Making*, 30, pp. 541-54, 2017. https://doi.org/10.1002/bdm.1973.

Trivers, R. L. The evolution of reciprocal altruism. *Quarterly Review of Biology*, 46, pp. 35-57, 1971. https://doi.org/10.1086/406755.

Tversky, A. Elimination by aspects: A theory of choice. *Psychological Review*, 79, pp. 281-99, 1972. https://doi.org/10.1037/h0032955.

_____. Intransitivity of preferences. *Psychological Review*, 76, pp. 31-48, 1969. https://doi.org/10.1037/h0026750.

_____; Kahneman, D. Availability: A heuristic for judging frequency and probability. *Cognitive Psychology*, 5, pp. 207-32, 1973. https://doi.org/10.1016/0010-0285(73)90033-9.

_____; Kahneman, D. Belief in the law of small numbers. *Psychological Bulletin*, 76, pp. 105-10, 1971. https://doi.org/10.1037/h0031322.

_____; Kahneman, D. Evidential impact of base rates. Em D. Kahneman, P. Slovic e A. Tversky (orgs.), *Judgment under uncertainty: Heuristics and biases*. Nova York: Cambridge University Press, 1982.

_____; Kahneman, D. Extensions versus intuitive reasoning: The conjunction fallacy in probability judgment. *Psychological Review*, 90, pp. 293-315, 1983.

_____; Kahneman, D. Judgment under uncertainty: Heuristics and biases. *Science*, 185, pp. 1124-31, 1974. https://doi.org/10.1126/science.185.4157.1124.

_____; Kahneman, D. The framing of decisions and the psychology of choice. *Science*, 211, pp. 453-8, 1981. https://doi.org/10.1126/science.7455683.

Twain, M. *Following the equator*. Nova York: Dover, 1897 (1989).

Uscinski, J. E.; Parent, J. M. *American conspiracy theories*. Nova York: Oxford University Press, 2014.

Vaci, N.; Edelsbrunner, P.; Stern, E.,; Neubauer, A.; Bilalić, M. et al. The joint influence of intelligence and practice on skill development throughout the life span. *Proceedings of the National Academy of Sciences*, 116, pp. 18363-9, 2019. https://doi.org/10.1073/pnas.1819086116.

Van Benthem, J. Logic and reasoning: Do the facts matter? *Studia Logica*, 88, pp. 67-84, 2008. https://doi.org/10.1007/s11225-008-9101-1.

Van Prooijen, J.-W.; Van Vugt, M. Conspiracy theories: Evolved functions and psychological mechanisms. *Perspectives on Psychological Science*, 13, pp. 770-88, 2018. https://doi.org/10.1177/1745691618774270.

VanderWeele, T. J. Commentary: Resolutions of the birthweight paradox: competing explanations and analytical insights. *International Journal of Epidemiology*, 43, pp. 1368-73, 2014. https://doi.org/10.1093/ije/dyu162.

Varian, H. Recalculating the costs of global climate change. *The New York Times*, 14 dez. 2006. https://www.nytimes.com/2006/12/14/business/14scene.html.

Vazsonyi, A. Which door has the Cadillac? *Decision Line*, pp. 17-9, 1999. https://web.archive.org/web/20140413131827/http://www.decisionsciences.org/DecisionLine/Vol30/30_1/vazs30_1.pdf.

Venkataraman, B. *The optimist's telescope: Thinking ahead in a reckless age*. Nova York: Riverhead Books, 2019.

Von Neumann, J.; Morgenstern, O. *Theory of games and economic behavior* (edição comemorativa do 60º aniversário). Princeton, NJ: Princeton University Press, 1953 (2007).

Vos Savant, M. Game show problem. *Parade*, 9 set. 1990. https://web.archive.org/web/20130121183432/http://marilynvossavant.com/game-show-problem/.

Vosoughi, S.; Roy, D.; Aral, S. The spread of true and false news online. *Science*, 359, pp. 1146-51, 2018. https://doi.org/10.1126/science.aap9559.

Wagenaar, W. A.; Sagaria, S. D. Misperception of exponential growth. *Perception & Psychophysics*, 18, pp. 416-22, 1975. https://doi.org/10.3758/BF03204114.

_____; Timmers, H. The pond-and-duckweed problem: Three experiments on the misperception of exponential growth. *Acta Psychologica*, 43, pp. 239-51, 1979. https://doi.org/10.1016/0001-6918(79)90028-3.

Walker, C.; Petulla, S.; Fowler, K.; Mier, A.; Lou, M. et al. 10 years. 180 school shootings. 356 victims. CNN, 24 jul. 2019. https://www.cnn.com/interactive/2019/07/us/ten-years-of-school-shootings-trnd/.

Wan, W.; Shammas, B. Why Americans are numb to the staggering coronavirus death toll. *The Washington Post*, 21 dez. 2020. https://www.washingtonpost.com/health/2020/12/21/covid-why-we-ignore-deaths/.

Warburton, N. *Thinking from A to Z* (3ª ed.). Nova York: Routledge, 2007.

Wason, P. C. Reasoning. Em B. M. Foss (org.), *New horizons in psychology*. Londres: Penguin, 1966.

Weber, M. *Economy and society: A new translation* (K. Tribe, trad.). Cambridge, MA: Harvard University Press, 1922 (2019).

Weissman, M. B. Do GRE scores help predict getting a physics Ph.D.? A comment on a paper by Miller et al. *Science Advances*, 6, eaax3787, 2020. https://doi.org/10.1126/sciadv.aax3787.

Welzel, C. *Freedom rising: Human empowerment and the quest for emancipation*. Nova York: Cambridge University Press, 2013.

Wilkinson, W. *The density divide: Urbanization, polarization, and populist backlash*. Washington, D.C.: Niskanen Center, 2019. https://www.niskanencenter.org/the-density--divide-urbanization-polarization-and-populist-backlash/.

Williams, D. Motivated ignorance, rationality, and democratic politics. *Synthese*, p. 1-21, 2020.

Willingham, D. T. Critical thinking: Why is it so hard to teach? *American Educator*, 31, pp. 8-19, 2007. https://doi.org/10.3200/AEPR.109.4.21-32.

Wittgenstein, L. *Philosophical investigations*. Nova York: Macmillan, 1953.

Wolfe, D.; Dale, D. "It's going to disappear": A timeline of Trump's claims that Covid-19 will vanish. 31 out. 2020. https://www.cnn.com/interactive/2020/10/politics/covid-disappearing-trump-comment-tracker/.

Wolfe, J. M.; Kluender, K. R.; Levi, D. M.; Bartoshuk, L. M.; Herz, R. S. et al. *Sensation & perception* (6ª ed.). Sunderland, MA: Sinauer, 2020.

Wollstonecraft, M. *A Vindication of the rights of woman: With strictures on political and moral subjects*. Nova York: Cambridge University Press, 1792 (1995). [*Reivindicação dos direitos da mulher*, em domínio público.]

Wood, T.; Porter, E. The elusive backfire effect: Mass attitudes' steadfast factual adherence. *Political Behavior*, 41, pp. 135-63, 2019. https://doi.org/10.1007/s11109-018-9443-y.

Yang, A. Site oficial da campanha de 2020. www.yang2020.com.

Yglesias, M. Defund police is a bad idea, not a bad slogan. *Slow Boring*, 7 dez. 2020a. https://www.slowboring.com/p/defund-police-is-a-bad-idea-not-a.

_____. The End of Policing left me convinced we still need policing. *Vox*, 18 jun. 2020b. https://www.vox.com/2020/6/18/21293784/alex-vitale-end-of-policing-review.

Young, C. Crying rape. *Slate*, 18 set. 2014. https://slate.com/human-interest/2014/09/false-rape-accusations-why-must-we-pretend-they-never-happen.html.

_____. The argument against affirmative consent laws gets Voxjacked. *Reason*, 15 out. 2014. https://reason.com/2014/10/15/the-argument-against-affirmative-consent/.

Zelizer, V. A. *The purchase of intimacy*. Princeton, NJ: Princeton University Press, 2005.

Ziman, J. M. *Reliable Knowledge: An Exploration of the Grounds for Belief in Science*. Nova York: Cambridge University Press, 1978.

ÍNDICE DE VIESES E FALÁCIAS

a priori-a posteriori, confusão entre. Ver *post hoc*, probabilidade
ad hominem, falácia, 33-34, 106-107, 108-109, 309
afetiva, falácia, 108-109, 309
afirmação do consequente, 99, 101, 155
afronta comunitária, 138-139
aglomerado, ilusão de, 162-164
Allais, paradoxo de, 206
alternativas não pertinentes, sensibilidade a, 194-197, 206-210, 375n8
amanhã, falácia do, 117
apelo às emoções, 108
apresentação, efeitos de, 132-133, 186-188, 195, 206-212, 213-217, 340, 342, 375n27
argumento de posição de autoridade, 19-20, 106, 309
assimilação enviesada, 309

atirador texano, falácia do, 158-162, 178, 340
avaliação enviesada, 311, 314

causa única, falácia da, 278, 290-291
clínica vs. atuarial, opinião, 297-299
colisor, falácia do, 280-281
confiança, excesso de, 36, 45-46, 49, 131, 235, 274, 342
confirmação, viés da, 29-30, 158-159, 235, 310, 365n26
conjunção, falácia da (problema de Linda), 43-45, 131, 132, 174
correlação ilusória, 263-264, 269-270, 340
correlação implica causalidade, 263-265, 269-270, 331, 340, 342-344, 350-351
crescimento exponencial, viés do, 26-28, 339-340

culpa por associação, 107-108, 331
custo perdido, falácia do, 255-256, 339, 344

desconto excessivo do futuro, 339
desconto hiperbólico. *Ver* desconto temporal míope
dinheiro, fábrica de, 193, 197, 199-200
disponibilidade, viés e heurística da, 27, 154-158, 160-162, 341, 370n22

e-o-que-dizer (*tu quoque*), 104
espantalho, 104, 311
estereótipos, 116-117, 125-126. *Ver também* representatividade
evitando o arrependimento, 33, 311
exceção, falácia da, 104
exposição seletiva, 310-311

falsa dicotomia, 117
"fuçar" dados, 161-162, 178

genética, falácia, 107, 108-109, 311

heresia contrafactual, 80-81

imaginabilidade. *Ver* disponibilidade, heurística da
intransitividade, 193, 203-206

jardim de caminhos que se bifurcam, 161, 203, 373n60

ladeira abaixo, falácia da, 117-118

Maldição do Vencedor, 274
"mão quente", falácia da, 147-148

Meadow, falácia de (multiplicar probabilidades de eventos interdependentes), 145, 146
mentalidade estreita. *Ver* receptividade ativa, falta de
meu-lado, viés do, 314-316, 317, 331-332, 35, 336, 384n73
míope, desconto temporal, 68-69
mitológica, mentalidade, 320-328
motte-and-bailey, tática de (mudar as regras durante o jogo), 104
mudar as regras durante o jogo (*motte-and-bailey*), 104

negação do antecedente, 99, 314
nenhum escocês de verdade, falácia do, 104

ônus da prova, falácia do, 105, 228

paradoxal, tática, 74-78
pensamento irrefletido, 24-26, 330
pesquisa, práticas questionáveis de, 161-162, 166
petição de princípio, 105
pilha, paradoxo da, 118
popularidade, falácia da, 106, 109, 309
post hoc, probabilidade, 158-160, 162-163, 178, 340
preferência, inversão de, 68-69, 71
prejuízo, aversão ao, 212-215
probabilidade, negligência da, 27, 44, 340
problema da perna quebrada, supervalorização do, 298-299
promotor, falácia do, 156-157
propensão confundida com

probabilidade, 37-38, 133-134,
154-155, 216, 235

quer-dizer-que-o-que você-está-
dizendo-é, 104

racionalidade expressiva, 317-318
racionalidade limitada, 202-206
receptividade a evidências, falta de, 329-
330, 384n67
receptividade ativa, falta de, 239-330,
384n67
reflexão cognitiva, falta de, 24-25, 330
regressão à média, desconhecimento da,
272-274, 339, 378n13
representatividade, heurística da, 43,
161-162
resistência a evidências. *Ver*
receptividade a evidências,
falta de
risco do pavor, 137

soluções de compromisso tabus, 78-80,
202, 375n15
seguidor de dietas, falácia do, 117
sexismo, 35-36
Sistema 1, pensamento do. *Ver* reflexão
cognitiva, falta de

tabus, 78, 141, 185. *Ver também* taxas
base proibidas; heresias
contrafactuais; soluções de
compromisso tabus
taxa base, negligência da, 172-175,
375n6, 376n27
taxas base proibidas, 78, 181-184
Tragédia das Áreas Comuns da
Racionalidade, 317, 334-336
tu quoque (e-o-que-dizer), 105
tudo-ou-nada, falácia da causalidade do,
278, 287

vieses sobre vieses, 309
virtusdormitiva, 27-28, 69, 105

ÍNDICE REMISSIVO

a priori–a posteriori, confusão entre. *Ver* probabilidade *post hoc*
Abelson, Robert, 318
aborto, 95, 117-118, 314, 330
acidentes de aviação como risco, 49, 135, 136
ad hominem, falácia, 34-35, 106-107, 108-109, 311
adição disjuntiva, 97
adversários, colaboração entre, 45
Afeganistão, invasão do, pelos EUA, 137, 139
afetiva, falácia, 108-109, 311
afirmação do antecedente, 96
afirmação do consequente, 99, 101, 155
afronta comunitária, 139-140
afronta comunitária, 141
aleatoriedade, 128-130
    a ilusão de aglomerado e, 162-163
    cara ou coroa e, 130, 162
    Ver também probabilidade
aleatorização fortuita, 285
Alemanha nazista, 108, 140
algoritmo como termo, 369n34
alimentos geneticamente modificados (AGMs), 137, 323-324
Allais, Maurice, 206
Allais, paradoxo de, 204-205
alternativas não pertinentes, sensibilidade a, 194-195, 206-210, 375n8
ameaças criadas pelo homem, 138
ameaças descontroladas, 137
ameaças e tática paradoxal, 74, 76
ameaças que são novidade, 137
americanos afrodescendentes
    como porcentagem da população, 136
    mortos pela polícia, 138, 157

Vidas Negras Importam, 42, 140-141
Ver também racismo, escravidão amostragem aleatória, e taxas-base, 181
analíticas vs. sintéticas, proposições, 111
anarquismo, 262
animais sociais, cooperação em, 259
animais, crueldade a, 355-356
Anjos bons da nossa natureza, Os (Pinker), 202
antivacinação, movimento, 303, 306, 323, 324, 329, 330, 340
apelo às emoções, 108
apostador, falácia do, 36-37, 146, 147
aprendizado profundo, redes de
    camadas ocultas de neurônios em, 122-123
    definição, 119
    duas camadas, redes de, 120-121
    inferência lógica, distinção entre, e, 124
    intuição desmistificada por, 124
    o cérebro comparado a, 124-125
    retropropagação do erro e, 121-122
    termos para, 119
    vieses perpetuados por, 124, 182
apresentação, efeitos de, 195, 205-206, 340, 342
Aquiles, 54
argumento de posição de autoridade, 19-20, 106, 311
argumentos sólidos, 98-99

Aristóteles, 97, 117
Arkes, Hal, 237-238
arquitetura de escolhas, 72
arrependimento, evitando o, 33, 208
assimilação enviesada, 311
associadores de padrões. *Ver* aprendizado profundo
Astell, Mary, 357
astrologia, 30, 106, 158, 177, 304-305, 324, 330, 343, 380n8
ateísmo, 321
atirador texano, falácia do, 158
atiradores furiosos, 136-137, 142, 174
auditiva, percepção, 162, 229
autismo e vacinas, alegações sobre, 306, 330
autocontrole ulissiano, 70-71, 72
autocontrole, 64, 71, 256
autocracia
    dissidentes na, 318
    imposição de crenças, 59, 263
    paz e, 284, 287, 288
    racionalidade e, 263-264
avaliação clínica vs. atuarial, 297-299
avaliação enviesada, 311, 314

Bacon, Francis, 29, 111, 159
Bannon, Steve, 332
Barrie, J. M., 283
Baumeister, Roy, 140
Bayes, Reverendo Thomas, 169
bayesiano, raciocínio
    "alegações extraordinárias exigem evidências extraordinárias," 177, 179
    amostragem aleatória de exemplos, 187

atualização, 175-176
cálculo numérico do, 172
chances, 177
classe de referência, 186-187
comentário político e o, 180-181
confiança numa hipótese, 171
crise de replicabilidade e o, 177-178
definição, 170-171, 172
e milagres, argumento contra, 177-178
equação para o, 169-171
medicina e, 168-169, 170, 171-172, 186, 188-187, 343
moralidade do, 185-188
mudanças em taxas-base, 186
negligência da taxa-base, 172-175, 375n6, 376n27
povo Sã e o, 20, 185
previsões e, 180-181
probabilidade posterior, 170, 172
probabilidade subjetivista e o, 131, 169
redes causais bayesianas, 278-280, 282, 284
reformulação em frequências de probabilidades de um único evento, 187, 375n27
taxas-base proibidas, 78, 181-184
Teoria de Detecção de Sinais e o, 220, 223, 232, 233, 375n6
viés "do-meu-lado" e, 316
visualização do, 187-188
— "MARGINAL" termo na equação, 171-172

— "PRIOR" termo na equação, 170-171
priores baixos e confiança reduzida, 175-181
priores baixos e detecção de sinais, 232, 233
taxas-base usadas como, problemas com, 186-187
viés "do-meu-lado" e, 317
— "VEROSSIMILHANÇA" termo na equação, 180-182
curvas de sino como plotagem da, 223, 376
definição, 180, 376n6, 377n6, 377n21
significância estatística como, 242-243, 377n21
Beccaria, Cesare, 353-354
Bem, Daryl, 178
bens públicos
dados como, 135
definição, 260
entendimento de risco como, 188
investimento do governo em, 347
jogos de Bens Públicos, 260-262
racionalidade como, 334
Bentham, Jeremy, 354-355
berço, morte no, 144-145
Bezos, Jeff, 269
Biden, Joe, 22, 146
Blackstone, William, 236, 238
Bodin, Jean, 356
borboleta, efeito, 129-130
Breyer, Stephen, 209
Bruine de Bruin, Wändi, 343-344

Bush, George W., 27, 236
Butler, Judith, 106

caçadores-coletores
    conspirações reais e, 326
    mentalidade da mitologia e, 320
    "nicho cognitivo", 22
    povos Sã e racionalidade, 18-21, 185, 363n4
    raciocínio bayesiano e, 20, 185
    racionalidade ecológica e, 113-114

cálculo de predicados, 100
cálculo proposicional, 91, 100
Calvino, João, 351
caos, 130
Carlin, George, 301, 318
Carroll, Lewis, 54, 91, 112, 244
Carroll, Sean, 178
cartão de crédito, endividamento com, 27, 339-340
carvão, mortes decorrentes do, 136-137, 209, 370n22
Castellio, Sebastian, 351
categorias de semelhança familiar
    a heurística da representatividade e, 173
    definição, 116
    falácias informais decorrentes de, 117-118
    lógica clássica vs., 115-118, 370n28
    valores verdadeiros/falsos e, 117
    Ver também aprendizado profundo

categorias difusas. *Ver* aprendizado profundo; categorias de semelhança familiar
causa única, falácia da, 278, 290-291
causalidade
    causalidade reversa, 284, 281, 285, 287-288
    condições e, 277, 278
    confundimento, exclusão de, 285-286, 288-289
    confundimentos (epifenômenos), 264, 265, 281, 283
    contrafactuais, 80, 275, 277, 282
    definição, 277
    estabilidade temporal, 276
    homogeneidade das unidades, 276
    mecanismos, 276-277
    paradoxos da, 277-279
    povo Sã e percepção da, 18, 20-21
    preempção e, 277
    probabilística, 277-278
    problema fundamental da, 277
    sobredeterminação e, 277
    tudo-ou-nada, falácia do, 287
    Ver também ensaio controlado randomizado
— CAUSAS MÚLTIPLAS
    causas que interagem, 292-295
    efeito principal, 291, 292, 294
    equações de regressão e, 297
    interação, 291, 294, 296-297
    natureza e criação, 291-292, 294-296
    talento e prática, 291-292, 296-297
    visão geral, 291-292

—REDES CAUSAIS
    cadeia causal, 279
    Efeito Mateus, 281-282, 379n21
    endogeneidade, 281
    falácia do colisor causal, 281-282
    forquilha causal, 280
    imprevisibilidade do comportamento humano e, 299
    multicolinearidade, 281
    redes bayesianas, 278-282
    visão geral, 280
causalidade probabilística, 277-278
causalidade reversa, 264, 281
    exclusão da, 285, 287-288
cérebro vs. redes de aprendizado profundo, 124-125
Chagnon, Napoleon, 326
chances, 177, 194-195
Chapman, Loren e Jean, 269
charlatanice médica, 22, 172, 303, 323, 340
    cientistas laureados e, 106
    COVID-19 e, 302
    essencialismo intuitivo e, 323-324, 341
    males causados pela, 342
    mecanismos ocultos postulados pela, 276
    médicos famosos, 324
China, 39
Chomsky, Noam, 78, 106
CIA, 107
ciência
    aceitação da, pela direita vs. esquerda, 303, 315, 317, 331
    argumento de posição de autoridade e, 106
    confiança na, 332
    ensaios controlados randomizados, 280-284
    ignorância racional e, 74
    legisladores que são cientistas, 331
    pré-registro de detalhes de estudos, 161-162
    questões politizadas, 329
    revisão pelos pares, 57, 74, 178, 319-320, 335
    testabilidade e, 318, 335
    Trump e rejeição a normas da, 303
    Ver também crise da replicabilidade
— EDUCAÇÃO
    entendimento superficial da, em pessoas instruídas, 315, 324
    que não abala a pseudociência, 324-326
    vs. crenças mitológicas sagradas, 324 Circe, 70
Clark, Sally, 146
Clegg, Liam, 249
Clinton, Bill, 42, 118
Clinton, Hillary, 98, 132, 308, 317, 325
coerência, 98
coincidência, predomínio da, 162-163, 306
Cole, Michael, 113
colisor, falácia do, 280-281
comentário político. *Ver* especialistas
competição, 190
complemento de um evento, 143, 149-150

computadores, 54-55, 57, 123-124
condicionais (SE-ENTÃO)
    antecedente (SE), 93
    antecedentes falsos, 95
    conhecimento e, 30-32
    silogismo, 28
    tabela verdade para, 93-94
    tarefa de seleção de Wason, 29-31, 93, 99, 310, 312
    consequente (ENTÃO), 93
    conversa comum vs., 95-97
    definição, 93
    viés de confirmação e, 29-30, 365n26
conflitos de interesse, 111
confundimento (epifenômenos), 264, 275, 281, 283, 284-285, 187-288
conhecimento
    definido como crença verdadeira justificada, 52, 367n1
    e confiança em instituições, 332-333
    lógica e exigência de ignorar o, 112
    raciocínio bayesiano e priores, 175-76
    rumores transmitindo, 327
    usado a serviço de objetivos, 52-53
conhecimento comum, 140, 253
conjunção, falácia da
    definição, 41
    em previsões, 37-40, 366n46
    frequência relativa e, 44-45
    problema de Linda, 43-45, 131, 132, 175

conjunção de eventos, probabilidade de, 143-147, 153
conservação, o povo Sã e a, 21
conservadores vs. liberais. *Ver* direita e esquerda (política)
constelações de estrelas, 172-173
consumidores
    como fábricas de dinheiro, 193, 197, 199-200
    garantias estendidas, 215-216
contradição, pode-se concluir qualquer coisa a partir da, 97-98
contrato social, 262
controle de armas, 312-313, 315, 318
convenções e padrões, 252-253
conversa, normas da, 26, 38, 44, 26, 94-96, 103-104, 327, 366n43
cooperação
    em jogos de Bens Públicos, 260-261
    no Dilema do Prisioneiro, 257-260
coordenação, jogos de, 251-253
correlação
    causalidade não implicada pela, 263-265, 269-270, 331, 340, 342-343, 350-351
    coeficiente (r), 268
    definição de "dizer", 265
    definição, 265
    gráficos de dispersão, 265-270, 278-279
    ilusória, 263-264, 269-270, 340
    painel de retardo cruzado, correlação com, 291
    povo Sã e, 20
    Ver também causalidade; regressão

Cosmides, L., 187
   contrafactuais, 80, 275, 277, 282
   heresias, 81
COVID-19, 18, 2, 211, 263, 301
   desinformação, 307, 302-303, 315, 335
   mídia disseminadora do medo, 142-143
   viés do crescimento exponencial e, 27-28
Coyne, Jerry, 321
crenças
   distais vs. testáveis, 317-319
   impostas pela força, 59-60, 263-264, 265-266, 310
   não sustentadas por fatos, 319, 320-321, 323
   realistas vs. mitológicas, 317-322
   reflexivas vs. intuitivas, 317-318
   verdadeiras justificadas, 52-53, 367n1
crenças esquisitas, 305. Ver também teorias da conspiração; charlatanice médica; paranormalidade; superstições
criacionismo, 190, 315, 330
Crick, Francis, 176
crime
   viés da disponibilidade e percepções do, 126
   viés de confirmação e, 29-30
   Grande Redução da Criminalidade nos Estados Unidos, 138
   controle de armas e incidência de, 312-313
   e punição, 353-354
   ignorância racional e, 74
   regressão à média e, 273-274
   detecção de sinais e, 220, 235-239, 377n17
   independência estatística e, 144
   Ver também homicídio; sistema judiciário
crise epistemológica, 303
crise da replicabilidade na ciência
   atirador texano, falácia do, 160-162, 178
   falhas do raciocínio bayesiano e, 177-179
   jornalismo científico e, 179-180
   Maldição do Vencedor, 274
   práticas questionáveis de pesquisa e, 161-162, 178, 378n13
   pré-registro como solução, 161-162
   significância estatística e, 243
crítica, teoria, 51-52
crítico, pensamento, 50, 52, 56, 103, 306, 333, 339
   definição, 90
   ensino do, 98, 103, 333
   estereótipos e falhas do, 35-36, 43
   povo Sã e, 19-20
CSI (programa de TV), 235
Cuba, Crise dos Mísseis de, 254
culpa por associação, 107
curva de sino, 222-223
   de cauda larga, 223-224
   detecção de sinais e ruídos e, 224-229, 238

regressão à média e, 271
Teorema do Limite Central e,
  222, 376n5
custo perdido, falácia do, 255-256, 339,
  332

d', 233-235, 237-238, 378n17
dados, vs. casos lembrados, 134-137,
  140, 186, 319, 331, 333
Darwin, Charles, 191
Dawes, Robyn, 193
Dawkins, Richard, 321, 327
De Freitas, Julian, 366n46
Dean, James. *Ver Juventude transviada*
demagogos, 141, 142
democracia
  acesso à educação e informação
    prevê a, 351
  corrosão da verdade, solapando
    a, 338
  dados como um bem público
    e, 134
  e ciência, confiança na, 161
  e entendimento de riscos, importância do, 188
  e paz, 104, 282, 284, 287-290,
    348
  presunção da inocência na, 237
  separação dos poderes na, 57,
    335, 336
  Trump e ameaças à, 142, 147-
    148, 301, 332
democratas e Partido Democrata
  capacidade politicamente motivada para lidar com números
    e, 312-314
  COVID-19, teorias de conspiração envolvendo os, 301
racionalidade expressiva e, 318
Ver também direita e esquerda
  (política); política
Dennett, Daniel, 249, 321
dependência entre eventos
  a "mão quente" no basquetebol
    e, 146-147
  alegações de fraude de eleitores e, 146-147
  conjunções e, 143-145, 153
  definida através da probabilidade condicional, 153
  falsa pressuposição de, 146
  o sistema judiciário e, 145
  seleção de eventos e, 148
depressão, 295-296, 299
Derrida, Jacques, 106
Descartes, René, 56
descontando o futuro, 63-72, 339
descontinuidade de regressão, 285, 287
desconto exponencial do futuro, 67-68,
  69
desconto hiperbólico do futuro, 68-72
desconto temporal míope, 67, 68
desconto temporal, 63-72, 339
desencantamento do mundo (Weber),
  322
detecção do trapaceiro, 31-32
determinísticos, sistemas, 130
Deus
  argumento para crer em (Pascal), 192
  fora da realidade testável, 321
  moralidade e (Platão), 83
  não joga dados (Einstein), 127
  Ver também religião

Dick, Philip K., 306, 317
Dilbert, cartuns, *107*, *128*, *132*
Dilema do Prisioneiro, 256-260, 262
   Ver também jogos de Bens Públicos
Dilema do Voluntário, jogo do, 249-250, 251
DiMaggio, Joe, 164-165
dinheiro
   utilidade marginal decrescente do, 199-201, 265
   valor em dólares da vida humana, 79-80
   Ver também finanças; PIB *per capita*
direita-esquerda. *Ver* direita e esquerda política
direita e esquerda (política)
   alinhamentos morais e ideológicos, 316
   habilidade com números, motivada e, 312-313
   raciocínio bayesiano e, 317
   racionalidade expressiva, 317
   raízes intelectuais da, 316
   receptividade a evidências e, 330
   superioridade moral e, 316
   uso de máscara durante a pandemia e, 316
   viés político como assimétrico, 331-332, 384n73
   viés político como bipartidário, 315-316, 317, 331
   ascensão da, fatores na, 317
   como seitas religiosas, 316
   como tribos, 316
   e ciência, afinidade vs. hostilidade, 303, 315, 317, 331
   visões de protestos, 314-315
   Ver também Partido Democrata e democratas; viés do-meu-lado; política; Partido Republicano e republicanos
discriminação, taxas-base proibidas e, 181-184
disjunção de eventos, probabilidade de, 1123, 149-150
disjunções (ou), definição, 93
disponibilidade, heurística da
   avaliação de riscos pela, 136, 339
   COVID-19 e a, 27
   definição, 134-135
   e assassinatos, reação social a, 137-138
   e memória, 134-135
   eventos mundiais e a, 135-136, 370n22
   ignorância do progresso e a, 141-142, 345
   jornalismo e a, 135, 140-141
   perigos da, 141-142
distribuição estatística. *Ver* distribuições estatísticas
distribuições estatísticas, 221-223
   bimodal, 222
   curva de sino (normal ou de Gauss), 223
   de cauda larga, 223 Ditto, Peter, 312, 315
DNA, como técnica de medicina legal, 235
doação de órgãos, 79

Dostoievski, Fiodor, 308
Douglass, Frederic, 358-360
Dr. Fantástico (filme), 77
dualismo mente-corpo, 323
dualismo mente-corpo, 323
Dubner, Stephen, 285

E, como conectivo lógico, 91-92
    Ver também conjunção
economia, 78-80, 190-191, 283, 343
educação
    admissão ao ensino superior, 280, 181, 185, 214
    competência estatística como prioridade na, 189
    conteúdo de racionalidade no ensino, 333-334
    ensaios controlados randomizados e, 283
    missão da, 59, 110
    testes padronizados, 280
    valores democráticos prognosticados pela, 351
    vantagens da formação universitária, 282
    Ver também mundo acadêmico; ciência – educação; universidades
Efeito Mateus, 282, 380n21
efeito principal, 291, 292, 294, 295-296
Einstein, Albert, 102, 106, 127, 129, 179
Eliot, George, 89
Elizabeth II, 322
Emerson, Ralph Waldo, 98
emoções
    ameaças emocionais, 76
    apelo às (falácia informal), 108

Escalada, jogos de, e, 256
    objetivos do raciocínio e, 61, 62-63, 367n11
    "pagar com a mesma moeda", estratégia de, 259-260, 261-262
    tática paradoxal e, 60-61, 367n11
    utilidade esperada e, 196, 199-200, 207-208
    viés da disponibilidade e, 135
    Ver também objetivos – conflitos cronológicos
empatia, 248, 359
Encontro, jogo do, 251
endogeneidade, 280
Eneida, 321
energia nuclear, 137, 209, 371n22
ensaio controlado randomizado (ECR), 286
entimemas, 101
entretenimento
    a zona da mitologia como, 325-326, 328
    discurso político como, 322
    jogos de azar como, 201
    paranormalidade como, 324
    tática paradoxal retratada no, 77-78
    teorias de conspiração como, 322, 327
e-o-que-dizer (*tu quoque*), 105
epidemiologia, 275, 277-278, 288
epifenômenos. *Ver* confundimento
Equilíbrio de Nash, 248, 250, 254, 258
Erasmo, Desidério, 352
Erdös, número, 34, 365n37

Erdös, Paul, 34, 36
Escalada, jogos de, 254
escolas, ataques a, 138-139, 174
"escolha de Sofia", 202
escravidão, 83, 105
    abolição e racionalidade, 355, 356, 357, 358, 359, 360
espantalho, falácia do, 104, 309
especialistas, 41-42, 180-181, 336
Espinosa, Baruch, 17, 85
esportes
    categorias de semelhança familiar e, 114
    Dilema do Prisioneiro e Bens Públicos, 256-260
    impasse de astúcia em, 248-250
    "mão quente" no basquetebol, 148
    marés de sorte, 160, 164
    Sports Illustrated, maldição da, 273
    viés do-meu-lado e, 310
essências, 321, 323-324, 340
estabilidade temporal, 276
estado de direito, 259
estereótipos
    amostragem aleatória vs., 187
    categorias de semelhança familiar e, 116-117, 121, 172
    correlação ilusória e, 269-270
    falhas do pensamento crítico, 35-36, 43
    na falácia da conjunção (problema de Linda), 185
    negligência da taxa-base e, 186
    representatividade, heurística da, 43, 173-174

    vs. raciocínio proposicional, 125-126
estupro, falsas acusações de, 239, 278, 378n15
etnicidade, e taxas-base proibidas, 181-183
EUA, Constituição dos, 354
EUA, Departamento de Educação, 237
eugenia, 106
eventos independentes
    causalidade e, 147-149
    definição, 143
    falsas pressuposições sobre, 147
    jogos de azar e, 36-37
    probabilidades condicionais e, 151-152
probabilidades de conjunções e, 143
    evidências
    força das. *Ver* raciocínio bayesiano
    inadmissíveis, 74
    interpretação evidencial da probabilidade, 131-132
    judiciais, 73-74, 236-239
    justiça social e, 58
    probabilidade e verdade e, 43-44
    receptividade a, 329-330, 384n67
evolução, 85, 190, 307, 327-328
exceção, falácia da, 104
excesso de confiança, 46, 235, 274, 343
excluibilidade, 283
expectativa de vida, 346
experiências fora do corpo, 323
explicações circulares, 105

exposição seletiva, 309
extraterrestres, 305

fábrica de dinheiro, 194, 198, 203, 205
Facebook, 143
fake News
    a crise da irracionalidade e, 303-305
    como entretenimento, 325-326
    facilidade de disseminação, 22
    história ficcionalizada como, 322
    históricas, 306
    milagres religiosos como, 307
    receptividade a evidências vs., 320
    rumor e, 327
falácia do amanhã, 117
falácias formais
    afirmação do consequente, 99, 101, 155
    definição, 30, 99
    detecção, 100
    negação do antecedente, 99, 314
    reconstrução formal expõe, 101-103
falácias informais
    ad hominem, 33-34, 106, 107-108, 109, 311
    afetiva, 108-109
    amanhã, 118
    apelo às emoções, 108
    argumento de posição de autoridade, 19, 106, 311
    culpa por associação, 107
    definição, 90, 103
    desejo de ganhar discussões e, 102-103, 310, 311
    e o contexto de um enunciado, 109
    espantalho, 104, 311
    exceção, 104
    explicações circulares, 105
    falsa dicotomia, 117
    genética, 107, 108-109, 311
    ladeira abaixo, 117
    mudança de regras no meio do jogo (*motte-and-bailey*), 104
    nenhum escocês de verdade, 104
    ônus da prova, 105
    paradoxo da pilha, 118
    petição de princípio, 105
    popularidade, 106, 109, 311
    pressuposições tendenciosas, 105
    quer-dizer-que-o-que-você--está-dizendo-é, 104
    seguidor de dietas, 118
    tu quoque (e-o-que-dizer), 105
falsa dicotomia, 117
Farley, Tim, 342-343
fatos, verificação dos, 57, 319, 333, 335, 336-337
Fauci, Anthony, 301
felicidade e renda, correlação entre, 265-268, 281-282, 380n21
feminismo, Iluminismo e, 357-358
filhos
    adoção de, 79
    alturas de, 270-272
    objetivos próximos vs. últimos e, 62-63

peso baixo ao nascer, 280-281
probabilidade de nascer menino vs. menina, 143-144, 139, 141-142
QIs de, 270-271
finanças, 255-256, 339-340
financeira, indústria, 160-161, 183-184, 206, 348
Fischer, Bobby, 160
Fischhoff, Baruch, 343
Floyd, George, 139, 141
fome, redução da, 346
fome, redução da, 347
Forbes, revista, 332
Fore, povo, 171
Foucault, Michel, 106
Fox News, 285-287
Frank e Ernest (cartum), 272
Franklin, Benjamin, 214
Freakonomics (Levitt e Dubner), 285
Frederick, Shane, 25, 66, 358, 364n19
frequência
    como fator na lembrança, 134-135
    interpretação frequentista da probabilidade, 132-135, 144
    probabilidade reformulada como, 44-45, 133-135, 187-188, 375n27
Freud, Sigmund, 96, 106
"fuçar" dados, 161, 178
fumaça, alarmes de, 280
fumo, 278-279, 280, 282
futuro, desconto do, 63-64, 339
    Ver também objetivos – conflitos cronológicos

Galileu, 160
Galton, Francis, 270-271
garantias estendidas, 216
Gardner, Martin, 160, 365n33
Gates, Bill, 301
Gelman, Andrew, 373n60
gênero
    choro e, 292
    de filhos, probabilidade do, 143-144, 148, 151-152
    taxas-base proibidas e, 181-182
    viés de, 33-34, 56, 182, 183, 184, 281, 357-358
genes, e motivações próximas vs. últimas, 63
genética, falácia, 107, 311
gênio, 100, 294, 295-297
geometria euclidiana, 112-113, 309
geração de perfis
    proibição de, 78, 181-184
    traços raros e falsos positivos, 175-176
Gigerenzer, Gerd, 44, 133, 185, 187, 188, 215
Gilovich, Tom, 147
Goldstein, Rebecca Newberger, 307
Google, 124-125
Gore, Al, 331
Gould, Stephen Jay, 43, 83, 164
governo
    e riqueza, geração de, 348
    eleições e, 146-147, 336
    paternalismo libertário, 72
    geração de perfis e, 181-184
    estado de direito, 259, 261, 262
    o contrato social, 262
    impostos, 260, 262

separação dos poderes no, 57,
335
Ver também democracia; políticas gráficos de dispersão, 265-270, 271
gravidade, 129, 277
Grimshaw, Jane, 244
grupo de pares, racionalidade expressiva e, 316
Guatemala, 107
guerra
    a utilidade marginal decrescente da vida humana e, 201-202
    conspiração e, 326
    de atrito, 256
    democracia como redutora da, 282, 284, 288-291, 348
    fome e, 347
    Onze de Setembro e, 137, 139
    probabilidade de, cálculo a partir de complementos, 150
    progresso moral e redução da, 352-353
    racionalidade e redução da, 348
guerras mundiais, 140
Guthrie, Arlo, 73

habilidade com números, com motivação política, 312-314
Harris, Sam, 321
Hastie, Reid, 14, 193
Henrique V, 321
Heráclito, 276
heresias contrafactuais, 81
Hertwing, Ralph, 44, 45, 368n27
Hillel, rabino, 85
hipocondria, 100, 154, 171-172, 173

hipótese
    alternativa, 241
    como condicional quanto às evidências, 169
    nula, 240
    prova da falsidade da, 30
    Ver também raciocínio bayesiano; teoria da decisão estatística
histogramas, 221-222
história ficcionalizada, 321, 322
Hitchens, Christopher, 321
HIV/AIDS, 42
Hobbes, Thomas, 262
Holiday, Billie, 282
Holocausto, 58, 83, 304
homicídios
    atiradores furiosos, 136-137, 142, 174
    incidência de, 138-139
    mortes de americanos afrodescendentes pela polícia, 138, 156
    probabilidade condicional e, 154-155
    teoria dos jogos e reações a, 138
    viés da disponibilidade e reação a, 137-138
    Ver também crime; sistema judiciário; terrorismo
Homo sapiens, 17-18
homogeneidade das unidades, 276
Hume, David, 61, 82, 84, 110, 176, 244, 260, 275
humor judaico, 99, 105, 157-158, 210, 264, 280, 283, 346
    Ver também Morgenbesser, Sidney

impasses de astúcia, 248-250, 255
IA. *Ver* inteligência artificial
ianomâmi, povo, 326
Ibsen, Henrik, 369n17
ideias
    como memes evoluindo para se reproduzirem, 327-328
    força das, vs. a virtude da fonte das, 107-109, 364-365
    identidade, crenças e, 110
igualdade
    como expansão do círculo da compaixão, 365
    políticas que indicam compromisso com, 184
    raciocínio proposicional e, 125
    Ver também imparcialidade; progresso moral
Ilíada, 321
Iluminismo
    criminalização do homossexualismo, argumento contra, 354-355
    crueldade para com animais, argumento contra, 355-356
    e zona da mitologia vs. realidade, 322
    feminismo, 357-358
    IA vista como ameaça ao, 228
    mídia digital e ideal do, 335
    movimento abolicionista do, 357
    punições cruéis, argumento contra, 353-354
    realismo universal como credo do, 320
ilusão de aglomerado, 163-164
ilusões cognitivas
    definição, 45-46
    ilusões de óptica e, 46
    interpretação de perguntas e, 48-49
    profissionais são vulneráveis às, 340
    reconhecimento de, 331
    viés contra o reconhecimento de, 311
ilusória, correlação, 263-264, 269-270, 340
imaginabilidade, 41
    Ver também disponibilidade, heurística da
imigração, noção equivocada da taxa de, 135
imparcialidade
    como o cerne da moralidade, 84-85, 336, 365
    como o cerne da racionalidade, 336
    justiça e, 183
impeachment de um presidente dos EUA, 91
Imperativo Categórico (Kant), 85
imprevisibilidade do comportamento humano, 301
incerteza, diferenciada do risco, 194
incoerência, e argumentos a favor do progresso moral, 350
inferências inválidas. *Ver* falácias formais
inteligência
    falácias cognitivas e, 340
    racionalidade de grupos e, 311-312
    receptividade a evidências e, 330

vs. competência no raciocínio, 344-345
inteligência artificial (IA)
    grande despertar, 103-104, 369n34
    imprevisibilidade do comportamento humano e exatidão da, 300
    Ver também redes de aprendizado profundo
interação estatística, 291, 293, 295-296
interesse próprio, e racionalidade, 84-85
interpretação subjetivista da probabilidade, 131, 132, 169, 212-214
intransitividade, 193, 203-206
intuição
    aprendizado profundo como desmistificador da, 124
    utilidade esperada, cálculos da, e, 197
intuitiva, teleologia, 324
intuitivas vs. reflexivas, crenças, 318
intuitivo, dualismo, 323
intuitivo, essencialismo, 323-324, 340
inversão de preferências, 68-69
investimento e comércio internacionais, 348
Ioannidis, John, 180
Irã, 38-41, 107
Iraque, invasão do, pelos EUA, 138, 140, 305
irracionalidade
    como acusação corriqueira, 22
    irracionalidade racional, 76-78
    Ver também tática paradoxal
    — CRISE DA
        como ameaça, 328

conforto como explicação, 307
e imparcialidade, 323, 336
eu e outro e, 323, 336
explicações insatisfatórias da, 305-306
funcionalidade no mundo real, 307
mentalidade da realidade *Ver também* ilusões cognitivas; falácias informais; Índice de Vieses e Falácias
mídias sociais culpadas por, 306-307
raciocínio motivado e, 309-312, 316, 317, 329
visão geral, 301-304
zonas de crença. *Ver* mentalidade da mitologia;

James, William, 53
jardim dos caminhos que se bifurcam, 161, 203, 373n60
Jefferson, Thomas, 356, 360
Jenkins, Simon, 322
JFK (filme), 322
Jindal, Bobby, 384n73
jogo de cara ou coroa, 38, 130, 162, 210
jogos, como categoria de semelhança familiar, 115-116
jogos de azar, 22, 36-37, 131, 249
    como entretenimento, 201
    escolha dos jogos, 196-198
    escolha racional, teoria da, e, 193-197, 199-200, 206, 207-210, 340, 376n23
    marés de sorte, 167
Johnson, Samuel, 126

ÍNDICE REMISSIVO   445

Johnson, Vinnie "O Micro-ondas", 147
jornalismo
    analfabetismo numérico no, 141-143, 333
    dados e contexto, fornecimento de, 142
    e a crise de replicabilidade, 179-180
    edição e verificação de fatos no, 57, 319-320, 333, 335
    "imprensa marrom", 141
    recomendações para o, 132, 333, 335, 336
    vieses cognitivos e, 128
    Ver também mídia; especialistas
Jung, Carl, 160-161
juros e taxas de juros, 54, 66
justiça, 183, 184, 236
justiça social
    missão da educação e, 109
    persuasão vs. força e, 58
    racionalidade como requisito para, 58
    visão geral, 58
Juventude transviada, 74, 254

Kahan, Dan, 311, 313, 314
Kaine, Tim, 98
Kant, Immanuel, 85, 348
Kaplan, Robert, 42
Kardashians, 119
Kennedy, John F., 160-161, 277, 304
Kennedy, John F., Jr., 50
Keynes, John Maynard, 329
Khomeini, aiatolá, 81
King, Martin Luther, Jr., 349, 360
Kissinger, Henry, 124

Kpelle, povo, 113
Kahneman, Daniel, 23, 25, 27, 41-42, 44-45, 104, 134, 137, 163, 172-174, 208, 209, 211-212, 272, 364n15, 374n6, 375n27

La Rochefoucauld, François de, 191
ladeira abaixo, falácia da, 117
Langer, Ellen, 364n17
Laplace, Pierre-Simon, 129
Lardner, Ring, 59
Lebowitz, Fran, 345
legumes, categoria dos, 118, 119-120, 121-122
Lehrer, Jonah, 380n13
Lei e ordem (programa de TV), 256
Leibniz, Gottfried Wilhelm, 90, 110-112, 114, 117
leilões, 254-255, 256
lendas urbanas, 306, 325, 327
Let's Make a Deal. Ver Monty Hall, dilema de
Levitt, Steven, 285
LGBTQ, pessoas, 136, 184, 222, 330, 354
liberais vs. conservadores. *Ver* direita e esquerda (política)
liberdade de expressão, 57, 332-333
libertarianismo, 72, 79, 262, 315
Liebenberg, Louis, 18, 20
Lilienfeld, Scott, 106
Limite de segurança (filme), 77
Lincoln, Abraham, 160
Linda, problema de, 42-46, 130-131, 133, 174
Lineu, classificação de, 119, 125
linguagem
    ambiguidade de condicionais, 155

como recursiva, 87
defesas contra mentiras e, 332
hábitos de conversa, 26, 37, 95,
103-104, 327, 368n43
linha de regressão, 267, 271-272, 289
Locke, John, 356
Loftus, Elizabeth, 235
lógica
como racionalidade, 101
conectivos, 91
de predicados, 100
dedutiva, 89-90
deôntica, 100
entimemas, 101
falácias formais; lógica indutiva;
falácias informais
forma vs. conteúdo, 32, 91,
112-114, 34
igualdade e, 125
justificação da, pela lógica, 55
Leibniz, sonho de, 90, 111-112
modal, 100
na cognição recursiva, 125
povo Sã e, 19
proposicional, 91, 100
proposições empíricas vs., 111
racionalidade ecológica conforme aperfeiçoada pela, 32
solidez vs. validade, 98-99
tabelas verdade, 92-94
temporal, 100
viés político e, 314
vs. aprendizado profundo, 124
vs. conhecimento, 112-116
vs. conteúdo, 30-31, 91, 112-113

vs. conversa, 26, 37, 39, 94-96,
103-104, 327, 368n43
Ver também condicionais;
disjunções;
— NORMAS DE INFERÊNCIA VÁLIDA
adição disjuntiva, 95
afirmação do antecedente, 95
argumentos sólidos vs., 99
conclusões absurdas geradas
por, 97
definição, 95, 97
inferências inválidas. *Ver* falácias formais
negação do consequente, 95
Princípio da Explosão (a partir da contradição, conclui-se
qualquer coisa), 98-99
racionalidade ecológica e, 96
silogismo disjuntivo (processo
de eliminação), 95
validade vs. solidez, 99
Ver também condicionais;
disjunções;
lógica dedutiva, 89-100, 112-117, 119,
125-126
lógica deôntica, 100
lógica indutiva, 90, 93, 244
Ver também raciocínio bayesiano
lógica temporal, 100
loterias, 194-195, 200-201, 207-210
Lotto, Beau, 46
Love Story (filme), 92
lua cheia, e emergências hospitalares,
269-270

Macabre, relíquia (filme), 78
maçons, 56
Madison, James, 57
Maduro, Nicolás, 39-40, 41
Maine, USS, 140, 141
Maldição do Vencedor, 274
"mão quente", falácia da, 147
Mao Tsé-tung, 263
marés de sorte, 164
margens de erro, 214
Marx, Chico, 313
Marx, Karl, 106
matemáticos
    advertência quanto ao uso desatento de fórmulas estatísticas, 185
    estereótipo de, 36
    explicação com arrogância machista, 34
    modelo de racionalidade, 90
    simulação vs. prova, 36
    Maymin, Philip, 364n17
Meadow, falácia de (multiplicação de probabilidades de eventos interdependentes), 146, 147
mecânica quântica, aleatoriedade e, 129
medicina
    baseada em evidências, 336
    controle de doenças, 346
    correlação e causalidade, 269-270
    COVID-19, 18, 302
    detecção de sinais e, 220, 229, 231, 239
    ensaios clínicos, 74, 323
    ensaios controlados randomizados e, 282
    especificidade de testes, 376n10
    falsos positivos, 187-188, 216
    frequências e, 187-188
    ignorância racional e, 73
    negligência da taxa-base no diagnóstico, 173
    raciocínio bayesiano na, 168-169, 170, 171-172, 186, 188-189, 340
    racionalidade e progresso na, 346-347
    sensibilidade de testes, 168, 172, 187, 376n10
    soluções de compromisso tabus na, 79-80
    utilidade esperada de tratamentos, 210-212, 216-217
    Ver também saúde; saúde mental medicina alternativa, 276
Medroso, jogo do, 75-77, 254-255, 256, 367n29
Meehl, Paul, 298, 299
Mellers, Barbara, 46, 237-238
memes, 160, 327-328
Menino ou Menina, paradoxo de, 153
mentalidade da mitologia, 319-321. *Ver também* teorias da conspiração; *fake news*; irracionalidade — crise da; paranormalidade; superstições
mentalidade da realidade
    como não natural, 319-320
    definição, 318-319
mentalidade da mitologia, fronteira com a, 322
    Receptividade Ativa/Receptividade a evidências e, 329-330, 345, 384n67

mentalidade estreita. *Ver* receptividade
ativa
Mercier, Hugo, 103, 309, 317-318, 327,
332
meteorologia, 130, 143-144, 149
mídia
    a Maldição do Vencedor e, 274,
378n13
    analfabetismo numérico da,
141-143, 333
    cinismo gerado pela, 142-143
    correlação confundida com
causalidade e, 274, 280, 378n13
    e a busca da verdade, 335
    escolha racional retratada pela,
190-191
    percepção do consumidor de
vieses na, 142
    reformas pela racionalidade,
142, 333, 335, 336
    responsabilização por menti-
ras/desinformação, 332, 333,
335, 336
    sectarismo político, 315
    tabloides, 306-307, 325
    viés da disponibilidade promo-
vido pela, 135, 141-142
    viés da negatividade, 141-142
    Ver também mídia digital;
entretenimento; jornalismo;
mídias sociais
mídia digital
    ideais da, 335
    medidas de apoio à verdade,
necessárias por parte da, 333,
335-336
    Wikipedia, 335

    Ver também mídia; mídias so-
ciais
mídias sociais
    culpadas pela crise de irracio-
nalidade, 306-307
    culpadas pela divisão direita-
-esquerda, 315
    consumidores de notícias e,
142
    "Que mal há nisso?" (Farley),
340-342
    responsabilização por mentiras,
332-333
    Ver também fake news
Mikado, O (Gilbert e Sullivan), 44
milagres, argumento bayesiano vs., 177
militar, 79, 238, 249, 313
Miller, Bill, 159-160
Miller, Joshua, 148
Mischel, Walter, 63
mito nacional, 321, 326
Mlodinow, Len, 159
modal, lógica, 100
modelo linear geral, 280
modelos normativos da racionalidade,
23
    Ver também raciocínio baye-
siano; causalidade; correlação;
teoria dos jogos; lógica; probabilidade; escolha racional; Teoria da Detecção de Sinais
modernidade
    vs. mentalidade da mitologia,
322-323
    vs. racionalidade ecológica,
113-115
    Ver também progresso

modus ponens, 96
modus tollens, 96
Molière, *virtus dormitiva*, 27-28, 105
Montesquieu, 354, 356
Monty Hall, dilema de, 32-38, 130-131, 342n33
moralidade
    de taxas-base bayesianas, 78, 181-184
    descontando o futuro e, 67-68
    Deus e, 83
    heresias contrafactuais, 81-82
    imparcialidade como o cerne da, 84-85, 336, 361
    Regra de Ouro (e variantes), 84-85
    a mentalidade da mitologia e, 319, 326
    interesse próprio e socialidade, 85
    relativismo e, 58, 82-83
    soluções de compromisso tabus e, 80
    utilidade marginal de vidas e, 201-202
    Ver também progresso moral
Morgenbesser, Sidney, 97, 98, 196
Morgenstern, Oskar, 193, 215, 246, 375n1
morte, 214, 215, 333
mortes acidentais, 135-136, 155-156, 217
mortes por raios, 151, *151*
motte-and-bailey, tática, 104
muçulmanos, 78
mudança climática
    descontando o futuro e, 65-66
    evitando o simbolismo sectário, 331
    jogos de Bens Públicos e, 260-261, 262
    teoria dos jogos e, 245-246, 260-262
    viés da disponibilidade e percepção de fontes de energia, 136-137, 170n22
    — NEGAÇÃO DA
        argumento de posição de autoridade e, 106, 107
        credibilidade de universidades e, 333
        politização da, 315, 329, 331
        receptividade a evidências vs., 330
        Trump e, 303
mudança das regras no meio do jogo, 104
multicolinearidade, 282
mundo acadêmico
    argumento da posição de autoridade e o, 106
    diversidade de pontos de vista, falta de, 332-333
    falácia *ad hominem* e o, 107
    falácias informais e vida intelectual do, 102-103
    liberdade acadêmica no, 57
    monocultura de esquerda, 216, 332-333
    queda da confiança no, 332-333
    repressão a opiniões no, 59, 332-333
    teoria crítica da raça, 139
    Ver também educação; universidades

Mundo segundo Garp, O, 155
Myers, David, 56

"Novos Ateístas", 321
Nações Unidas, 348
Nagel, Thomas, 56
não, como conectivo lógico, 121
    Ver também complemento de
    um evento
narrativas de vítimas, 140
Nash, John, 230
natureza e criação, 291, 293-294, 298
negação do antecedente, 99, 314
negação do consequente, 96-97
negociações, 75-76, 253, 254
nenhum escocês de verdade, falácia do, 104-105
Neuman, Alfred E., 22
New Yorker, cartuns da, 65, 284
New Yorker, equívoco da, 274
Newton, Sir Isaac, 129, 160
Neyman, Jerzy, 240
Nixon, Richard, 76
Niyazov, Saparmurat, 263-264
Nobel, prêmio, 215, 348
numérico, analfabetismo, 173, 315
    por parte da imprensa, 140-142, 333
numerologia, 160

objetivos
    como questão de gosto, 61, 367n11
    e definição de racionalidade, 52-53, 86, 182
    incompatíveis, 63
    justiça como objetivo, 182

previsão atuarial, 182, 183
    visão geral, 61-62
— CONFLITOS CRONOLÓGICOS
    autocontrole e, 64
    autocontrole ulissiano e, 69, 71-72
    desconto exponencial do futuro, 66-68, 69, 70
    desconto hiperbólico do futuro, 68-69
    desconto míope do futuro, 51-72, 74
    o dilema do *marshmallow*, 63-64, 66
    taxa de desconto social, 67-68
    viver para o presente, 63-66
O diabo a quatro (filme), 313
Ono, Yoko, 303
ônus da prova, falácia do, 105
Onze de Setembro, 138, 140, 236
Onze de Setembro, adeptos da "Verdade Verdadeira" sobre o, 304, 318
Ópera dos três vinténs, A (Brecht), 136-137
ou exclusivo (xou), 121, 149
ou, enunciados. *Ver* disjunção de eventos; disjunções

padrões e convenções, 252-253
padronização, aleatória vs. não aleatória, 128-129
"pagar com a mesma moeda", estratégia de, 261-262
paixões
    motivos próximos vs. últimos, 62-63
    razão e, 61-62, 367n11
    Ver também emoções; objetivos; moralidade

Palin, Sarah, 95
pandemia
> jogos de Bens Públicos e, 260
> teoria da escolha racional e, 211-212
> utilidade marginal de vidas e, 2012
> viés do crescimento exponencial e, 39-40
> *Ver também* COVID-19

papa, como extraterrestre, 144, 158
Paquistão, 104
paradoxo da pilha, 117
paranormalidade
> argumento bayesiano contra a, 177-179
> como entretenimento, 324
> dualismo mente-corpo e, 323
> receptividade a evidências e negação da, 330
> predomínio de crenças na, 22, 303
> predomínio da rejeição à, 328-329
> *Ver também* pseudociência

Parent, Joseph, 306
Parker, Andrew, 343
Parker, Theodore, 328
Partido Republicano e republicanos
> chamando democratas de socialistas, 99-100
> Fox News e, 285, 289, 315
> habilidade com números, politicamente motivada, 312-314
> pizza classificada como legume pelo, 118
> racionalidade expressiva e, 317
> reabilitação do, 331-332, 384n73
> *Ver também* direita e esquerda (política); política

Pascal, Blaise, 192
patrulha contra drogas, 100
Paxton, Ken, 146-147
paz, democracia e, 286, 290, 348
Peanuts (tirinha), 304, 305, 317
Pearl, Judea, 261
Pearson, Egon, 279
Pedra-Papel-Tesoura, jogo, 247-251
pena de morte, 239, 314, 330, 354
Pence, Mike, 98-99
Pennycook, Gordon, 329
pensamento irrefletido, 24-26, 330
> *Ver também* Sistema 1 e 2

pensamento mágico e ilusório, 289-290
percepção de risco
> ameaças criadas pelo homem, 137
> ameaças não equitativas, 137
> ameaças que são novidade e, 138
> estimativa por meio de cálculo, 134
> habilidade na, 189
> riscos de pavor, 137
> viés da disponibilidade, distorções, 135-137, 339

perceptrons. *Ver* aprendizado profundo
perigos que não são equitativos, 138
perna quebrada, problema da, 300
pesquisas eleitorais
> confusão entre propensão e probabilidade, 133

disponibilidade e cobertura da mídia, 142
> petição de princípio, 105

p-hacking [manipulação de *p*], 161
PIB *per capita*, 265, 289-290, 378n21
Pirro, vitória de, 255, 256
Pizzagate, teoria da conspiração, 317, 323
Platão, *Eutífron*, 83
pobreza
    competência no raciocínio e, 344
pobreza extrema, melhoras na, 142
polícia
    avaliação da, baseada em evidências, 335
    e confusão entre correlação e causalidade, 278
    informar questões preocupantes à, 317, 327
    matando americanos afrodescendentes, 139, 157
polígrafos, testes com, 238
política
    afirmação do consequente e, 99
    alegações de fraude eleitoral, 146-147
    argumentos sólidos, 97-98
    divisões arbitrárias de zonas eleitorais e, 315
    impacto de *fake news* na, 307
    mentalidade da mitologia, 322
    panelinhas, coalizões, seitas e tribos, 316
    soluções de compromisso tabus e, 80
    Ver também Partido Democrata e democratas; direita e esquerda (política); Partido Republicano e republicanos

políticas
    axiomas da escolha racional e, 208, 210-211
    baseadas em evidências, 335, 336
    democracia deliberativa e, 336
    descontando o futuro, 67
    ensaios controlados randomizados para testar, 284
    evitar simbolismo sectário em, 329
    indicativas de igualdade e justiça, 183
    insights comportamentais da ciência cognitiva, 72
    paternalismo libertário, 72
    soluções de compromisso tabus e, 81
    Ver também governo
pontos focais, 140, 253-254
Popper, Karl, 30
popularidade, falácia da, 106, 109, 311
pôquer, 249
pôr o guizo no gato, 249, 250
Portal do Paraíso, seita, 323
pós-modernismo, 51
post hoc, probabilidade, 158-164, 178
posterior, probabilidade, 169-171, 175
pós-verdade, era da, 55-56, 302, 314, 322, 333
poupança para aposentadoria, 22, 27, 64, 67, 71, 79
povo judeu
    a Regra de Ouro na religião, 84
    como porcentagem da população, 136
    o Holocausto, 83, 202, 305

teorias de conspiração sobre o, 306
práticas questionáveis de pesquisa, 161-162, 178, 378n13
predição
    humana vs. regressão, 299
    na correlação e regressão, 265
    Ver também previsões
preempção, 277, 278
prêmio do trouxa, 257, 260, 262
pressuposições tendenciosas, 105
previsões
    a regra da conjunção e, 29-35
    exatidão de equações de regressão vs. especialistas humanos, 297-299
    importância de, 39
    superprevisores, 180-181
    do tempo, 130, 142, 149, 238
Primavera Árabe, 140
Prince (músico), 51
priores. *Ver em* raciocínio bayesiano
probabilidade
    as evidências presentes e, 43-44
    confusão quanto ao significado de, 130-131
    de um complemento, 143, 154-155
    de uma conjunção, 143-147, 153
    de uma disjunção, 143, 148-150
    definição clássica, 131
    estimativa de risco, 133-142
    ignorância, quantificando a, 38
    interpretação evidencial, 131-132
    interpretação subjetivista, 131, 132, 169, 212-214
    Monty Hall, dilema de, 32-38, 131, 365n33
    posterior, 169, 171
    propensão e, 131
    Ver também heurística da disponibilidade; probabilidade condicional; interpretação frequentista; probabilidades de um único evento
probabilidade, negligência da, 27, 44, 342
probabilidade condicional, 143
    afirmação do consequente e, 155-157
    definição, 150
    diagramas de Venn, ilustrando, 150
    diferenças de taxas-base, 150, 154-155, 157
    e enumeração de possibilidades, 153-154, 187-188
    eventos independentes definidos através da, 152-153
    linguagem e ambiguidades na, 156-157
    notação para, 150
    povo Sã e, 20
    significância estatística e, 243
    Ver também raciocínio bayesiano
probabilidades de um único evento
    probabilidade subjetivista e, 132
    reformuladas como frequências, 133-135, 186-188, 375n27

processamento de distribuição paralela.
    Ver aprendizado profundo
processos aleatórios, 128 -129
profecias que se cumprem automaticamente, 182-183
progresso
    evidências para o, 345-348
    explicação do, 340, 345-348
    Ver também progresso moral; racionalidade efeitos da
progresso moral
    analogias com grupos oprimidos, 356
    animais, crueldade para com, 355-356
    democracia, 356-357, 358
    escravidão, 355, 356, 357, 358, 359, 360
    feminismo, 357-358
    guerra, 352
    homossexualismo, perseguição ao, 354-355
    ideias vs. proponentes, 360-361
    perseguição religiosa, 320-321, 351
    punições sádicas, 353-354
    racionalidade como promotora do, 350-351, 361
    redistribuição de riqueza e, 200
    visão geral, 349-350
promessas, 77, 252
promotor, falácia do, 157
Pronin, Emily, 309
propensão vs. probabilidade, 37, 131
    acidentes em casa e, 154-155
    definição, 37
    DNA, medicina legal e, 236
    escolhas médicas e, 267
    falhas com foguetes e, 133-134
    Monty Hall, o dilema de, e, 37
    pesquisas eleitorais e, 133
    proposições empíricas, 112-113
prospecto, teoria do, 212-214
prostituição, 80
pseudociência
    diferenciada da ciência, 30
    dualismo mente-corpo e, 323
    ensino de ciências e, 324-325
    Ver também irracionalidade — crise de; mentalidade da mitologia psicoterapia, 269, 274
Putin, Vladimir, 39

QAnon, 302, 305, 317, 325
quer-dizer-que-o-que-você-está-dizendo-é, 104

raça, teoria crítica da, 138
raciocínio motivado, 307-309, 316, 317, 328-329, 334. *Ver também* irracionalidade — crise da; viés do-meu-lado
racionalidade
    argumentos contra a, que representam sua própria negação, 55-56
    como nada legal, 51-52
    como um conjunto de ferramentas cognitivas, 22-23
    definição, 52-53, 86, 182
    e emoções, 60-61, 369n11
    e objetivos, fazendo escolhas coerentes com a, 192

estimulada pela pertinência, concretude, 24
expressiva, 316-317
grupos propiciam a, 311-312, 336
humildade epistêmica e, 56
ignorância racional, 71-72
incapacidade racional, 69-71, 74-75
irracionalidade racional, 76-77. *Ver também* Teoria do Louco
raciocinando sobre o raciocínio, 53-56, 86-87
realidade como motivação, 57-58, 208, 217, 328, 339
Receptividade Ativa/Receptividade a evidências e, 329-330, 345, 384n67
rejeição à paranormalidade e, 328-329
tática paradoxal, 74-78
teoria da escolha racional, como marco de referência, 191
vencer discussões como função adaptativa da, 103-104, 311
Ver também racionalidade ecológica; objetivos; irracionalidade —crise da; modelos normativos; tabus
— EFEITOS DA
progresso material, 345-348
progresso moral. *Ver* progresso moral
resultados na vida, 339-342
visão geral, 338
— RECOMENDAÇÕES PARA FORTALECER A
avaliação da, baseada em evidências, 331, 336

cientistas em legislaturas, 331
conteúdo educacional, 333-334
diversidade de pontos de vista
no ensino superior, 332-333
estruturas de incentivo, 334-336
evitando o simbolismo sectário, 331
nas mídias sociais, 332, 334-335
no jornalismo, 333, 335, 336
no mundo dos especialistas, 335
normas que valorizem a, 330-331, 334
"Partido Republicano de burros", 331-332, 384n73
responsabilização por mentiras e desinformação, 332, 336, 337-338
racionalidade ecológica, 32, 112-115, 171, 233, 264, 332-333
racionalidade expressiva, 317
racionalidade limitada, 202-205
Racionalidade, Quociente de, 330
racismo, 140-141, 157
taxas-base proibidas e, 78, 181-183
rastros químicos, 318
Rationality Community, 167
Rawls, John, 85
razão prática, 53
razão, na definição de "racionalidade", 52
realidade subjetiva, alegações em defesa da, 55
realidade, motivando a racionalidade, 57-58, 308, 317, 328, 339

realismo universal, 319-320
realismo universal, 319-320
receptividade a evidências, 329-330,
    384n67
    Ver também Receptividade
    Ativa
Receptividade Ativa, 329-330, 345
    Ver também receptividade a
    evidências
reciprocidade, normas de, 21
recursividade, 87
redes conexionistas. *Ver* aprendizado
    profundo
redes neurais. *Ver* aprendizado profundo
reflexão cognitiva, 25-26, 330
Reflexividade
    de crenças estranhas, 318
    definição, 330
    e competência no raciocínio,
        344, 345
    inteligência correlacionada
        com, 330
    pensamento irrefletido, 24-25,
        330
    receptividade a evidências correlacionada com, 330
    resistência a ilusões cognitivas
        e, 330
    Teste de Reflexão Cognitiva,
        25-26, 29, 66
Regra de Ouro (e variantes), 84
Regressão
    coeficiente de correlação (r),
        268-269
    definição, 266, 270
    equação para, 290, 294-296
    humano vs., exatidão da, 297-298

    linha de regressão, 266-267,
        271-272, 290
    modelo linear geral, 290
    regressão múltipla, 290-292
    regressão por variáveis instrumentais, 285-286
    resíduos, 267-268, 290
regressão à média
    como fenômeno estatístico,
        271
    correlação imperfeita produzindo, 272
    definição, 270-271
    desconhecimento da, 272-274,
        336, 380n13
    e distribuição em curva de
        sino, 271
    gráficos de dispersão e, 271-272
    linha de regressão, 271-272
regressão por variáveis instrumentais,
    286-287
relações internacionais, 39-40, 76-77,
    254, 258, 287-289, 366n46
relativismo e relativistas
    argumento contra racionalidade, 55-56
    como hipócritas, 58
    moralidade e, 58, 82-83
religião
    a ilusão de aglomerado e, 163
    a mentalidade da mitologia e,
        320-321, 326
    a Regra de Ouro na, 84-85
    argumento de posição de autoridade, 106
    heresias contrafactuais, 80-81

monoteísmo, 56
perseguição à, progresso contra a, 351-352
taxas-base proibidas e, 181-184
Ver também Deus
renda básica universal (RBU), 101
representatividade, heurística da, 43, 173-174
reputação, 63-64, 255, 327, 332
resistência a evidências. *Ver* receptividade a evidências
resultados na vida e racionalidade
    atenção para com as taxas-base, 175
    benefícios através da racionalidade, 339-343
    escolha racional e, 214, 215-217
    falhas da racionalidade, 342-344
    imprevisíveis, 299-300
revisão pelos pares, 57, 74, 178, 319, 335
Revolução Científica, 110 causalidade do tudo-ou-nada, falácia da, 278, 287
Revolução Francesa, 357
Revolução Industrial, 347-348
riqueza
    racionalidade como explicação do crescimento da, 347-348
    redistribuição da, 200, 261
risco de pavor, 137
risco, aversão ao, 210
risco, diferenciado da incerteza, 194
Romeu e Julieta, 53, 57, 193
Roser, Max, 142
Rosling, Hans e Ola, 142

Rosling-Rönnlund, Anna, 142
ruído. *Ver* Teoria da Detecção de Sinais
rumores no local de trabalho, 327
rumores, exatidão de, 326-327
Rumsfeld, Donald, 195
Rushdie, Salman, *Os versos satânicos*, 81
Russell, Bertrand, 17, 105, 130, 319, 329
Rússia, 39-40, 315, 366n46

Sã, povos, 18-22, 112, 185, 363n4
Sagan, Carl, 167, 177
Sanjurjo, Adam, 148
saúde, 342
    soluções de compromisso tabus e, 79-80
    desconto míope do futuro da, 68-69, 71
    epifenômenos e, 275
    mudança de visões sobre melhores práticas para a, 64
    objetivos próximos vs. últimos e, 63
    Ver também medicina; saúde mental
saúde mental, 269, 275, 295, 299
saúde pública
    culpa por associação, falácia da, e, 108
    racionalidade e avanço na, 346
    Ver também COVID-19; pandemia
Savage, Leonard, 193, 2040, 375n1
Scarry, Elaine, 155
Schelling, Thomas, 74, 139, 253
SE-ENTÃO, enunciados. *Ver* probabilidade condicional; condicionais
seguidor de dietas, falácia do, 118

segurança, 118, 139, 348-349
    soluções de compromisso tabus e, 79-80
seguros, 80, 184, 200, 209, 216, 340
seleção natural. *Ver* evolução
seleção, tarefa de. *Ver* tarefa de seleção de Wason
Selvin, Steven, 354n33
Seuss, Dr., 203, 276
sexismo, 36
sexual, orientação, 184
    Ver também pessoas LGBTQ
Shakespeare, William, 7, 316, 321
Shaw, George Bernard, 84
Shermer, Michael, 304
significância estatística
    como verossimilhança bayesiana, 242-243, 376n21
    definição, 242
    entendimento equivocado da, por parte de cientistas, 242-244
    erros do Tipo I e II, 241-242, 243
    hipótese alternativa, 241
    hipótese nula, 240-241
    poder estatístico e, 241
    valor crítico, colocação do, 241
    visão geral, 239-240
silogismo disjuntivo, 97
silogismos, 28, 97-98
Simon, Herbert, 203
Simpson, Homer, 22, 67
Simpson, O. J., 155
Sinclair, Upton, 308
sincronicidade, 160, 324
Singer, Peter, 339, 355

Siri, 124
Sistema 1 e 2
    definição, 42
    escolha racional e, 223
    igualdade e Sistema 2, 141-142
    ilusões de óptica e, 30
    o dilema de Monty Hall e, 52
    pensamento refletido e irrefletido, 24-26, 329 sistema de atendimento de saúde, 80
sistema judiciário
    condenações falsas, 235-240
    contraditório no, 57, 335
    correlação implicando causalidade e, 278
    culpado para além de uma dúvida razoável, 236
    detecção de sinais e, 220, 235-329, 378n17
    detectores de mentiras no, 238
    Dilema do Prisioneiro, 256-260, 262
    evidências inadmissíveis, 73-74
    ilusões de probabilidade e, 132-134, 144-145, 146, 154-155
    júris, 73-74, 79, 220, 237-240
    justiça e, 238
    métodos de medicina legal no, 235, 238-239
    pena de morte, 239, 314, 330, 354
    preponderância das evidências, 236, 237
    presunção da inocência, 236
    promotor, falácia do, 146
    responsabilização por mentiras e, 332

testemunho ocular, 237, 240
visão geral de ilusões clássicas do, 340
Ver também crime; homicídio
sistema visual, 46-48, 53, 125, 187-188
Slovic, Paul, 137
SMBC, cartum, 136, *136*
sobredeterminação, 277, 278
socialidade e moralidade, 182-183, 259-260
soluções de compromisso tabus, 62–64, 215
soma zero, jogos de, 247-250
sonhos, 29, 323
Sowell, Thomas, 263
Sperber, Dan, 103, 309, 318
Spock, Sr., 22, 51, 55, 89
spoiler, alertas de, 73
Stalin, Josef, 201
Stanovich, Keith, 314, 316, 330, 384n67
status socioeconômico, 344
Stone, Oliver, *JFK*, 322
Stoppard, Tom, *Jumpers*, 60-61, 83
Styron, William, *Escolha de Sofia*, 202
suicídio, 174
Suits, Bernard, 370n28
Sunstein, Cass, 72
Superfundo, locais, 209
superstições
    a ilusão de aglomerado e, 165
    e coincidências, predomínio de, 159-160, 306
    predomínio de, 304-305, 379n8
    receptividade a evidências e, 329
    viés de confirmação e, 30, 160

#thedress, 48
tabelas verdade, 92-94
tabus
    definição, 78
    e afrontas comunitárias, 139-141
    heresias contrafactuais, 80-81
    narrativas de vítimas, 140
    soluções de compromisso tabus, 94-96, 180-182, 202, 375n15
    tabu quanto a discutir tabus, 185
    taxas-base proibidas, 78, 181-184
talento e prática, 290-291, 296-297
Talking Heads, 51
Talleyrand, Charles-Maurice de, 357
tarefa de seleção de Wason, 29-30, 36, 93, 99, 310
tática paradoxal, 74-76
Tautologias, 96
    Ver também petição de princípio; explicações circulares
taxas-base
    amostragem aleatória, 187
    como priores no raciocínio bayesiano, 185-186
    como classe de referência, 186
    mudança em, 186
    negligência de, 172-175, 375n6, 377n27
    pertinência de, 186-187
    probabilidades condicionais e, 150, 158-159, 161
    probabilidades de conjunção e, 146
    proibidas, 78, 181-184

Taxas-base proibidas, 78, 181-184
táxi, problema do, 172, 187, 189
televisão, 285-287, 322, 324
tempo, povo Sã e o, 18
    Ver também objetivos – conflitos cronológicos
tempo, previsão do, 130, 132, 150, 159, 238
teocracias, 59
teoria da decisão estatística, 239-244
Teoria de Detecção de Sinais
    decisões executáveis alcançadas através da, 220-221
    definição, 220
    observador ideal, 232, 237
    raciocínio bayesiano e, 220, 223, 226, 231, 232, 376n6
    sistema judiciário, 220, 235-238, 376n17
    teorias de conspiração e, 326-327
    utilidade esperada e, 220, 229-232
    Ver também significância estatística
    — RUÍDO VS. SINAL
    acertos, 226
    alarmes falsos, 227
    distribuições em curva de sino, 221-23, 376n5
    falácia do confundimento, 229
    falhas, 227
    pontos de corte (critério ou viés de resposta), 223-226, 229-231
    proporções de possibilidades e relaxamento vs. rigor no ponto de corte, 227-29, 239
    proporções de resultados somam 100%, 227
    rejeições corretas, 227
    ruído como sempre presente, 223-224
    sensibilidade (d'), aperfeiçoamento da, 233-234, 236-238, 377n17
    viés de resposta vs. sensibilidade, 229
    visão geral, 220
teoria da escolha racional
    argumento de Erasmo contra a guerra, 352-353
    chances e, 206
    como maximização da utilidade esperada, 191, 196
    como teoria que não inspira simpatia, 190-191
    contexto não deveria importar na, 195
    e valores, coerência da, 192, 197-198, 215-216
    e valores, descoberta da, 197-198
    forma matemática da, 191
    incerteza vs. risco, 194, 203
    interesse próprio, confundido com, 191, 197
    morte e, 214
    na Teoria de Detecção de Sinais, 220, 229-233
    Perspectiva, teoria da, como alternativa à, 212-213
    risco e, 193
    visão geral, 191-192, 375n1
    — AXIOMAS DA
    Finalização, 193-194

Comensurabilidade, 197, 202, 375n6
Coerência, 195
Consolidação, 194, 203, 375n7
Independência (de Alternativas Não Pertinentes), 194-195, 206-208, 375n8
Intercambiabilidade, 195-196, 214, 375n10
Transitividade, 193, 203-206
termos alternativos para, 375n6, 376nn8,10
visão geral, 192
— DESCUMPRIMENTO DOS AXIOMAS DA "soluções de compromisso" tabus, 202, 375n15
aceitação do "satisficiente" vs. otimização, 203
apreciado por psicólogos, 214-215
apresentação de recompensas, 210-211, 340, 342
apresentação, 206-210, 340, 342
pequenas diferenças, desconsiderando, 204
processo de eliminação, 203, 204-205
racionalidade limitada, 202-206
riscos vs. recompensas, 205
Teoria do Louco, 76-77
teoria dos jogos
impasses de astúcia, 248-249, 251
afronta comunitária e, 138-140
aleatoriedade como estratégia, 246, 249
conhecimento comum e, 252
coordenação, jogos de, 241-243
definição, 246
Dilema do Prisioneiro, 256-260, 262
e reações a homicídios, 138
empatia e, 248
Equilíbrio de Nash, 248, 250, 254, 258
Escalada, jogos de, 75-77, 253-256, 368n29
jogos de Bens Públicos, 260-261
jogos de soma zero, 347-348
Medroso, jogo do, 75-79
pontos focais, 139, 252-253
promessas/declarações de intenção e, 252
resultados ganha-ganha, 250
viés do-meu-lado e, 316-317
teorias de conspiração
anteriores às mídias sociais, 306
como entretenimento, 322, 327
conspirações reais e, 326-327
COVID-19, 302-303
crença em, não baseada na verdade das, 321
detecção de sinais e, 326-327
e evolução de ideias, 327-328
informação à polícia, 319, 327
popularidade das, 305
receptividade a evidências vs., 330
reflexivas vs. intuitivas, 318
rumor e, 327

seguidores de, duvidosas, 317-318
teórica, razão, 53
terrorismo
    avaliação do perfil e, 175-176
    cobertura da mídia e, 142
    homem que leva sua própria bomba, piada do, 142
    raciocínio bayesiano e previsão de, 180
    tática paradoxal e, 76
    tortura de terroristas, 237
    viés da disponibilidade e, 137
testagem genética, 73
Teste de Reflexão Cognitiva, 25-26, 66
teste do *marshmallow*, 63-64, 66
Tetlock, Philip, 78-81, 181-184
Thaler, Richard, 72
The Crown (série de TV), 322
Tooby, J., 187
Toplak, M. F., 384n67
Tragédia da Área Comum da Racionalidade, 317, 334-336
Tragédia da Área Comum do Carvão, 260-262, 348
Tragédia das Áreas Comuns, 256, 260, 334
Três Cartas num Chapéu, 154
Trivers, Robert, 259
trole, problema do, 114
Trump, Donald, 22, 76, 98, 105, 109, 146-147, 161, 301-302, 303, 307, 322, 325, 329, 332
tu quoque (e-o-que-dizer), 105
tubarões, fatalidades por mordidas de, 136-137
Turcomenistão, 263

Tversky, Amos, 23, 41-45, 134, 137, 147-148, 163, 172-173, 174, 205, 208-212, 214, 272, 364n15, 366nn46, 50, 375n27
Twain, Mark, 219
Twitter, 332, 335, 342

Ulisses, 70, 71-72
União Europeia, 348
União Soviética, 76, 105
universidades
    admissão ao ensino superior, 280, 281, 284-285, 314
    conduta sexual imprópria, políticas contra, 237
    diversidade de pontos de vista, falta de, 332-333
    liberdade acadêmica em, 57
    repressão a opiniões em, 59, 332-333
    vantagens da formação universitária, 282
    Ver também meio acadêmico; educação
Uscinski, Joseph, 306
utilidade esperada
    argumento de Beccaria contra punições cruéis e, 353-354
    argumento de Erasmo contra a guerra e, 352-353
    aversão ao prejuízo e, 208-209
    aversão ao risco e, 200-201, 210
    cálculo da, 197-198
    cálculo intuitivo da, 198
    como termo, 196
    definição, 196
    dinheiro e, 199-201

e certeza, 197-198, 206-208, 210
emoções e, 179, 181-83, 190-92, 196, 198, 200, 208
maximização da, como escolha racional, 191, 196
possibilidade, certeza e, 109, 213-214
utilidade marginal decrescente e, 198-200
vidas e, 201-202
Ver também escolha racional

vacinas, 301-302, 341. *Ver também* antivacinação, movimento
valores
    teoria da escolha racional e, 192, 197-198, 215-217
    Teoria de Detecção de Sinais e, 240-242
    Ver também objetivos
variáveis aleatórias, 221
variáveis aleatórias, 221
variáveis perturbadoras. *Ver* confundimento
veículos
    acidentes de aviação como risco, 49, 135-136
    autônomos, 47, 125
    dirigir, como risco, 135-137
    mudança climática e, 260-262
    SUVs, 118
    vendas/negociação, 75, 254
verossimilhança (termo técnico), 170-173, 374n4, 378n21
    e significância estatística, 243
    Ver também em raciocínio bayesiano

vida, valor em dólares da, 80
Vidas Negras Importam, 43
videogames, 334
viés da negatividade, 377n36
viés de confirmação
    a tarefa de seleção de Wason e, 29-30, 310, 365n26
    definição, 29
    ilusão de probabilidade *post hoc* e, 160
    medicina legal e, 235
    superstições e, 30, 160
viés do crescimento exponencial, 26-28, 339-340
viés do-meu-lado
    bipartidário, 315-316, 317, 331, 384n73
    contramedidas, 335, 336
    definição, 314
    habilidade com números, politicamente motivada, 312-314
    lógica politicamente simpática, 314
    onipresença do, 315
    percepção de eventos, 314
    raciocínio bayesiano como justificativa, 316
    rejeição do, pela *Wikipedia*, 335
    superioridade moral e, 326
    teoria dos jogos e, 316-317
    Ver também direita e esquerda (política)
viés do viés, 311
Vietnã, Guerra do, 76
Vigen, Tyler, 270
violência doméstica, 154-155
virtus dormitiva, 105

Voltaire, 354
von Neumann, John, 22, 192, 215, 246, 375n1
vos Savant, Marilyn, 33, 36-37, 38

Wagner, óperas de, 321
Wason, Peter, 29
Weber, Max, 322
WEIRD, sociedades, 320
Welch, Edgar, 317-318
What's My Line? (programa de televisão), 187
Wikipedia, 335

Wilde, Oscar, 202
Wittgenstein, Ludwig, 115-116, 117
Wollstonecraft, Mary, 357

xadrez, 296
XKCD, cartum, 151, 244, 300
xou. *Ver* ou exclusivo (xou)

Yang, Andrew, 101-103, 106

Zen, segundo paradoxo de, 54
Ziman, John, 180
Zorba, o grego, 51